U0290358

《系统与控制丛书》编委会

系统与控制丛书

复杂有色金属生产过程智能建模、控制与优化

（第二版）

阳春华　桂卫华　著

科 学 出 版 社

北　京

内 容 简 介

本书总结作者多年来从事有色金属生产过程自动化的研究工作，内容涉及解决有色金属生产过程自动化问题的理论、方法、技术及系统实现等方面。书中提出智能集成建模的思想和智能集成建模的基本形式，阐述多种基于神经网络的智能集成建模方法；讨论复杂有色金属生产过程的智能优化控制问题，给出智能优化控制的结构，论述操作模式优化问题；针对锌、铜、铝等主要有色金属的冶炼生产过程以及铝加工生产的重大装备，详细说明智能集成建模、智能优化控制以及操作模式优化理论与方法在典型冶金工序和装备中的实现与应用。应用成果的介绍，始终坚持理论联系实际，从实际生产过程中提炼科学问题开展研究，并将研究成果应用于生产实际，取得了显著应用成效，相关方法可为其他复杂生产过程的建模、优化与控制提供借鉴和参考。

本书可作为相关专业研究生和本科生教学参考书，也可供从事工业过程优化控制与智能化研究的工程技术人员和科研人员阅读。

图书在版编目(CIP)数据

复杂有色金属生产过程智能建模、控制与优化/阳春华，桂卫华著. —2版. —北京：科学出版社，2021.11

(系统与控制丛书)

ISBN 978-7-03-067753-2

Ⅰ.①复… Ⅱ.①阳… ②桂… Ⅲ.①智能技术-应用-有色金属冶金-研究 Ⅳ.①TF8-39

中国版本图书馆CIP数据核字(2020)第264650号

责任编辑：张艳芬/责任校对：王 瑞

责任印制：吴兆东/封面设计：蓝 正

科学出版社出版

北京东黄城根北街16号

邮政编码：100717

http://www.sciencep.com

北京凌奇印刷有限责任公司印刷

科学出版社发行 各地新华书店经销

*

2010年12月第 一 版 开本：B5(720×1000)

2021年11月第 二 版 印张：21 3/4

2022年11月第四次印刷 字数：416 000

定价：168.00元

(如有印装质量问题，我社负责调换)

编者的话

我们生活在一个科学技术飞速发展的信息时代，诸如宇宙飞船、机器人、因特网、智能机器及汽车制造等高新技术对自动化提出了更高的要求。系统与控制理论也因此面临着更大的挑战。它必须能够为设计高水平的物理或信息系统提供原理和方法，使得设计出的系统能感知并自动适应快速变化的环境。

为帮助系统控制专业的专家、工程师以及青年学生迎接这些挑战，科学出版社和中国自动化学会控制理论专业委员会合作，设立了《系统与控制丛书》的出版项目。本丛书分中、英文两个系列，目的是出版一些具有创新思想的高质量著作，内容既可以是新的研究方向，也可以是至今仍然活跃的传统方向。研究生是本丛书的主要读者群，因此，我们强调内容的可读性和表述的清晰。我们希望丛书能达到这些目的，为此，期盼着大家的支持和奉献！

《系统与控制丛书》编委会

2007 年 4 月 1 日

第二版前言

本书第一版自2010年出版以来，得到了业内同行的广泛关注，成为有色冶金自动化领域科技工作者的重要参考读物，对帮助相关专业学生理解和掌握复杂工业过程建模、优化与控制的理论方法及工程应用发挥了积极作用，于2012年荣获中国有色金属出版物奖一等奖。近年来，作者团队在工程优化、数据协调、炉窑智能控制等方面取得了新的研究成果。与此同时，有色金属工业的绿色化与智能化发展需求紧迫，在日益发展的信息通信技术、人工智能技术和自动化技术的推动下，建设智能工厂已成为有色金属生产企业进一步提质增效的关键手段。

为及时反映这种变化，本书在第一版基础上优化了章节结构，对原版中部分内容进行删减，增加了最新研究进展和智能工厂相关内容。具体包括：第1章增加了1.4节介绍有色金属智能制造技术的发展，第2章增加了2.3节介绍典型智能集成建模方法；删除了第一版第3章、5.4节、5.5节，第4章～第8章依次变更为第3章～第7章。第3章增加了3.4节介绍有色冶金不确定优化问题，同时增加了3.6介绍一种新型智能优化算法；第6章增加了智能数据协调的内容；第7章增加了大型立式淬火炉智能控制技术；增加了第8章"有色金属智能工厂"介绍有色金属智能工厂建设面临的挑战、关键技术和发展前景；并更新了部分参考文献。

本书的研究工作得到了科技部重点研发计划"面向智能工厂动态生产的实时优化运行技术与系统"(2018YFB1701100)、国家自然科学基金基础科学中心项目"物质转化制造过程智能优化调控机制"(61988101)，以及重点国际合作研究项目"湿法炼锌过程智能感知与全流程协同优化方法及应用"(61860206014)等项目的支持。

由于水平有限，书中难免存在不当之处，恳请读者和同仁们多多批评指正。

阳春华　桂卫华

2020年11月

第一版序

我国是有色金属生产和消费大国，有色金属产量自2002年以来连续8年位居世界第一位，在世界有色金属工业中具有举足轻重的地位。有色金属工业属于基础原材料工业，是我国国民经济的支柱产业。在有色金属矿产资源日益枯竭、有色金属需求量却日益增大的背景下，党中央国务院提出"以信息化带动工业化"的号召，有色金属行业信息化建设获得了飞速发展，自动化与信息化技术的应用为企业节能降耗、减少环境污染、高质量低成本等目标的实现做出了巨大贡献。

桂卫华教授领导的研究团队紧紧围绕制约我国有色金属工业可持续发展的能源、资源与环境问题，长期奋斗在有色冶金工业现场，致力于有色冶金生产过程自动化的理论、方法、技术及系统实现方面的研究工作。针对有色冶金过程建模与优化控制难题，提出了智能集成建模的思想，形成了一批适用于有色冶金生产过程的智能集成建模和智能优化控制方法及关键技术，并将这些方法与技术成功应用于有色金属冶炼生产过程及加工生产的重大装备中，节能降耗效果显著，并取得了很好的经济效益和社会效益。

《复杂有色冶金生产过程智能建模、控制与优化》一书是桂卫华教授研究团队多年科学研究成果的总结，内容不仅包含智能集成建模、智能优化控制及操作模式优化方法的详细阐述，而且按照铅锌冶炼生产过程、铜闪速冶炼过程、氧化铝生产过程以及铝合金构件制备重大装备生产四个部分系统地介绍了智能建模、优化与控制技术的应用与实现。该书倾注了著者多年来为我国有色金属工业自动化水平提升而做出的艰苦卓绝的努力，并自始至终体现着著者"理论联系实际，从实际生产过程中提炼科学问题开展研究，并将研究成果应用于实际生产"的思想，是一本优秀且不可多得的工业过程控制类的参考用书。

我非常高兴为桂卫华、阳春华教授的专著作序，也衷心希望《复杂有色冶金生产过程智能建模、控制与优化》能为从事复杂工业过程建模、控制与优化的科技工作者、高校教师和学生提供理论与实践方面的指导及参考。

孙优贤

2010年11月于浙江大学

第一版前言

有色金属是我国国民经济和国防工业发展的重要基础原材料。由于有色金属品种多,矿物原料和各种金属特性差异大,因此有色金属冶炼工艺多种多样;并且,有色冶金体系属于多元多相的复杂反应体系,工艺机理复杂。这些特点,给有色冶金生产过程自动化的建模、控制与优化带来了许多困难。

20 年来,我们这个团队一直致力于有色冶金生产过程自动化的理论、方法、技术及系统实现等方面的研究工作,坚持理论联系实际,从实际生产过程中提炼科学问题开展研究,并将研究成果应用于实际生产。令人欣慰的是,我们的许多工作在实际生产中发挥了很好的作用,得到了企业的肯定,这也激励我们继续努力,为我国有色冶金自动化技术的提升奋斗不息。

本书旨在对作者多年来从事有色冶金生产过程自动化的研究工作加以总结,它涉及有色冶金生产过程智能集成建模、智能优化控制及操作模式优化等方面,重点阐述了铜、铝、铅、锌等主要有色金属生产过程及铝合金加工重大装备的自动化技术及其应用。全书共分 8 章,第 1 章由桂卫华撰写,第 2 章、第 3 章和第 7 章由王雅琳撰写,第 4 章由阳春华撰写,第 5 章由李勇刚撰写,第 6 章由胡志坤、李勇刚撰写,第 8 章由桂卫华、贺建军、阳春华撰写。全书由桂卫华、阳春华统稿。

多年来,常常使我们引以为豪的是团队很好的团结合作精神,没有这种共同的努力,我们无法取得今天这样的成果,本书也难以完成。为此,要深深感谢为本书的撰写做出巨大贡献和给予大力支持的团队其他老师,他们是喻寿益、刘明、谢永芳、唐朝晖、陈宁、粟梅、彭涛、朱红求、蒋朝辉、王晓丽、陈晓方、郭宇骞、叶华文、徐德刚、胡扬等。同时,本书是团队多年科研工作的总结,参加这些科研工作的有许多博士和硕士研究生,他们是黄泰松、彭晓波、王凌云、周璇、蒋少华、宋海鹰、孔玲爽、段小刚、柴琴琴、李瑞娟、陶杰、张定华、陶顺红、莫志勋、黄佳、鄢峰、孙鑫红、杨旭坤、卢宏燕、张毅、颜青君、赵长平、赵学起等。他们勤勤恳恳、任劳任怨、勇于创新,为本书的完成提供了基本素材并奠定了基础,衷心感谢他们对本书所做的贡献。长期以来的科学研究,使我们与许多有色冶金生产企业建立了深厚的友情,我们研究工作的每一步进展,都离不开他们的热心帮助和大力支持。在本书完成之际,向他们表示崇高的敬意。

本书的基础研究工作还得到了国家自然科学基金重点项目“面向节能降耗的有色冶金过程控制若干理论与方法研究”(60634020)、国家杰出青年科学基金项目“复杂工业过程建模、控制与优化”(61025015)以及“数据驱动的多相交互冶金过程能耗优化方法研究及应用”(60874069)、“检测大时滞有色冶金配料过程不确定实时优化方法研究”(60804037)、“有色金属闪速熔炼过程操作模式提取与优化方法研究”(60904077)等的支持,在此,对国家自然科学基金委员会表示深深的谢意。

由于作者水平有限,书中所述难免存在疏漏之处,恳请读者和同仁多多批评指正。

桂卫华　阳春华

2010年9月

于中南大学控制工程研究所

目　　录

编者的话
第二版前言
第一版序
第一版前言
第1章　绪论……1
1.1　我国有色金属工业的发展……1
1.2　有色金属冶炼生产的特点……2
1.2.1　有色金属冶炼生产工艺简介……2
1.2.2　有色金属冶炼生产的特点……4
1.3　有色金属生产过程自动化技术的发展……5
1.4　有色金属智能制造技术的发展……6
1.5　本书的主要内容……8
参考文献……8
第2章　有色金属生产过程智能集成建模……10
2.1　智能集成建模的提出……10
2.2　智能集成建模的基本框架……11
2.2.1　基本概念……11
2.2.2　智能集成建模的形式和结构……12
2.2.3　智能集成建模的形式化描述……15
2.3　典型智能集成建模方法……15
2.3.1　多神经网络的集成建模方法……15
2.3.2　神经网络与传统建模方法的集成……23
2.3.3　神经网络与其他智能方法集成建模……27
2.4　智能集成建模的工程实现……44
2.5　小结……45
参考文献……46
第3章　有色金属生产过程智能优化控制……47
3.1　智能优化控制问题……47
3.2　智能集成优化控制结构……48
3.3　有色冶金过程操作模式优化……50

3.3.1 操作模式优化的提出 …… 50
3.3.2 操作模式定义 …… 51
3.3.3 基于数据驱动的操作模式优化框架 …… 52
3.4 有色冶金过程不确定优化 …… 54
3.5 典型工程优化算法 …… 58
3.5.1 工程优化算法分类 …… 58
3.5.2 模拟退火算法基本思想及特点 …… 59
3.5.3 遗传算法基本思想及特点 …… 61
3.5.4 粒子群优化算法基本思想及特点 …… 62
3.6 一种新型智能优化算法 …… 64
3.7 小结 …… 68
参考文献 …… 68
第4章 锌冶炼生产过程的优化控制 …… 71
4.1 基于成本最小的锌冶炼企业原料供应优化 …… 71
4.1.1 锌冶炼企业原料供应系统的特点 …… 71
4.1.2 原料采购优化决策 …… 73
4.1.3 原料库存的智能综合优化控制 …… 77
4.1.4 原料量价实时预警 …… 79
4.2 锌湿法冶炼净化过程优化控制 …… 83
4.2.1 锌湿法冶炼净化过程生产工艺 …… 83
4.2.2 净化过程中钴离子浓度在线检测 …… 86
4.2.3 净化过程的优化控制 …… 89
4.3 大型锌湿法电解生产综合优化控制 …… 96
4.3.1 大型锌湿法电解生产工艺 …… 97
4.3.2 大型锌湿法电解生产综合优化控制总体框架 …… 98
4.3.3 锌电解过程能耗模型 …… 99
4.3.4 锌电解沉积过程电力负荷优化调度 …… 101
4.3.5 锌电解沉积过程工艺条件优化控制 …… 105
4.3.6 锌电解整流机组智能优化运行 …… 108
4.3.7 大型锌湿法电解生产综合优化控制系统 …… 109
4.4 小结 …… 110
参考文献 …… 111
第5章 铜闪速熔炼生产过程优化控制 …… 112
5.1 铜精矿配料过程优化 …… 112
5.1.1 铜精矿配料优化建模 …… 113

5.1.2　基于软约束调整的优化计算 …… 114
5.1.3　工业实例计算 …… 116
5.1.4　配料优化系统设计 …… 118
5.2　铜精矿气流干燥过程优化控制 …… 119
5.2.1　铜精矿干燥工艺过程 …… 119
5.2.2　精矿干燥过程机理建模 …… 120
5.2.3　精矿干燥水分软测量的智能集成建模 …… 123
5.2.4　干燥混合气的智能优化控制 …… 127
5.2.5　干燥过程优化系统设计 …… 133
5.3　闪速炉炉况评判与操作优化 …… 133
5.3.1　闪速炉简介 …… 133
5.3.2　闪速炉物料平衡和热平衡计算模型 …… 134
5.3.3　闪速炉工艺指标的智能集成预测模型 …… 141
5.3.4　闪速炉炉况操作模式优化 …… 146
5.3.5　闪速炉炉况综合优化控制系统设计与实现 …… 150
5.4　PS 转炉优化控制 …… 151
5.4.1　铜锍吹炼过程 …… 151
5.4.2　铜锍吹炼的氧量平衡计算模型 …… 152
5.4.3　吹炼终点在线预报 …… 156
5.4.4　冷料添加操作优化 …… 162
5.4.5　PS 转炉操作优化控制系统设计与应用 …… 168
5.5　小结 …… 170
参考文献 …… 170
第 6 章　氧化铝生产过程优化控制 …… 172
6.1　氧化铝生产流程概述 …… 172
6.2　烧结法氧化铝配料过程的优化控制 …… 173
6.2.1　配料过程工艺分析 …… 174
6.2.2　优化控制总体方案 …… 175
6.2.3　生料浆质量预测智能集成模型 …… 177
6.2.4　生料浆配比优化计算 …… 181
6.2.5　生料浆智能倒槽 …… 183
6.2.6　生料浆优化配料系统工业应用 …… 192
6.3　高压溶出过程质量指标的软测量 …… 194
6.3.1　高压溶出过程工艺分析与机理建模 …… 194
6.3.2　苛性比值与溶出率的智能集成建模方法 …… 199

6.3.3 预测模型的在线校正 …… 211
6.3.4 软测量模型的工业应用 …… 217
6.4 氧化铝蒸发过程优化控制 …… 219
6.4.1 氧化铝蒸发工艺流程与优化控制总体架构 …… 219
6.4.2 蒸发过程智能数据协调 …… 222
6.4.3 蒸发过程出料浓度预测模型 …… 245
6.4.4 蒸发过程能耗分析模型 …… 257
6.4.5 基于㶲评价指标的蒸发过程节能优化 …… 264
6.5 连续碳酸化分解过程智能控制 …… 270
6.5.1 连续碳酸化分解过程机理分析 …… 270
6.5.2 优化控制总体方案 …… 273
6.5.3 首槽进料量软测量与稳定控制 …… 274
6.5.4 末槽分解率在线预测与优化控制 …… 279
6.5.5 系统实现与工业应用 …… 282
6.6 小结 …… 283
参考文献 …… 284
第7章 大型高强度铝合金构件制备重大装备智能控制 …… 286
7.1 大型模锻水压机智能控制技术 …… 286
7.1.1 大型模锻水压机和模锻工艺分析 …… 286
7.1.2 大型模锻水压机欠压量在线智能检测方法 …… 288
7.1.3 多关联位置电液比例伺服系统高精度快速定位智能控制技术 …… 291
7.1.4 模锻水压机批量生产自学习控制技术 …… 295
7.1.5 基于压力原则的模锻过程压力智能优化控制技术 …… 299
7.1.6 智能控制系统设计与实现 …… 300
7.2 大型立式淬火炉智能控制技术 …… 301
7.2.1 大型立式淬火炉工作原理及控制要求 …… 301
7.2.2 炉内多区多时段温度场建模 …… 302
7.2.3 基于时空维有限元外推的炉内温度场重构 …… 305
7.2.4 基于最小裕量的淬火炉低电耗最速升温切换控制 …… 308
7.2.5 多区段高精度高均匀性温度智能控制技术 …… 310
7.2.6 大型立式淬火炉智能控制系统实现与应用 …… 315
7.3 小结 …… 318
参考文献 …… 318
第8章 有色金属智能工厂 …… 320
8.1 有色金属智能工厂建设面临的挑战 …… 320

8.2 智能工厂关键技术 …… 321
8.2.1 有色金属生产过程数字化与可视化 …… 321
8.2.2 有色金属工业互联网平台 …… 323
8.2.3 有色金属生产过程智能优化控制 …… 325
8.3 智能工厂发展趋势展望 …… 329
8.4 小结 …… 329
参考文献 …… 329

第1章　绪　　论

有色金属作为我国国民经济和国防工业发展的重要基础原材料，已广泛应用于机械、电子、化工、建材、航天、航空、国防军工等各个行业，是支撑国家安全和国家重大战略工程的关键材料，在国民经济发展中占有十分重要的地位。有色金属工业是以开发利用有色金属矿产资源为主的资源性行业，是国民经济和国防建设的基础产业，也是国家参与新世纪国际竞争的支柱产业[1]，有色金属工业的发展水平被认为是一国国力的体现，也已成为衡量一个国家社会进步的重要标志。

1.1　我国有色金属工业的发展

我国是全球最大的有色金属生产和消费国，1995 年以来，有色金属的总产量持续增长。1995 年铜、铝、铅、锌、镍、锡、锑、镁、钛、汞 10 种常用有色金属产量为 496 万 t；2002 年总产量达到 1020 万 t，首次超跃美国，跃居世界第一位；2005 年总产量达到 1639 万 t；2008 年面对全球金融危机，全国 10 种有色金属总产量 2551 万 t，总消费量 2567 万 t；2009 年达到 2605 万 t，总消费量 2665 万 t，其中铜、铝、铅、锌总产量分别占全球产量的 22.43%、35.45%、42.02%、38.65%，总消费量分别占全球消费量的 31.66%、37.07%、41.67%、40.17%，2019 年达到 5842 万 t，总消费量约为 6085 万 t，其中铜、铝、铅、锌总产量分别占全球产量的 40.53%、55.02%、48.83%、45.43%，总消费量分别占全球消费量的 54.66%、56.27%、50.43%、47.99%，铜、铝、铅、锌等主要有色金属生产和消费量均居世界第一位。

我国有色金属工业通过自主创新、集成创新和引进技术消化吸收再创新，技术装备水平取得了明显提高。铜、铝、铅、锌等主要有色金属的冶炼工艺和生产装备已达到或领先国际先进水平[2,3]。在铜冶炼生产方面，先后引进了奥托昆普闪速熔炼技术、诺兰达熔池熔炼技术、奥斯迈特冶炼技术、艾萨冶炼技术，通过改造创新国外闪速熔炼、闪速吹炼铜冶炼技术，自主研发了旋浮铜冶炼、氧气底吹、双底吹和两步炼铜技术大大提升了我国铜冶炼技术装备水平；在铝冶炼生产方面，针对我国一水硬铝石型铝土矿的特点，自主创新了完整的一水硬铝石型铝土矿生产氧化铝的工艺技术与装备，自主研究了选矿-拜耳法氧化铝生产工艺，自主开发的大型预焙槽电解铝生产技术达到世界先进水平，在国内得到广泛应用，2008 年，我国成功自主研发了当时世界上槽容量最大的 400kA 以上铝电解槽，2014 年建成目前全球最大的投入产业化应用的 600KA 超大容量铝电解槽生产系列，2018 年，原铝综合交流电耗达到 13577KWh/t，标志着我国铝电解技术已走在世界前列，并在越南、委内瑞拉、土耳其、厄瓜多尔、印度等国家建设了多个氧化铝、电解铝项目，2019 年 5 月，我国企业与意大利电解铝厂签订升级改造项目合同，成为中国企业在欧盟国家执行的首个电解铝项目[3]；在铅冶炼生产方面，我国拥有自主知识产权的氧气底吹-鼓风炉炼铅技术（又称水口山炼铅法）获得成功，标志着在富氧熔池炼铅工艺方面取得了突破性的进展，引进的艾萨炉-鼓风炉炼铅技术得到很好的运用，液态高铅渣直接还原新工艺的试产成功标志着我国铅冶炼技术又上了一个新高度，漩涡闪速一步炼铅关键技术的突破，为炼铅业降耗起到了重要的支撑作用；在锌冶炼生产方面，我国骨干锌冶炼企业通过技术升级，先进的锌冶炼技术得到更多的采用，绝大部分采用先进的电解炼锌法生产，世界先进的常压富氧直接浸出炼锌工艺也于 2008 年顺利投产，2019 年，我国自主设计了目前世界上最大的 152m^2 流态化焙烧炉，成功应用于我国新建的 30 万 t/年锌冶炼生产线。

随着技术装备水平的提升，有色金属产品质量明显提高。目前，我国有色金属冶炼产品的质量已居世界先进水平。铜、铝、铅、锌、锡、镍、银、钴、特种铝、铝合金 10 种产品的 64 个品牌已先后在伦敦金属交易所和伦敦金银市场注册；在国家开展的历次质量抽查中，合格率始终保持在较高水平；早期出现较多的产品质量一致性差、表面质量差、包装质量差的老问题，已得到很大程度改善。基本满足了高速铁路、大型电力装备、光伏产业、新能源汽车等战略性新兴产业及国防科技工业等重点领域对有色金属材料和高端产品的需求，应用规模位居世界前列[3]。

总之，自改革开放以来，特别是 20 世纪 80 年代以来，我国有色金属工业在自主研究、消化吸收和不断改造创新的基础上，获得了一大批重要科技成果，并成功应用于生产实际，在技术进步、改善品种质量方面取得明显成效，已经从单方面引进吸收国外先进工艺和技术装备，逐步转变为向国外输出技术[3]，实现了有色金属产业结构的优化升级，增强了我国有色金属行业的国际竞争力，为我国由有色金属大国向有色金属强国转变提供重要支撑。

1.2 有色金属冶炼生产的特点

1.2.1 有色金属冶炼生产工艺简介

有色金属包括除铁、锰、铬以外的 70 多种金属。按照金属的密度、化学特性、自然界中的分布情况等，有色金属分为四类：轻金属、重金属、稀有金属和贵金属。其中，轻金属包括铝、镁、铍、钛、钾、钠、锂、钙、锶、钦等，相对密度均小于 5.0，且具有很强的化学活性；重金属包括铜、镍、钴、铅、镉、铋、锌、锡、锑、汞等，它们的相对密度大于 5.0，化学性质一般不如轻金属活泼[4]；稀有金属包括钨、钼、锆、铌、铪、钽、稀土金属等，因制取和使用很少而得名；贵金属包括金、银、铂族金属等，因其价格比一般常用金属高昂而得名，其化学性质最稳定，一般不与氧直接起反应，又称为惰性金属。

我国各类有色金属自然资源分布状况不一，根据矿物原料和各金属本身的特性不同，冶金提取方法也多种多样，但总体上可归结为以下四种方法[5]。

(1) 火法冶金。它是指在高温下矿石或精矿经熔炼与精炼反应及熔化作业，使其中的金属与脉石和杂质分开，获得较纯金属的过程。整个过程一般包括原料准备、熔炼和精炼三个工序。该过程所需能源主要靠燃料燃烧供给，也有依靠该过程中的化学反应热来提供的。

(2) 湿法冶金。它是在常温(低于100℃)常压或高温(100～300℃)高压下，用溶剂处理矿石或精矿，使所要提取的金属溶解于溶液中，而其他杂质不溶解，然后再从溶液中将金属提取和分离出来的过程。由于绝大部分溶剂为水溶液，故也称为水法冶金。该方法主要包括浸出、分离、富集和提取等工序。

(3) 电冶金。它是利用电能提取和精炼金属的方法。按电能利用形式可分为两类：电热冶金，即利用电能转变成热能，在高温下提炼金属，本质上与火法冶金相同；电化学冶金，即用电化学反应使金属从含金属的盐类水溶液或熔体中析出。前者称为水溶液电解，如铜的电解精炼和锌的电解沉积，可归入湿法冶金；后者称为熔盐电解，如电解铝，可列入火法冶金。

(4) 生物冶金。它是利用微生物溶液对矿物进行氧化溶解，进而进行冶炼提取的过程，尤其是对于常规冶炼工艺难以处理的多金属矿、低品位矿等矿物，可提高矿物的综合回收率。目前，生物冶金的大规模应用仍面临着生产周期长、碱性矿床和碳酸盐型矿床难处理等挑战性问题。但由于其具有成本低、环境友好、可重复利用等优点，以及我国难冶矿物储量多的现状，该技术具有广阔的应用前景。

有色冶金工艺过程，包括许多单元操作和单元过程。典型单元冶金过程包括以下内容。

(1) 焙烧：指将矿石或精矿置于适当的气氛下，加热至低于它们的熔点温度，发生氧化、还原或其他化学变化的过程。其目的是改变原料中提取对象的化学组成，满足熔炼或浸出的要求。

(2) 煅烧：指将碳酸盐或氢氧化物的矿物原料在空气中加热分解，除去二氧化碳或水分，变成氧化物的过程。煅烧也称为焙解，如氢氧化铝煅烧成氧化铝，作为电解铝原料。

(3) 烧结和球团：指将粉矿或精矿经加热焙烧，固结成多孔状或球状的物料，以适应下一工序熔炼的要求。例如，烧结、焙烧是处理铅锌硫化精矿使其脱硫并结块的鼓风炉熔炼前的原料准备过程。

(4) 熔炼：指将处理好的矿石、精矿或其他原料，在高温下通过氧化还原反应，使矿物原料中金属组分与脉石和杂质分离为两个液相层即金属(或金属锍)液和熔渣的过程。熔炼也称为冶炼。熔炼按作业条件可分为还原熔炼、造锍熔炼和氧化吹炼等。

(5) 火法精炼:指在高温下进一步处理熔炼、吹炼所得含有少量杂质的粗金属,以提高其纯度。例如,火法炼锌得到粗锌,再经蒸馏精炼成纯锌。火法精炼的种类很多,如氧化精炼、硫化精炼、氯化精炼、熔析精炼、碱性精炼、区域精炼、真空冶金、蒸馏等。

(6) 浸出:指用适当的浸出剂(如酸、碱、盐等水溶液)选择性地与矿石、精矿、焙砂等矿物原料中金属组分发生化学作用,并使之溶解而与其他不溶组分初步分离的过程。目前,世界上大约15%的铜、80%以上的锌、几乎全部的铝、钨、钼都是通过浸出,与矿物原料中的其他组分初步分离。

(7) 液、固分离:该过程是将矿物原料经过酸、碱等溶液处理后的残渣与浸出液组成的悬浮液分离成液相与固相的湿法冶金单元。在该过程的固、液之间一般很少再有化学反应发生,主要是用物理方法和机械方法进行分离,如重力沉降、离心分离、过滤等。

(8) 溶液净化:指将矿物原料中与欲提取的金属一道溶解进入浸出液的杂质金属除去的湿法冶金单元过程。净化的目的是使杂质不至于危害下一工序对主金属的提取。其方法多种多样,主要有结晶、蒸馏、沉淀、置换、溶剂萃取、离子交换、电渗析和膜分离等。

(9) 水溶液电解:指利用电能转化的化学能使溶液中的金属离子还原为金属而析出,或使粗金属阳极经由溶液精炼沉积于阴极。前者从浸出净化液中提取金属,故又称为电解提取或电解沉积(简称电积),也称为不溶阳极电解,如铜电积、锌电积;后者以粗金属为原料进行精炼,常称为电解精炼或可溶阳极电解,如粗铜、粗铅的电解精炼。

(10) 熔盐电解:即利用电热维持熔盐所要求的高温,又利用直流电转换的化学能自熔盐中还原金属,如铝、镁、钠、钽、铌的熔盐电解生产。

1.2.2 有色金属冶炼生产的特点

有色金属品种多、冶炼工艺多样,其冶炼生产过程与一般工业过程相比,具有其特殊性。

(1) 生产流程长。有色金属矿石的冶炼,由于其矿石或精矿的矿物成分极其复杂,含有多种金属矿物,不仅要提取或提纯某种金属,还要考虑综合回收各种有价金属,以充分利用矿物资源和降低生产费用,造成生产工艺流程长。例如,锌湿法冶金生产过程需通过原料制备、氧化焙烧、浸出、净化、电解沉积、熔铸等多道生产工序。由于重金属的矿床大多是多金属共生矿,并多以硫化矿的形态存在,除了主流程冶金生产过程外,还有其他伴生金属的回收、制酸、烟尘与废渣处理等多个生产工序。对于铜冶金生产过程，主流程首先是原料精矿的制备与处理过程；其次是闪速熔炼生产铜锍工序；再次是吹炼生产粗铜工序；然后通过火法精炼进一步提纯，生产阳极板；最后通过电解工序获得电铜，并通过熔铸工艺后获得铜锭产品。轻金属中，氧化铝的生产最具代表性，氧化铝的主要生产方法是拜耳法，它经铝土矿的破碎、磨矿、配料、溶出、分解、蒸发以及火煅烧等多道工序后获得氧化铝产品。针对我国一水硬铝石型的铝土矿，许多氧化铝企业采用了与烧结法相结合的混联法生产氧化铝，还创造出了我国独特的选矿-拜耳法生产氧化铝。

(2) 工艺机理复杂。有色冶金生产是利用电能、热能、化学能等多种不同形式能量相互传递与转换，完成物理与化学反应和相变反应以提取有价金属的过程[5]。有色冶金体系则属于多元多相的复杂体系，体系中往往是气、液、固三相共存，在流场、温度场、浓度场，以及应力场/电场、磁场等多物理场交互作用下，同时存在着复杂的物理和化学反应过程。这个过程不仅有复杂的宏观热平衡和物料平衡问题，还存在着微观的冶金热力学、冶金反应动力学、冶金物理化学以及物质结构等复杂的关系。整个生产常常处于一个非平衡(冶金生产过程组分的化学反应处于一种非平衡状态)、非均一(各种参数场在体系中的空间分布不均匀)、非稳定(由于操作或其他因素的影响致使各种参数处于不停地变化或波动中)和强非线性(冶金过程中参数的变化多为非线性)的过程。

(3) 生产过程不确定性严重。有色冶金过程的生产条件和生产环境十分恶劣与复杂，如高温、高压甚至是易燃、易爆或存在有毒物质，致使生产过程中的一些工艺参数，如流量、成分、金属品位等难以实时准确测量，检测数据中有大量的噪声、干扰和误差；另外，环境的动态变化，如生产用原料成分不稳定和生产边界条件剧烈波动等，还有一些重要生产指标(如转换率、产品组分等)不可直接测量所引起的过程信息的未知性和不完整性等因素也带来了工业过程的不确定性。

(4) 生产过程关联耦合严重。有色冶金过程生产流程长，对生产过程的影响因素多，包含许多工艺参数和操作变量，而这些变量相互耦合、交互作用。往往过程中一个操作变量的改变会同时引起多个被控变量的变化。而反过来，为使控制变量满足生产要求，需要合理地同时调节多个操作变量，使得生产过程的调整极其困难。

有色金属冶炼生产的这些特殊性给有色冶金生产过程的建模、控制与优化带来了许多困难，制约了有色金属冶炼自动化技术水平的提升，严重影响我国有色金属工业节能降耗和减少环境污染目标的实现。

1.3 有色金属生产过程自动化技术的发展

利用现代信息技术实现有色金属生产过程自动化是提升传统产业生产技术水

平的重点。20 世纪 80 年代以来,通过技术引进、消化吸收和自主创新,我国有色金属生产过程自动化水平取得了长足进步,在自动化装备、技术、功能、规模等方面都有了很大提高,概括起来有以下三个特点:

(1) 可编程序控制器(programmable logic controller,PLC)和集散控制系统(distributed control system,DCS)等先进控制装置和系统、以太网技术、现场总线技术、变频技术、智能检测与智能仪表技术,以及在线分析检测技术等得到了应用,工业现场从手工操作发展到自动控制,工艺参数的单回路控制发展得到了较为广泛的应用,确保了底层工艺参数的稳定控制。这些先进装置和技术的应用,对有色金属工业生产过程的安全与稳定运行起到了保证作用,也为有色金属工业可持续发展奠定了基础。

(2) 结合机理模型、数据建模、知识建模以及神经网络、专家系统、模糊控制、遗传算法等智能技术,建立了许多典型工艺过程的控制和优化模型。研究开发的先进控制和过程优化技术已应用于有色金属的采矿、选矿、冶炼、电解和加工等生产过程,从底层单回路控制发展到了高级复杂有色金属生产过程的优化控制,为有色金属生产过程的节能降耗、增产增效等目标的实现提供了技术支持。

(3) 随着网络技术的发展和广泛应用,各企业普遍加强了信息化系统的基础建设,使我国大中型有色金属生产企业在决策管理层的信息系统、网络系统建设方面取得了明显成绩,逐步改变了有色金属生产企业信息的获取、处理和应用模式,已为有色金属冶炼生产过程综合自动化技术的开发和企业管控一体化的实施建立了良好的平台。

可见,随着我国有色金属工业工艺技术装备水平的不断提升,有色金属工业自动化技术与应用水平也得到了快速发展。

1.4 有色金属智能制造技术的发展

近年来,工业互联网、大数据、云计算、人工智能等新一代信息与通信技术(information and communication technology,ICT)与制造行业加快融合,提升了制造企业的绿色高效生产水平,通过实施智能制造推进生产企业的数字化、网络化和智能化转型已成为有色金属等制造行业供给侧改革的新动能和推动行业高质量发展的必经之路[7-9]。2020 年 5 月 7 日,工业和信息化部、发展改革委、自然资源部联合编制了《有色金属行业智能矿山建设指南(试行)》《有色金属行业智能冶炼工厂建设指南(试行)》《有色金属行业智能加工工厂建设指南(试行)》,为有色金属生产企业开展智能制造提供全面指导,有序推进企业智能化改造。在此背景下,我国有色金属行业大力开展智能制造试点示范项目建设,研发有色金属智能制造关键核心技术，主要包括以下内容。

1）先进感知与数字孪生

先进感知技术包括融合工业大数据和工艺机理知识的设备运行状态、生产条件和运行工况智能感知技术，以及恶劣生产环境下的关键工艺指标在线检测技术，如基于光谱分析的多重金属离子浓度在线检测技术。其目标是实现关键运行信息的实时获取，为动态生产环境下的优化与决策奠定基础[10]。数字孪生是物理过程/对象在虚拟空间中的数字化和可视化的高保真映射[11]，是过程/对象工艺机理、实时生产数据和可视化模型的深度融合，可用于流程模拟与分析、工艺设计与优化、远程监控和预测性维护等，服务企业的全生命周期管理和全流程监控。目前已有部分企业正式上线运行工厂数字孪生系统。

2）基于知识自动化的智能优化决策

知识自动化是指知识型工作的自动化[12]。企业生产过程的体力型工作已经基本上被机器所替代，随着深度强化学习、知识图谱等人工智能技术的发展与应用，管理、调度、运行优化和控制等知识型工作正逐步由机器自动完成。将知识自动化技术与优化控制技术相融合，深入企业经营与生产的各层面，形成知识驱动的智能经营管理决策系统、智能计划调度决策系统、智能运行优化控制决策系统，实现企业供应链管理、计划调度、全流程协同优化与单元工序/反应器智能自主控制中的自动化决策。目前，知识自动化技术已应用到企业原料采购、工况分析、故障溯源等决策过程中[13]。

3）智能装备与智能车间

有色金属生产智能装备包括完成产品和生产工具运输调度的大型重载荷装备和替代操作工人在危险生产场景下从事重复性繁重作业的工业机器人。目前，智能电解行车和扒渣机器人等智能装备已经在有色金属生产企业得到成功应用。智能车间是针对特定工序，采用智能装备/生产线和工业软件实现工序中所有操作智能化、少人化甚至无人化的智能生产单元。目前，已有企业建成选矿、配料、剥片、压铸、码垛、仓储等生产环节的智能车间。

工业软件是在深度认识工艺机理的基础上，实现实时在线运行的工艺过程操作、控制与优化的专用软件，是信息化技术与工艺机理深度融合的体现，是智能制造的核心。国外在工业软件领域起步较早，已将工业软件做成其出口创收的重要产品。国内企业通过消化吸收和自主创新开发了企业资源计划（enterprise resource planning，ERP）、制造企业生产过程执行系统（manufacturing execution system，MES）、DCS，一方面占据了相当的工业软件市场份额，另一方面仍需满足智能制造对工业软件的通用性和精细化管控等能力的需求。工业互联网平台是实现有色金属生产过程数字化、网络化、智能化的重要载体，是全面连接工业经济全要素、全产业链、全价值链的底座，工业互联网和有色金属工业的深度融合可实现生产、设备、能源、物流等资源要素数字化汇聚、网络化共享和平台化协同,已成为当前有色金属行业推广智能化应用、催生新制造模式的重要发展方向。

1.5 本书的主要内容

本书旨在对多年来从事有色金属生产过程自动化的研究工作加以总结,涉及解决有色金属生产过程自动化问题的理论、方法、技术及系统实现等方面内容。

第 2 章主要是针对有色冶金过程难以建模的问题提出智能集成建模的概念,给出智能集成建模的形式和结构,并介绍两种典型的智能集成建模方法。

第 3 章讨论复杂有色金属生产过程的优化控制问题,给出智能集成优化控制结构,重点讨论操作模式优化和不确定优化问题,给出操作模式的形式化描述和操作模式优化框架,介绍典型的工程优化算法。

第 4 章主要讨论锌冶炼生产过程自动化问题,它涉及原料供应的优化、锌湿法电解生产过程综合优化控制、锌湿法冶炼净化过程优化控制等方面的内容。

第 5 章主要讨论铜闪速熔炼生产过程自动化。主要涉及铜闪速炉精矿配料、气流干燥、闪速熔炼、转炉吹炼等生产过程的工艺指标预测、炉况评判以及智能优化控制技术、系统实现等方面的内容。

第 6 章主要讨论氧化铝生产过程自动化。主要涉及氧化铝生料浆配料、高压溶出、蒸发以及连续碳酸化分解过程的智能优化控制问题。

第 7 章主要介绍大型模锻水压机和大型立式淬火炉的智能控制技术。

第 8 章主要探讨有色金属行业智能工厂建设问题。简要介绍智能工厂的体系架构、关键核心技术,分析智能工厂未来发展建设中面临的挑战性问题。

第 4 章～第 7 章主要介绍应用成果。从实际生产过程中提炼科学问题展开研究,提出解决问题的理论方法和关键技术,并将研究成果应用于生产实际,取得了显著的应用成效。

参考文献

[1] 张洪田. 有色金属进展(第一卷):综合篇. 长沙:中南大学出版社,2007

[2] 桂卫华,阳春华,胡长平,等. 有色金属进展(第十卷):有色金属工业自动化与信息化. 长沙:中南大学出版社,2007

[3] 贾明星. 七十年辉煌历程 新时代砥砺前行——中国有色金属工业发展与展望. 中国有色金属学报,2019,29(9):1801-1808.

[4] 翟秀静. 重金属冶金学. 北京:冶金工业出版社,2011

[5] 邱竹贤. 有色金属冶金学. 北京:冶金工业出版社,1988

[6] 周萍,周乃君,蒋爱华,等. 传递过程原理及其数值仿真. 长沙:中南大学出版社,2006

[7] 桂卫华，阳春华，陈晓方，等．有色冶金过程建模与优化的若干问题及挑战．自动化学报，2013，39(3)：197-207

[8] 柴天佑．工业人工智能发展方向．自动化学报，2020，46(10)：2005-2012

[9] 钱锋，杜文莉，钟伟民，等．石油和化工行业智能优化制造若干问题及挑战．自动化学报，2017，43(6)：893-901

[10] Chen J M, Yang C H, Zhou C, et al. Multivariate regression model for industrial process measurement based on double locally weighted partial least squares. IEEE Transactions on Instrumentation and Measurement, 2020, 69(7): 3962-2971

[11] Tao F, Qi Q L, Wang L H, et al. Digital twins and cyber-physical systems toward smart manufacturing and industry 4.0: Correlation and comparison. Engineering, 2019, 5(4): 653-661

[12] James Manyika, Michael Chui, Jacques Bughin, et al. Disruptive Technologies: Advances that will Transform Life, Business, and the Global Economy. New York: McKinsey Global Institute, 2013

[13] 桂卫华，陈晓方，阳春华，等．知识自动化及工业应用．中国科学：信息科学，2016，46：1016-1034

第 2 章　有色金属生产过程智能集成建模

模型是所研究问题本质特性的一种描述，模型的结构和内容与所研究的问题本身、建模方法以及研究目的有关。有色金属生产过程智能集成建模有效地描述连续生产工业过程中操作参数之间，以及操作参数与生产指标、经济效益之间的复杂关系。本章分析传统工业过程建模方法的优势和不足，结合有色金属生产过程的特点以及优化控制对模型的要求，介绍智能集成建模的思想和基础理论框架，并对典型的智能集成建模方法进行详细阐述。

2.1　智能集成建模的提出

工业过程的模型化研究经历了传统建模和智能建模两大阶段，由此出现的各种建模方法各具特色，在工业过程的建模、优化与控制中得到了广泛的应用。传统工业过程建模方法包括机理建模和系统辨识两种建模方法。

(1) 机理建模是在工艺机理分析的基础上，依据物料平衡、热量平衡、动力学、热力学等理论建立的类似于方程式的模型。机理建模是对过程的严密描述，在很大程度上依赖于科研和工程开发人员对实际工业过程的理论和化学、物理过程原理的认识。由于实际过程的复杂性和不确定性，对工业过程的认知总是有限的，因此建立严格机理模型十分困难，所花费的时间和资金很多。

(2) 系统辨识通过对所研究工业过程输入与输出关系的观测，基于一组给定的模型类，用参数估计方法确定与所测过程等价的模型。系统辨识的关键是模型类的确定以及参数估计方法。已成功应用于系统辨识中的参数估计方法主要包括极大似然法、最小二乘法、互相关法、辅助变量法和随机逼近法等。然而就模型类别来说，双线性模型、幂指数模型、Hammerstein 模型和 Wiener 模型等非线性模型类无法满足千变万化的非线性过程，因此用于非线性工业过程建模的精度往往不够理想。

智能建模方法指将人工智能、神经网络、模糊逻辑、模式识别等智能化技术和理论用于工业过程建模的方法，它包括专家经验方法、神经网络方法、模糊逻辑方法、模式识别方法、遗传编程方法以及基于遗传算法的方法等。其中，应用最多的为前三种。

(1) 专家经验建模方法是依靠专家系统从专家和有经验的工人那里获取的经验知识对生产过程进行描述的方法，可以处理定性和启发式的知识信息。专家经验建模方法，可以处理多变量、非线性、强耦合等复杂关系，且专家系统具有较强的解释功能，通过专家经验模型可以很容易地得到对工业过程机理与本质的认识。但专家系统存在知识获取的“瓶颈”问题，由于知识的不完备性，再加上专家经验模型的学习能力差，推理能力弱，专家经验模型的精度往往不高。

(2) 模糊技术也是根据经验知识对过程进行描述，但它采用模糊推理方法，不会产生用传统专家系统进行推理时所出现的问题，能很好地处理生产过程中存在的大量不确定性信息。不过，模糊技术也存在知识获取的“瓶颈”问题，这种方法在确定规则数、模糊隶属函数等时需要有效数据的附加信息或先验知识，而这些信息有时并不容易得到。

(3) 人工神经网络不仅可任意逼近非线性，且具有大规模并行处理、知识分布存储、自学习能力强、容错性好等特点，在复杂工业过程建模中备受青睐。尽管如此，神经网络本身存在的问题也不容忽视。神经网络是一种基于生产数据的黑箱模型，模型不具透明性，不能揭示过程的机理，另外，神经网络对训练样本的选择和需求量大，当输入较多时，网络结构复杂，网络训练耗时，收敛速度慢。

针对以上这些工业过程建模方法所存在的问题，控制界和工业界采取了各种手段和措施进行解决。其中最引人注目的研究有：一是针对这些建模方法的优缺点，将各种方法有效结合，取长补短，克服单一建模方法本身存在的问题；二是针对实际工业过程的具体情况将多种建模方法有机结合。这些研究成果包括多种神经网络共同建模[1~3]、神经网络与传统方法相结合建模[4~7]、模糊与神经网络混合建模等方法[8~10]。这些研究的仿真与应用实践证明，多种方法相结合用于复杂过程建模比单一的智能建模方法更有效，是复杂工业过程模型化研究的发展方向。

有色冶金过程的复杂性造成传统的建模方法往往无法适用，而智能建模方法在解决复杂性方面独具特色，但就过程优化控制对模型的预测精度、学习能力、模型复杂度等方面提出的要求而言，智能建模方法也有待进一步改进。为此需要探索工业过程建模的新方法和新思路。另外，实际生产工业不仅拥有大量的生产数据和丰富的操作经验，而且由于长期研究，工艺界积累了对过程的科学试验和理论认识。生产数据可用于系统辨识和神经网络建模，经验知识可作为专家经验建模和模糊逻辑建模的基础，而工业界对过程的机理认知则是机理建模的前提，这些多方面的信息为各种建模方法的集成创造了条件。智能集成建模[11]的思想是解决复杂有色冶金过程模型化的有效途径之一。

2.2 智能集成建模的基本框架

2.2.1 基本概念

由于客观世界中实际系统的复杂性和多样性，建模的具体方法和模型的具体形式是千差万别的。针对建模方法的局限性和复杂工业过程特性分析,提出的智能集成建模定义如下。

定义 2.1 智能集成建模是指将两种或两种以上的建模方法,按一定的方式进行集成后用于实际对象抽象化描述的过程,其中,以上这些方法中至少有一种为人工智能、神经网络、模糊逻辑、专家推理和遗传算法等智能方法。

智能集成建模的目的是在对过程进行描述时,能充分利用多种方法的优势,取长补短,以便更好地满足过程控制对模型的要求。由定义 2.1 可知,智能集成建模的关键问题包括两个部分:一是定义中提到的可用于智能集成建模中的各种方法和技术;二是指方法集成的形式,集成的形式将在 2.2.2 节中讨论。至于定义 2.1 中提到的各种方法,是指现已成熟的可用于问题求解的各种数学工具(包括智能计算工具)。这些数学工具可直接用于建模,也可用于模型变量的选择、模型结构的确定或模型参数的估计等部分建模任务。总之,这些数学工具通过一定的集成可最终实现过程的模型化。

2.2.2 智能集成建模的形式和结构

实际应用中,集成的形式往往是复杂多变的,但基本形式主要有以下六种。

1) 并联补集成

这种集成属于松耦合集成,其结构一般可分解为由两个子模型模块组成。集成结构如图 2.1 所示。并联补集成建模是将两个模型模块相并联,并把两个模型模块的输出进行相加(图 2.1(a))或相乘(图 2.1(b))后作为模型的总输出的建模方式。其中,两个模型有主从之分,一个模型在集成模型中占主导地位,另一个模型则是对主模型的补充,或者说是对主模型输出误差的补偿。这一集成形式可表示为:

对于图 2.1(a),有

$$Y=f(Y \mid X)=Y_0+\delta=f_1(Y_0 \mid X_m)+f_2(Y-Y_0 \mid X_n) \tag{2-1a}$$

对于图 2.1(b),有

$$Y=f(Y \mid X)=\delta Y_0=f_2(Y/Y_0 \mid X_n)f_1(Y_0 \mid X_m), \quad X=X_m \cup X_n \tag{2-1b}$$

式中,$f(Y \mid X)$ 表示以 X 为输入、Y 为输出的模型;X_m 为模型 1 的输入;Y_0 为模型 1 的输出;X_n 为模型 2 的输入;δ 为模型 2 的输出。

2) 加权并集成

这种集成与并联补集成结构相似(图 2.2),但内容和意义上则有不同。

加权并集成建模可有多个子模型模块,这些模型模块作用互补,在集成模型中的地位由加权权重 $w_i(i=1,2,\cdots,n)$ 决定。其中,$\sum_{i=1}^{n} w_i=1, 0 \leqslant w_i \leqslant 1$。权重的

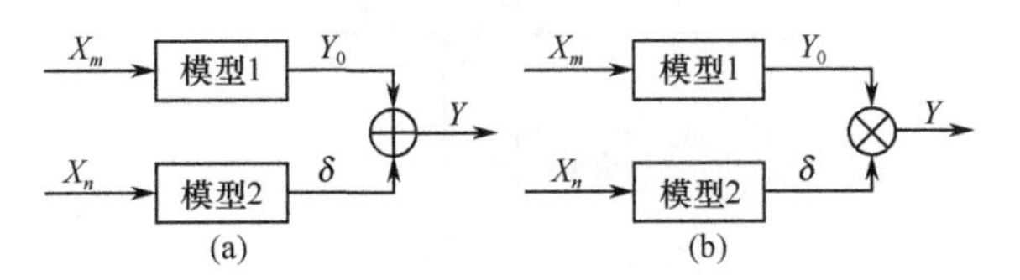

图 2.1　并联补集成

确定方法不同，得到的加权并集成模型也将不同。权重可由经验法、等权值法、最小二乘法、模糊组合法和专家系统法等确定。这一集成形式的数学表达式如下：

$$Y = f(Y \mid X) = \sum_{i=1}^{n} w_i f_i(Y_i \mid X_{m_i}), \quad X = \bigcup_{i=1}^{n} X_{m_i} \tag{2-2}$$

3) 串联集成

串联集成是模型结构形式上的一种集成，如图 2.3 所示。

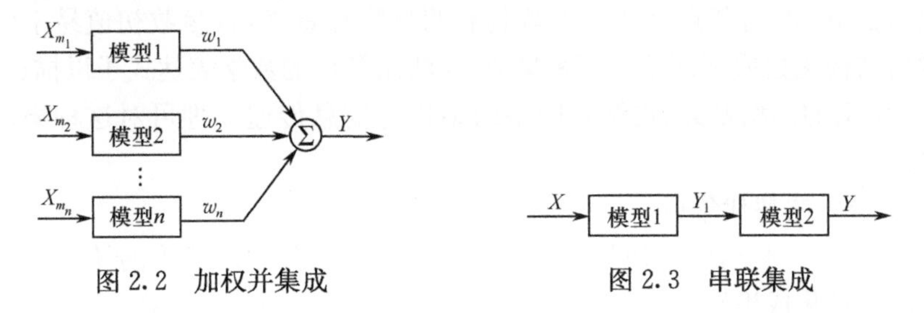

图 2.2　加权并集成

图 2.3　串联集成

若一个集成模型由两个子模型模块组成，其中一个子模型模块的输出是另一个子模型模块的输入，则这种集成称为串联集成。非线性动态系统建模常采用这种形式，最为经典的就是用神经网络和 NARMX(nonlinear autoregressive moving average model with exogenous variables)模型串联描述非线性动态过程。其中，神经网络用于反映过程静态时的非线性本质，NARMX 线性模型用于表征过程的动态特性。两个子模型的前后位置不同，集成模型的最终形式也不同。串联集成的数学表达式为

$$Y = f(Y \mid X) = f_2(Y \mid f_1(Y_1 \mid X)) \tag{2-3}$$

4) 模型嵌套集成

这一形式的集成也至少需要两个模型模块，其中，有一个模型为基模型模块，其他模型模块则嵌套在基模型模块中，用于代替基模型模块中的部分变化参数。集成结构可由图 2.4 表示。集成的数学表达式为

$$\begin{cases} Y = f(Y \mid X) = f(Y \mid (X_m, Y_2)) = f_1(Y \mid (X_m, f_2(Y_2 \mid X_n))) \\ X = X_m \cup X_n \end{cases} \tag{2-4}$$

可以认为，串联集成是模型嵌套集成的一种特殊形式。

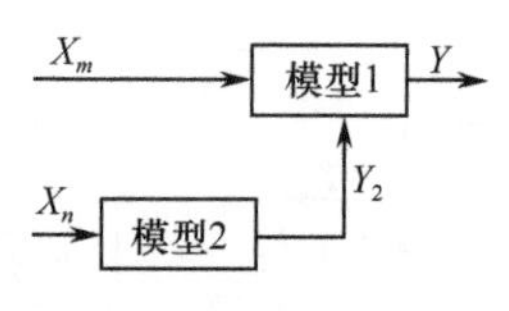

图 2.4　模型嵌套集成

5）结构网络化集成

结构网络化是指将一种建模方法用神经网络的结构形式和学习方法予以实现的集成方法，是神经网络的思想与其他建模方法的一种集成。其最大特点是增强了原有建模方法的学习能力。另外，与传统神经网络模型相比，由于其他建模方法的介入，所得集成模型在网络结构方面明显具有优势。例如，文献[9]中的神经模糊系统就可看成模糊建模方法与神经网络的集成，所得集成模型由于具有神经网络的结构，因而参数学习和调整比较容易；另外，由于模型是按模糊系统模型建立，网络节点及所有参数具有明显物理意义，且参数初值易于确定。

网络结构化集成不同于前四种集成，无法用简单的数学表达式予以描述，通过 2.2.3 节定义的模型基元，再结合网络的结构与信息传递原理可对这种集成方法进行描述。

6）部分方法替代集成

基于某一种模型，将其他新的方法集成到该模型中，用于替代原有建模方法中的部分的一种集成思路。一个完整的建模方法包括模型变量选择、模型结构确定和参数估计等部分。部分方法替代集成就是用新的方法替代原有建模方法几个部分中的一个或多个。例如，基于遗传算法的线性辨识建模方法，其沿用线性辨识建模的思路，然而不同之处是用遗传算法替代原有最小二乘参数估计方法。

以上六种集成形式为基本形式，表 2.1 总结了这六种集成形式的异同点。前四种集成可认为是两种或两种以上的模型模块在外部结构上的集成，归为松耦合集成；后两种集成是多种方法在模型内部的集成，为紧耦合集成。紧耦合集成不易用简单数学表达式描述。

表 2.1　六种基本集成建模形式的比较

基本集成形式	模型模块数	数学描述	集成紧密程度	模型块有无主次之分
并集补集成	2	易	松	有
加权并集成	≥2	易	松	无
串联集成	≥2	易	松	无
模型嵌套集成	≥2	易	较松	有
结构网络化集成	1	难	紧	有
部分方法替代集成	1	难	紧	有

实际工业过程的智能集成建模是以上六种基本集成形式的复杂组合和嵌套。

2.2.3　智能集成建模的形式化描述

根据模型的定义和建模的步骤可知，一个模型可由$\{O,G,V,S,P,W\}$六个元素决定。其中，O为建模对象(object)；G为建模目标或目的(goal)；V为模型变量集(variable set)，包括输入变量V_{I}、输出变量V_{O}和中间变量V_{M}；S为模型的结构形式(structure)，如偏微分方程组、IF-THEN 规则、三层前馈神经网络等；P为模型参数集(parameter set)，包括结构参数P_{S}和变量参数P_{V}；W为建模用的方法集(way set)，包括变量确定方法和参数确定方法等。

智能集成建模往往包括多个模型基元的建立，其中模型基元的定义如下。

定义 2.2　所谓模型基元是指具有$\{O,G,V,S,P,W\}$模型六元素且不可再细分的模型单元。

为此，智能集成建模可描述为一组模型基元的集合，即

$$\begin{cases} f(\ ) = M\langle O,G,V,M_{\mathrm{Sub}} \mid B = 1\rangle \\ f_i(\ ) = M_i\langle O,G,V,S,P,W \mid B = 0\rangle, \quad f_i(\ ) \in M_{\mathrm{Sub}} \end{cases} \tag{2-5}$$

式中，$f(\ )$和$f_i(\ )$表示模型；$M\langle\cdot\rangle$为模型表征符号；“$\langle\ \rangle$”内的变量是构成模型的元素；M_{Sub}是集成模型所包括的模型基元集合；B为模型的属性，若$B=0$意味着该模型为模型基元，可用$\{O,G,V,S,P,W\}$六元素直接描述，若$B=1$，则表示模型由多个模型基元组成，为此需用式(2-5)完整描述。

2.3　典型智能集成建模方法

在 2.2 节介绍智能集成建模基本框架的基础上，本节将具体介绍几类典型的智能集成建模方法。神经网络能够以任意精度逼近任何非线性映射，学习能力和自适应能力强，容错性和鲁棒性好，既能处理精确性信息，又能处理不确定性信息，适用于强非线性和不确定性的过程建模。为此，本节以神经网络为例，在智能集成建模思想指导下给出三类基于神经网络的集成建模方法，为工业应用提供借鉴。

2.3.1　多神经网络的集成建模方法

神经网络建模方法是基于数据的黑箱辨识方法，依据大量的工业生产历史数据理论上可很好地拟合工业过程，但若实际工业过程异常复杂，工况波动频繁，可测信息有限且相互干扰严重，则传统的神经网络模型往往规模庞大，运算速度慢，易产生过拟合现象，难以得到理想的结果。多神经网络按照某种标准将学习样本集划分为多个具有不同特征值的子空间，再利用不同的神经网络分别描述工业过程，可在一定程度上解决上述问题。

多神经网络集成建模方法通过建立一组神经网络模型，并按一定方式将其连

接起来以改善模型预测能力。多神经网络的结构如图 2.5 所示，它由多个相对独立、协同作用的单个神经网络组成。分类器按照一定的方法将待建模对象的输入空间划分为一些小的局部空间，在每个局部空间中用单个神经网络实现期望的非线性映射关系，或使某一单个网络在此局部空间中发挥主要作用，在整体上由多神经网络模型实现整个输入空间所期望的函数映射关系。当利用系统输入输出数据建立非线性对象的神经网络模型时，采用单个神经网络建立的模型只是系统的一种近似模型，不同网络在不同输入空间中的预测性能会有所不同。为此，多神经网络通过一定方式将这些单个网络进行连接，构成对象的整个输入空间模型，模型的预测精确度和鲁棒性都将得到增强。

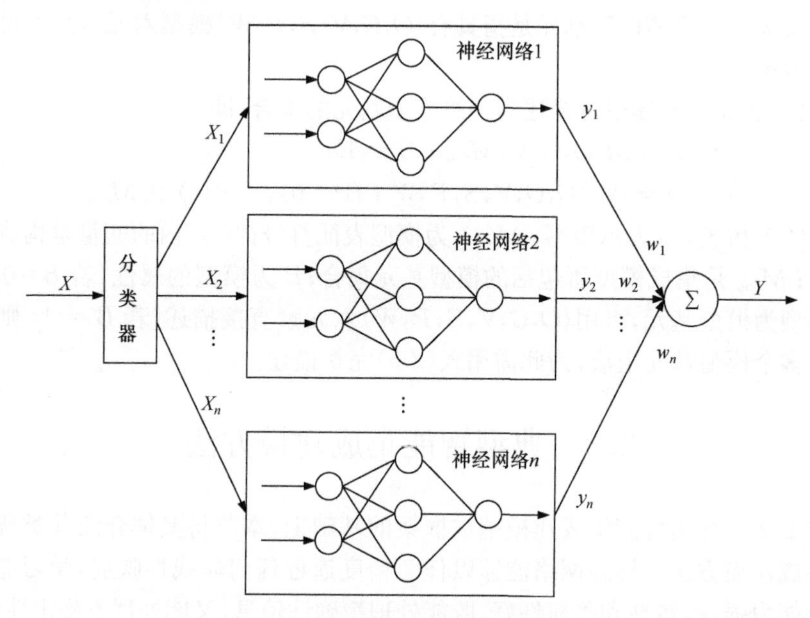

图 2.5 多神经网络结构

多神经网络中每个子神经网络可以选择不同的网络结构，多神经网络研究的重点在于样本空间的分类以及多个神经网络的组合。其中，样本空间的分类包括神经网络个数的确定和每个神经网络样本空间的分布，而多个神经网络的组合关键在于网络集成连接权值的确定。目前，不论是样本空间的分类还是多个神经网络的组合都有多种方法，这两类不同方法的组合搭配可得到多种形式、各具特点的多神经网络。然而，从工业过程实际情况出发，基于样本集聚类并采用模糊组合方式实现多训练子网全局连接所构造的多神经网络(这里定义为分布神经网络)最具代表性且更符合工业过程建模的实际需要。为此，这里以分布神经网络为对象讨论一种多神经网络的集成建模方法。

1. 自适应监督式分布神经网络的提出

多神经网络建模方法是考虑到实际工业过程生产数据多且数据间噪声干扰严重、数据样本存在矛盾导致单个神经网络难以胜任工业过程的非线性拟合，即单个神经网络的网络规模大、网络收敛速度慢且过拟合等而提出。就多神经网络的子网样本空间划分而言，目前出现的多种方法归结起来主要为定性和定量两种。定性划分是基于经验知识的一种划分，如试凑法或经验法。尽管实际工业生产中积累了大量的专家经验知识，但是生产数据复杂，若非特殊情况，一般难以通过定性分析实现样本集的空间分布。从一般性和通用性出发，多神经网络的样本空间划分多采用定量的方法，即基于数据的数学分类方法。定量划分包括基本聚类方法和增长式分类方法。

多神经网络的连接方式（即子网组合）大致可分为全局组合和局部组合两大类。全局组合将所有子网输出进行加权，其关键在于多个子网连接权值的确定。目前常用的方法有等权值法、最小二乘法和模糊组合法。局部组合选择多个神经网络中部分子网进行组合，其又分为多选多和多选一的组合方式。多选多的局部组合方式一般先从多个聚类确定的神经网络子网中选择几个，然后固定这几个子网，舍弃其余子网，并对固定后的子网组合输出。多选一的局部组合方式不对所训练的神经网络子网进行取舍，所有子网都是整个模型的一部分，只是模型每次输出仅激活一个子网发挥作用。多选多的局部组合连接由于连接中舍弃了经过训练的神经网络，从而丢失了这些模型中含有的有用信息，由此得到的整体模型较之未舍弃前构造的模型预测精度有所下降。最小二乘的全局组合连接由于多神经网络中的子网模型所反映的是同一种非线性关系，其相互之间严重相关，难以得到较好的神经网络子模型连接权值。另外，由于工业生产数据存在干扰噪声造成多神经网络样本空间分布的不确定，多选一局部组合连接以及等权值的全局组合连接尽管不存在丢弃有用训练信息和确定权值困难的缺点，但由它们连接得到的多神经网络模型精度却不令人满意。模糊组合的全局连接不仅不存在以上问题，而且在一定程度上还可消减神经子网个数的不同引起的多神经网络的精度差异，更具实用性。为此，研究基于数据样本聚类和模糊组合全局连接所构成的分布神经网络作为工业过程智能集成建模的一种方法非常有意义。

目前，大多数分布神经网络在工业过程建模实际应用中仍存在问题。这些问题主要由分布神经网络的样本空间分类不完善引起，具体体现在以下方面：

(1) 样本空间分类方法大都是无监督式聚类方法。这种方法的样本集划分标准仅仅基于输入变量，忽略了输出变量对样本分布空间的影响。根据这种无监督聚类方法的聚类结果训练的神经网络有时会因为聚类样本间的矛盾与冲突而造成网络学习无效。

(2) 分类方法缺乏动态修正聚类个数和样本空间分布的能力。目前,大多数聚类方法需要凭经验人为预先确定聚类个数;增长式分类方法从少到多逐步增加聚类个数,解决了聚类个数难以确定的困扰,但一旦确定仍存在无法实时修正聚类个数和样本空间分布的问题。实际生产中,数据是时变的和不完备的,多神经网络若各子网具有自学习能力但样本空间的分布不能实时修正,仍将影响模型的最终精度,因为在多神经网络中,样本空间的分类很大程度上决定了多神经网络模型的好坏。

鉴于此,本章设计了一种自适应监督式分布神经网络 (adaptive supervised distributed neural networks,ASDNN)实现铅锌烧结块成分预测,以满足工艺生产预测精度要求,用于优化指导铅锌烧结配料过程[12]。

2. ASDNN 模型的总体结构

ASDNN 模型的网络结构如图 2.6 所示。ASDNN 模型采用监督式聚类方法将由输入向量和输出向量张成的样本空间划分为多个子空间,并确定每个子空间的中心、半径以及样本分布。由每个子空间的样本分布情况可训练得到相应的神经子网;另外,由每个子空间的中心和半径可确定相应的子网隶属度为

$$\mu_i=\begin{cases}1-\|\tilde{x}-v_i\|/r_i, & \|\tilde{x}-v_i\|\leqslant r_i\\0, & \|\tilde{x}-v_i\|>r_i\end{cases};\quad i=1,2,\cdots,q \tag{2-6}$$

式中,$\tilde{x}$ 为监督式聚类模糊分类器的输入向量;v_i 和 r_i 分别为第 i 个子网的样本空间中心和半径;q 表示 ASDNN 模型中的子网个数。

设第 i 个子网的输出为 y_i,则采用模糊组合方法得到 ASDNN 模型的整体输出为

$$y=\frac{\sum_{i=1}^{q}\mu_i y_i}{\sum_{i=1}^{q}\mu_i} \tag{2-7}$$

整个模型中自适应监督式聚类模糊分类器起着非常重要的作用,其不仅实现样本空间的监督式聚类,而且完成了样本空间划分的自适应修正。

3. ASDNN 样本空间的监督式聚类

网络学习样本的划分标准采用监督式聚类方法。其特点在于:学习样本聚类时,不仅仅基于样本的输入变量,而且综合考虑了输出变量对样本空间分布的影响。这种有监督的聚类方法充分利用了输出中包含的过程信息,使样本空间的划分更均匀和合理。对于学习样本集$\{(x(k),y(k))\,|\,x(k)\in \mathrm{R}^n,y(k)\in \mathrm{R}^1,k=1,2,\cdots,N\}$,其中 $x(k)$为第 k 个样本的 n 维输入,$y(k)$为 $x(k)$第 k 个样本的一维输出,

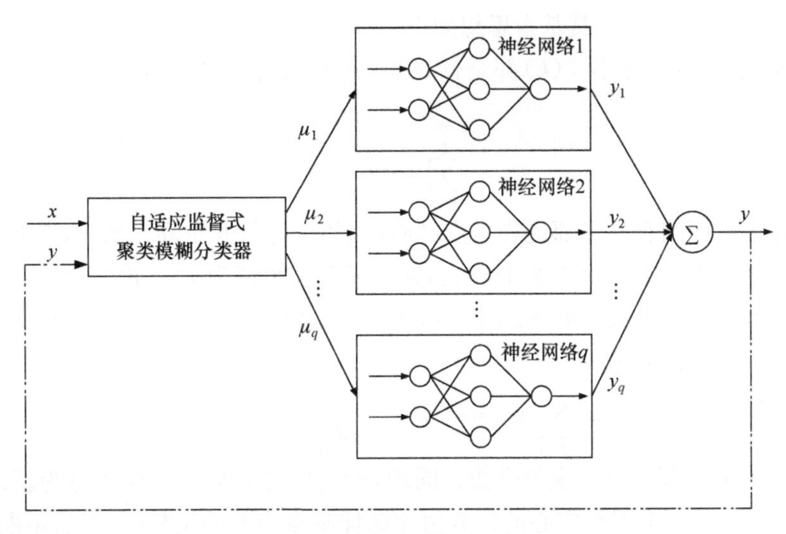

图 2.6　自适应监督式分布神经网络

监督式聚类算法包括三部分。

1）引入增广输入向量

传统的样本集聚类方法实际上是确定最优的聚类中心 v_i^* $(i=1,2,\cdots,q)$，使以下目标函数达到最优：

$$Q=\sum_{i=1}^{q}\sum_{k=1}^{N}u_{ik}^{p}\parallel x(k)-v_i\parallel^2$$

式中，$[u_{ik}]$为样本分布矩阵；p 为常数，$p>1$。

监督式聚类方法将输出变量加到输入变量中组成增广输入变量

$$\tilde{x}(k)=[x(k),\beta y(k)],\quad k=1,2,\cdots,N \tag{2-8}$$

并重新定义优化目标

$$\begin{aligned}Q^1&=\sum_{i=1}^{q}\sum_{k=1}^{N}u_{ik}^{p}\parallel\tilde{x}(k)-v_i\parallel^2\\&=\sum_{i=1}^{q}\sum_{k=1}^{N}u_{ik}^{p}\parallel x(k)-\tilde{v}_i\parallel^2+\sum_{i=1}^{q}\sum_{k=1}^{N}u_{ik}^{p}\parallel\beta y(k)-\tilde{v}_{i,n+1}\parallel^2\end{aligned} \tag{2-9}$$

使整个聚类过程充分考虑了输出的影响。其中，β 为控制 $y(k)$对聚类结果影响程度的参数，β 越大，$y(k)$对聚类结果的影响越大。β 的确定是输入空间和输出空间相似度的一种折中，通常情况下可由实验确定。$\tilde{v}_i$ 是由聚类中心 v_i 前 n 个元素组成的向量，$v_{i,n+1}$是聚类中心 v_i 的第 $n+1$ 个元素。

2）聚类中心和个数的初始化

监督式聚类采用类似于减聚类算法[13]确定初始聚类中心个数 q 及初始聚类

中心 $v_i(i=1,2,\cdots,q)$。其基本思想如下:

首先,假设每个样本 $\tilde{x}(k)$ 都是候选聚类中心,定义每个样本 $\tilde{x}(k)$ 的位势值 P_i 为

$$P_i=\sum_{j=1}^{N}\mathrm{e}^{-\alpha\|\tilde{x}(i)-\tilde{x}(j)\|^2} \tag{2-10}$$

若某个样本点周围有许多邻近样本点,则该点的位势值非常高。据此,选取位势值最高的样本点作为第一个聚类中心 v_1,并定义其位势值为 P_1。由于靠近聚类中心的样本点被选为新聚类中心的几率将减少,其位势值应降低。为此,修正其他非聚类中心样本点的位势值为

$$P_i^{(l)}=\sum_{j=1}^{N}\mathrm{e}^{-\alpha\|\tilde{x}(i)-\tilde{x}(j)\|^2}-\sum_{k=1}^{l}P_k\mathrm{e}^{-\zeta\|\tilde{x}(i)-v_k\|^2} \tag{2-11}$$

式中,l 为当前时刻已有的聚类个数。同理,确定位势值最高的样本点为新的聚类中心,并定义 $l+1$ 个聚类中心的位势值为该样本点当前的位势值,然后不断重复,重新计算其他非聚类中心样本点的位势值,并确定新的聚类中心,直到剩下所有的样本点其位势值小于第一个聚类中心位势值 P_1 的一个百分比。由此,可得到 q 个聚类中心 $v_i(i=1,2,\cdots,q)$。式(2-10)和式(2-11)中的常数 α 和 ζ 一般由经验确定,根据多次实验,可令 $\alpha=16$,$\zeta=10.24$。

3) 样本竞争学习

监督式聚类采用带有明显统计意义的竞争学习算法,在聚类个数已知的情况下重新进行样本的聚类,以期得到令人满意的样本空间划分。

(1) 针对聚类样本集中每一个增广输入向量 $\tilde{x}(k)$,依输入样本密度确定最近中心点 v_c

$$P_c\|\tilde{x}(k)-v_c\|=\min_j p_j\|\tilde{x}(k)-v_j\|,\quad p_j=\frac{n_j}{\sum_{i=1}^{q}n_i} \tag{2-12}$$

并修正聚类中心 v_c

$$\begin{gathered}n_c=n_c+1,\quad a_c=\frac{1}{n_c}\\ v_c(k+1)=v_c(k)+a_c(\tilde{x}(k)-v_c(k))\\ v_j(k+1)=v_j(k),\quad j\neq c\end{gathered} \tag{2-13}$$

(2) 聚类中心修正结束后,固定聚类中心 $v_i(i=1,2,\cdots,q)$,确定每个子空间的边界(或半径)。即对于聚类样本集中每一个增广输入向量 $\tilde{x}(k)$,定义

$$\|\tilde{x}(k)-v_c\|=\min_j\|\tilde{x}(k)-v_j\| \tag{2-14}$$

$$\begin{gathered}\text{IF }\|\tilde{x}(k)-v_c\|>r_c(k)\text{ THEN }r_c(k+1)=\|\tilde{x}(k)-v_c\|\\ \text{IF }\|\tilde{x}(k)-v_c\|\leqslant r_c(k)\text{ THEN }r_c(k+1)=r_c(k)\end{gathered} \tag{2-15}$$

通过竞争学习最终可得 q 个聚类中心 $v_i(i=1,2,\cdots,q)$ 及其半径 $r_i(i=1,2,\cdots,q)$ 和样本数 $n_i(i=1,2,\cdots,q)$。依据 q 个子样本集$\{(x_j(k),y_j(k))\mid j=1,2,\cdots,q,k=1,2,\cdots,n_j\}$，可分别采用不同的神经网络建立子模型：

$$y_j=f_{\mathrm{NN}_j}(x) \tag{2-16}$$

对于整个样本空间而言，这些相对分散的子网不利于应用，为此根据式(2-6)和式(2-7)采用模糊分类器将各子网进行综合，得到整个网络的输出。

监督式分布神经网络在聚类时用到了样本期望输出，但在用于神经网络拟合时仅用了样本的输入向量。利用该网络进行预测时，最好能和其他建模方法(如线性辨识和规则模型等)配合使用。首先利用线性辨识和规则模型进行粗预测，然后将样本的输入和粗预测的输出作为监督式分布神经网络的输入进行精确预测。

4. ASDNN 模型的自适应学习

生产过程异常复杂，其时变性要求网络应具有自适应功能，可根据生产数据不断学习和修正。监督式分布神经网络的自适应功能针对新样本是否在已划分样本空间的不同情况，其学习机制不同。

若新数据样本在已划分的样本空间内，但网络预测的结果与实际值误差较大，即

$$\sum_{i=1}^{q}\mu_i\neq 0\ \text{且}\ |e|>e_{\min} \tag{2-17}$$

其中，q 表示用于预测的子网个数，则对样本所在的子网进行修正。为便于修正，子网可选用 BP 网络，并采用加动量项的变学习率 BP 算法进行学习。对于 $\|\tilde{x}-v_l\|\leqslant r_l$ 的第 l 个子网，该算法按式(2-18)更新子网的权值。

$$\begin{gathered}
\boldsymbol{W}_{i,j}^{l}(k)=\boldsymbol{W}_{i,j}^{l}(k-1)+\eta(k)\left(-\frac{\partial J}{\partial \boldsymbol{W}_{i,j}^{l}}\right)+\lambda\Delta\boldsymbol{W}_{i,j}^{l}(k-1)\\
J=\frac{1}{2}(y(k)-\hat{y}(k))^2\\
\eta(k)=\begin{cases}a_1\eta(k-1), & J(k)-J(k-1)<0\\ a_2\eta(k-1), & J(k)-J(k-1)>(a_3-1)J(k-1)\end{cases}
\end{gathered} \tag{2-18}$$

式中，$y(k)$为样本期望输出；$\hat{y}(k)$为模型实际输出；$\eta(k)$为学习率；λ 为动量因子；a_1、a_2 和 a_3 为常数，通常情况下，$a_1>1,a_2<1,a_3>1$。

若新数据样本不在已划分的样本空间内，即 $\sum_{i=1}^{q}\mu_i=0$，则要分下述三种情况自适应修正网络：

(1) 若新数据样本组成的增广输入向量与所有聚类中心间距离的最小值

$$D_{\min}=\min_{j=1}^{N}\|\tilde{x}-v_j\| \tag{2-19}$$

大于等于子类允许的最大半径 r_{max}，其中所有聚类中心包括自适应修正中用于预测的 $1\sim q$ 个子类和不用于预测的 $q+1\sim N$ 个子类的中心，则网络新增加一个子类，该子类以新数据样本的增广输入向量为聚类中心，初始聚类半径为 0。

(2) 若 D_{min} 小于 r_{max}，同时 D_{min} 所对应子类 d 的样本数 n_d 小于子类允许学习和预测的最小样本数 n_{min}，由此可知 $q+1\leqslant d\leqslant N$，则对于子类 d 仅按式(2-20)修改聚类中心和半径，并不进行子网的学习和预测。

$$
\begin{aligned}
&v_d(k)=v_d(k-1)+\frac{\tilde{x}-v_d(k-1)}{n_d}\\
&r_d(k)=\max\{\|\tilde{x}-v_d(k)\|,r_d(k-1)+\|v_d(k)-v_d(k-1)\|\}
\end{aligned}
\tag{2-20}
$$

(3) 若 D_{min} 小于 r_{max} 且 n_d 大于等于 n_{min}，即 $1\leqslant d\leqslant q$，则对于 $1\sim q$ 个子类，首先按式(2-21)不断增加聚类半径直到满足 $\sum_{i=1}^{q}\mu_i\neq 0$，然后按式(2-18)用新数据样本更新 $\mu_j\neq 0$ 的子网 j 的权值。

$$
r_i(l)=r_i(l-1)+\gamma r_i(0),\quad i=1,2,\cdots,q \tag{2-21}
$$

式中，$r_i(0)$ 为调整前 $1\sim q$ 个子网的聚类半径；γ 为半径增长率，$0\leqslant\gamma\leqslant 1$。

以上三种情况可用数学形式描述为

IF $\{\sum_{i=1}^{q}\mu_i=0,\min_{j=1}^{N}\|\tilde{x}-v_j\|\geqslant r_{max}\}$

THEN $\{N=N+1$，且 $n_N=1,v_N=\tilde{x}(k),r_N=0,S_N(k)=\{(x(k),y(k))\}\}$；

IF $\{\sum_{i=1}^{q}\mu_i=0,\|\tilde{x}-v_d\|=\min_{j=1}^{N}\|\tilde{x}-v_j\|<r_{max},n_d<n_{min}\}$

THEN $\{n_d=n_d+1,S_d(k)=\{S_d(k-1),(x(k),y(k))\}$，按式(2-20)调整 v_d 和 $r_d\}$；

IF $\{\sum_{i=1}^{q}\mu_i=0,\|\tilde{x}-v_d\|=\min_{j=1}^{N}\|\tilde{x}-v_j\|<r_{max},n_d\geqslant n_{min}\}$

THEN $\{r_i(0)=r_i,i=1,2,\cdots,q,l=0$

WHILE $(\sum_{i=1}^{q}\mu_i=0)$

$\{l=l+1,r_i(l)=r_i(l-1)+\gamma r_i(0),i=1,2,\cdots,q$

IF $\{\|\tilde{x}-v_i\|\leqslant r_i(l)\}$ THEN $\{\mu_i=1-\|\tilde{x}-v_i\|/r_i(l)\}$ ELSE $\{\mu_i=0\}$

FOR$(j=1$ to $q)$

{IF $\{\mu_j\neq 0\}$ THEN $\{n_j=n_j+1$，用新数据按式(2-18)更新子网 j 的权值}}

$r_i=r_i(l)(i=1,2,\cdots,q)\}$；

IF $\{n_j=n_{min},j>q\}$

THEN {初始化一个 BP 网络，用样本集 S_j 训练网络，训练完毕后取消 S_j，

$q=q+1$,第 j 类与第 q 类进行交换};

IF $\{r_j > r_{\max}\}$ THEN $\{r_j(k) = r_{\max}\}$。

其中,S_d 为第 d 个子类的数据样本集。

网络自学习过程中,参数 $r_{\max}$ 和 $n_{\min}$ 的设定非常重要,其中 $r_{\max}$ 决定了每个子网最大可涵盖的样本空间,$n_{\min}$ 不仅控制了可用于预测的子网个数,而且对一些突变的数据干扰有一定的抑制作用。由此可见,这两个参数可以影响网络的结构。

2.3.2　神经网络与传统建模方法的集成

传统建模与神经网络集成建模主要通过利用传统建模方法对工业过程的理解力、其简单明了的结构、神经网络的非线性映射能力,集成两种建模方法的优点,设计满足工业过程要求且结构简单的工业过程建模方法,以期从另一方面完善神经网络的建模。

1. *两类建模方法集成的必要性与可行性*

传统的建立数学模型的途径有两条:一是根据系统本身的运动规律来建立模型,通常称为机理建模,其优点是数学表达式中每个参数都有明确的物理意义。但是,一般系统的运动规律比较复杂,常常非线性,且有时要用偏微分方程来描述,因而不得不进行一些必要的简化。这样一来,模型的精度就降低了,同时各参数的物理意义也会变得比较含糊。另外,机理模型是为某个特定系统设计的,故通用性差。

为了避免机理建模遇到的困难,有时干脆抛开系统的运动机理,而根据系统的输入输出数据,用数学(含统计学与控制论)的方法建立一个结构相对简单的模型,这是传统建模的第二条途径,即所谓的系统辨识。系统辨识方法得到的模型又称为统计模型或回归模型。其参数不一定有明确的物理意义,但它能以一定精度描述原系统的变化情况,比较适用于控制和预报,且通用性好。

两种传统建模方法在工业过程建模中都曾发挥重要作用,且尚占有一席之地。然而,传统方法因处理非线性方面的局限性,近年来常被神经网络建模方法所取代。不过,神经网络设计理论尚不完善,神经网络训练样本的选择以及需求量大,特别是当网络的输入较多时,训练样本增加,网络结构复杂化,使网络的训练过程较为耗时;一个训练好的网络,在非样本点仍会出现较大的误差,这时的神经网络模型未必会比传统模型得到更好的精度。另外,神经网络所建立的模型用网络结构和连接权值来表达,得不到一般意义下的解析形式。在具体应用时,特别是在工程应用中,这种模型显得不够方便。由于神经网络的一些缺点恰好是传统建模方法的优点,基于优势互补的观点,将神经网络与传统建模方法相集成是必要的。

工业过程建模一般具有以下特点:有一定指导性的理论基础;模型非线性强;

拥有大量的生产数据,分布不均匀;要求模型形式简单、便于工程应用。基于这些特点,仅利用神经网络或传统建模方法都难以得到令人满意的工业过程模型,为此,从工业过程本身来看,将神经网络与传统建模方法进行集成也是必要的。

另外,工业过程中包含的理论指导和丰富数据,为两类建模方法的实现创造了条件;同时,尽管工业过程具有非线性,但人们对这一非线性关系并非一无所知,只不过了解的程度尚未达到建立机理模型的级别,也常常难以得到令人满意的统计模型。将领域先验知识和神经网络知识结合起来使用,不仅可以减少神经网络中独立权数目,而且可以改善网络的泛化能力。由此可见,将神经网络与传统建模方法相集成不仅必要而且可行。

2. *两类建模方法的集成形式*

最简单的神经网络与传统建模方法集成形式有两种:第一种是采用神经网络取代传统模型中的部分变化参数,其实质是采用神经网络进行参数辨识,这种集成方法属于模型嵌套式集成方法,其中基模型模块为传统方法建模得到的模型;第二种是将神经网络和传统数学模型相并联,然后将两者的输出进行相加或相乘后作为模型的总输出,这种集成方法属于并集补集成方法。

以上两种集成方法是神经网络与传统模型的机械结合。还有一种神经网络与机理模型的综合集成方法相当新颖。该集成方法属于结构网络化集成方式,主要将机理知识有机地集成到网络结构中,用于决定网络结构。假设根据机理可得到某一工业过程的部分机理模型为

$$Q_P = 1.08 + 1.79\varepsilon \cdot f\sqrt{\frac{R'}{H}} - 1.02\varepsilon \tag{2-22}$$

式中,ε、f、R'和 H 为机理模型中的四个输入;Q_P 为机理模型的输出。若采用基于机理模型的网络化集成建模方法,则得到具有自学习能力的机理模型神经网络结构(图 2.7)。

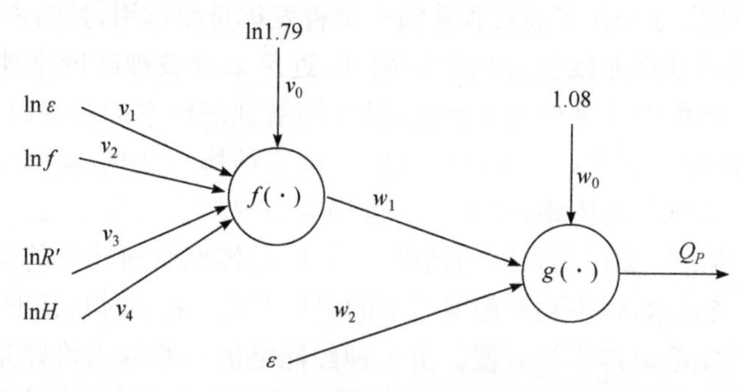

图 2.7 具有自学习能力的机理模型神经网络结构

归纳起来，机理模型网络化过程主要分两步：

(1) 若机理模型的解析式为多项式因子的和式，则可由一个神经元来实现，和式中的常数项作为神经元的偏置输入，各项因子前常数项合并到权系数中。

(2) 若解析式为多个输入参数的乘积或存在幂指数形式，则可采用取对数方法将其转化为求和形式，而后按步骤(1)的方法进行。

按以上步骤得到的基于机理模型的神经网络集成模型具有如下特点：

(1) 网络神经元的激活函数主要为两种形式，即线性 $g(\cdot)$ 和非线性 $f(\cdot)$：

$$y=g(x)=x,\quad y=f(x)=e^x \tag{2-23}$$

(2) 网络中权值 w_i 的变化相当于对机理模型中各项系数的调整，权值 v_i 的变化是对机理模型结构的改变。

(3) 该网络为前向网络，但与传统 BP 网络不同，没有明显的分层界限，而且连接权的数量和神经元的个数大大减少。

(4) 网络仍可采用 BP 反传算法修正网络的权值。

由于机理模型建立过程中的一些未建模因子对模型结构的影响以及一些经验参数的不准确性，机理模型往往精度不高。将机理模型用神经网络表示，采用神经网络的学习算法不断修正网络权值，可起到调整机理模型结构和参数的作用，通过反复训练，可使机理模型的结构和参数适应实际过程，提高模型精度。另外，将机理模型提供的知识有机地集成到神经网络的结构中，可大大减少连接权数量，且所需的训练样本数量也可大量减少，提高网络学习速度和泛化能力。

基于机理模型的网络化集成方法要求对工业过程的工艺机理有较深入的了解，能够用解析形式进行描述，但对于许多工业过程来说，这是无法满足或实现的。人们对实际工业过程工艺机理的理解往往是模糊的，依据这些机理知识不足以建立机理模型并将其用于构造神经网络，但却可以对神经网络的建立提供指导。基于这一思想，提出了一种利用传统建模方法加权神经网络的集成建模方法。该方法利用传统模型对工业过程的输入变量进行加权，并构造一个四层的前向神经网络，利用构造的网络模型的数据样本学习来拟合工业过程。构造的网络模型结构如图 2.8 所示。

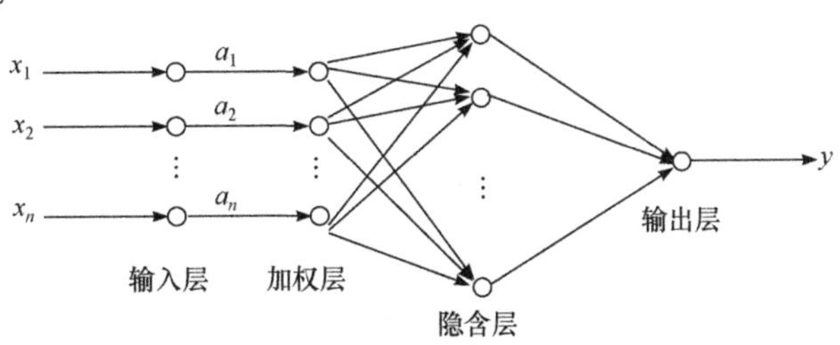

图 2.8　输入加权式前向神经网络集成模型结构

该模型包括输入层、加权层、隐含层和输出层共四层神经元。网络结构与 BP 网络相似,神经元在相邻层间连接,同一层的神经元以及不相邻层的神经元间无任何连接;但不同的是,尽管加权层与隐含层以及隐含层与输出层的神经元间是两两互连,然而输入层与加权层间的神经元采用一一对应的连接方式。输入加权神经网络中四层神经元的输入与输出关系分别如下:

输入层

$$\text{net}_j^i = x_j,\quad O_j^i = \text{net}_j^i,\quad j=1,2,\cdots,n \tag{2-24}$$

加权层

$$\text{net}_j^w = a_j O_j^i,\quad O_j^w = \text{net}_j^w,\quad j=1,2,\cdots,n \tag{2-25}$$

隐含层

$$\text{net}_j^h = \sum_{k=1}^{n} w_{jk}^h O_k^w + \theta_j^h,\quad O_j^h = f(\text{net}_j^h) = \frac{1}{1+\mathrm{e}^{-\text{net}_j^h}},\quad j=1,2,\cdots,L \tag{2-26}$$

输出层

$$\text{net}^o = \sum_{k=1}^{L} w_k^o O_k^h + \theta^o,\quad O^o = \text{net}^o \tag{2-27}$$

网络中隐含层和输出层的权值 $w_{jk}^h(j=1,2,\cdots,L;k=1,2,\cdots,n)$、$w_i^o(i=1,2,\cdots,L)$ 与阈值 θ_j^h、θ^o 采用神经网络中的权值学习算法确定,而加权层中的参数 $a_j(j=1,2,\cdots,n)$ 由传统建模方法确定。$a_j(j=1,2,\cdots,n)$ 的确定有以下两条途径:

(1) 若通过机理分析可以确定模型输入变量 $x_i(i=1,2,\cdots,n)$ 对输出变量 y 的影响程度,则直接令 $a_j(j=1,2,\cdots,n)$ 等于影响度因子。

(2) 若无法通过机理分析直接得到影响度因子的数值,则用线性统计模型确定。首先用线性辨识方法建立模型输入变量 $x_i(i=1,2,\cdots,n)$ 与输出变量 y 的线性关系:

$$y = \sum_{i=1}^{n} \alpha_i x_i \tag{2-28}$$

式中,线性模型参数 $\alpha_i(i=1,2,\cdots,n)$ 由最小二乘法确定,即若工业过程有 $\{(x_1^i, x_2^i, \cdots, x_n^i, y^i) \mid i=1,2,\cdots,P\}$ 个生产数据样本点,令

$$Y=\begin{bmatrix} y^1 \\ y^2 \\ \vdots \\ y^P \end{bmatrix},\quad X=\begin{bmatrix} x_1^1 & x_2^1 & \cdots & x_n^1 \\ x_1^2 & x_2^2 & \cdots & x_n^2 \\ \vdots & \vdots & & \vdots \\ x_1^P & x_2^P & \cdots & x_n^P \end{bmatrix},\quad \theta=\begin{bmatrix} \alpha_1 \\ \alpha_2 \\ \vdots \\ \alpha_n \end{bmatrix}$$

式(2-28)写为

$$Y = X \cdot \theta \tag{2-29}$$

则根据最小二乘法可得

$$\theta = (X^{\mathrm{T}} X)^{-1} X^{\mathrm{T}} Y \tag{2-30}$$

根据线性统计关系,定义其一阶导数为输入加权网络加权层的参数,即

$$a_i=\frac{\partial y}{\partial x_i}=\alpha_i,\quad i=1,2,\cdots,n \tag{2-31}$$

加权层参数确定后,根据学习样本固定加权层参数,采用神经网络的权值学习算法如 BP 算法等确定隐含层和输出层的参数,从而可以得到用传统建模方法加权的神经网络集成模型。该集成建模方法适用于非线性严重、输入变量较多的多输入单输出工业过程。尽管这种集成模型必须是一种多输入单输出的模型,不过针对大多数工业过程来说需要建立的都是多对一的关系,即使是多对多的关系也可以分解为多对一的关系,因此这个问题不难解决。

综上所述,传统建模方法与神经网络集成的建模方法有可嵌套式、并集补、结构网络化和基于传统建模方法的加权神经网络集成四种形式。不同的集成形式各有特色,在工业过程中进行应用时需要因地制宜,后续将结合具体的工业应用实例进行说明。

2.3.3　神经网络与其他智能方法集成建模

神经网络因其任意逼近非线性能力在工业过程建模中得到了广泛应用,而专家系统和模糊系统也因可处理专家经验知识或模糊的、不确定性信息在工业过程中被采用。这些智能建模方法用于工业过程建模的方式和产生的作用不同,互不冲突、彼此互补。工业过程复杂性以及过程控制发展对模型提出的要求严格决定了单一建模方法无法满足要求。为此,将这些智能建模方法有机集成是非常必要的,这其中又以神经网络和模糊系统的集成建模更具特色。

1. 神经网络和模糊系统集成建模的可行性

人工神经网络由多个相互连接的神经元组成,其通过神经元间的抑制、兴奋和相互作用来模拟过程行为。神经元间的连接权值由网络通过学习得到。学习方法有很多种,当网络实际输出与目标输出间的误差小于某个允许值时,学习结束;反之,则利用某种学习算法来调整神经网络中的各连接权值,以使误差最终小于允许值。学习完成后,固定权值,此时神经网络只要有输入就可以求得相应的输出。神经网络具有大规模并行处理能力、学习能力,容错能力、自适应能力强,同一网络因学习方法及内容不同,可具有不同的功能。对于拥有丰富生产数据库、非线性严重的工业过程,神经网络通常作为首选建模方法。然而,神经网络中映射规则不可见且难以理解;另外,神经网络不适合于表达基于规则的知识,为此,神经网络建模过程中,常常只能用 0 或随机数初始化网络结构,造成网络学习速度慢。

模糊系统以模糊逻辑为基础,通过模仿人类思维的模糊综合判断推理来处理常规方法难以解决的模糊信息处理问题,是对与人类思维和感知相关的一些现象

进行建模的有力工具。

典型模糊系统有三个基本组成部分,即信息模糊化、模糊规则推理和模糊指令的量化。模糊系统可以用一组IF……THEN规则来描述对象的特性,并通过模糊推理对不确定性问题进行求解。其基本过程如下:

规则R^P:IF x_1 is A_{1p} and x_2 is A_{2p} and … x_n is A_{np} THEN $y=B_p$。

设$\mu_R(\cdot)$为系统输入输出总的模糊关系,有任一输入,则可求得相应的输出。根据模糊推理有

$$\mu_{R_p}(y)=\mu_{A_{1p}}(x_1^k)\wedge\mu_{A_{2p}}(x_2^k)\wedge\cdots\wedge\mu_{A_{np}}(x_n^k)\wedge\mu_{B_p}(x_1,x_2,\cdots,x_n,y)$$

$$\mu_R(y)=\bigvee_{p=1}^{h}\mu_{R_p}(y)$$

其结果是一个输出模糊子集。采用某种解模糊方法(如重心法),即可得模糊输出为

$$y^k=\frac{\sum y\mu_R(y)}{\sum\mu_R(y)}$$

模糊系统具有概念抽象能力和非线性处理能力,能以较少的规则表达知识,特别适合对具有模糊的或不确定的专家经验知识的工业过程进行建模。但是,模糊系统缺乏学习和自适应能力,模糊逻辑中隶属函数的选取和模糊规则的确定依经验而定,具有主观性。

从神经网络和模糊系统的求解机理分析可以看出,神经网络和模糊系统在许多方面具有关联性和互补性。互补性表现在:

一方面,模糊技术的优势在于模糊推理能力,容易进行高阶的信息处理。将模糊技术引入神经网络,可以大大拓宽神经网络处理信息的范围和能力,使其实现不精确性联想及映射,特别是模糊联想和模糊映射。

另一方面,神经网络在学习和自动模式识别方面具有极强的优势,采用神经网络技术进行模糊信息处理,使得模糊规则的自动提取及隶属函数的全自动生成有可能得以解决。

关联性表现在:神经网络和模糊系统都着眼于模拟人的思维;都可用于不确定性、不精确性系统的建模问题;两者在形式上有很多相似之处;它们的信息都是以分布式的形式存储于结构之中,从而都具有很好的容错能力。不管是神经网络还是模糊逻辑,都只需根据输入的采样数据去获取所需的结论,属于模型无关估计器;神经网络的映射功能早已得到验证,模糊系统也经证明能以任意精度逼近紧密集上的实连续函数,这也说明了两者间具有密切的关系。

由神经网络和模糊系统的关联性和互补性可以看出,将两种方法相集成,取长

补短,进行优选,产生新的能适应当前过程控制要求的智能建模方法是可能的,也是可行的。

2. 神经网络与模糊系统的集成形式

神经网络与模糊系统集成建模根据相互借鉴和利用的出发点不同,其集成形式不同,在工业过程建模中所起的作用不同。按照结构方式进行划分,神经网络与模糊系统集成建模可以分为两类。

1) 分立型

分立型又称松耦合式集成。这种类型的集成建模具有如下特征:神经网络和模糊系统针对同一个工业过程各自单独建模,互不干涉彼此的工作。这类集成方法的关键在于两种建模方法结合的方式。根据相互之间的关系,可将其分为三种集成形式。

(1) 互补集成,如图 2.9 所示。两种模型接收共同的输入模式样本,输出按对象要求来确定在哪种情况下由谁在集成模型中发挥作用。

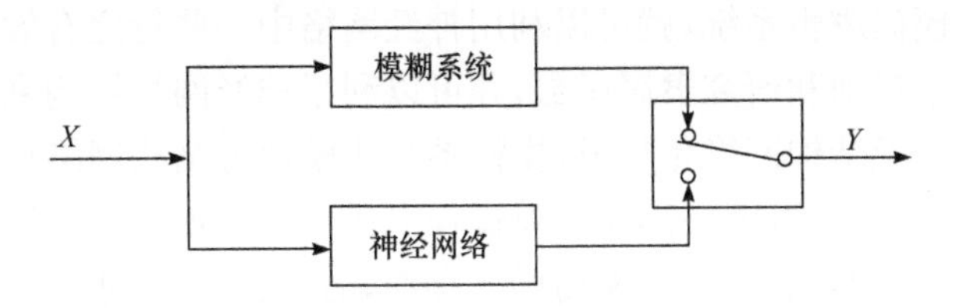

图 2.9　模糊模型和神经网络互补集成建模形式

(2) 主从集成,如图 2.10 所示。两种建模方法得到的模型,一种为基模型,另一种为补偿模型,补偿模型作为前一个模型输出结果误差的补偿。

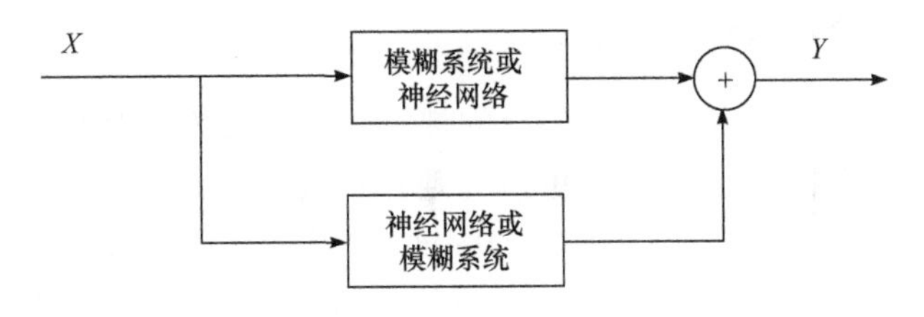

图 2.10　神经网络和模糊系统主从集成建模形式

(3) 串行集成,如图 2.11 所示。根据建模对象进行任务分解,一种模型的结果作为另一种模型的输入,通过串联形式完成整体建模的任务。

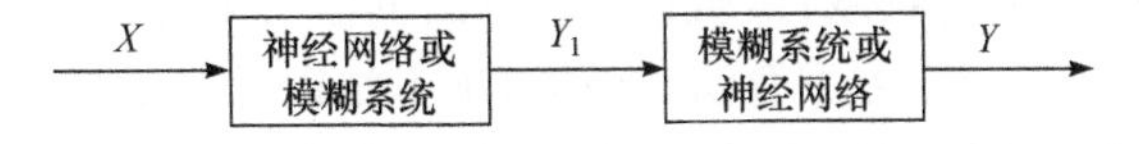

图 2.11　神经网络和模糊系统串行集成建模形式

2) 融合型

融合型又称紧耦合式集成。这类集成建模的特征是两种建模方法融合成一个整体,建模过程是一种建模方法发挥主要作用,另一种方法融入前一种建模方法中,对前者存在的缺陷进行改进和完善。根据融合对象的不同,这类集成有两条途径:

(1) 利用模糊逻辑增强神经网络。传统的神经网络学习算法(特别是 BP 算法)存在着学习周期长、甚至常常陷入局部极小值的缺点。若在学习算法中引入模糊技术,利用对网络学习性能分析过程中获取的适当启发性知识来控制学习算法,就能动态地调整网络的学习过程,加快学习速度,改善算法性能。这种集成形式中,神经网络是以模型的形式存在,模糊系统作为数学工具,只是模型的一部分。

(2) 基于神经网络的模糊逻辑系统。模糊逻辑系统在设计时常常遇到隶属函数的确定、模糊规则的选取和模糊推理的实现等问题。由于缺少先验知识,在有些系统中这些问题并不十分明确。神经网络却不需要人为干预,它根据经验数据,通过学习修改内部权值来拟合任意的非线性系统,无须进行系统数学建模。把神经网络技术引入模糊逻辑系统,就可以利用神经网络中一些行之有效的算法,从经验数据中获取模糊规则和研究隶属函数,并可以利用神经网络结构来实现模糊推理。这种集成形式属于结构网络化集成,模糊系统建模通过结构网络化,利用神经网络自学习和自适应能力,可解决其在建模过程中遇到的主观问题,优化建模过程。

以上五种集成形式,有的以模糊形式存在,有的以神经网络形式存在,还有的则是两种形式共存。在实际工业过程建模时,具体采用何种集成形式,视工业过程包含信息的形式及由此建立的模型的性能而定。针对不同的工业过程,这五种集成模型满足过程控制要求的程度各异。因此,在应用时,要具体情况具体分析。

3. 用模糊逻辑增强的神经网络

BP 网络是迄今为止使用最为广泛的神经网络。从数学上看,BP 算法用于解决一非线性梯度优化问题,因此不可避免地存在局部最小和收敛速度慢等问题。一个重要的原因是网络参数每次调节的幅度,均以一个与网络误差函数或其对权值导数大小成正比的固定学习率进行。这样在误差曲面较平坦处,由于这一偏导数值较小,权值函数的调节幅度也较小,以至于经过多次调整才能将误差曲面降低;在误差曲面较高曲率处,偏导数值较大,权值参数调节的幅度也较大,以至于在误差函数最小点附近发生过冲现象,使权值调节路径变成锯齿,难以收敛到最小点。为了改善 BP 算法的收敛性,提高 BP 算法的学习效率,学者们针对 BP 算法进行广泛研究,提出了变学习率算法、加动量项方法以及二次梯度学习算法等。尽管这些改进算法都从不同程度上改善了 BP 算法的收敛性和收敛速度,但这些算法有的计算量大,有的仅在某些特殊情况下有效,还有的效果不是很明显,有待进一步改善。

神经网络模拟的是人脑的结构和功能，但不具备人脑信息模糊处理的能力。神经网络的学习质量取决于专家的知识和经验，但这些知识大都又是模糊的。因此，可以将模糊理论引入神经网络学习算法中，用模糊的方法来定义学习率和动量因子等学习参数，通过分析网络学习性能，利用获得的启发式知识，用模糊推理来控制学习方法，动态地调整网络学习过程，使传统的静态学习算法动态化，从而加快学习速度，改善学习算法的性能。

1) 加动量项的 BP 学习算法

对于一个神经网络，若采用批处理的思想对网络进行训练，则根据以下误差函数对网络权值进行训练：

$$E=\frac{1}{2}\sum_{k=1}^{N}\sum_{j=1}^{n}(y_j^k-\hat{y}_j^k)^2 \tag{2-32}$$

式中，N 为网络样本数；n 为输出层的节点数；y_j^k 为第 k 个样本、第 j 个节点的样本期望输出；$\hat{y}_j^k$ 为第 k 个样本、第 j 个节点的网络实际输出。

当采用加动量项的 BP 学习算法时，网络权值的修正采用以下形式：

$$w_{ij}(t)=w_{ij}(t-1)+\eta\frac{\partial E}{\partial w_{ij}(t-1)}+\alpha\Delta w_{ij}(t-1) \tag{2-33}$$

式中，η 为学习率；α 为动量因子；$\Delta w_{ij}(t-1)$ 为上一个学习周期的权值修正值。

现有的加动量项的 BP 算法中，学习率 η 和动量因子 α 都是固定的，这成为该算法收敛速度快的致命原因。为此，本书提出模糊逻辑增强型 BP 算法，将模糊推理功能融入 BP 算法中动态地改变学习率和动量因子，从而增强神经网络的收敛速度。

2) 确定模糊推理的参数和规则

用于学习率变化量和动量因子变化量调整的模糊推理中输入参数和模糊规则的确定，可以通过 BP 算法一些基本的原则和启发式知识的指导来完成。根据分析可以得出以下结论：

(1) BP 算法的学习率与误差的梯度是否下降有必然的联系。如果当前的误差梯度修正方向正确，即总体误差值减小，就应该增大学习率；如果总体误差值增大，就应该减小学习率。因此，可根据误差变化量调整学习率。

(2) BP 算法的收敛速度与网络误差曲面的形状也有关系。若在误差曲面的平坦处，BP 算法学习率太小，则增加学习迭代次数；而在误差曲面剧烈变化的地方，学习率太大又会使误差增加，此时增加迭代次数会影响学习收敛速度。为此，可根据误差梯度变化调整学习率。即在误差变化缓慢时增大学习率，在误差变化剧烈时减少学习率。

(3) 动量项可加快收敛和防止振荡。当误差增大时，应减小动量因子；当误差减少时，应增大动量因子。

由上述原则，选取误差变化量(CE)和误差变化的变化量(CCE)作为模糊推理中的输入参数，并以学习率变化率 β_η 作为系统一个输出参数，得到如表 2.2 所示的模糊推理规则表；以动量因子变化率 β_α 作为系统的另一个输出参数，得到如表 2.3 所示的模糊推理规则表。表中，NB、NS、ZE、PS、PB 分别表示负大(negative big)、负小(negative small)、零(zero)、正小(positive small)、正大(positive big)，是定义在论域 CE 和 CCE 上的模糊子集。

表 2.2 学习率变化率的模糊推理规则表

β_η		CE				
		NB	NS	ZE	PS	PB
CCE	NB	0	0	−0.05	−0.05	−0.1
	NS	0	0.05	0.05	0	−0.1
	ZE	0.05	0.1	0.05	0.05	−0.05
	PS	0	0.05	0.05	0	−0.1
	PB	0	0	−0.05	−0.05	−0.1

表 2.3 动量因子变化率的模糊推理规则表

β_α		CE				
		NB	NS	ZE	PS	PB
CCE	NB	0.1	0.1	0	0	0
	NS	0.1	0	0.1	0.1	0
	ZE	0	0.1	0	0.1	0
	PS	0	0.1	0.1	0	−0.1
	PB	0	0	0	−0.1	−0.1

根据以上规则表，可得到如下的规则：

IF CE=NS AND CCE=NS THEN 学习率变化率=0 AND 动量因子变化率=0.1

IF CE=ZE AND CCE=PB THEN 学习率变化率=0.05 AND 动量因子变化率=0.1

……

IF CE=PB AND CCE=NB THEN 学习率变化率=−0.1 AND 动量因子变化率=0

3) 定义模糊系统输入参数的隶属函数

模糊系统输入参数 CE 和 CCE 的隶属函数采用三角形分布函数，如图 2.12 和图 2.13 所示。

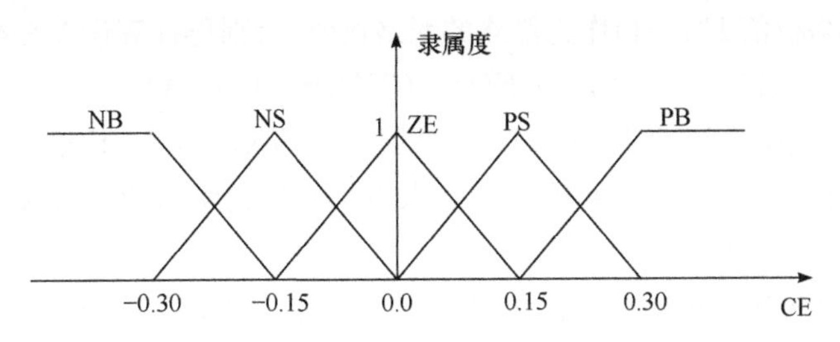

图 2.12　CE 的隶属函数

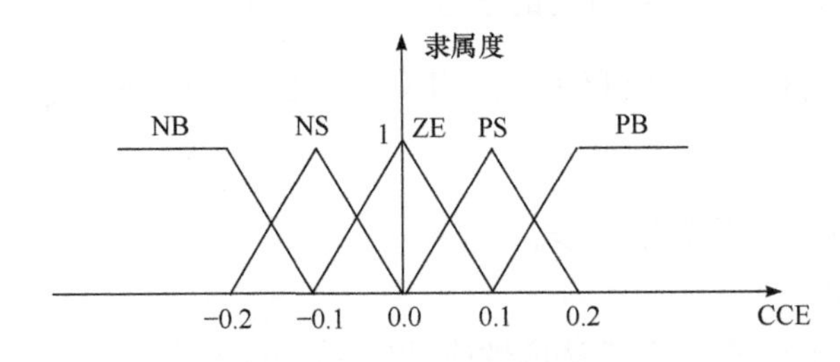

图 2.13　CCE 的隶属函数

4) 模糊推理

前面以 min-max 重心模糊推理方法为例介绍了模糊推理的求解机理，为简化该模糊推理方法，加快模糊推理的速度，这里对该方法进行变形和简化，得到简化的模糊推理方法。简化的方法具有如下特征：

(1) 模糊推理的后件不是模糊集合，而是常数，其模糊规则可写为

规则 R^P：IF x_1 is A_{1p} and … x_n is A_{np} THEN $y=y_p$

(2) min-max 重心模糊推理方法中"∧"等于 min，"∨"等于 max，这里用乘积代替 min，用加法代替 max。

(3) 简化模糊推理过程可用如下公式表示：

$$y^k = \frac{\sum y_p \mu_{R_p}(y)}{\sum \mu_{R_p}(y)} \tag{2-34}$$

式中，$\mu_{R_p}(y)=\mu_{A_{1p}}(x_1^k)\mu_{A_{2p}}(x_2^k)\cdots\mu_{A_{np}}(x_n^k)$。

5) 基于模糊系统的加动量项 BP 算法实现

基于以下模糊系统的设计，基于模糊系统的加动量项 BP 算法简称为 FBP 算法。该算法可按以下步骤实现：

第 1 步，初始化网络权值，并令学习率和动量因子的初始值分别为 η_0、α_0、$\Delta w_{ij}(0)=0$、$t=0$。

第 2 步,在第 t 步,对 N 个样本按式(2-33)计算网络误差 $E(t)$,若网络误差 $E(t)$满足终止条件,即 $E(t)<\varepsilon$,其中 ε 为很小的值,则停止网络权值修正,将第 $t-1$ 步修正的网络权值 $E(t-1)$作为最终的网络权值,否则再计算误差变化量 $\mathrm{CE}(t)=E(t)-E(t-1)$以及误差变化量 $\mathrm{CCE}(t)=\mathrm{CE}(t)-\mathrm{CE}(t-1)$。

第 3 步 ,根据图 2.12 和图 2.13 的隶属函数将 CE 和 CCE 模糊化,并根据表 2.2 和表 2.3 的模糊规则,按照式(2-34)求得第 t 步的学习率变化率 $\beta_\eta(t)$ 和动量因子变化率 $\beta_\alpha(t)$。

第 4 步,计算第 t 步的权值修正学习率 $\eta(t)$和动量因子 $\alpha(t)$:

$$\eta(t)=\eta(t-1)+\beta_\eta\eta_0,\quad \alpha(t)=\alpha(t-1)+\beta_\alpha\alpha_0 \tag{2-35}$$

第 5 步,将式(2-35)计算得到的学习率 $\eta(t)$和动量因子 $\alpha(t)$代入式(2-33)中得到第 t 步的网络权值,并保存 $E(t)$、$\mathrm{CE}(t)$和 $\Delta w_{ij}(t)=\eta(t)\dfrac{\partial E}{\partial w_{ij}(t-1)}+\alpha(t)\Delta w_{ij}(t-1)$。

第 6 步,令 $t=t+1$,转第 2 步。

6) 仿真实例

为了验证所提出的 FBP 算法的性能,以一维 sinc 函数

$$y=\mathrm{sinc}(x)=\frac{\sin x}{x},\quad x\in[-10,10]$$

的神经网络非线性逼近为例进行计算仿真,比较 FBP 算法、SBP(标准 BP 算法)和 MBP 算法(传统加动量项的 BP 算法)的性能。网络训练取 x 均匀分布$[-10,10]$中的 134 个采样点作为学习样本,并取 x 均匀分布$[-9.8,10]$中的 40 个采样点作为检验样本。仿真实验用 Matlab 编程,且在 Pentium Ⅱ 450 型的 PC 机上进行。表 2.4 给出了 3 种不同 BP 算法在相同误差精度下的训练收敛次数、所花时间以及得到相应网络的预测精度。表 2.4 中给出的是 10 次仿真实验的平均结果,神经网络迭代的终止条件为

$$\mathrm{MSE}\leqslant 0.0005$$

式中,MSE 称为均方误差(mean squared error)。

表 2.4 几种 BP 算法的训练速度和相应网络预测精度比较

参数	SBP 算法	MBP 算法	FBP 算法
迭代次数	2482	1953	749
运行时间/s	226.55	177.32	57.4
预测精度	0.514	0.493	0.067

预测精度采用均方根误差(root mean square error,RMSE)表示:

$$\mathrm{RMSE}=\sqrt{\frac{\sum_{k=1}^{N}[y(k)-\hat{y}(k)]^2}{N}}$$

式中，$y(k)$为实际值；$\hat{y}(k)$为模型预测值；N为预测样本个数。

由仿真结果看出，FBP算法不仅收敛速度快，而且由此得到的神经网络预测精度高。

4. 模糊系统的网络化集成建模方法

模糊系统的网络化集成建模方法就是将模糊系统建模用网络结构予以表示，又称为模糊神经网络集成建模方法。这种建模方法所建立的模型结构为局部逼近网络，但它是按照模糊系统模型建立的，网络的每一层都有与模糊逻辑系统相对应的含义，各层的每个节点和参数都有明确的物理意义，利用已有的专家经验可初始化网络，从而可避免局部极值并使网络很快收敛，由此模糊神经网络建模有优于神经网络直接建模之处；另外，模糊神经网络集成建模方法具有神经网络结构，模糊神经网络模型中的模糊规则和隶属函数可通过网络学习加以修正，从而解决了传统模糊系统建模方法中模糊规则的抽取和优化问题，为此模糊神经网络建模也有优于模糊系统直接建模之处。综上所述，同时集成了模糊系统和神经网络两种建模方法优点的模糊神经网络集成建模方法有望成为工业过程建模方法中具有广泛发展前景和广泛用途中的一种。

有关模糊神经网络方法的研究包括网络结构、规则数、学习算法等，研究目的主要在于：

(1) 建立一个能较好实现模糊推理机理且结构简单、易于网络学习的结构。

(2) 实现模糊神经网络的结构优化，确定最佳的模糊规则数。

(3) 选择理想的网络学习算法，尽可能提高网络学习速度。

从以上模糊神经网络方法的研究目的出发，基于前人的研究成果，本书提出一种新的模糊神经网络集成建模方法。该模糊神经网络以ANFIS网络描述形式实现Sugeno 0型和Sugeno I型模糊模型的网络化；基于已有的专家知识或采用竞争学习聚类方法初始化网络前件参数同时确定最初网络结构；在初始网络结构保证了网络学习可免于陷入局部极值的前提下，采用基于加动量项模糊增强型BP算法和最小二乘混合学习算法提高学习速度，并用赤池信息准则(Akaike information criterion，AIC)确定最优的网络结构；针对工业过程的时变性，增加了网络参数的递推修正以及结构的增长式修正。

1) 模糊神经网络的结构

模糊神经网络是按照模糊系统模型建立的，为此在设计模糊神经网络前应先确定模糊模型形式。

前面已介绍 min-max 重心模糊推理方法和简单模糊推理方法，其中前者是针对 Mamdani 型模糊模型进行推理，后者则是针对 Sugeno 0 型模糊模型进行推理。目前控制界除了有这两种模糊模型，还存在一种常用的模糊模型——Sugeno I 型模糊模型。该模型仍采用简化的 min-max 重心模糊推理方法，其模糊规则可表示为

规则 R^P：IF x_1 is A_{1p} and … x_n is A_{np} THEN $y=a_{0p}+a_{1p}x_1+\cdots+a_{np}x_n$

以上三种模糊模型主要差别在于：Mamdani 型模糊模型的后件为模糊集合；Sugeno 0 型模糊模型的后件为常数；Sugeno I 型模糊模型的后件是输入变量的线性组合。

针对模糊神经网络模型，书中主要选择 Sugeno 0 型和 Sugeno I 型两种，原因在于：

(1) Sugeno 0 型模糊模型通常可以替代 Mamdani 型模糊模型。

(2) Sugeno I 型模糊模型可用少量的模糊规则生成较复杂的非线性函数，在处理多变量系统时能有效地减少模糊规则个数。由于结论参数是线性函数而非模糊数，在实际系统中，结论部分不能直接从专家经验和操作数据中得到，必须通过一定的算法进行提炼。这注定 Sugeno I 型模糊模型在工业过程中有一定的应用范围。

针对 Sugeno 0 型和 Sugeno I 型模糊模型的规则形式，以及 ANFIS 的模糊神经网络结构构建方法，可得到如图 2.14 所示的 Sugeno 0 型模糊神经网络结构和如图 2.15 所示的 Sugeno I 型模糊神经网络结构。图中所示为多输入单输出(multiple input single output，MISO) 的系统，它可以很容易地推广到多输入多输出(multiple input multiple output，MIMO)情况。

由图 2.14 和图 2.15 可以看出，Sugeno 0 型和 Sugeno I 型模糊神经网络结构非常类似。网络由四层组成，除最后一层外，两种模型前三层的结构完全相同，具体如下：

第一层为模糊量化层。这一层的节点函数是语言变量 A_{ij} 的隶属函数，它指出了给定输入 x_i 满足语言变量 A_{ij} 的程度。如果采用高斯型隶属函数，这层的节点函数就可以表示成

$$O_{ij}^1=\mu_{A_{ij}}(x_i)=\exp\left[-\left(\frac{x_i-c_{ij}}{\sigma_{ij}}\right)^2\right] \tag{2-36}$$

式中，c_{ij} 和 σ_{ij} 分别为 A_{ij} 的隶属函数的中心和宽度。参数$\{c_{ij},\sigma_{ij}\}$又称作前件参数。

第二层为规则层。它用来匹配模糊规则前件，计算出每条规则的适用度。这层节点将输入信号进行相乘，其输出代表一个规则的点火强度。节点函数表示为

$$\omega_j=\prod_{i=1}^{n}\mu_{A_{ij}}(x_i)=\exp\left[-\sum_{i=1}^{n}\left(\frac{x_i-c_{ij}}{\sigma_{ij}}\right)^2\right] \tag{2-37}$$

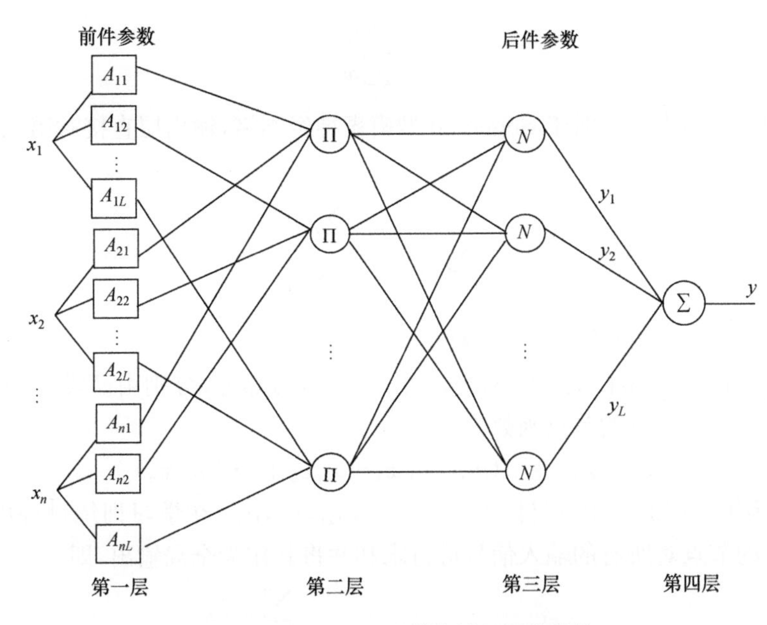

图 2.14 Sugeno 0 型模糊神经网络结构

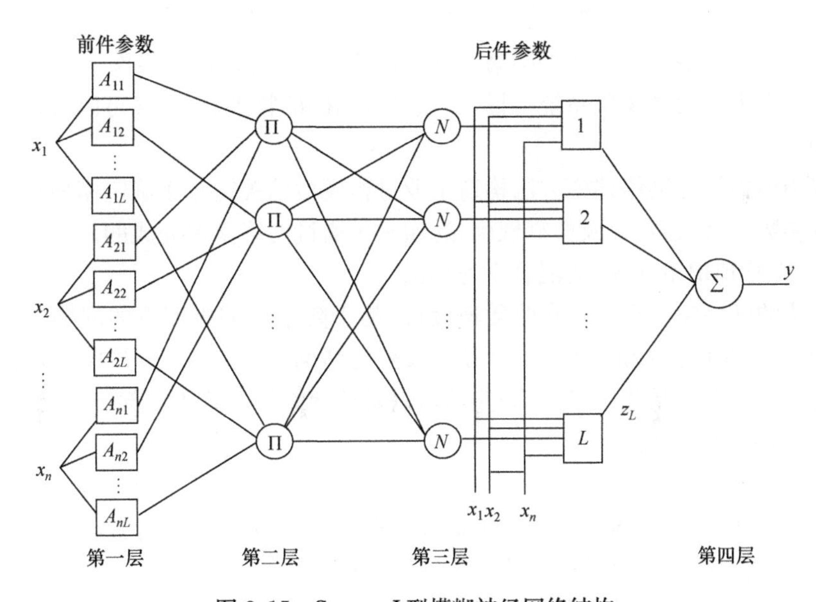

图 2.15 Sugeno I 型模糊神经网络结构

第三层为归一化层。这层的第 j 个节点表示第 j 条规则的点火强度与所有规则点火强度之和的比,即

$$\bar{\omega}_j = \frac{\omega_j}{\sum_j \omega_j} \tag{2-38}$$

第四层为输出层。对于 Sugeno 0 型模糊神经网络,输出层直接对第三层的输出进行加权求和:

$$y = \sum_j \bar{\omega}_j y_j = \frac{\sum_j \omega_j y_j}{\sum_j \omega_j} \tag{2-39}$$

式中,y_i 为模糊神经网络的后件参数。

对于 Sugeno I 型模糊神经网络,输出层包括两部分,分别由两类不同的节点构成。其中第一部分的节点函数为

$$z_j = \bar{\omega}_j f_j = \bar{\omega}_j (a_{0j} + a_{1j} x_1 + a_{2j} x_2 + \cdots + a_{nj} x_n) \tag{2-40}$$

式中,$\bar{\omega}_j$ 为第三层的输出,后件参数$\{a_{0j}, a_{1j}, a_{2j}, \cdots, a_{nj}\}$在学习训练过程中确定;第二部分的节点对所有的输入信号进行求和并将其作为全局输出,即

$$y = \sum_j z_j = \sum_j \bar{\omega}_j f_j = \frac{\sum_j \omega_j f_j}{\sum_j \omega_j} \tag{2-41}$$

模糊神经网络具有与神经网络一样的网络结构,可以像神经网络一样训练学习,另外,它因像模糊逻辑系统一样,节点具有明确的物理意义,又可以进行模糊逻辑推理。

采用模糊神经网络建模方法构造工业过程模型的关键在于确定模糊神经网络的前件参数、后件参数以及模糊规则,这通常是通过网络学习完成的。

2) 基于 FBP 和 LSE 的混合学习算法

传统的网络学习算法存在收敛速度慢、易于陷于局部极值点的问题。本书给出一种基于 FBP 和 LSE 的混合学习算法来提高网络学习速度,并根据先验知识或已有生产数据初始化网络结构与参数,以避免网络学习陷于局部极值点。

(1) 网络初始化。

网络初始化分两种情况。长期生产通常积累了大量有关工业过程中各变量间关系的先验知识,基于这些知识可根据设计模糊系统的步骤得到变量关系的模糊模型,然后通过模糊模型的网络化完成网络的初始化。

尽管如此,由于工业过程中仍存在许多难以抽取出专家知识或具有的知识不完备,无法用基于专家知识的专家系统方法初始化网络。为此,采用第二种网络初始化的方法——基于生产数据的竞争学习聚类方法。设 $x(k)$是输入空间的任一向量,其中 $x(k)=[x_1(k) \quad x_2(k) \quad \cdots \quad x_n(k)]^{\mathrm{T}}$,$v_i$ 是输入空间的聚类中心,对于 N 个学习样本$\{x(k), y(k) \mid k=1,2,\cdots,N\}$,基于竞争学习聚类的网络初始化方

法如下：

① 选择聚类个数为 q，从 N 个聚类样本中任选 q 个样本的输入变量作为初始聚类中心 $v_i(i=1,2,\cdots,q)$。

② 对于 N 个聚类样本中的任一输入 $x(k)$，按式(2-12)依输入样本密度确定最近中心点 v_c，其中式(2-12)中的 $\tilde{x}(k)$ 由 $x(k)$ 替代，p_j 为中心点 v_j 附近样本的密集程度，n_j 为 v_j 被选为最近点的次数。

③ 按照式(2-13)修正聚类中心 v_c。

④ 若 $\sum_{j=1}^{q} n_j = N$，则结束聚类过程，并按式(2-42)确定输入变量 x 各分量 x_i $(i=1,2,\cdots,n)$ 的语言变量 A_{ij} 的半径 c_{ij} 和中心 σ_{ij}：

$$c_{ij}=v_{ji}, \quad \sigma_{ij}=\max_{\substack{k=1,2,\cdots,N\\ l=1,2,\cdots,N}} \rho\frac{x_i(k)-x_i(l)}{\gamma}, \quad i=1,2,\cdots,n \tag{2-42}$$

式中，v_{ji} 为聚类中心 v_j 的第 i 个分量；ρ 为输入变量 x 第 i 个分量在聚类中的影响因子；γ 为一固定常数，通常有 $2\leqslant \gamma \leqslant 3$。

聚类方法只能初始化网络前件参数。固定前件参数，采用最小二乘法确定后件参数的初始值。定义

$$X=\begin{bmatrix} x(1)\\ x(2)\\ \vdots\\ x(N)\end{bmatrix}=\begin{bmatrix} x_1(1) & x_2(1) & \cdots & x_n(1)\\ x_1(2) & x_2(2) & \cdots & x_n(2)\\ \vdots & \vdots & & \vdots\\ x_1(N) & x_2(N) & \cdots & x_n(N)\end{bmatrix}, \quad Y=\begin{bmatrix} y(1)\\ y(2)\\ \vdots\\ y(N)\end{bmatrix}$$

将 X 代入式(2-36)～式(2-38)，得到一组 $\bar{\omega}_i(i=1,2,\cdots,q)$。对于 Sugeno 0 型模糊神经网络，定义

$$\phi=\begin{bmatrix} \phi_1^{\mathrm{T}}\\ \phi_2^{\mathrm{T}}\\ \vdots\\ \phi_N^{\mathrm{T}}\end{bmatrix}=\begin{bmatrix} \bar{\omega}(1)\\ \bar{\omega}(2)\\ \vdots\\ \bar{\omega}(N)\end{bmatrix}=\begin{bmatrix} \bar{\omega}_1(1) & \bar{\omega}_2(1) & \cdots & \bar{\omega}_q(1)\\ \bar{\omega}_1(2) & \bar{\omega}_2(2) & \cdots & \bar{\omega}_q(2)\\ \vdots & \vdots & & \vdots\\ \bar{\omega}_1(N) & \bar{\omega}_2(N) & \cdots & \bar{\omega}_q(N)\end{bmatrix}, \quad \theta=\begin{bmatrix} y_1\\ y_2\\ \vdots\\ y_q\end{bmatrix}$$

对于 Sugeno I 型模糊神经网络，定义

$$\phi=\begin{bmatrix} \phi_1^{\mathrm{T}}\\ \phi_2^{\mathrm{T}}\\ \vdots\\ \phi_N^{\mathrm{T}}\end{bmatrix}$$

$$=\begin{bmatrix} \bar{\omega}_1(1) & \bar{\omega}_1(1)x_1(1) & \cdots & \bar{\omega}_1(1)x_n(1) & \cdots & \bar{\omega}_q(1) & \bar{\omega}_q(1)x_1(1) & \cdots & \bar{\omega}_q(1)x_n(1)\\ \bar{\omega}_1(2) & \bar{\omega}_1(2)x_1(2) & \cdots & \bar{\omega}_1(2)x_n(2) & \cdots & \bar{\omega}_q(2) & \bar{\omega}_q(2)x_1(2) & \cdots & \bar{\omega}_q(2)x_n(2)\\ \vdots & \vdots & & \vdots & \vdots & \vdots & \vdots & & \vdots\\ \bar{\omega}_1(N) & \bar{\omega}_1(N)x_1(N) & \cdots & \bar{\omega}_1(N)x_n(N) & \cdots & \bar{\omega}_q(N) & \bar{\omega}_q(N)x_1(N) & \cdots & \bar{\omega}_q(N)x_n(N)\end{bmatrix}$$

$$\theta=[a_{01} \quad a_{11} \quad \cdots \quad a_{n1} \quad \cdots \quad a_{1q} \quad a_{1q} \quad \cdots \quad a_{nq}]^{\mathrm{T}}$$

尽管这两种模型的 ϕ 和 θ 描述不同且维数不同,但这两个模型的输出层都可以表示为

$$Y=\phi\theta \tag{2-43}$$

式中,θ 为模糊神经网络的后件参数。

定义误差向量 $E=[\varepsilon(1) \quad \varepsilon(2) \quad \cdots \quad \varepsilon(N)]^{\mathrm{T}}$,且令

$$E=Y-\phi\theta \tag{2-44}$$

最小二乘参数辨识方法就是对式(2-43)寻找最优的参数 θ^* 使得准则

$$J=\sum_{i=1}^{N}\varepsilon^2(i)=E^{\mathrm{T}}E$$

趋于最小。为求得最小值,J 可表示为

$$\begin{aligned} J&=(Y-\phi\theta)^{\mathrm{T}}(Y-\phi\theta) \\ &=Y^{\mathrm{T}}Y-\theta^{\mathrm{T}}\phi^{\mathrm{T}}Y-Y^{\mathrm{T}}\phi\theta+\theta^{\mathrm{T}}\phi^{\mathrm{T}}\phi\theta \end{aligned}$$

求 J 对 θ 的导数并令结果为 0,作为确定使 J 为最小的 θ^* 的条件,于是

$$\left.\frac{\partial J}{\partial \theta}\right|_{\theta=\theta^*}=-2\phi^{\mathrm{T}}Y+2\phi^{\mathrm{T}}\phi\theta^*=0$$

$$\theta^*=(\phi^{\mathrm{T}}\phi)^{-1}\phi^{\mathrm{T}}Y \tag{2-45}$$

事实上,$(\phi^{\mathrm{T}}\phi)^{-1}\phi^{\mathrm{T}}$ 为式(2-43)的最小范数解,也就是 ϕ 的伪逆(广义逆)。

(2) 混合学习算法。

混合学习算法是基于模糊系统的加动量项 BP 算法与最小二乘估计相结合的学习算法。混合学习过程的每一步包括两部分:前向学习时,固定前件参数,用最小二乘估计后件参数;反向学习时,固定后件参数,用基于模糊系统的加动量项 BP 算法更新前件参数。算法主要思想如下:

针对每一个数据对$\{x_1(k),x_2(k),\cdots,x_n(k);y(k)\}$,首先根据初始前件和后件参数按式(2-36)~式(2-41)计算网络输出 $\hat{y}(k)$:

$$\hat{y}(k)=\phi_k^{\mathrm{T}}\theta \tag{2-46}$$

若按批量思想对网络前件参数和后件参数进行学习修正,则定义误差函数为

$$E=\frac{1}{2}\sum_{k=1}^{N}[y(k)-\hat{y}(k)]^2 \tag{2-47}$$

并针对 Sugeno 0 型模型定义 $f_i=y_i$,针对 Sugeno I 型模型定义 $f_i=a_{0i}+a_{1i}x_1+\cdots+a_{ni}x_n$,则模糊神经网络模型的第四层又可写成

$$y=\sum_i \frac{\omega_i f_i}{\sum_i \omega_i} \tag{2-48}$$

针对网络学习的每一个迭代周期,先固定 $f_i(i=1,2,\cdots,q)$,对于每一个样本点$\{x_1(k),x_2(k),\cdots,x_n(k);y(k)\}$,Sugeno 0 型模型的 $f_i(i=1,2,\cdots,q)$是相同的,但

Sugeno I 型模型的 $f_i(i=1,2,\cdots,q)$ 是不同的，为阐述简便，这里都用 $f_i(k)(i=1,2,\cdots,q)$ 表示。由此，可按式(2-49)和式(2-50)反向更新前件参数 $\{c_{ij}(t),\sigma_{ij}(t)\}$：

$$\begin{aligned} c_{ij}(t) &= c_{ij}(t-1)+\Delta c_{ij}(t) \\ &= c_{ij}(t-1)-\eta\frac{\partial E}{\partial c_{ij}(t-1)}+\alpha\Delta c_{ij}(t-1) \\ &= c_{ij}(t-1)+2\eta\sum_t\frac{\omega_j(t)[y(t)-\hat{y}(t)][f_j(t-1)-\hat{y}(t)][x_i(t)-c_i(t-1)]}{\sigma_{ij}^2(t-1)} \\ &\quad +\alpha\Delta c_{ij}(t-1) \end{aligned} \tag{2-49}$$

$$\begin{aligned} \sigma_{ij}(t) &= \sigma_{ij}(t-1)+\Delta\sigma_{ij}(t) \\ &= \sigma_{ij}(t-1)-\eta\frac{\partial E}{\partial \sigma_{ij}(t-1)}+\alpha\Delta\sigma_{ij}(t-1) \\ &= \sigma_{ij}(t-1)+2\eta\sum_t\frac{\omega_j(t)[y(t)-\hat{y}(t)][f_j(t-1)-\hat{y}(t)][x_i(t)-c_i(t-1)]^2}{\sigma_{ij}^3(t-1)} \\ &\quad +\alpha\Delta\sigma_{ij}(t-1) \end{aligned} \tag{2-50}$$

式中，η 和 α 根据 CE 和 CCE 采用模糊推理动态改变。

求得第 t 步的前件参数 $\{c_{ij}(t),\sigma_{ij}(t)\}$ 后，固定该参数，按式(2-45)求得最优后件参数 θ^*。

若按动量思想对网络前件参数和后件参数进行学习修正，则定义误差函数为

$$E=\frac{1}{2}[y(k)-\hat{y}(k)]^2 \tag{2-51}$$

对于每一个数据点 $\{x_1(k),x_2(k),\cdots,x_n(k);y(k)\}$，前件参数 $\{c_{ij}(t),\sigma_{ij}(t)\}$ 按式(2-52)和式(2-53)更新。

$$\begin{aligned} c_{ij}(t) &= c_{ij}(t-1)+\Delta c_{ij}(t) \\ &= c_{ij}(t-1)-\eta\frac{\partial E}{\partial c_{ij}(t-1)}+\alpha\Delta c_{ij}(t-1) \\ &= c_{ij}(t-1)+2\eta\frac{\omega_j(t)[y(t)-\hat{y}(t)][f_j(t-1)-\hat{y}(t)][x_i(t)-c_i(t-1)]}{\sigma_{ij}^2(t-1)} \\ &\quad +\alpha\Delta c_{ij}(t-1) \end{aligned} \tag{2-52}$$

$$\begin{aligned} \sigma_{ij}(t) &= \sigma_{ij}(t-1)+\Delta\sigma_{ij}(t) \\ &= \sigma_{ij}(t-1)-\eta\frac{\partial E}{\partial \sigma_{ij}(t-1)}+\alpha\Delta\sigma_{ij}(t-1) \\ &= \sigma_{ij}(t-1)+2\eta\frac{\omega_j(t)[y(t)-\hat{y}(t)][f_j(t-1)-\hat{y}(t)][x_i(t)-c_i(t-1)]^2}{\sigma_{ij}^3(t-1)} \\ &\quad +\alpha\Delta\sigma_{ij}(t-1) \end{aligned} \tag{2-53}$$

式中，η 和 α 同样根据 CE 和 CCE 采用模糊推理动态改变。

固定前件参数，后件参数 $\theta(t)$ 按式(2-54)实时更新：

$$\theta(t)=\theta(t-1)+K(t)[y(t)-\phi_t^{\mathrm{T}}\theta(t)]$$

$$K(t)=\frac{P(t-1)\phi_t}{\lambda+\phi_t^{\mathrm{T}}P(t-1)\phi_t} \tag{2-54}$$

$$P(t)=\frac{1}{\lambda}[I-K(t)\phi_t^{\mathrm{T}}]P(t-1)$$

式中,$P(0)=\rho I$,ρ 为一个大的正数,I 为单位矩阵;λ 为遗忘因子,在[0,1]内取值。

3) 利用 AIC 优化网络结构

Akaike 于 1971 年提出了 AIC,其一般形式为

$$\mathrm{AIC}=(-2)\times\ln(\text{最大优度})+2\times(\text{独立参数个数}) \tag{2-55}$$

其特点是该准则体现了信号的自适应估计中逼近性的最佳判定,其逻辑意义为节俭原理引导下模型阶数的上限值。Akaike[17]证明,使 AIC 为最小的参数个数是模型相对合理的阶数。

目前,AIC 在自适应信号辨识中已得到成功应用,该准则对一维数字信号处理情形很有效,也可应用于二维信号(如图像)处理中。自适应性是该准则的突出优点,但是在其应用中,模型选择与描述是个关键因素,在一维信号处理中经常采用空间相关模型,从而在辨识过程中模型阶数和参数则成为过程性的重要参数,阶数的选取有时在一定范围内并不很敏感[如在自回归(autoregressive)估计中],而多维信号处理中 AIC 的应用还不多见。

Chen 等[18]和 Billings 等[19]用 AIC 来确定隐含层节点数,以期获得泛化误差小、逼近精度高、网络结构简单的 RBFNN。这时,AIC 的判据可写为

$$\mathrm{AIC}=N\ln(\sigma_\xi^2)+4n_{\mathrm{eff}} \tag{2-56}$$

式中,N 为训练集样本数;n_{eff}为网络中参数的有效个数;σ_ξ^2 为网络输出与期望输出误差的方差,即 $E[(O_{\mathrm{desir}}-O_{\mathrm{net}})^2]=\sigma_\xi^2$。Chen 等[18]利用 AIC 信息准则提供了网络性能和网络复杂度之间的折中。本书基于 Chen 等[18]的思想,采用 AIC 优化模糊神经网络结构。具体实现如下:

设一个工业过程有 N 个数据样本组成训练样本集 $S_{\mathrm{train}}=\{(X(t),y(t))\mid 1\leqslant t\leqslant N,X(t)\in\mathrm{R}^n,y(t)\in\mathrm{R}\}$,$X(t)=[x_1(t)\quad x_2(t)\quad\cdots\quad x_n(t)]^{\mathrm{T}}$,$M$ 个数据样本组成检验样本集 $S_{\mathrm{test}}=\{(X(t),y(t))\mid 1\leqslant t\leqslant M,X(t)\in\mathrm{R}^n,y(t)\in\mathrm{R}\}$,用于构造和检验模糊神经网络模型。

模型前件参数$\{c_{ij},\sigma_{ij}\}$和后件参数$\{y_i\}$或$\{a_{0i},a_{1i},\cdots,a_{ni}\}$是在规则数 q 已知的情况下求得。根据 AIC 准则,为了在网络性能和复杂度之间取得较好的折中,若要求得最优 q^* 就要使

$$J(q)\big|_{S_{\mathrm{test}}}=M\cdot\ln\left[\frac{1}{M}\sum_{t=1}^{M}(y(t)-\hat{y}(t))^2\right]+4q \tag{2-57}$$

最小的 q 值。式中,对评价函数的计算是针对检验样本集 S_{test}进行的。

为此,模糊神经网络建模时,先选择一个较小的模糊规则数 q,接着根据训练

样本集 S_{train} 确定网络参数，用检验样本集 S_{test} 按式(2-57)计算网络的评价函数值；然后逐次增加模糊规则数 q，若增加到第 k 次，存在 $J(q(k-1))\leqslant J(q(k-2))$ 且 $J(q(k-1))\leqslant J(q(k))$，则令 $q^{*}=q(k-1)$，认为此时已求得使 $J(q)$ 最小的最优模糊规则数 q^{*}。

4）网络结构和参数的自适应修正

工业过程通常都有一定的时变性。为使网络能适应工业过程的变化，需要不断自适应修正网络结构和参数，即网络要不断检验预测结果与实际情况是否相符。把预测结果与实际情况不相符的输入输出数据对作为新样本，模糊神经网络对那些新样本进行在线学习并改变网络结构和参数，使网络适应环境或工业过程本身结构或参数的变化，增强预测的自适应性。

新样本的产生通常有两种情况：

(1) 模糊神经网络中网络权值是根据样本数据误差来调整的，对于新的预测环境和或工业过程结构变化时，权值不发生变化必然会导致网络输出产生误差，这种误差是由模糊神经网络的参数不适应工业过程变化引起的，这类误差一般不会很大。

(2) 模糊神经网络的结构(规则数)多是由数据聚类产生的，对于新的预测环境和工业过程结构，新的数据会产生新的聚类和新的规则，此时原网络针对新状况产生的输出必然与实际情况有误差，这种误差是由结构变化引起的，误差通常会比较大。

据此，根据模糊神经网络预测结果与实际情况的相对误差

$$E=\mathrm{abs}(y(N+1)-\hat{y}(N+1)) \tag{2-58}$$

不同，对网络进行修正：

(1) 若 $E<\varepsilon_1$，则认为预测结果与实际情况相差不大，网络不需要改变。

(2) 若 $\varepsilon_1<E<\varepsilon_2$，则仅修正网络参数。

(3) 若 $E>\varepsilon_2$，则要调整网络结构。

网络参数修正分步进行：

第 1 步，按式(2-54)的增量式递推公式修正网络后件参数，若原网络模型是离线建立的，即按批量思想建立的，则令 $P(0)=[\phi^{\mathrm{T}}\quad\phi]^{-1}$，将求得的新的后作参数代替原后件参数，并按式(2-58)重新计算预测相对误差 E，若 $E<\varepsilon_1$，则终止修正，否则转第 2 步。

第 2 步，按式(2-52)和式(2-53)增量式方法递推修正网络前件参数，然后固定网络前件参数，按式(2-54)的增量式递推公式修正网络后件参数，接着用新求得的前件参数和后件参数代替原有的，并计算网络预测相对误差 E，若 $E<\varepsilon_1$，则修正结束，否则继续递推修正网络的前件和后件参数。

模糊神经网络结构的调整主要采用增加模糊规则的方法。由于建模宽度不

够,模糊聚类得到的 q 条规则不足以覆盖整个输入输出空间,对于未覆盖到的区域,系统模型的输出就会产生较大偏差,甚至该样本可能根本无法被模型预测,则将该样点作为新样本。以 MISO 系统为例,若新样本 $\{X(N+1), y(N+1) \mid X \in \mathrm{R}^n, y \in \mathrm{R}\}$, $X(n+1)=[x_1(N+1) \quad x_2(N+1) \quad \cdots \quad x_n(N+1)]^{\mathrm{T}}$ 不属于根据原有样本产生的最优聚类,则其自成一类。此时,聚类数从原来的 q 个变为 $q+1$ 个,模糊系统规则也增加一个,模糊神经网络第一层中每个输入变量的分量增加一个隶属函数,其他层的隐节点也相应增加一个。根据新样本产生新规则的思路如下:

由于新样本自成一类,该类的中心为新增输入样本,即

$$v_{q+1}=X(N+1) \quad \text{或} \quad c_{i,q+1}=X_i(N+1), \quad i=1,2,\cdots,n \tag{2-59}$$

将式(2-59)代入式(2-36)和式(2-37),有

$$\mu_{i,q+1}(x_i(N+1))=1, \quad \omega_{q+1}=1$$

则模型对新增输入样本的输出为

$$\hat{y}(N+1)=\frac{\sum_{i=1}^{q+1}\omega_i f_i}{\sum_{i=1}^{q+1}\omega_i} \tag{2-60}$$

由于新样本自成一类,其对原有样本产生的聚类的隶属度小,即

$$\mu_{ij}(x_i(N+1))\approx 0, \quad \omega_j=0, \quad j=1,2,\cdots,q \tag{2-61}$$

根据式(2-60)有:

(1) 若为 Sugeno 0 型模糊神经网络模型,则有

$$y_{q+1}=y(N+1) \tag{2-62}$$

(2) 若为 Sugeno I 型模糊神经网络模型,则有

$$a_{0,q+1}=y(N+1), \quad a_{i,q+1}=0, \quad i=1,2,\cdots,n \tag{2-63}$$

为了保证式(2-61)成立,新增类的半径按如下方式设定:

$$\sigma_{i,q+1}=\frac{1}{2}\| c_{i,q+1}-c_{i,m}|-\sigma_{i,m}| \tag{2-64}$$

式中,$c_{i,m}$ 和 $\sigma_{i,m}$ 分别为距离新规则最近规则的中心和半径的第 i 个分量。

2.4 智能集成建模的工程实现

智能集成建模是根据已有建模方法存在的问题、复杂工业过程的特点及过程控制对模型的要求提出的。将智能集成建模理论应用于实际工业过程中,分为以下步骤。

(1) 明确建模目的与确定建模对象。模型是现代工业过程控制与决策、故障诊断、系统特性与效果评价的基础,由于建模目的不同,模型所需描述的过程本质

相应不同，选择的过程范围也将不同。为此，建模目的是建模的前提。根据建模目的可相应确定建模对象。

(2) 初步确定模型变量。模型中的变量一般包括输入变量、输出变量和中间变量。有些中间变量也称为状态变量。根据建模目的和对象，通常可以确定输出变量。再根据一定的机理分析，可以了解到对输出变量有影响的因素，并初步确定为输入变量。有时输入变量与输出变量间的关系异常复杂，可以借助中间变量来细化这一复杂关系。

(3) 收集过程信息。所谓过程信息是建立模型所需要的工艺过程理论知识、生产过程数据和技术人员、操作人员积累的经验知识的统称。收集这些过程信息时，应了解输出变量与输入变量间有无工艺理论可以支持，判断变量间的关系是用定量(数据)、半定量(模糊知识)还是定性(专家经验)信息来反映。根据已收集的信息，还可对初步确定的输入变量、中间变量进行适当的增减。例如，若输入变量在实际生产中变化不大，则可以不予考虑，从而可以精简输入变量数目。

(4) 确定建模方法并建立模型。按照智能集成建模理论建模有两个关键问题，一是根据已收集到的过程信息建立模型基元，二是确定如何将模型基元进行集成。对于需要建立的模型往往要满足以下要求：①模型越能准确反映过程机理越好；②模型精度尽可能高；③模型结构尽可能精简。由于建立的模型无法同时满足所有的要求，因此，建模时应根据建模目的，即模型在过程中或系统中起的作用，确定建模原则的优先权，然后在此基础上建立模型基元并确定适合的集成形式，尽可能满足建模要求。

(5) 模型检验。这是建模的最后一步，用于检验所得模型是否满足建模目的和对模型的要求。若满足要求，则表明建模已经完成；否则，将回到第(4)步，进一步完善模型，直到获得一个满意的模型为止。

通过以上步骤，可得到用于工业过程的智能集成模型。

2.5 小　结

根据已有建模方法存在的问题、复杂工业过程的特点以及优化控制对模型的要求，将多种方法相结合建模是必要的，也是可行的，智能集成建模将成为复杂工业过程模型化研究的发展方向。本章在阐述智能集成建模思想提出的依据基础上，给出了智能集成建模的一般定义和六种基本集成形式，总结了几类典型的智能集成建模方法，给出了智能集成建模的形式化描述以及工程实现。由于本章仅给出了智能集成建模的基本框架，智能集成建模中所涉及的建模技术和集成方法是非常复杂的。由于工业过程本身特点不同、优化控制对模型要求不同，这些方法的应用场合也将不同，在以后各章中将结合具体有色冶金生产过程自动化问题来介绍智能集成建模方法的实际工程应用。

参考文献

[1] Dasaratha V S, Richard C S, Eric B B. Process modeling using stacked neural networks. AIChE Journal, 1996, 42(9): 2529-2539

[2] Cho S B, Kim J H. Combining multiple neural networks by fuzzy integral for recognition. IEEE Transactions on Systems, Man, and Cybernetics, 1995, 25(2): 380-384

[3] 王雅琳,桂卫华,阳春华,等. 自适应监督式分布神经网络及其工业应用. 控制与决策,2001,16(5): 549-556

[4] Fortmann N F. Application of neural networks in rolling mill automation. Iron and Steel Engineer, 1995, 72(2): 33-36

[5] Cho S Z, Cho Y J, Yoon S C. Reliable roll force prediction in cold mill using multiple neural networks. IEEE Transactions on Neural Networks, 1997, 8(4): 874-880

[6] 张偍,陈士贤,张中秋. 化工过程半经验模型的求取及回归方法和 ANN 方法的联合应用. 石油化工自动化,1999,(5): 26-29

[7] Chen X F, Gui W H, Wang Y L, et al. A prediction model of sulfur based on intelligent integrated strategy//The 15th World Congress of International Federation of Automatic Control, Barcelona, 2002

[8] Buckley J J, Hayashi Y. Fuzzy neural networks: A survey. Fuzzy Sets and Systems, 1994, 66: 1-13

[9] Detlef N, Kruse R. Neuro-fuzzy systems for function approximation. Fuzzy Sets and Systems, 1999, 101: 261-271

[10] 王亦文,桂卫华,王雅琳. 基于最优组合算法的烧结终点集成预测模型. 中国有色金属学报,2002, 12(1): 191-195

[11] 王雅琳. 智能集成建模理论及其在有色冶炼过程优化控制中的应用研究. 长沙:中南大学博士学位论文,2001

[12] Gui W H, Wang Y L, Yang C H. Composition-prediction-model-based intelligent optimization for lead-zinc sintering blending process. Journal of Measurement and Control, 2007, 40(6): 176-181

[13] Chen M S, Wang S W. Fuzzy clustering analysis for optimizing fuzzy membership functions. Fuzzy Sets and Systems, 1999, (103): 239-254

[14] Chen X F, Gui W H, Wang Y L, et al. An integrated modeling method for prediction of sulfur content in agglomerate. Journal of Central South University of Technology, 2003, 10(2): 145-150

[15] Kosko B. Neural Networks and Fuzzy Systems Approach to Intelligence. Upper Saddle River: Prentice-Hall, 1992

[16] Wang L X. Fuzzy systems are universal approximator//Proceedings of the IEEE International Conference on Fuzzy Systems, San Diego, 1992: 1163-1170

[17] Akaike H. A new look at the statistical model identification. IEEE Transactions on Automatic Control, 1974, 19(6): 716-723

[18] Chen S, Billings S A, Luo W. Orthogonal least squares methods and their applications to nonlinear system identification. International Journal of Control. 1989, (50): 1873-1896

[19] Billings S A, Zheng G L. Radial basis function network configuration using genetic algorithms. Neural Networks, 1995, 8(6): 877-890

第3章　有色金属生产过程智能优化控制

有色冶金生产过程的优化控制是实现有色冶炼企业节能降耗、减少环境污染的重要手段。然而，有色冶炼生产流程长、反应机理复杂，环境恶劣、工况多变，无法建立生产过程的解析数学模型，严重地阻碍了传统优化方法在实际有色冶金生产过程控制中的应用。为此，本章针对有色冶金生产过程的复杂性，探讨有色冶金生产过程智能优化控制问题。

3.1　智能优化控制问题

工业生产过程优化控制按照广义的理解，包括以下三方面的优化。

(1) 控制优化。其评价函数是被控过程的某项动态品质指标，如动态偏差的某种积分鉴定值[如积分平方差(integral square error，ISE)、误差绝对值积分(integrated time absolute error，ITAE)等]，或是兼顾动态偏差与控制作用波动的二次型函数[线性二次型调节器(linear quadratic regulator，LQR)]等。除了现代控制理论专著中讨论的各种典型最优控制命题外，近年来发展迅速的预测控制和自校正控制也属最优控制，预测控制采用滚动优化策略，自校正控制则是系统辨识和最优控制的结合。鲁棒控制可说是对扰动影响的抑制能力最强的控制。

(2) 操作优化。其评价函数是与产品产量、质量、成本、消耗等生产目标密切相关的综合生产指标，而以直接影响综合生产指标的被控变量的设定值为运行变量。生产过程优化的狭义理解就是指操作优化。操作优化更准确地说应称为在线稳态优化，常采用递阶系统结构，优化层位于直接控制层之上，由上位机给出几个控制器的设定值。由于环境条件变量(如负荷、进料成分等)经常有变动，为使操作点达到和保持最优，这些控制器的设定值须经常调整。可见，为使整个生产过程运行于最优状态，需根据过程运行信息，实时在线确定操作参数最优设定值，并通过控制器保证操作参数稳定在最优设定值附近。

(3) 决策优化。涉及生产计划与调度的优化，是生产管理层次的优化，是工业过程综合自动化技术的重要内容。计划是决定年、季、月的产品产量，以及原料、辅料、水、电和燃料(或蒸汽)的需要量。调度是计划的具体实现方案，决定在每个时刻、每个设备的生产内容和任务，并确定电、原料、燃料、水以及蒸汽的调配等。在市场经济条件下，生产计划和调度的优化所带来的经济效益相当显著。

从工业过程的角度看，自动控制的作用不仅仅是使控制系统的输出很好地跟踪设定值,追求的不只是控制系统本身的最优化控制,而是要控制整个生产过程,使反映产品在生产过程中与质量、效率及消耗相关的生产指标在目标范围内,同时要求在保证生产安全运行的条件下,尽可能提高反映产品质量与效率的生产指标、尽可能降低反映产品加工过程消耗的生产指标,实现整个工业生产过程的优化运行[1,2]。然而,有色冶金生产流程长,实现反映企业最终产品的质量、产量、成本、消耗等相关生产指标的优化控制,首先必须实现有色冶金生产流程中中间产品的质量指标、效率、能耗、物耗等生产指标相关的各生产工序的工艺指标的优化控制。为了实现有色冶金生产流程中各工序工艺指标的优化控制,必须根据生产过程运行信息,实时在线优化直接影响各工序工艺指标的操作参数。

工业生产过程在线优化的实质是综合应用过程建模技术、优化技术、先进控制技术以及计算机技术,在满足工艺生产要求及产品质量约束等条件下,不断计算并改变过程的操作条件,使得生产过程始终运行于最经济状态。生产过程在线优化所需的关键技术通常包括:①准确快速的过程模型;②合理的目标函数和高效的优化算法;③能够保证平稳操作的高性能的控制系统。

有色冶金生产过程的复杂性限制了传统优化方法在其过程控制中的应用[3],而实际工业生产过程中不仅拥有大量的生产数据和丰富的操作经验,且由于长期研究,对过程机理有了深层次的认识。一般来说,生产数据可用于系统辨识和神经网络建模,经验知识可作为专家经验建模和模糊逻辑建模的基础,而工业界对过程的机理认知则是机理建模的前提。利用这些多方面的信息、通过多种建模方法的集成,可望建立集成的过程模型来描述有色冶金工业过程。然而,建模方法的多样化和优化模型的复杂化使得单一的优化方法无法求解复杂工业过程的优化控制问题。因此,在求解复杂工业过程优化问题时,引入先进的优化算法,发挥专家的知识和操作人员的长期工作经验,把有关的经验知识和启发性思维嵌入过程优化控制中是极其重要的[4~7]。因此,针对有色冶金过程的复杂性,本书引入智能集成的思想,讨论有色冶金生产过程优化控制问题,研究面向有色冶金生产过程工艺指标的智能优化控制。从而实现综合生产指标的优化控制,以适应变化的世界经济环境,满足节能降耗、提高产品质量和生产效率、降低成本、提高运行安全性和减少环境污染的需要。

3.2 智能集成优化控制结构

智能集成优化控制技术就是运用传统的建模与优化技术、软测量技术、预测技术以及专家系统、神经网络、模糊推理、模拟退火等智能技术,通过建模方法的智能集成、优化方法的智能集成以及控制方法的智能集成共同完成过程的优化控制。其基本思想是:以已知生产条件为输入,考虑到生产边界条件等的波动,建立生产目标、工艺指标以及操作参数的集成优化控制模型;采用智能集成方法协调多种优化手段获得以成本最低或能耗最小等经济效益指标为目标的、满足生产目标要求和生产约束条件的最优操作参数值;将最优操作参数值作为控制器设定值,实现整个生产过程的在线闭环优化控制[8]。智能集成优化控制结构如图3.1所示,具体包括以下内容。

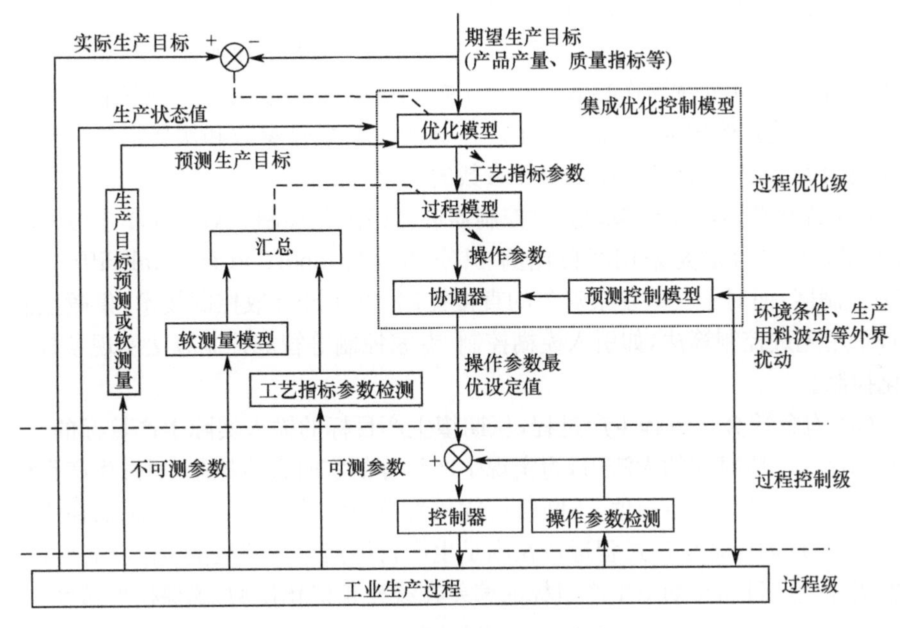

图3.1 智能集成优化控制结构

(1) 通过工艺机理分析,确定工业生产过程中直接影响生产指标(如产品产量、质量指标等)和与经济效益指标(如原料消耗量、能源消耗量等)直接挂钩的工艺指标参数(如转化率、产品组分、透气性、溶出率等),并确定生产过程中影响这些工艺指标的操作参数。

(2) 根据工艺知识、操作工人经验和生产过程数据,结合多种建模技术,建立以成本最低或者能耗最小或者产量最高等经济效益指标为目标的、满足生产目标要求的优化模型;建立反映生产边界条件、操作参数和工艺指标参数之间关系的过程模型;考虑到环境条件、生产用料变化、生产边界条件等外界扰动可能引起生产不稳定,生产无法控制,建立预测控制模型,采用前馈补偿予以克服;这些生产边界条件、操作参数和生产目标中的部分参数可能是不可测或者不易测的,对此应用机理建模、系统辨识等传统建模方法,神经网络、专家系统、模糊逻辑等智能建模方法及其集成方法建立软测量模型实现这些参数的在线检测。

(3) 由优化模型、过程模型和预测模型组成反映生产目标、工艺指标参数以及操作参数之间关系的集成优化控制模型。由于过程异常复杂,所建立的智能集成优化控制模型已不是传统意义上的优化模型,经典的优化方法不再适用,只有针对所建优化模型的特点采用不同的优化方法并进行有效的集成才能得到满意的结果。在过程模型中,主要考虑可控操作参数与工艺指标参数的关系,而对于那些不可控(或不易控制)操作参数对生产目标的影响,通过补偿的方法加到可控操作参数上,专家推理可用来对最优值和补偿值进行协调。

(4) 通过模糊逻辑或专家系统集成多种模型,对优化和前馈控制获得的操作参数进行协调,并针对操作参数变量多于控制目标变量的特点,利用统计学中的主成分分析法或其他技术,确定影响生产目标的主要操作参数和次要操作参数及其相互间的关系,获得直接控制器操作参数的优化设定值。

(5) 优化获得的操作参数通过控制器进行稳定化控制。对于简单参数的直接控制,最常用的办法是采用经典比例-积分-微分(proportion integral differential, PID)控制器;而对于一些复杂对象的直接控制,可通过分散控制技术(集散控制系统),采用先进控制算法,如引入模糊控制、专家控制等智能控制算法实现参数的稳定化控制。

(6) 有色冶金长流程生产过程,从期望生产目标的输入实际生产目标的反馈,一般都存在一段时间的大滞后,为实现生产目标的实时在线控制,通过生产目标预测模型实时反馈生产目标值,不断修订优化参数设定值,实现生产目标的在线闭环优化控制,从而保证生产过程运行在满足生产目标前提下的最优生产状态。此外,根据实际生产目标与期望生产目标的偏差在线校正优化模型,确保模型精度。

3.3 有色冶金过程操作模式优化

3.3.1 操作模式优化的提出

复杂有色冶金过程的操作参数多且相互关联,对一个或少数几个操作参数进行优化,仅能保证某一生产条件下的局部最优,只有从整体出发,对所有操作参数进行大范围的全局综合优化,才能获得更有效的生产效益和节能降耗效果。因此,需要根据操作参数与反映生产目标和能耗指标的状态变量之间的关系以及操作参数之间的相互关系,进行多个操作参数的同时在线决策。这种在线决策,凭人工经验很难进行,它往往需要操作工人根据经验反复调整,这种动态调整时间往往很长,甚至引起工况的不稳定,造成生产指标波动大、产品质量不合格,带来大量的能源浪费。而且,由于我国矿源的复杂性和外部扰动的频繁,这种多操作参数同时在线决策的状况经常发生。例如,闪速炉需根据矿装入量、重油量以及炉壁周围的温度测点值、流量测点值等数十个工艺变量来实时调整工艺风出口速度、分布风量、中央氧量、反应塔燃油量、风氧比、喷嘴角度等操作参数。这些工艺参数相互耦合,互为关联,需要经常调整。这些表征系统输入条件和需要决策的操作参数实际上构成了一个操作模式,一些经验丰富的操作人员往往就是根据长期的生产实践摸索出这些操作模式来记忆和进行操作参数的决策。但由于生产过程的复杂性,操作人员很难通过人脑进行这些操作模式的存储、检索、匹配和推理。显然,凭人工进行的操作模式优化是主观的、粗糙的、不易记忆和难以更新的。

在复杂有色冶金生产过程中,每时每刻都有大量的各类数据通过现场控制系统、计算机网络以各种形式传到数据服务器。这些海量数据中蕴含着大量宝贵的信息,包含了丰富的反映生产运行规律和工艺参数之间关系的潜在信息。因此,将有色冶金过程的工艺输入条件和可控的操作参数所组成的向量定义为操作模式[9],结合工艺机理分析,从海量生产数据中探索出操作模式与生产经济指标和能耗指标之间的关系,采用先进的优化算法和智能方法寻找优化操作模式,这对实现有色冶金过程的多操作参数的同时优化,保证整个冶金过程在变化的工况下仍处于整体优化运行的状态,达到节能降耗、减少有价金属随渣损失、提高有色金属矿产资源利用率的目的,具有重要意义。

3.3.2　操作模式定义

复杂有色冶金生产过程的数据主要包括输入条件、状态参数、操作参数以及工艺指标。输入条件是指原料种类、品位、杂质含量等原始信息,τ 时刻的输入条件可表示为[10]

$$r(\tau)=[r_1(\tau)\quad r_2(\tau)\quad \cdots\quad r_l(\tau)]^{\mathrm{T}} \tag{3-1}$$

式中,l 为输入条件的个数。状态参数是指生产过程中各类传感器检测到的温度、压力、液位等一系列可以反映生产运行状态的数据,τ 时刻的状态参数可表示为

$$s(\tau)=[s_1(\tau)\quad s_2(\tau)\quad \cdots\quad s_m(\tau)]^{\mathrm{T}} \tag{3-2}$$

式中,m 为状态参数的个数。操作参数就是生产过程中可进行调节控制的参数,如压力、风量、氧量等,τ 时刻的操作参数可表示为

$$q(\tau)=[q_1(\tau)\quad q_2(\tau)\quad \cdots\quad q_n(\tau)]^{\mathrm{T}} \tag{3-3}$$

式中,n 为操作参数的个数。工艺指标则为生产过程所要求达到的目标,如产品产量、质量、能耗、排放、成本等,τ 时刻的工艺指标可表示为

$$o(\tau)=[o_1(\tau)\quad o_2(\tau)\quad \cdots\quad o_u(\tau)]^{\mathrm{T}} \tag{3-4}$$

式中,u 为工艺指标的个数。

定义 3.1(操作模式)　一定的输入条件(l 维)和状态(m 维)及与之对应的操作参数(n 维)所组成的 $l+m+n$ 维向量定义为一个操作模式,即

$$p=[r^{\mathrm{T}}\quad s^{\mathrm{T}}\quad q^{\mathrm{T}}]^{\mathrm{T}}=[r_1\quad \cdots\quad r_l\quad \cdots\quad s_1\quad \cdots\quad s_m\quad \cdots\quad q_1\quad \cdots\quad q_n]^{\mathrm{T}} \tag{3-5}$$

定义 3.2(操作模式空间)　设 $p_j(j=1,2,\cdots,k,\cdots)$为任一个操作模式,则

由实际生产中所有可能出现的生产状况所对应的操作模式向量组成的空间 Ω 称为操作模式空间,即

$$p_j \in \Omega, \quad j = 1,2,\cdots,k,\cdots \tag{3-6}$$

定义 3.3(操作模式优化) 在允许的操作模式空间 Ω 中,寻找最优的操作模式 P_{opt},在该操作模式的作用下,使得生产的工艺指标达到最优。即

$$\begin{gathered} \min 或 \max\ O(p) \\ P_{\text{opt}} \in \Omega \end{gathered} \tag{3-7}$$

式中,$O(p)$ 表示工艺指标,为操作模式的函数。

定义 3.4(优化操作模式库) 综合考虑产品产量、质量、能耗、成本、工况稳定情况等工艺指标,对相同输入条件下的操作模式进行评价,综合评价最好的操作模式称为该输入条件下的优化操作模式;同时称不同输入条件下的优化操作模式组成的集合为优化操作模式库。

定义 3.5(操作模式相似度) 设

$$p_i = [r_{i1} \quad \cdots \quad r_{il} \quad \cdots \quad s_{i1} \quad \cdots \quad s_{im} \quad \cdots \quad q_{i1} \quad \cdots \quad q_{in}]^{\mathrm{T}}$$

$$p_j = [r_{j1} \quad \cdots \quad r_{jl} \quad \cdots \quad s_{j1} \quad \cdots \quad s_{jm} \quad \cdots \quad q_{j1} \quad \cdots \quad q_{jn}]^{\mathrm{T}}$$

分别为两个操作模式,则两个操作模式的相似度定义为输入条件组成的 l 维向量加权欧氏距离的指数,即

$$K(p_i,p_j) = \exp\left[-\sum_{k=1}^{l} w_k (r_{ik} - r_{jk})^2 / l\right] \tag{3-8}$$

式中,w_k 为加权系数,由实际情况决定,且满足条件 $0 < w_k < 1 (k = 1,2,\cdots,l)$ 及 $w_1 + w_2 + \cdots + w_l = 1$。由式(3-8)知,$0 < K(p_i,p_j) \leqslant 1$;$K(p_i,p_j)$ 越大,说明 p_i 和 p_j 越相似,即两个操作模式的输入条件越相近。

定义 3.6(操作模式匹配) 对于给定的输入条件,按照一定的优化指标,从操作模式空间 Ω 中寻找与之最匹配的操作模式的过程称为操作模式匹配。

3.3.3 基于数据驱动的操作模式优化框架

基于数据驱动的操作模式优化的核心思想是:从实际生产中积累的大量工业运行数据中挖掘出优化操作模式,形成优化操作模式库,并根据当前的工业运行条件与状态,从优化操作模式库中寻找与之最匹配的操作模式[11~13]。基于数据驱动的操作模式优化控制框架如图 3.2 所示,主要包括四部分内容。

1) 数据预处理

实际生产过程中,由于原料成分波动、生产边界条件变化、外界干扰以及生产操作中人为主观因素的影响,使得实际工业数据存在噪声;由于工艺条件和生产实际情况的限制,一些关键工艺参数不可测或部分信息不可知,造成信息的不完备,严重影响了生产过程的建模与优化控制。为此,通过去噪、数据修补、软测量等手

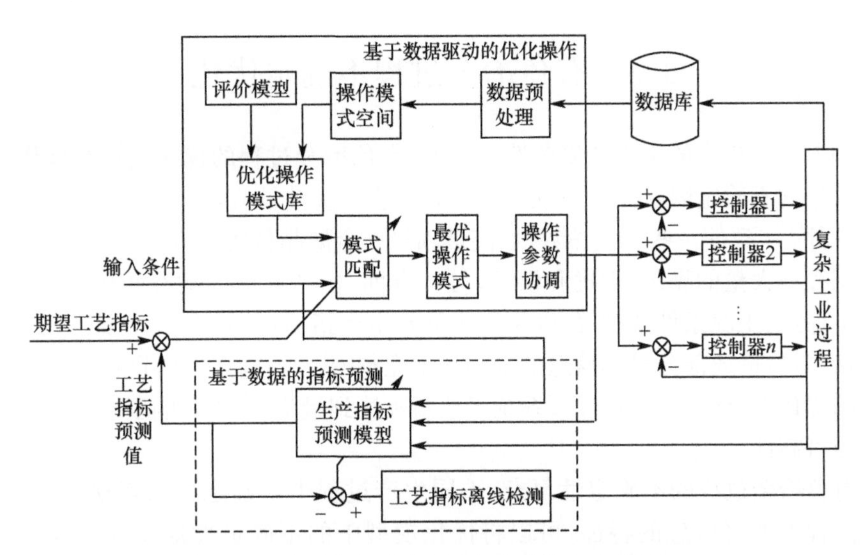

图 3.2　基于数据驱动的操作模式优化控制框架

段对生产数据进行预处理，为生产过程的优化控制提供相对完备的信息。

2）基于数据的指标预测

复杂工业生产过程的工艺指标如产品质量、成分、金属品位等，由于难以在线检测，往往通过人工化验获得，滞后时间长，影响生产过程的实时调整。基于工业运行数据，应用机理建模、智能建模等方法[14,15]，建立复杂工业过程中工艺指标的预测模型。在此基础上，利用在线获得的工业运行数据修正预测模型，提高预测模型的精度和适应性，为实时控制提供及时的反馈信息。

3）优化操作模式库的形成

实际生产中，在一定的输入条件下，不同操作参数的生产效果差异很大。为此建立生产过程的综合评价模型，对某一输入条件(或相似条件)下的操作模式进行评价，具有较优综合指标的操作模式为优化操作模式。在不同的输入条件下，按同样的评价方法，可以获得不同的优化操作模式，从而形成优化操作模式库。该方法一般适用于连续生产过程的操作参数的调整，如风量、温度、原料流量/加料速度等。

4）基于操作模式的操作参数优化

为了保证工艺指标，需对各操作参数进行实时调整。而这些工艺指标之间往往相互影响甚至互相矛盾，需分析每个目标与生产状态之间以及各生产目标之间的联系，统一协调各操作参数。基于操作模式的优化就是针对实际的输入条件及状态参数，从优化操作模式库中搜索出与其最相似的操作模式，并针对各操作参数的特点，研究控制作用之间的协调策略，以保证整个系统的综合指标最优。

3.4 有色冶金过程不确定优化

随着生产规模的扩大和复杂性的增加,有色冶金过程的优化调控与操作中存在着大量的不确定因素[16]。一方面,由于有色冶金涉及高温、高压、强酸、强碱等生产条件[17],致使一些工艺参数,如流量、成分、金属品位等难以实时准确测量,检测数据存在大量的噪声、干扰和误差;另一方面,生产环境的动态变化[18],如原料成分不稳定、工况条件波动等,以及一些重要生产指标(如转换率、产品组分等)不可直接测量,造成部分过程信息的未知和不完整[19]。不确定性的存在制约了生产过程的优化控制效果,无法保证系统工艺指标达到最优,严重影响了冶炼生产的稳定性与可靠性。

有色冶金过程的不确定性复杂,不同生产过程中不确定性的表现形式不同。根据过程不确定信息的特征,可以将优化模型中的不确定性描述分为以下三种方式[20]:

(1) 概率描述。由于客观条件的不充分或偶然因素的干扰,某些信息的变化具有一定的随机性,且服从特定的概率分布函数,此时,可以采用概率的方式描述该不确定性。例如,对于原料成分变化、流量波动等具有随机性的不确定信息,宜采用概率分布函数进行描述。

(2) 模糊描述。由于实际生产过程的复杂性,某些信息受人类知识和认知的影响特征界限不明确,难以表达确定的概念以及清晰的评定标准。为了处理这类不确定信息,可以采用模糊集进行描述。例如,对于生产状态、产品质量等具有模糊性的不确定信息,宜采用模糊集进行描述。

(3) 区间描述。由于工业过程中不确定信息波动频繁,某些参数缺乏足够的统计信息,无法准确获取其概率分布函数或隶属度函数,只能粗略得到参数的误差范围,此时可采用区间方式进行描述。例如,对于参数拟合误差、检测误差等具有区间性的不确定信息,宜采用区间数进行描述。

在具有不确定参数的有色冶金过程优化问题中,其优化方案不仅需要使工艺指标尽可能达到理想设定值,同时需要控制不确定性对生产过程的影响。为了满足生产要求和保证产品质量,有色冶炼企业对不同过程中不确定性的容忍度与最优解的满意度均有不同的指标和评估准则。下面针对三类典型的有色冶金过程,具体分析其不确定性特征并研究不同类型的不确定优化方法。

1. 概率不确定优化

以氧化铝配料过程为例,作为有色冶金过程的第一道工序,配料通过将不同来源的矿石和原料按一定的配比进行混合,配制成满足生产指标要求的混合物料[21]。在有色冶金过程中，所配制的混合物料质量将直接影响后续工艺段的正常生产，因此需要对配料过程的配比进行优化设定。

然而，由于矿石来源不稳定，入料口原料及返料的成分、流量等参数波动大且难以实时监测，具有明显的不确定性。通过分析大量的工业历史数据发现，原料和返料成分的变化具有随机性，可利用服从某种概率分布的随机变量来描述此类不确定参数。

根据氧化铝配料过程的生产要求，所配制成的生料浆需要满足铝硅比(A/S)、碱比(N/R)和钙比(C/S)的质量指标。考虑到质量指标的区间要求，以生料浆质量指标违背区间目标最小为优化目标，结合原料和返料参数的不确定特征，建立用于原料配比优化决策的优化模型如下[22]：

$$\begin{aligned} &\min_{x}\ \{f_1(x,u),f_2(x,u),f_3(x,u)\}\\ &\text{s.t.}\ \ x\geqslant 0\\ &\qquad u\sim p(u) \end{aligned} \tag{3-9}$$

式中，$f_1(\cdot)$、$f_2(\cdot)$、$f_3(\cdot)$为目标函数，分别表示铝硅比、碱比和钙比与目标值的偏差；x 为决策变量，表示各物料配比；u 为随机参数，表示各物料的成分；$p(\cdot)$为参数 u 的概率密度函数。

对于具有随机参数的不确定优化问题，常见的不确定性衡量指标有期望值、方差值、乐观值和悲观值等。氧化铝配料过程工矿成分波动大且各成分的发生概率不同，若以完全免疫不确定参数影响为目标，将造成昂贵的生产成本。因此，在上述氧化铝生料浆配料过程的不确定优化问题中，为保证生料浆的平均质量，以铝硅比、碱比和钙比与目标值偏差的期望作为衡量指标，实现概率不确定优化模型的确定性近似转化，具体表示为

$$\begin{aligned} &\min_{x}\ \left\{\frac{1}{N}\sum_{i=1}^{N}f_1(x,u_i),\frac{1}{N}\sum_{i=1}^{N}f_2(x,u_i),\frac{1}{N}\sum_{i=1}^{N}f_3(x,u_i)\right\}\\ &\text{s.t.}\ x\geqslant 0 \end{aligned} \tag{3-10}$$

式中，u_i 可通过哈默斯利序列抽样(Hammersley sequence sampling，HSS)技术采样生成。对于上述确定型优化问题，通过整理长期积累的专家经验知识，根据模型目标函数的优化级顺序，采用字典序专家推理优化策略[22]，实现该问题的求解。

2. 模糊不确定优化

以湿法炼锌除铜过程为例，铜离子是硫酸锌溶液中含量最高的对电解过程有害的杂质离子，需要在净化工段首先被除去[23]。锌粉添加量作为湿法炼锌除铜过程控制的关键，若添加过多，则会造成除铜出口铜离子含量偏低、锌粉浪费、后续除钴过程活化剂不足；若锌粉添加过少，则会使出口铜离子含量超标，影响电解电效。可见，锌粉添加量的优化控制对除铜过程至关重要[24]。

由于铜离子浓度实时在线检测困难,通常根据除铜过程氧化还原电位(oxidation-reduction potential,ORP)对锌粉添加量进行具体调整。但是,除铜过程入口溶液金属离子种类多且含量高,其他杂质离子对ORP的综合影响强烈。这一现象使得铜离子浓度与ORP之间具有一定的不确定性,电化学数学模型仅能大概给定铜离子浓度所对应的ORP值范围。因此,在除铜过程锌粉优化问题中,ORP难以精确描述与除铜反应状态之间的关系[25],存在一定的模糊性。

根据湿法炼锌除铜过程的生产要求,以锌粉添加量最小为目标函数,建立如下模糊不确定优化模型:

$$\begin{aligned} \min_{x}\ & f(x)=\eta_1 x_1+\eta_2 x_2 \\ \text{s. t.}\ & u=h_{\mathrm{Cu}}(x) \\ & u\sim\mu(u) \\ & \underline{x}\leqslant x\leqslant\overline{x} \end{aligned} \tag{3-11}$$

式中,$f(\cdot)$为目标函数,表示锌粉添加量;x_1 和 x_2 为决策变量,分别表示1#反应器和2#反应器锌粉模型理论添加量,其上下界分别为 $\overline{x}$ 和$\underline{x}$;η_1 和 η_2 为模型参数,分别表示1#反应器和2#反应器中锌粉有效性的预测值;u 表示ORP值,可通过与出口铜离子浓度之间的电化学模型 $h_{\mathrm{Cu}}(\cdot)$粗略得到;$\mu(\cdot)$为描述OPR值与除铜反应状态之间模糊关系的隶属度函数。

对于上述模糊不确定优化问题,可建立模糊推理规则,将ORP与除铜反应状态之间的关系进行精确描述[26]。除铜过程评估规则不仅要反映ORP值对除铜反应状态的影响,也需考虑ORP趋势对除铜反应前景状态的预示。根据除铜过程的实际运行状态,建立合理的评估规则,并将除铜状态划分为7大类别。采用去模糊化方法将除铜状态评估值确定到[-1,1]。这样,对于ORP值的不确定约束就可转换为对除铜状态评估值的确定约束。转换后的优化问题描述如下:

$$\begin{aligned} \min_{x}\ & f(x)=\eta_1 x_1+\eta_2 x_2 \\ \text{s. t.}\ & u=h_{\mathrm{Cu}}(x) \\ & E_{\mathrm{grade}}=h_{\mathrm{FL}}(u,\mathrm{d}u) \\ & \underline{E}_{\mathrm{grade}}\leqslant E_{\mathrm{grade}}\leqslant\overline{E}_{\mathrm{grade}} \\ & \underline{x}\leqslant x\leqslant\overline{x} \end{aligned} \tag{3-12}$$

式中,$\mathrm{d}u$ 表示ORP值的变化趋势;E_{grade}为除铜状态等级;$h_{\mathrm{FL}}(\cdot)$表示ORP值、ORP趋势值与除铜状态之间的模糊规则;$\overline{E}_{\mathrm{grade}}$和$\underline{E}_{\mathrm{grade}}$分别为满足生产要求的除铜状态等级的上下界。对于上述确定型优化问题,可利用智能优化算法和专家规则进行有效求解。

3. 区间不确定优化

以锌电解分时供电过程为例,作为湿法炼锌生产过程的最后一道工序,锌电解耗电量占整个生产过程电能能耗的 70%～80%[27]。为了平衡电网负荷、提高电网安全稳定性，根据分时计价政策，电力部门将一天分为若干个时间段，在用电高峰期提高电价，在用电低谷期降低电价。为了节约锌电解过程中的用电成本以及减缓电网负荷压力，通常选择在电价高的时段采用低电流密度生产，在电价低的时段采用高电流密度生产。然而，如果电流密度过高或者过低，将导致电流效率过低且无法满足生产要求，造成更多的浪费。因此，综合考虑分时计价和锌电解生产状况，获取最佳分时供电方案很有必要[28]。

由于对模型真实情况的认知不完全，当生产条件发生变化以及生产系列存在差异时，模型中的电压和电流效率的相关参数常常在一定区间范围内波动。对于此类不确定模型参数，很难获取其精确的概率密度函数和隶属度函数，故采用区间方式进行描述。

在保证锌产品的质量和产量的前提下，为优化直流电费，结合模型参数的不确定特征，建立锌电解过程中的分时供电优化模型：

$$
\begin{aligned}
\min_{x}\ & f(x,u)=J_0+J_1=J_0+\sum_{i=1}^{n}\sum_{j=1}^{m}P_iT_iV_{ij}L_{ij} \\
\text{s. t.}\ & g(x,u)=\sum_{i=1}^{n}\sum_{j=1}^{m}d\eta_iT_iL_{ij}=G_0 \\
& V_{ij}=V(x,u) \\
& L_{ij}=L(x) \\
& \eta_{ij}=\eta(x,u) \\
& u\in[\underline{u},\bar{u}]=u_c\pm\Delta u \\
& \underline{x}\leqslant x\leqslant\bar{x}
\end{aligned}
\tag{3-13}
$$

式中，$f(\cdot)$为目标函数，表示全天直流电费，包括基本电费(J_0)和电度电费(J_1)；x 为决策变量，表示电流密度；u 表示电压模型和电流效率模型的拟合参数，其变化区间为$[\underline{u},\bar{u}]$；T_i 和 P_i 分别表示第 i 个时间段的电解时间和电价；V_{ij}、L_{ij} 和 η_{ij} 分别表示第 i 个时段第 j 个生产系列的槽电压、电解电流和电流效率，可通过 $V(\cdot)$、$L(\cdot)$和 $\eta(\cdot)$计算得到；d 为常数，表示锌的电化当量；$g(\cdot)$为约束条件，表示锌的日计划产量需达到 G_0。

由于锌电解过程中对用电费用和每日产量都有严格的要求，在上述区间不确定优化问题中，所求得的解应保证在最坏情况下依然可以满足生产要求。因此，可采用基于 min-max 的鲁棒优化策略求解上述问题，将锌电解分时供电的不确定优化问题转换为如下形式：

$$
\begin{aligned}
\min_{x}\ & f(x,u_c)=J_0+J_1=J_0+\sum_{i=1}^{n}\sum_{j=1}^{m}P_iT_iV_{ij}L_{ij} \\
\text{s. t.}\ & \eta_g \leqslant g_{\text{tolerance}} \\
& \eta_f \leqslant f_{\text{tolerance}} \\
& \eta_g=\max_{u\in[\underline{u},\overline{u}]}|g(x,u)-G_0| \\
& \eta_f=\max_{u\in[\underline{u},\overline{u}]}|f(x,u)-f(x,u_c)| \\
& u\in[\underline{u},\overline{u}]=u_c\pm\Delta u \\
& \underline{x}\leqslant x\leqslant \overline{x}
\end{aligned}
\tag{3-14}
$$

式中,η_g 为约束条件的鲁棒性指标;η_f 为目标函数的鲁棒性指标;$g_{\text{tolerance}}$为锌电解工厂每日对生产量的容忍度指标;$f_{\text{tolerance}}$为锌电解工厂日常对用电费用的容忍度指标。上述确定型优化问题为嵌套优化问题,即外部为 min 问题,目的在于优化决策变量,内部为 max 问题,目的在于寻找最坏情况下的不确定参数值。对于嵌套优化问题,可考虑利用替代模型、高效优化算法等方法进行求解。

3.5 典型工程优化算法

优化算法是一种搜索过程或规则,它是基于某种思想和机制,通过一定的途径或规则来得到满足用户待求问题的优化解。工业过程控制中优化问题的类型很多,各种优化算法能求解的问题类型有限,实际工程优化问题要求算法适用于问题模型,而不是问题模型随算法变动,因此要求能针对具体的问题、具体的模型给出适用的工程优化算法[16~19]。本节在介绍工程优化算法分类的基础上,介绍几种常用的智能优化算法的基本思想和特点,包括模拟退火算法、遗传算法与粒子群优化算法[20]。

3.5.1 工程优化算法分类

按照优化机制与行为进行分类,工程中常用的优化算法主要包括经典算法、构造型算法、智能优化算法和混合型优化算法等。

(1) 经典算法。又称基于模型的优化算法,包括线性规划、动态规划、梯度搜索法、数值搜索法和整数规划法等运筹学中的传统算法。这些算法以模型为依据,由于在复杂工业过程控制向大型化、精细化发展,装置之间的联系更加复杂,而且优化问题中所建模型具有变量多、维数高、不精确性以及测量数据的不精确性等特点,使优化求解困难,在实际工程应用中受到限制。

(2) 构造型算法。用构造的方法快速建立问题的解,通常算法的优化质量差,难以满足工程所需。例如,调度问题中的典型构造方法有 Johnson 法、Palmer 法、

Gupta法、指挥调度系统(command and dispatching system,CDS)法、Daunenbring的快速接近法、NEH(Nawaz,Enscore,and Ham)法等。

(3) 智能优化算法。在求解方法上又可分为两类:一是精确算法,这类算法对解空间进行完整搜索,以保证找到小规模问题的最优解;二是近似算法,较有代表性的是邻域搜索算法,这类算法放弃了对解空间搜索的完整性,因此不能保证最终解的全局最优性。

邻域搜索算法根据其搜索行为又可分为:①局部性搜索算法,以局部化策略在当前解的邻域中贪婪搜索。例如,爬山法只接受优于当前解的状态作为下一当前解,最陡下降法只接受邻域内最优值作为下一当前解。②指导性搜索法,利用一些规则指导整个空间中优良解的搜索。例如,模拟退火算法、禁忌搜索算法、以生物演化特性为基础的遗传算法与进化规划算法,以及基于群智能理论的蚁群优化算法和粒子群优化算法等。③基于系统动态演化的方法,它将优化过程转化为系统动态的演化过程,如人工神经网络、混沌搜索算法等。

(4) 混合型优化算法:指各种算法在结构和操作上的混合,混合的方式不同,算法在计算费用、解的质量等方面也不同。传统优化算法为基于模型的方法,原理比较简单、解决问题的能力有限,对于大规模的问题无法求解得到最优值,但能对小范围的问题进行精细求解,通常为局部优化算法。智能优化算法是一种现代启发式算法,具有全局优化性能、通用性强且适合于并行处理,但求解容易陷入局部极小值点,对于单个算法来说,模拟退火算法的局部搜索能力较强,虽然在没有限制的情况下能以1的概率找到最优解,但存在解的质量与求解时间之间的矛盾,而且算法的马尔可夫链、控制参数也不好选取,计算量大。群智能算法虽然原理简单,但当问题太大时,搜索能力会下降。禁忌搜索算法以串行方式进行,效率低,且对初始解依赖强。遗传算法也有其典型的“早熟”问题。由于工业控制系统对优化算法求解的质量一般要求很高,利用算法各自的优点,并按照一定的规则结合起来运行,完善各自算法,提高搜索速度,并得到更可靠、更精确的最优解是很有必要的。

3.5.2 模拟退火算法基本思想及特点

模拟退火算法的思想由Metropolis等于1953年提出,1983年Kirkpatrick等基于物理中固体物质的退火过程与一般组合优化问题之间的相似性,成功地将其应用在组合最优化问题中。模拟退火算法在某一初温下,伴随温度参数的不断下降,结合概率突跳的Metropolis抽样策略在解空间中随机地寻找目标函数的全局最优解,即在局部最优解能概率性地跳出并最终趋于全局最优。它是一种通用的优化算法,是适合求解组合优化问题的优化算法,由于其原理简单、使用灵活、应用广泛等特点而有着良好的应用前景。

标准模拟退火算法流程如图 3.3 所示,包括以下步骤。

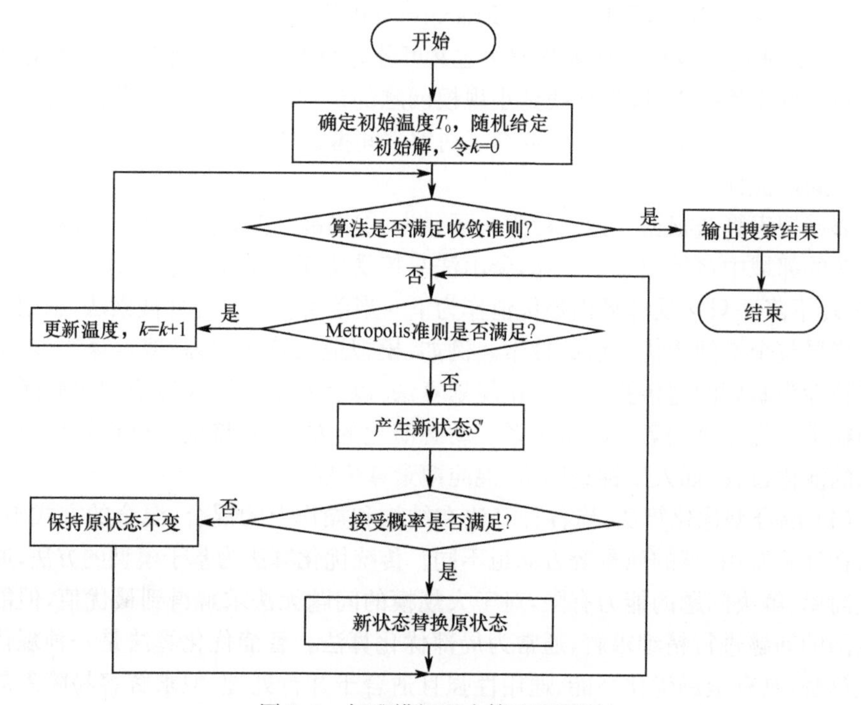

图 3.3 标准模拟退火算法流程图

第 1 步,初始化:初始温度 $T = T_0$(充分大),初始解状态 $S = S_0$(算法迭代的起点),每个 T 值的迭代次数为 L。

第 2 步,对 $L = 1, 2, \cdots, k$,执行第 3 步~第 6 步。

第 3 步,产生新解 S'。

第 4 步,计算增量 $\Delta t' = C(S') - C(S)$,其中 $C(S)$ 为评价函数。

第 5 步,按 Metropolis 准则判断新状态是否满足要求。若 $\Delta t' < 0$ 则接受 S' 作为新的当前解,否则以概率 $\exp(-\Delta t'/T)$ 接受 S' 作为新的当前解。

第 6 步,温度为 T 时,迭代次数更新 $k = k + 1$;当新解被确定接受时,用新解代替当前解,只需将当前解中对应于产生新解时的变换部分予以实现,同时修正目标函数值即可。判断温度 T 时的循环是否结束,若是则转至第 7 步,否则转至第 3 步。

第 7 步,判断是否满足终止条件。若满足终止条件则输出当前解作为最优解,结束程序;若不满足则 T 逐渐减小,且 $T \propto 0$,转至第 2 步。终止条件通常取为连续若干个新解都没有被接受时终止算法。

模拟退火算法具有并行性、与初始值无关(求得的解与初始解状态无关)、渐近收敛性等特点,已在理论上证明是一种以概率 1 收敛于全局最优解的全局优化算法。但由于模拟退火算法的直接性和简单化，算法本身也存在控制参数 T 的初值确定困难、解的质量与求解时间之间存在矛盾等不足，使具应用具有一定的局限性。为此，人们也研究产生了多种改进算法以及与其他算法相结合的混合智能优化算法，如将进化算法与模拟退火算法相结合的进化-模拟退火算法。

3.5.3 遗传算法基本思想及特点

遗传算法是 Holland 于 1975 年受生物进化论的启发而提出的一类基于生物界自然选择和遗传机制的随机搜索方法，是基于“适者生存、优胜劣汰”的一种高度并行、随机和自适应的优化算法，它将优化问题的求解表示成染色体的适者生存过程，通过染色体群的一代一代不断进化，包括复制、交叉和变异等操作，最终收敛到最适应环境的个体，从而求得问题的最优解或满意解。标准遗传算法流程如图 3.4所示，具体可描述如下。

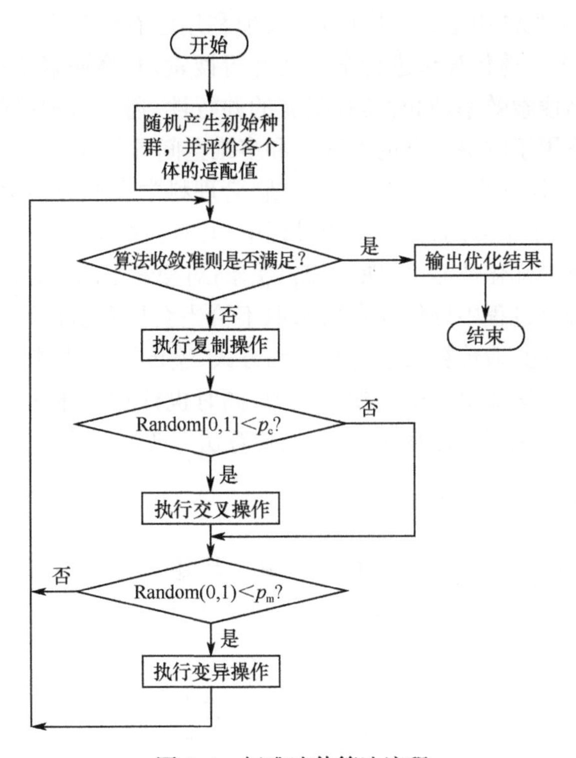

图 3.4 标准遗传算法流程

(1) 随机产生一组初始个体构成初始种群，并评价每一个体的适应值。

(2) 判断算法收敛准则是否满足。若满足则输出搜索结果，否则执行以下步骤。

(3) 根据适应值大小以一定方式执行复制操作。

(4) 按交叉概率 p_c执行交叉操作。

(5) 按变异概率 p_m执行变异操作。

(6) 返回第(2)步。

上述算法中,适应值是对染色体(个体)进行评价的一种指标,是遗传算法进行优化所用的主要信息,它与个体的目标值存在一种对应关系;复制操作通常采用比例复制,即复制概率正比于个体的适应值,意味着适应值高的个体在下一代中复制自身的概率大,从而提高了种群的平均适应值;交叉操作通过交换两父代个体的部分信息构成后代个体,使得后代继承父代的有效模式,从而有助于产生优良个体;变异操作通过随机改变个体中某些基因而产生新个体,有助于增加种群的多样性,避免早熟收敛。

遗传算法是一类随机优化算法,但它不是简单的随机比较搜索,而是通过对染色体的评价和对染色体中基因的作用,有效地利用已有信息来指导搜索有希望改善优化质量的状态。遗传算法进行全空间并行搜索,并将搜索重点集中于性能高的部分,能够提高搜索效率,同时具有固有的并行性,通过对种群的遗传处理可处理大量的模式,适用于解决复杂的非线性和多维空间寻优问题,被广泛地应用于自动控制、计算科学、模式识别、智能故障诊断、管理科学和社会科学领域,但在实际工程应用中也遇到了很多问题,如进化过程中,有时会产生竞争力太突出的超常个体,影响算法的全局优化性能,出现“早熟”现象;对搜索空间变化的适应能力差,求精确解效率低;进化过程中操作和参数选取不恰当会导致遗传算法产生早熟收敛现象。针对这些问题,遗传算法通过对编码方式、遗传算子、控制参数、执行策略等方面的改进,提高算法效率和全局搜索能力,同时也针对具体优化问题特点,提出了小生境遗传算法、免疫遗传算法、并行遗传算法等改进算法。

3.5.4 粒子群优化算法基本思想及特点

粒子群优化算法由 Kennedy 和 Eberhart 于 1995 年提出,其基本概念源于对鸟群捕食行为的研究。粒子群中每个优化问题的潜在解都是搜索空间的一只鸟,称为粒子,每个粒子比作一个没有质量和体积但具有速度和位置的点,其位置和速度都被随机初始化,所有的粒子都有一个由优化函数决定的适应值,每个粒子还有一个速度决定它们飞翔的方向和距离。然后粒子们朝着个体最优和群体最优的方向飞行,追随当前的最优粒子在解空间搜索。

假设有 m 个粒子组成一个粒子群,其中第 k 次迭代中第 i 个粒子的空间位置表示为 $X_i=[x_{i1} \quad x_{i2} \quad \cdots \quad x_{iD}]^{\mathrm{T}} (i=1,2,\cdots,m)$,速度为 $V_i=[v_{i1} \quad v_{i2} \quad \cdots \quad v_{iD}]^{\mathrm{T}}$,它是优化问题的一个潜在解,将它代入优化目标函数可以计算出相应的适应值衡量 x_i^k 的优劣。粒子群首先初始化为一群随机粒子,在每一次迭代中,粒子通过跟踪两个极值来更新自己：第一个就是粒子本身所找到的最好解，称为个体极值点 p_{best}；全局版的另一个极值点是整个种群目前找到的最好解，称为全局极值点 g_{best}；而局部版粒子群不用整个种群而是用其中一部分作为粒子的邻居，所有邻居中的最好解就是局部极值点。在找到这两个最好解后，粒子根据式(3-15)和式(3-16)来更新自己的速度和位置

$$v_{id}^{k+1} = wv_{id}^{k} + c_1 \text{rand}_1^k (p_{\text{best}_{id}}^k - x_{id}^k) + c_2 \text{rand}_2^k (g_{\text{best}_d}^k - x_{id}^k) \tag{3-15}$$

$$x_{id}^{k+1} = x_{id}^k + v_{id}^{k+1} \tag{3-16}$$

式中，v_{id}^k 是粒子 i 在第 k 次迭代中第 d 维的速度；x_{id}^k 是粒子 i 在第 k 次迭代中第 d 维的当前位置；$p_{\text{best}_{id}}$ 是粒子 i 在第 d 维的个体极值点的位置；g_{best_d} 是整个群在第 d 维的全局极值点的位置；w 为惯性权重；c_1 和 c_2 为加速度，分别调节向全局最好粒子和个体最好粒子方向飞行的最大步长；rand_1 和 rand_2 为两个在[0,1]范围内变化的随机函数。标准粒子群优化算法实现流程如图 3.5 所示，可描述如下。

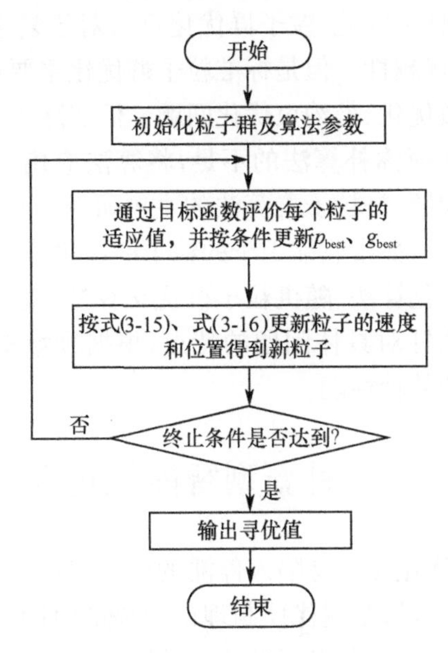

图 3.5　标准粒子群优化算法流程

(1) 初始化设置粒子群的规模、惯性权值、加速系数、最大允许迭代次数或适应值误差限、各粒子的初始位置和初始速度等。初始搜索点的位置 X_i^0 及其速度 V_i^0 通常是在允许的范围内随机产生的，每一个粒子的 p_{best} 坐标设置为其当前位置，且计算出其相应的个体极值(即全局极值点的适应值)就是个体极值中最好的，记录该最好值的粒子序号，并将 g_{best} 设置为该最好粒子的当前位置。

(2) 按目标函数评价各粒子的初始适应值。

(3) 对每个粒子，比较其当前适应值和其个体历史最好适应值，若当前适应值

更优,则令当前适应值为其个体历史最好适应值,并保存当前位置为其个体历史最好位置。

(4) 比较群体所有粒子的当前适应值和全局历史最好适应值,若某粒子的当前适应值更优,则令该粒子的当前适应值为全局历史最好适应值,并保存该粒子的当前位置为全局历史最好位置。

(5) 根据式(3-15)计算各粒子新的速度,根据式(3-16)计算各粒子新的位置。

(6) 若满足停止条件(适应值误差达到设定的适应值误差限或迭代次数超过最大允许迭代次数),搜索停止,输出搜索结果;否则,返回第(2)步继续搜索。

粒子群优化能通过群体中粒子间的合作与竞争产生的群体智能指导优化搜索,是一种概率搜索算法,具有群智能算法的所有优点。对优化目标函数没有特殊要求,潜在的并行性和分布式特点为处理大量的以数据库形式存在的数据提供了技术保证;没有中心控制约束,不会因个别个体的故障影响整个问题的求解,确保了系统具备更强的鲁棒性。因此,粒子群优化算法对于复杂的特别是多峰值的优化计算问题具有很强的优越性。但是标准粒子群优化主要适用于连续空间函数的优化问题,包括多元函数优化、带约束优化问题。但实际工程应用上的很多函数优化问题都不是连续的,如何弥补算法的不足,将算法应用于非连续空间的优化问题,特别是非数值优化问题,是粒子群算法的主要研究方向。为此,产生了许多改进形式的粒子群优化算法,如带收缩因子的粒子群优化算法、带选择机制的粒子群优化算法、离散粒子群优化算法、随机粒子群优化算法、基于模拟退火的粒子群优化算法等,这些改进算法针对具体问题的特点,根据领域知识对算法参数进行设置,提高具体问题所需的某种性能。

3.6 一种新型智能优化算法

为了解决传统智能优化算法易陷入停滞的问题,提高算法的可扩展性和拓宽智能优化算法的应用范围,借鉴现代控制理论中离散时间系统状态空间模型表示法,作者团队于 2012 年正式提出了状态转移算法(state transition algorithm, STA)[34],该算法是一种智能型随机性全局优化算法。它的基本思想是:使用状态空间表达式作为产生候选解的统一框架,把最优化问题的一个解看成一个状态,将解的产生和更新过程看成是状态转移过程。状态转移算法中候选解产生的统一形式如下[35]:

$$\begin{cases} x_{k+1} = A_k x_k + B_k u_k \\ y_{k+1} = f(x_{k+1}) \end{cases} \tag{3-17}$$

式中,x_k 表示当前状态,对应最优化问题的一个候选解;A_k 和 B_k 为状态转移矩阵,为确定的或随机的矩阵,可以看成是最优化算法中的算子;u_k 为当前状态及历史状态的函数,可以看成是控制变量;y_k 为目标函数或者评价函数。

状态转移算法作为一种全局优化算法,在设计时需具有以下特点[36]。①全局性:状态转移算法具有在整个空间进行搜索的能力;②最优性:状态转移算法产生的候选解应为收敛至一定精度的最优解;③收敛性:状态转移算法产生的当前最优解函数值序列应是收敛的;④快速性:状态转移算法应尽可能地节省搜索时间;⑤可控性:状态转移算法可以控制搜索空间的几何形态。

基于以上5个特点,状态转移算法分别设计了状态变换算子、邻域与采样策略、选择和更新策略,下面分别进行介绍。

1. 状态变换算子

基本连续状态转移算法设计了四种具有特定几何变换功能的状态变换算子,分别是旋转、平移、伸缩、坐标搜索。基于这四种变换算子,设计了局部、全局和启发式搜索功能,其中全局搜索算子是为了保证有一定概率使产生的候选解集形成的邻域中包含全局最优解,局部搜索算子具有在较小邻域进行精细搜索的功能,启发式搜索算子用来产生具有潜在更好价值的候选解,避免搜索的盲目性。这四种搜索算子介绍如下。

1) 旋转变换

$$x_{k+1}=x_k+\alpha\frac{1}{n\|x_k\|_2}R_r x_k \tag{3-18}$$

式中,α 是一个正常数,称为旋转因子;$R_r\in \mathrm{R}^{n\times n}$ 是一个随机矩阵,它里面的每一个元素均服从[−1,1]上的均匀分布;$\|\cdot\|_2$ 表示向量的二范数。旋转变换具有在半径为 α 的超球体内搜索的功能。

2) 平移变换

$$x_{k+1}=x_k+\beta R_t\frac{x_k-x_{k-1}}{\|x_k-x_{k-1}\|_2} \tag{3-19}$$

式中,β 是一个正常数,称为平移因子;$R_t\in \mathrm{R}$ 是一个随机变量,它里面的每一个元素均服从[0,1]上的均匀分布。不难看出,平移变换具有沿着从点 x_{k-1} 到点 x_k 的直线上的线搜索功能,其线搜索起点为 x_k,最大长度为 β。

3) 伸缩变换

$$x_{k+1}=x_k+\gamma R_e x_k \tag{3-20}$$

式中,γ 是一个正常数,称为伸缩因子;$R_e\in \mathrm{R}^{n\times n}$ 是一个随机对角矩阵,它里面的每一个非零元素均服从高斯分布。伸缩变换具有使 x_k 中的每个元素伸缩变换到 $[-\infty,+\infty]$ 的功能,从而实现在整个空间的全局搜索。

4) 坐标搜索变换

$$x_{k+1}=x_k+\delta R_a x_k \tag{3-21}$$

式中,δ 是一个正常数,称为坐标因子;$R_a \in \mathrm{R}^{n\times n}$ 是一个随机对角稀疏矩阵,它只在某个随机位置有非零元素,且该元素服从高斯分布。坐标搜索具有使 x_k 沿着坐标轴方向搜索的功能,设计它的目的是增强算法的单维搜索能力。

2. 邻域与采样策略

考虑到状态转移矩阵的随机性,从某个当前状态 x_k 出发,利用状态变换算子产生的候选解 x_{k+1} 不是唯一的。由此不难想象,基于当前状态 x_k,由其中某个状态变换算子产生的全体候选解(样本)将自动形成一个邻域,该邻域中的元素具有同质性。

为了避免穷举邻域内的所有解,可利用采样策略,从具有同质性的邻域中,以一定的机制随机采集有限个有代表性的候选解,极大地缩短了搜索时间。以旋转变换为例,当独立运行 SE 次后,该算子将产生 SE 个不同样本。

3. 选择和更新策略

状态转移算法首先从当前最优解 Best_k 出发,在某种状态变换算子的作用下,自动产生具有同质性的邻域,然后利用上述采样策略,从该邻域中采集样本大小为 SE 的状态集 State。在状态转移算法中,一方面需要从含有 SE 个样本的状态集 State 中选择最优解,另一方面需要比较该最优解和当前最优解 Best_k 的优劣,从而更新当前最优解。

在基本连续状态转移算法中,通过如下的贪婪策略来更新当前最好解:

$$\mathrm{Best}_{k+1}=\begin{cases}\mathrm{newBest}, & f(\mathrm{newBest})<f(\mathrm{Best}_k)\\ \mathrm{Best}_k, & \text{其他}\end{cases} \tag{3-22}$$

式中,$\mathrm{newBest}=\mathrm{argmin} f(\mathrm{State})$ 是从状态集 State 中选择的最优解。

4. 交替轮换

为达到全局优化的本质要求,即在最短的时间内找到全局最优解,状态转移算法中设计了相应的全局搜索算子和局部搜索算子,并采用了交替轮换的机制进行搜索,即旋转、伸缩变换和轴向搜索轮换进行,并且在分别使用旋转、伸缩变换和轴向变换后调用了平移变换。采用交替轮换机制是为了适应不同结构类型优化问题的需要,它的一大好处是在未达到全局最优解邻域时,避免浪费过多的时间进行局部搜索,增强搜索过程的活跃性,从而在很大程度上缩短寻找全局最优解的时间和避免陷入局部最优解。

基本连续状态转移算法的流程如图 3.6 所示,由以上介绍的状态变换算子、采样机制、更新策略和交替轮换策略组成,其算法流程如下:

第 1 步,随机产生一个初始解,并设置算法参数 $\alpha=\alpha_{\max}=1$,$\alpha_{\min}=1\times10^{-4}$,$\beta=$

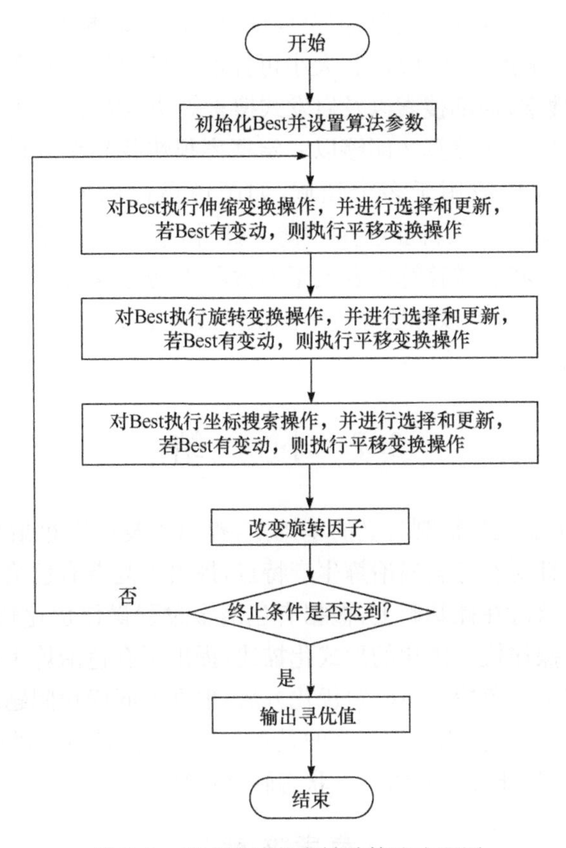

图 3.6　基本连续状态转移算法流程图

1,$\gamma=1$,$\delta=1$,fc=2。

第 2 步,基于当前最好解,利用伸缩算子产生 SE 个样本,并根据上述选择和更新策略更新当前最好解。若当前最好解发生变化,则利用平移变换算子执行相同的操作更新当前最好解。

第 3 步,基于当前最好解,利用旋转算子产生 SE 个样本,并根据上述选择和更新策略更新当前最好解。若当前最好解发生变化,则利用平移变换算子执行相同的操作更新当前最好解。

第 4 步,基于当前最好解,利用坐标搜索算子产生 SE 个样本,并根据上述选择和更新策略更新当前最好解。若当前最好解发生变化,则利用平移变换算子执行相同的操作更新当前最好解。

第 5 步,若 $\alpha<\alpha_{\min}$,则 $\alpha=\alpha_{\max}$,否则 $\alpha=\alpha/\mathrm{fc}$,重复执行第 2 步直到满足终止条件。

状态转移算法与常规的基于行为主义模仿学习为主的智能优化算法不同,它是一种基于结构主义学习的新型智能全局优化算法。基本状态转移算法中的每种状态变换算子都能够产生形状规则、大小可控的几何邻域。它所设计的状态变换算子可满足全局搜索、局部搜索以及启发式搜索等功能需要,并且结合特定的选择与更新策略,使得状态转移算法能够以一定概率很快找到全局最优解。目前基本状态转移算法已成功应用于多个领域,如图像最优阈值分割[37]、工程测试优化[38]、动态过程控制[39~41]、特征选择[42]等。此外,状态转移算法具有很好的可扩展性,目前已由基本状态转移算法发展至离散状态转移算法、约束状态转移算法、多目标状态转移算法等。该算法经过不断的演变与提升,逐步实现了面向具体问题的智能化改进。

3.7 小 结

本章在分析工业优化控制含义的基础上,提出了复杂有色冶金生产过程智能优化控制问题,并针对有色金属冶炼生产特点,提出了复杂有色冶金过程智能优化控制结构及基本内容;在此基础上,根据有色冶金过程操作优化特点,提出了操作模式概念,给出了操作模式优化的形式化描述,提出了有色冶炼生产过程的操作模式优化框架;介绍了有色冶金不确定优化方法;根据不同优化问题的特点给出了工程优化算法分类和常用智能优化算法的基本思想及应用特点;最后介绍了作者团队提出的一种新型智能优化算法——状态转移算法。

参考文献

[1] 柴天佑. 生产制造全流程优化控制对控制与优化理论方法的挑战. 自动化学报,2009,35(6):641-649

[2] 卢荣德,陈宗海,王雷. 复杂工业过程计算机建模、仿真与控制的综述. 系统工程与电子技术,2002,24(1):52-57

[3] 王雅琳,桂卫华,阳春华. 基于神经网络的复杂工业过程稳态优化控制策略及发展. 计算技术与自动化,1999,18(2):1-5

[4] Yang C H,Deconinck G,Gui W H,et al. An optimal power-dispatching system using neural networks for the electrochemical process of zinc depending on varying prices of electricity. IEEE Transactions on Neural Networks,2002,13(1): 229-236

[5] 胡志坤,桂卫华,彭小奇. 混沌梯度组合优化算法. 控制与决策,2004,19(12): 1337-1340

[6] 陈晓方,桂卫华,吴敏,等. 一种基于混沌迁移的伪并行遗传算法及其应用. 控制理论与应用,2004,21(6): 997-1002

[7] Chen X F,Gui W H,Wang Y L,et al. Multi-step optimal control of complex process: A genetic programming strategy and its application. Engineering Applications of Artificial Intelligence,2004,17(5):491-500

[8] 桂卫华,阳春华,吴敏,等. 智能集成优化控制技术及其在工业中的应用. 有色冶金设计与研究,2003,24(增): 6-14

[9] 胡志坤. 复杂有色金属熔炼过程操作模式优化. 长沙:中南大学博士学位论文,2005

[10] 桂卫华,阳春华,李勇刚,等. 基于数据驱动的铜闪速熔炼过程操作模式优化及应用. 自动化学报,2009,35(6): 717-724
[11] 胡志坤,桂卫华,彭小奇. 铜转炉生产操作模式智能优化. 控制理论与应用,2005,22(2): 243-247
[12] 胡志坤,桂卫华,彭小奇. 有色冶金过程的数据挖掘. 有色金属,2003,55(2): 70-72
[13] 胡志坤,彭小奇,桂卫华. Fast generation method of fuzzy rules and its application for flux optimization in the process of matter converting. Journal of Central South University of Technology,2006,13(2): 251-255
[14] 陈晓方,桂卫华,王雅琳,等. 基于智能集成策略的烧结块残硫软测量模型. 控制理论与应用,2004,21(1):75-80
[15] 桂卫华,李勇刚,阳春华,等. 基于改进聚类算法的分布式 SVM 及其应用. 控制与决策,2004,19(4): 852-856
[16] 阳春华，韩洁，周晓君，等. 有色冶金过程不确定优化方法探讨. 控制与决策，2018，33(5): 856-865
[17] 桂卫华，阳春华，陈晓方，等. 有色冶金过程建模与优化的若干问题及挑战. 自动化学报，2013，39(3):197-207
[18] 刘波，王彧斐，冯霄. 不确定条件下的过程系统优化研究进展. 计算机与应用化学，2019，36(6): 672-679
[19] Pistikopoulos E N. Uncertainty in process design and operations. Computers & Chemical Engineering，1995，19(1): 553-563
[20] Li Z, Ierapetritou M . Process scheduling under uncertainty: Review and challenges. Computers & Chemical Engineering，2008，32(4-5):715-727
[21] Yang C H, Gui W H，Kong L S，et al. Modeling and optimal-setting control of blending process in a metallurgical industry. Computers & Chemical Engineering，2009，33(7): 1289-1297
[22] 孔玲爽，阳春华，王雅琳，等. 一种解决蕴含不确定性信息的氧化铝配料问题的智能优化方法. 控制理论与应用，2009，26(9): 1051-1055
[23] Zhang B，Yang C H，Zhu H Q，et al. Kinetic modeling and parameter estimation for competing reactions in copper removal process from zinc sulfate solution. Industrial & Engineering Chemistry Research，2013，52(48): 17074-17086
[24] Zhang B，Yang C H，Li Y G, et al. Additive requirement ratio prediction using trend distribution features for hydrometallurgical purification processes. Control Engineering Practice，2016，46(1): 10-25
[25] Zhang B，Yang C H，Zhu H Q, et al. Evaluation strategy for the control of the copper removal process based on oxidation-reduction potential. Chemical Engineering Journal，2016，284(1): 294-304
[26] Zhang B，Yang C H，Zhu H Q, et al. Controllable-domain-based fuzzy rule extraction for copper removal process control. IEEE Transactions on Fuzzy Systems，2017，26(3):1744-1759
[27] 桂卫华，王雅琳，阳春华，等. 基于模拟退火算法的锌电解过程分时供电优化调度. 控制理论与应用，2001，18(1): 127-130
[28] Yang C H, Deconinck G，Gui W H. An optimal power-dispatching control system for the electrochemical process of zinc based on back propagation and Hopfield neural networks. IEEE Transactions on Industrial Electronics，2003，50(5):953-961
[29] 阳春华,谷丽姗,桂卫华. 基于改进粒子群算法的整流供电智能优化调度. 浙江大学学报(工学版),2007,41(10):1655-1659
[30] Yang C H, Gui W H, Kong L S, et al. A genetic-algorithm-based optimal scheduling system for full-filled

tanks in the processing of starting materials for alumina production. Canadian Journal of Chemical Engineering,2008,86(4): 804-812

[31] 李勇刚,桂卫华,阳春华,等. 一种弹性粒子群优化算法. 控制与决策,2008,23(1): 95-98

[32] 阳春华,谷丽姗,桂卫华. 自适应变异的粒子群优化算法. 计算机工程,2008,34(16): 188-190

[33] 王凌. 智能优化算法及其应用. 北京:清华大学出版社,2001

[34] Zhou X J, Yang C H, Gui W H. State transition algorithm. Journal of Industrial and Management Optimization, 2012, 8(4): 1039-1056

[35] 周晓君, 阳春华, 桂卫华. 状态转移算法原理与应用. 自动化学报, 2020, 46(11): 2260-2274

[36] Zhou X J, Yang C H, Gui W H. A statistical study on parameter selection of operators in continuous state transition algorithm. IEEE Transactions on Cybernetics, 2019, 49(10): 3722-3730

[37] Han J, Yang C H, Zhou X J, et al. A new multi-threshold image segmentation approach using state transition algorithm. Applied Mathematical Modelling, 2017, 44: 588-601

[38] Han J, Yang C H, Zhou X J, et al. A two-stage state transition algorithm for constrained engineering optimization problems. International Journal of Control, Automation and Systems, 2018, 16(2): 522-534

[39] Han J, Yang C H, Zhou X J, et al. Dynamic multi-objective optimization arising in iron precipitation of zinc hydrometallurgy. Hydrometallurgy, 2017, 173: 134-148

[40] Zhou X J, Huang M, Huang T W, et al. Dynamic optimization for copper removal process with continuous production constraints. IEEE Transactions on Industrial Informatics, 2019, 16(12): 7255-7263

[41] Zhang F X, Yang C H, Zhou X J, et al. Fractional order fuzzy PID optimal control in copper removal process of zinc hydrometallurgy. Hydrometallurgy, 2018, 178: 60-76

[42] Huang Z K, Yang C H, Zhou X J, et al. Energy consumption forecasting for the nonferrous metallurgy industry using hybrid support vector regression with an adaptive state transition algorithm. Cognitive Computation, 2020, 12(2): 357-368

第4章　锌冶炼生产过程的优化控制

锌冶炼是将原料中的金属锌通过复杂的物理和化学过程提炼出来，其冶炼方法主要有湿法冶炼和火法熔炼。湿法冶炼主要包括浸出、净化、电解、火法等工序；火法熔炼主要指焙烧工序。原料供应是锌冶炼企业中十分重要的环节，它不仅直接影响企业的生产成本，而且会影响锌冶炼过程的加工成本以及产品的产量与质量；由于锌冶炼过程工艺机理复杂、生产环境恶劣，给生产过程优化控制的实施带来了很大的困难，严重影响了锌冶炼生产的优化运行。本章针对锌冶炼企业原料供应以及净化、电解等工序的特点，阐述锌冶炼生产过程的优化控制方法、技术及应用。

4.1　基于成本最小的锌冶炼企业原料供应优化

在市场经济的大环境下，企业的产品价格和原料价格变化非常快，如果不能及时根据产品价格变化情况调整原料的采购策略，那么企业可能会出现利润降低甚至亏损的情况。因此，优化企业的原料供应，对企业具有十分重要的作用。锌冶炼企业在原料供应工作中最重要的问题包括三个方面：原料采购决策、原料库存优化及原料采购量价预警。

4.1.1　锌冶炼企业原料供应系统的特点

一般企业的原料采购流程如图4.1所示。

企业根据生产计划，向采购部门下达采购任务。采购部门向各个承包方询价，根据得到的价格，决定向哪些承包方购买，同时制订采购合同，预付资金，安排运货。货物到达后，检验货物质量，若合格则由财务部门付款，若不合格则退回并进行索赔，同时调整采购计划，直到满足生产计划的要求。

锌冶炼企业因其生产的特殊性，使得原料采购工作也具有其固有的特点。

(1) 原料来源范围广泛：我国幅员辽阔，锌资源的分布较分散，同种原料的品种多。

(2) 原料成分复杂，品质不一：锌多以伴生的形式存在于自然界中，使得原料的成分极其复杂。原料的分布范围广，各地的采矿和选矿水平不同，造成原料的品质不同。有的原料主品位高，但某种杂质的含量可能偏高；有的原料主品位不高,但各种杂质的含量均在合理的范围以内,这就造成了原料价格的多样性。

(3) 原料占用的资金多:大型锌冶炼企业对原料的需要量很大,原料采购资金一般占企业采购资金的80%以上,有些锌冶炼企业每年的原料采购资金高达十几亿甚至几十亿元人民币。

(4) 原料的品质直接影响到产品的质量和成本:原料主品位高,杂质少,企业只要经过少许处理就可以投入生产,不仅可以产出更多的金属,而且对设备的损耗也较小;原料主品位低,杂质含量高,会严重损伤生产设备,企业需要拿出额外的资金进行除杂工作,造成了产品成本的上升。

(5) 必须随时保持一定的原料储备:锌冶炼企业的生产是一个连续过程,而原料的采购过程非常复杂,如果由于一些原因造成了原料的短缺,那么将会给企业带来不必要的经济损失,在进行原料采购的同时,必须要保证一定的原料库存。

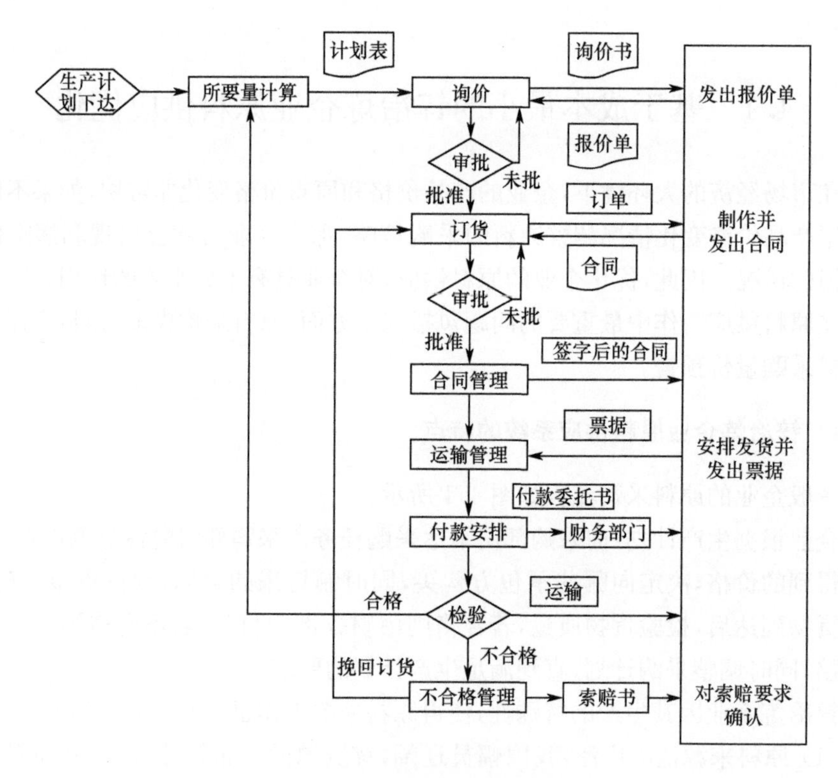

图 4.1　企业原料采购流程

4.1.2 原料采购优化决策

对于具有连续生产特性的锌冶炼企业，原料采购必须有一定的策略。从生产部门的角度来说，希望使用品位较高的原料。但品位高的原料价格相对较高，造成原料成本增加，特别是在成品价低而原料价格高的情况下，可能会使企业出现亏损；如果采购低品位的原料，那么虽然可以降低采购成本，但可能会导致原料达不到生产的要求，而且原料中含杂质较多，为保证正常的生产，企业必须进行相应的除杂工作，结果会造成生产过程成本的增加，同样会降低企业的利润。在这种情况下，原料采购部门的主要任务就是按照一定的采购优化策略进行原料采购工作，使得采购回来的原料平均品位及杂质含量满足生产的要求，同时使得原料的采购费用最低。

要得到较好的原料采购策略，首先应建立原料采购模型。由于影响原料采购的因素很多，包括原料价格、市场上可以得到的原料总量、企业对原料的需求量、各矿山的生产能力及相关工厂的加工能力、市场上成品的价格，同时还受到地域、时间、天气等的影响。在这些影响因素中，有些可以根据计算得到确定性的信息，如企业对于原料的需要量、矿山的生产能力等；有些则不能精确地得到，只能依靠经验或需要进行预测，如时间、天气的影响等。在进行原料采购决策的时候，需要将这些因素也考虑进去，在这种情况下，只能借助于智能集成决策的方法来解决这个问题[1]。

1) 原料采购模型

原料价格主要是由原料品质决定的，因此可以按一定的品位范围，将原料分为几个大类。分类后，优化的任务就是找出每一大类原料的采购量，使得在原料的质量满足生产要求的同时，采购费用最少。从统计意义上来说，即使某一大类中的某个或者某些原料来源的实际情况有变化，该大类原料的情况还是比较稳定的。在此基础上，可以以原料采购费用为目标，建立原料采购模型。原料采购总费用为

$$J = \sum_{i=1}^{n} (M_i W_i P_i) \tag{4-1}$$

式中，M_i表示第 i 类原料的采购量；W_i表示第 i 类原料的主品位；P_i表示第 i 类原料的价格；n 表示原料总类数。同时，采购的原料还必须满足一些约束条件。

(1) 金属总量的要求：因为锌冶炼的任务就是将原料中的金属提炼出来，因此约束条件中有金属总量的要求，同时为了保证生产的连续正常进行，必须确保有一定的库存量。

$$\sum_{i=1}^{n} (M_i W_i) + S_{\mathrm{E}} = m + S_{\mathrm{S}} \tag{4-2}$$

式中,S_E 为上月末库存量;S_S 为本月计划库存量;m 表示金属总需求量,由生产计划决定。

(2) 主品位及杂质含量的要求

$$\frac{\sum_{i=1}^{n}(M_iW_i)}{\sum_{i=1}^{n}M_i} \geqslant W \tag{4-3}$$

$$\frac{\sum_{i=1}^{n}(M_iT_{ij})}{\sum_{i=1}^{n}M_i} \leqslant T_j \tag{4-4}$$

式中,T_{ij} 表示第 i 类原料中第 $j\,(j=1,2,\cdots,v)$ 种杂质的含量;T_j 表示将原料混合后对第 j 种杂质含量的要求;W 表示将原料混合后对主品位的要求。

式(4-3)为主品位要求,即为了保证生产的正常进行,采购回来的各类精矿进行混合后,主品位要大于某给定值。实际生产过程中,有些杂质对生产有害,不仅影响生产的正常进行,甚至可能对设备产生危害,因此混合精矿杂质含量必须低于某给定值,式(4-4)即为杂质含量约束。

(3) 各类原料采购量有上、下限要求:企业的生产能力有限,因此每一类原料的采购量不可能无限大;同时,由于企业有一些固定的分承包方,这些分承包方长期与企业进行合作,虽然这些承包方原料的主品位可能不高,但需要全部采购,原料有下限约束。

$$M_{\min,i} \leqslant M_i \leqslant M_{\max,i}, \quad i=1,2,\cdots,n \tag{4-5}$$

式中,$M_{\max,i}$ 表示第 i 类原料最大可能的采购量;$M_{\min,i}$ 表示第 i 类原料最小必需的采购量。

综上所述,可以得到针对具有连续生产过程的锌冶炼企业的原料采购模型

$$J=\min\ \sum_{i=1}^{n}(M_iW_iP_i)$$

$$\text{s. t.}\ \begin{cases}\sum_{i=1}^{n}(M_iW_i)+S_E=m+S_S\\ \sum_{i=1}^{n}(M_iW_i)\Big/\sum_{i=1}^{n}M_i\geqslant W\\ \sum_{i=1}^{n}(M_iT_{ij})\Big/\sum_{i=1}^{n}M_i\leqslant T_j, \quad j=1,2,\cdots,v\\ M_{\min,i}\leqslant M_i\leqslant M_{\max,i}, \quad i=1,2,\cdots,n\end{cases} \tag{4-6}$$

2) 优化策略

对于上面提出的原料采购优化模型,可以利用改进的混沌神经网络进行优化。混沌神经网络的能量函数定义如式(4-7)所示。

$$
\begin{aligned}
E = & \sum_{i=1}^{n} M_i W_i P_i + m_1 \left(\sum_{i=1}^{n} M_i W_i + S_E - m - S_S \right)^2 \\
& + m_2 \min\left\{ \left[\sum_{i=1}^{n} (M_i W_i) \Big/ \sum_{i=1}^{n} M_i - W \right], 0 \right\}^2 \\
& + m_3 \left\{ \sum_{i=1}^{n} \max[(M_i - M_{\max,i}), 0]^2 \right\} + m_4 \left\{ \sum_{i=1}^{n} \min[(M_i - M_{\min,i}), 0]^2 \right\} \\
& + \sum_{j=1}^{v} m_{j+4} \left\{ \max\left[\sum_{i=1}^{n} (M_i T_{ij}) \Big/ \sum_{i=1}^{n} M_i - T_j \right], 0 \right\}^2
\end{aligned} \tag{4-7}
$$

能量函数的第 1 项表示采购费用,第 2 项为等式约束,第 3 项～第 6 项为不等式约束。$m_1, m_2, \cdots, m_{v+4}$ 分别表示等式约束和不等式约束项的罚因子。为了使等式和不等式均满足要求,罚因子必须取得足够大。在优化系统中,有 n 个变量,即 n 类原料。

3) 实际应用

某冶炼厂是我国大型有色冶炼企业,其主要产品为电锌和电铅,每年要采购几十万吨原料,原料采购费用达十几亿元人民币。以前该厂没有固定的采购策略,主要靠人工经验,当库存量水平较低的时候,就设法多采购精矿,不管精矿质量的好坏、品位的高低,只要有就采购回来;当库存量水平较高的时候,就制定一些特殊的政策,如杂质超过定量标准就多扣款,一些主品位较低或含杂质严重超标的精矿不许进厂等。如果能对原料采购策略进行适当优化,那么将可能为企业节约大量资金,提高企业的经济效益,因此具有十分重要的意义。为了保证生产的正常进行,精矿品位及各种杂质含量必须满足一定要求。根据该冶炼厂企业标准的精矿备料工艺操作规程,配成的混合锌精矿对品位及各种杂质的含量有如下的要求,即 Zn≥50%,Fe≤12%,SiO_2≤5%,Pb≤3%,As≤0.5% ,Sb≤0.07%,Ge≤0.006%,Ni≤0.03%,Co≤0.01%;配成的混合铅精矿对品位及各种杂质的含量有如下要求,即 Pb≥60%,Zn≤12%,As≤0.5%,Sb≤0.7%,Cu≤2.0%,MgO≤1.6%,Al_2O_3≤3%。获得了混合精矿各项指标后,建立原料采购优化模型,如式(4-8)所示。

$$
\min\ J_{Pb} = \min \sum_{i=1}^{4} (M_{Pbi} W_{Pbi} P_{Pbi})
$$

$$
\text{s. t.}\left\{\begin{array}{l}
\sum_{i=1}^{4}(M_{\mathrm{Pb}i}W_{\mathrm{Pb}i})+S_{\mathrm{PbE}}=m_{\mathrm{Pb}}+S_{\mathrm{PbS}}\\
\sum_{i=1}^{4}(M_{\mathrm{Pb}i}W_{\mathrm{Pb}i})\Big/\sum_{i=1}^{4}M_{\mathrm{Pb}i}\geqslant W_{\mathrm{Pb}}\\
\sum_{i=1}^{4}(M_{\mathrm{Pb}i}T_{\mathrm{Zn}i})\Big/\sum_{i=1}^{4}M_{\mathrm{Pb}i}\leqslant T_{\mathrm{Zn}}\\
\sum_{i=1}^{4}(M_{\mathrm{Pb}i}T_{\mathrm{Cu}i})\Big/\sum_{i=1}^{4}M_{\mathrm{Pb}i}\leqslant T_{\mathrm{Cu}}\\
\sum_{i=1}^{4}(M_{\mathrm{Pb}i}T_{\mathrm{As}i})\Big/\sum_{i=1}^{4}M_{\mathrm{Pb}i}\leqslant T_{\mathrm{As}}\\
\sum_{i=1}^{4}(M_{\mathrm{Pb}i}T_{\mathrm{MgO}i})\Big/\sum_{i=1}^{4}M_{\mathrm{Pb}i}\leqslant T_{\mathrm{MgO}}\\
\sum_{i=1}^{4}(M_{\mathrm{Pb}i}T_{\mathrm{Al_2O_3}i})\Big/\sum_{i=1}^{4}M_{\mathrm{Pb}i}\leqslant T_{\mathrm{Al_2O_3}}\\
\sum_{i=1}^{4}(M_{\mathrm{Pb}i}T_{\mathrm{Sb}i})\Big/\sum_{i=1}^{4}M_{\mathrm{Pb}i}\leqslant T_{\mathrm{Sb}i}\\
M_{\mathrm{Pbmin}i}\leqslant M_{\mathrm{Pb}i}\leqslant M_{\mathrm{Pbmax}i},\quad i=1,2,3,4
\end{array}\right. \tag{4-8}
$$

式中，S_{PbE}为上月末铅精矿库存量；S_{PbS}为本月计划铅精矿库存量；$M_{\mathrm{Pb}i}$表示第 i 类铅精矿的采购量；m_{Pb}表示铅精矿的总需求量；$W_{\mathrm{Pb}i}$表示第 i 类铅精矿的品位；$P_{\mathrm{Pb}i}$表示第 i 类铅精矿的价格；$T_{\mathrm{Zn}i}$、$T_{\mathrm{Cu}i}$、$T_{\mathrm{As}i}$、$T_{\mathrm{Sb}i}$、$T_{\mathrm{MgO}i}$、$T_{\mathrm{Al_2O_3}i}$分别表示第 i 类铅精矿中各种杂质的含量；T_{Zn}、T_{Cu}、T_{As}、T_{Sb}、T_{MgO}、$T_{\mathrm{Al_2O_3}}$ 分别表示将采购回来的铅精矿混合后各种杂质含量的要求；$W_{\mathrm{Pbmax}i}$、$W_{\mathrm{Pbmin}i}$分别表示第 i 类铅精矿的最大可能的采购量和最小必需的采购量。

针对优化问题(4-8)，采用传统梯度下降法和混沌神经网络方法分别进行寻优的结果如表 4.1 所示。从结果对比表中可以看出，经过优化以后，在精矿的平均品位不变的情况下，混沌神经网络方法所获得的最优结果采购经费更低。

表 4.1　不同优化算法寻优结果

优化算法	梯度下降法		混沌神经网络方法	
	精矿量/t	金属量/t	精矿量/t	金属量/t
第一类	14000	7840	14080	7885
第二类	15000	7650	12390	6319
第三类	10000	4600	8615	3962
第四类	2400	984	6939	2844
总量	41400	21074	42020	21010
平均品位/%	50		50	
经费/万元	8498		8419	

4.1.3　原料库存的智能综合优化控制

对于具有连续生产特点的锌冶炼企业来说，原料库存的问题是一个值得研究的问题：一方面，库存原料会占用大量的资金；另一方面，由于采购中存在的不确定性，要保证企业连续正常地进行生产需要确定合理的原料库存量。

1）原料库存控制

原料库存控制是生产企业，特别是连续生产企业物流管理的核心之一。适当的库存量是确保企业正常连续生产的必要条件，过多或过少都会造成不必要的经济损失。库存控制是减少产品成本，提高企业经济效益的中心环节。原料库存量的大小一般从三个方面进行考虑。

(1) 从生产方面考虑：希望有足够的原料库存。这样，当生产量临时增加，或采购遇到意外而不能及时采购到原材料时，生产可以继续进行，不至于因此停工待料造成损失。因此，从生产方面考虑，希望储备的原料越多越好。

(2) 从流动资金方面考虑：库存的原料需占用很大的流动资金，而且存储在仓库中要产生附带损失，包括利息、原料的存储损失及跌价损失、仓库的折旧、修理、通风照明、地租、仓库的内部搬运费、仓库管理费用等。这些费用占库存原料价值的 10%～25%。因此，从流动资金方面来看，希望存储的原料越少越好。

(3) 从订购方面来考虑：原料从订货到进库，需要各种费用，如通信费、差旅费、仓库的验收及搬运费等。这些费用大都与订购的次数有关。因此，希望订购的次数越少越好，这也就是要求每次的订购量要多。

2）智能综合原料库存优化系统

智能综合原料库存优化系统原理如图 4.2 所示[2]。图中，管理决策中心是整个系统的核心部分，它的主要职能包括：均衡考虑校正来自优化控制单元及预测单元的优化值与预测值、输出最终采购计划、输出最终生产计划、进行数据分配等；数据库单元用于存储各种与库存有关的数据，包括实际生产量、采购量、采购价格及实际库存量、管理决策部分制定的最终计划值、各种优化及预测单元的计算结果及其他固定参数等；库存优化单元及其他优化单元针对企业各部分特点，采用优化算法获得各项优化值。对于智能集成库存优化算法来说，其优化单元的输入包括管理决策部分制定的生产计划、来年价格的预测值及其他一些参数预测值；其输出则包括来年每月最优库存量、每月最优到货量。优化值输入管理决策部分，经过决策得到最终采购计划，一方面作为某些优化单元的输入，另一方面输送给生产经营的实际过程实施。图 4.2 中的生产经营过程主要指实际的原料采购过程和生产过程。

系统的智能综合体现在优化单元及管理决策部分中各种优化方法的集成。系统所使用的方法包括：数学计算方法，充分利用定量信息；专家系统，充分利用专家

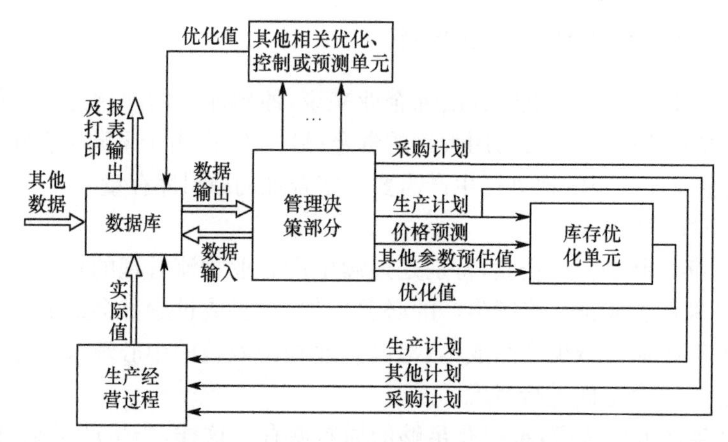

图 4.2　智能综合原料库存优化系统

经验,对大量的定性因素进行分析,得出专家结论,克服数学计算方法忽视和难以处理定性信息的缺点;神经网络,利用神经网络的自学习和自适应特点,克服静态确定型方法在这方面的不足;模糊控制,改善一般方法对定性因素处理方面的不足。

在管理决策中心中,采用专家系统与其他方法的集成。专家系统的作用是依据专家经验对各相关优化、预测、控制单元输出值进行全局协调和校正,为原料库存管理提供决策支持。对于各相关优化、预测、控制单元输出值的综合决策,如果是静态确定的模型,那么可以提出相应的全局最优综合性能指标,并采用数学计算的方法或人工智能的方法求解。但库存管理的综合决策还受多种规律性动态因素的影响,如宏观经济的因素、原料和产品市场的因素、供方和己方的状况等。因此,各优化、预测单元的优化值、预测结果需利用专家系统加以调整。数据处理模块从数据库中提取各项数据,处理后再进行分配与发送,其中有大量的数据被发送到专家子系统的规则集中。不同类型的数据发送到不同的规则集,规则库中的知识表示采用产生式规则,将所有规则按上述问题分为多个子集,每一规则子集存放同一类规则,规则集之间保持独立,这样便于规则的扩充,并缩小了搜索空间。最后,从管理决策中心获得了最终的采购计划以及其他相关计划。

3) 原料库存模型

对于已经具有一定规模的企业来说,原料每年的总采购量和总消耗量大致持平。这样可以以年为阶段来建立库存模型。在建模之前,先对与建模有关的因素进行分析。

(1) 与原料库存量密切相关的两个因素是到货量和消耗量。消耗量取决于根据销售状况和市场需求制订的生产计划,对于库存及采购优化问题来说,它是一个必要的约束条件,而不是控制变量。到货量与采购量密切相关,根据经验,可获得它们之间的数学关系。采购由人工分批量、分批次进行,尽管受到许多诸如市场供应量、市场价格、每月最小库存量等约束条件的制约,但它在一定范围内仍然可控。因此,可将到货量作为控制变量。

(2) 原料库存优化的目的,是在保证连续生产的基础上,最大限度地节省资金。原料每月的采购价格遵循一定的规律,它与国内外市场上的产品价格、近一段时间内的原料价格、国家政策的影响等因素有关。如果只考虑每年的购销利润,那么只需在采购价格较低的月份按照生产计划尽量多采购即可,但这样会造成库存量很大,占用资金所造成的损失也很多。因此,需综合考虑购销利润与库存占用所造成的损失。

(3) 其他约束条件:原料上年末的库存是已知的;受市场供应状况的影响,每月可获得的精矿量有一个上界,这个上界可根据以往的采购经验进行预测;另外,每月的到货量还应保证每月库存量不小于一个适当的值,以满足连续生产的需要并防止意外情况的发生。

根据上面的分析,可以建立以资金损耗最小为目标的原料库存优化模型

$$\min_{s(k)} \sum_{k=1}^{12}\left[\frac{I(k)+I(k+1)}{2}A_1(k)h(k)+S(k)A_1(k)-P(k)A_2(k)\right]$$

$$\text{s. t.}\begin{cases}I(k+1)=I(k)+S(k)-U(k)\\0\leqslant S(k)\leqslant G(k)\\I(k)\geqslant I_{\min}=DLh_{\mathrm{s}}\\I(1)=\mathrm{const}\end{cases}\tag{4-9}$$

式中,$I(k)$为第 k 月初库存量;$S(k)$为第 k 月到货量;$U(k)$为第 k 月消耗量;$P(k)$为第 k 月的销售量;$A_1(k)$和 $A_2(k)$分别为第 k 月的精矿到货价格和产品销售价格;$G(k)$为第 k 月所能得到的最大原料量;$h(k)$为损失系数,反映第 k 月因库存占用而造成资金周转不便等的损失度,包括资金充足时银行利率的因素和资金短缺时周转不便的因素; D 为反应时间; L 为日平均消耗量; h_{s} 为安全系数。

4.1.4　原料量价实时预警

对于具有连续生产特点的锌冶炼企业来说,原料采购所占用的资金占整个企业采购资金的 80%以上。同时,在市场经济的条件下,市场的活动是非常活跃的,市场信息瞬息万变,不仅包括产品市场,还包括原料市场。产品价格的变化一般反映在金属交易市场的行情变化上,原料价格的变化则反映在原料市场的价格波动上,而这两个市场是脱钩的。采购人员如果不能及时地将金属交易市场行情与原料市场行情相结合,就可能会给企业带来巨大的经济损失。因此,对原料的采购预警十分重要,且预警的好坏直接影响到企业是否正常盈利。

1) 预警的基本原理和方法

预警是度量某种状态偏离预警线的程度并发出预警信号的过程[3]。预警系统是确定预警状态、发出监控信号的计算机信息系统。它是一种利用识别先兆事件,动态地监视事件出现的系统方法。预警从逻辑上讲应包括明确警义、寻找警源、分析警兆及预报警度等几个阶段。明确警义是大前提,是预警研究的基础;寻找警源、分析警兆是对警情的因素分析及定量分析;预报警度则是预警的目的所在。

预警的方法依据其机制可以分为黑色预警、黄色预警、红色预警、绿色预警等。黑色预警也称为事件序列分析预警,它不借助警兆指标,直接根据警素,即反映事物变化的指标,根据警素曲线外推预警;黄色预警根据警兆和警情的因果关系来进行预警;红色预警依据警兆以及各种环境社会因素进行估计,它是一种依靠专家经验、直觉进行定性分析的方法,专家对影响警素变化的有利和不利因素全面分析,以求得预警结果;绿色预警则依据警素的发展态势,预测事物变化的发展状况。

2) 智能集成实时预警系统

智能集成实时预警系统具有两个重要的特点:一是充分利用人工智能方法的优点,结合传统方法对目标进行预警,以克服传统预警方法的缺点;二是可以实时取得信息,并根据这些信息及时发出预警信息供决策者使用。传统预警方法主要用于如金融危机、国际经济、人口控制等宏观方面的预警中;智能集成实时预警系统则主要针对微观系统的预警工作,使预警系统能够在生产生活中起到一定的作用,防止有害情况的扩散。智能集成实时预警系统由以下模块组成。

(1) 分析指标体系:预警工作开始之前,必须确定一个预警指标体系,它是判断警度的基础。该体系中指标应能够反映对象当前的发展状况并及时准确地得到数据,同时还要根据实际情况确定警限。

(2) 信息收集模块:主要负责与预警对象有关的各种可变因素的收集工作,是整个预警系统工作的基础。

(3) 集成预测模块:采用智能集成方法对定量的数据进行处理,主要是进行一些预测计算。其中的智能集成方法,包括纵向预测、横向预测和综合及评价三部分。该模块充分利用人工智能的特点,加强对数据的推理、自学习和自适应能力,以取得比较准确的预测值,同时给出对预测精度的评价。智能集成预测的结果将为智能综合决策提供基础。

(4) 智能集成分析模块:采用智能集成的分析方法,如模糊控制、专家系统或模式识别的方法对一些定性的信息进行分析。

(5) 实时决策模块:包括实时监视和智能决策两部分。实时监视部分实时获取数据。智能决策部分包含两个方面的决策,一方面是阶段性决策,即根据历史数据得出阶段性的警限,一般可以采用专家系统、模糊控制或模式识别的方式,将智能计算以及智能分析的结果进行综合,得出预警警限和警域;另一方面是实时决策，将实时数据与设定的警限进行比较，根据落在警域的区间预报警度。在无警的情况下，继续进行监视；在有警的情况下，就需要对智能集成预测模块进行修正，为下一阶段的预测工作做准备。同时，智能综合决策模块还要输出警度以及决策信息。

(6) 知识库模块：由综合决策知识库和定性分析知识库组成。前者主要包括进行预报及决策时需要用到的知识，后者是进行定性分析时所要用到的知识。

3) 面向锌冶炼企业原料采购的智能集成量价实时预警系统

(1) 预警指标体系及警限的设定。

根据预警系统指标体系确定原则，可以建立针对该类型企业原料采购的预警系统指标体系，如表 4.2 所示，表中列出的只是与该类企业原料采购预警系统相关的一些指标。因为指标体系的量纲不同，企业还可以根据实际情况，建立一个综合指标体系，即将上面的指标进行一些结合，制定出适合本企业的原料采购智能集成量价实时预警系统指标体系。

表 4.2　原料采购智能集成实时预警系统指标体系

警源	警情指标	警源	警情指标
组织管理	组织机构人事安排合理度	采购管理	原料采购量
财务	管理费用 生产期间费用 销售费用	生产管理	原料消耗量 劳动生产率 生产成本
市场	产品价格 原料价格	外部环境	国家政策情况 国内外同类企业情况等

在企业的经济活动分析中，成本是分析企业盈亏平衡点的一个重要指标。从成本的形成过程看，它反映企业生产经营全过程各个环节、各个方面的消耗水平，并由企业的所有部门、所有职工的工作质量所决定，企业的好坏均能直接地或间接地在成本中反映出来。原料采购智能集成量价实时预警模块就是以企业的盈亏平衡点作为目标进行预警的。因此，可以将达到企业盈亏平衡点的原料采购价格作为预警系统的警限。

(2) 智能集成量价实时预测模块。

针对锌冶炼企业的生产以及原料采购特点，智能集成原料采购量价实时预警系统中的预测模块有它自己的特点[4]。在确定企业盈亏平衡方程的时候，需考虑成本模型和收入模型。由于锌冶炼企业生产产品的单一性，在不考虑其他影响因素的情况下，可以近似地将企业的产品销售收入作为企业的总收入。同时，由于在该类型的企业中，原料采购费用在整个企业的采购费用中占了相当大的比重，可以近似地将产品的成本作为企业的成本。广义的产品成本是指企业在一定时期内为了生产一定数量的产品所耗费的生产费用,也可以说产品成本是工业企业在某一时期内为生产产品而发生的各种消耗与支出的总的货币表现。

为了得到企业的总收入和成本,需要对产品价格以及产品成本进行预测。对于具有连续生产特点的有色冶金企业而言,一些特定的成本每年是相对不变的,如车间经费、单位产品的加工费等;而有些经费的变化较大,如管理费用、财务费用及销售费用。同时,采购回来的原材料的价格、品质、销售价格等的变化较大,另外,采购的原料品质不同,会导致加工费的不同。如果对各种可以得到的原料都进行价格预测,那么整个预测工作将会变得非常庞大,而且也是没有必要的。不妨设产品的成本为

$$C = C_M + C_V \tag{4-10}$$

式中,C为总成本;$C_M = \sum C_{M,i}$表示成本中的不可变部分;$C_V = \sum C_{V,i}$表示成本中的可变部分。只要对可变成本部分进行预测,就可以达到对产品成本进行预测的目的。实际上,成本的可变部分主要是由原材料的采购费用以及期间费用等构成,其中期间费用计算比较复杂,但可以根据经验值给出。在量需生产型的有色冶炼企业中,原料采购费用所占比重大。因此,只要预测出市场上产品的销售价格以及原料的采购价格,就可以近似地推算出企业的总收入与总成本。

(3) 其他问题。

在智能集成原料采购量价实时预警系统中,智能集成预测是非常关键的部分,预测的结果将直接影响到预警结果的正确性。同时还要注意到,预警的基础是信息,包括定性的和定量的,没有准确的信息,预警只能是空谈。因此,智能集成实时预警模块中的信息收集部分所需要收集的信息面广,要尽可能地收集一些与产品及原料价格有关的有用信息。

对于那些定量的数据,主要送到预测模型中进行处理;而对于定性的信息,一般要送到预警模块的智能集成分析部分中进行处理。在这个部分中,可以利用模式识别的方法对信息进行分类,然后通过模糊专家系统对信息进行分析处理,得到这些信息对产品及原料价格变化趋势的影响情况。智能综合决策模块能够根据知识库里的专家经验,判断智能计算模块预测结果的正确性,发出预警信息,同时可以调整信息收集的力度,如哪个方面的信息需要多收集,还要收集什么方面的信息等。

企业应该及时建立自己的专家库,这是对市场的变化趋势作出正确判断的基本要素。专家库里的专家经验越多,作出的判断就会越准确,企业把握市场的能力也就越大。

4.2　锌湿法冶炼净化过程优化控制

湿法炼锌生产过程主要由焙烧、浸出、净化、电解和熔铸五个工序组成。首先，硫化锌精矿经过焙烧得到焙烧矿、氧化锌等产物，然后将其用稀硫酸浸出，经过固、液分离后除去固体残渣，再对含有多种杂质的硫酸锌中性上清液净化，除去各种杂质。最后，对新液进行电解，使锌从溶液中沉积出来，电锌再熔铸成锌锭。其中，净化过程是湿法炼锌中的一个重要环节，其主要目的是除去中性上清液中的各种杂质离子，为电解提供合格的新液[5]。在中性上清液内，主要存在镉、钴、镍、铜等杂质离子。其中，钴离子对电解的影响很大，不仅影响电解的效率，超标严重时还可能导致电解烧板，这将影响产品的产量和质量，而且会引起生产事故造成停产。因此，钴离子浓度是影响电解效率与产品质量的一个关键参数，必须对净化过程中钴离子浓度进行严格监控。同时，镉离子在溶液中大量存在，其含量较其他成分的离子含量高很多，对溶液中镉离子净化程度的好坏也是一个重要的判断指标。

由于湿法炼锌净化过程中离子浓度无法在线检测，操作人员不能及时获得离子浓度的变化情况，失去了对过程控制的最佳时机。此外，锌粉作为沉淀除杂的主要原料，是十分重要的控制条件，操作人员通常依据经验采用过量添加锌粉的方法来保证生产出合格的新液。这种做法，虽然保证了硫酸锌溶液净化的质量，却极大地增加了生产成本和能耗。因此，在保证连续生产合格电解新液的前提下，减少锌粉的消耗，降低生产成本，提高经济效益成为了湿法炼锌生产中的一个亟待解决的难题，而实现预测净化二段过程出口离子浓度，优化控制锌粉添加量是解决这一难题的基础。

4.2.1　锌湿法冶炼净化过程生产工艺

湿法炼锌在浸出过程中，铁、砷、锑、锗等杂质大部分在浸出过程中随中和水解作用从溶液中除去，但仍残留有铜、镉、钴、镍及少量砷、锑、锗等杂质。这些杂质的存在一方面影响阴极锌的质量；另一方面显著降低电流效率，增大电能消耗，对锌电解极为有害，故必须除去。硫酸锌电解沉积液中存在的杂质元素有 20 多种，钴、镍、砷、锑、锗等杂质主要影响锌产品的表面质量及电流效率。例如，钴的存在会引起电解锌的腐蚀，即生产中常出现的“烧板”，使锌腐蚀成黑色的斑点，且越靠近极板一面越严重，形成喇叭形的圆孔。镍的腐蚀作用与钴相似，且由于氢在镍上的超电压比在钴上还要低，因而它的腐蚀作用较钴更为严重。锗、锑、砷也在不同程度上影响电解过程。因此，净液效果的好坏不仅直接影响电锌产品的质量而且影响电解过程的电流效率和电耗等重要经济技术指标。在所有杂质中，钴相对于其他几种杂质(镍、锗、锑、砷等)是最难以除去的。一般来说，如果硫酸锌溶液中的钴离子能够达到深度净化的要求,那么其他杂质离子也能达到。

湿法炼锌生产系统目前采用的是锌粉锑盐三段净化法,其工艺流程简图如图4.3所示。净化过程分为三段,来自浸出过程的含有硫酸锌的中性上清液进入净化Ⅰ段,在50～60℃的溶液温度下,在第一个反应槽内添加锌粉,主要除去杂质镉和铜离子。锌粉添加速度通过调节变频器的频率来控制。在Ⅰ段净化过程中,中性上清液含有大量不同种类的杂质离子,离子浓度波动大,净化工况不稳定,为了保证后续过程的正常生产,通常锌粉量都是设定成最大值来添加的,操作员很少根据溶液工况来调整锌粉下料量。硫酸锌溶液在Ⅰ段净化反应槽中的反应时间一般约为1h。经过Ⅰ段净化后,溶液中的杂质离子浓度一般都能达到相对稳定的状态,钴和镉离子浓度能下降到一定范围内,其他杂质离子浓度也都相应地降低。

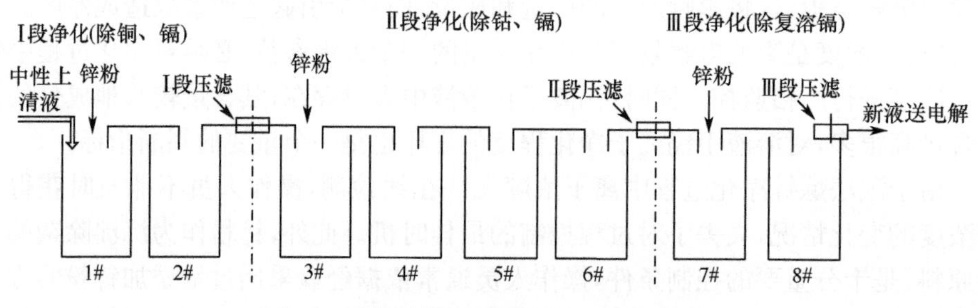

图4.3 锑盐锌粉三段净化工艺流程简图

Ⅰ段出口净液经过压滤和加热后进入Ⅱ段净化过程,在80～90℃的溶液温度下,在Ⅱ段净化的第一个反应槽内添加锌粉和催化剂锑盐,沉淀除去杂质钴离子,并继续沉淀除去镉离子,该过程净化反应平均时间大约为2h。Ⅱ段净化是整个净化过程中最关键的一环,因为Ⅱ段净化过程直接关系到电解工序。由于该过程中溶液的离子浓度相对较低,有利于控制锌粉的下料量,操作员可以根据Ⅱ段入口和出口的每个小时化验的钴和镉离子浓度来不断调整锌粉的下料量。但是由于化验离子浓度存在一定滞后时间,如果操作员得到不合格离子浓度信息,那么意味着已经有一批不合格的溶液进入下一工序,这种情况对生产是极为不利的。另外,净化反应十分复杂,干扰因素很多,反应的环境也比较恶劣。因此,为了保证电解生产的正常进行,往往过量添加锌粉,存在很大的资源浪费,必然增加企业的生产成本,束缚企业的生产发展。

Ⅱ段出口净液经过压滤后进入Ⅲ段净化过程,在溶液的自然温度下,添加少量锌粉除去复溶的杂质镉离子。实际上,Ⅲ段净化过程溶液中的钴和镉离子浓度都已经很低,基本上达到生产要求。该过程净化时间大约1h。Ⅲ段出口新液经过压滤和冷却后直接送电解工序。

锌粉锑盐净化除钴、镉过程的第Ⅱ段最为重要,其净化效果受到许多因素的影响，包括温度、pH、反应时间、粉末颗粒与溶液的混合程度、Ⅰ段后液钴离子、镉离子和其他微量杂质离子浓度、锌粉添加量、锑盐添加量、锌粉的成分与粒度等。它们在不同程度上影响着置换反应的速率，进而影响沉淀除钴和镉离子的反应过程。

(1) 温度的影响：提高温度可降低电极过程的浓差极化和电化学极化，有助于强化和改善置换过程。对于置换过程具有强烈极化特性的金属（如钴离子），温度影响显著，其置换反应速率随温度的升高而提高，因此要求采用较高的温度，以降低钴离子还原的电化学极化。但提高温度会使氢的超电压降低，造成氢的析出。因此，为了有效地从硫酸锌溶液中用锌粉置换除钴，除采用高温（一般为 80～90℃）外，必须添加催化剂以促进钴离子的还原并阻碍氢的析出。

(2) 溶液 pH 的影响：较高的 pH 有利于减少氢离子的活度，降低氢析出速度，因而有利于锌粉置换除钴的进行。然而，除钴过程得到的钴渣的射线衍射分析结果表明，在置换除钴过程中，溶液 pH 过高会造成碱式硫酸锌在锌粉表面上沉积，进而阻碍除钴反应的进行，而且生成的碱式硫酸锌有可能将锌粉和已沉淀的钴隔开，造成钴的返溶。

(3) 搅拌速度的影响：净化过程中的置换反应是液相与固相之间的反应，提高搅拌速度有利于增加溶液中的杂质离子与锌粉相互接触的机会，还能促使已沉积在锌粉表面的沉积物脱落，暴露出锌粉的新鲜表面，有利于反应的进行。同时，加强搅拌更有利于被置换离子向锌粉表面扩散，从而达到降低锌粉单耗的目的。但搅拌强度过高对反应速度的提高并无明显改善，反而增加了能耗，造成净化成本上升，因此选择适宜的搅拌强度很重要。搅拌速度对加速反应速率也有一定的限度，这个限度与搅拌器和设备结构的几何形状有关，超过这个限度，反应速率就不再取决于离子的扩散，而是取决于化学反应速率。

(4) 硫酸锌溶液浓度的影响：在不含硫酸锌的溶液中用锌粉置换钴和镉离子，可以使离子浓度迅速降到很低的浓度。而在含有锌离子的溶液中，除钴速率缓慢，且锌离子浓度越高，除钴置换率越低。

(5) 锌粉添加量及其成分的影响：锌粉置换除钴和镉离子的反应是在锌粉的表面上进行的，锌粉的表面积越大，溶液中离子与锌粉接触的机会越多，因而越有利于加速除杂质离子反应。锌粉的化学成分应该比较纯净，否则会将锌粉中的杂质带入溶液中，同时也会减少锌粉的有效置换作用。锌粉中氧化锌含量越高，锌粉消耗量就越大。锌粉表面如有氧化锌存在，则会起到钝化作用，使置换除杂反应速度变慢。

(6) 浸出液成分的影响：浸出液含锌浓度、杂质离子含量及固体悬浮物等，均影响置换反应的进行。浸出液含锌浓度较低有利于置换过程中锌粉表面锌离子向外扩散，但也有利于氢气的析出，从而增大锌粉消耗量。杂质中离子含量的高低直接影响了沉淀反应的效果,若浓度升高,则有利于沉淀反应的进行,但需要相应地增加锌粉、锑盐添加量;若浓度降低,则沉淀反应速率也会降低,需要相应地减少锌粉和锑盐添加量,否则容易造成钴的复溶。

(7) 反应时间的影响:置换铜、镉离子时反应时间不宜过长,否则会使镉复溶;但置换钴离子要求反应时间较长,以便置换反应进行得更彻底;但是压滤时间对镉的复溶影响较大,需要严格控制其反应时间,一般通过调节溶液流量来控制。

(8) 锑盐添加量的影响:锑盐作为催化剂,在锌粉置换钴的反应过程中其需要量十分小,但锑盐添加不足,除钴不彻底;锑盐添加过量,沉淀出来的钴又会很快复溶,造成钴超标的现象。因此,必须控制好锑盐的加入量。

(9) 锌粉规格的影响:锌粉粒度对净化除杂质离子影响很大,较细颗粒的锌粉能大大增加锌粉与离子反应的比表面积,促进反应进行。但过细的锌粉又会造成过滤困难,且容易漂浮于液面上,不利于置换反应进行,并且容易将下料口堵塞。

通过以上分析可知,在工艺条件不变的情况下,Ⅰ段出口离子浓度和锌粉添加量是影响锌粉置换除杂过程的两个最主要因素。净化过程的锌粉消耗量与Ⅰ段出口杂质含量尤其是钴、镉离子浓度相关,与锌粉的化学成分和粒度及溶液的温度和pH等技术条件也有一定关系,而锌粉的化学成分和粒度及溶液的温度、pH等技术条件在生产中基本保持稳定。

4.2.2 净化过程中钴离子浓度在线检测

Ⅱ段净化出口的钴和镉离子浓度是反映净化效果的重要指标。钴或镉离子浓度不合格,将严重影响后面的电解工序,对电解锌造成破坏性的影响。实际生产中,钴、镉离子浓度无法在线检测。因此,需依据净化过程的大量生产数据,建立Ⅱ段净化出口离子浓度的智能预测模型,及时预报出口离子浓度的变化情况,为操作员实时控制锌粉添加量提供有用信息。

1. 数据处理

Ⅱ段出口离子浓度智能预测模型的性能从根本上取决于历史数据的数量和质量。然而,实际工业过程中,过程数据受到仪表精度、可靠性、现场测量环境及人为因素的影响,会存在异常、缺失等情况。如果将低精度或失效的测量数据直接用于离子浓度预测,那么可能导致预测性能的大幅下降,甚至导致错误的结果。因此,需对过程数据进行适当的预处理。

1) 异常数据处理

硫酸锌溶液净化过程中,会产生大量的过程数据。受测量仪表检测精度、可靠性和现场测量环境等因素的影响，不可避免地存在一些不完整的甚至错误的数据。如果利用了这些异常数据，那么会影响预测模型的精度和计算稳定性。因此，必须对建模数据进行预处理，剔除不完整数据和异常数据。

异常数据通常采用 3σ 准则（拉依达准则）处理。一般情况下，对一组样本数据 $X=\{x_1, x_2, \cdots, x_n\}$，如果发现有偏差大于 3σ 的数值，那么可以认为它是异常数据，应予以剔除。其中

$$\sigma=\sqrt{\frac{\sum_{i=1}^{n} e_i^2}{n-1}}=\sqrt{\frac{\sum_{i=1}^{n}(x_i-\bar{x})^2}{n-1}} \tag{4-11}$$

式中，$\bar{x}$ 为平均值。

2）数据标准化处理

实际生产过程中的测量数据会有着不同的量纲，因此数值的大小差别很大，数据分布范围也不一样，数据平均值和方差的较大差异，会夸大某些变量对目标的作用，掩盖某些变量对目标的贡献，不能有效地进行数据驱动建模。因此，必须对原始数据进行标准化。经过标准化后的各变量平均值为 0，方差为 1，这样可以消除样本量纲的影响，并且使单位不同的数据具有相同的中心。同时，为了使模型的输出结果便于观察，还需要通过反标准化方法对标准化后的数据进行还原。

标准化就是将有关属性数据按比例投射到特定的小范围（如[0,1]）内，以消除数值型属性因大小不一而造成计算结果的偏差。对于时间序列数据，标准化处理不仅可以消除因属性取值范围不同而影响计算结果的公正性，而且还可以有效地消除时间序列幅值漂移的影响。

3）数据相关性分析

可实时检测的影响Ⅱ段出口离子浓度的数据主要包括：净化反应槽的入口溶液温度 x_1，净化反应槽的入口溶液流量 x_2，Ⅱ段净化锑盐流量 x_3，Ⅱ段净化过程中的锌粉添加量和锌粉下料装置相连的变频器的调整频率 x_4，Ⅱ段入口溶液的钴离子浓度 x_5 和镉离子浓度 x_6。其中，Ⅱ段净化过程中的锑盐流量 x_3 是与入口溶液流量 x_2 成连锁比例控制的。

从生产过程分析，上述各变量之间具有多重相关性，耦合关系比较严重，各个因素对Ⅱ段出口离子浓度的影响均不可以忽视。选取一部分生产数据进行相关性分析，剔除无效数据和异常数据后，分析变量 $x_1 \sim x_6$ 以及Ⅱ段出口溶液钴离子浓度 y_1 和镉离子浓度 y_2 之间的相关性。运用 Pearson 相关分析法，得到各变量之间的相关性系数表（表 4.3）。

表 4.3 各变量相关性系数表

系数	x_1	x_2	x_3	x_4	x_5	x_6	y_1	y_2
x_1	1							
x_2	−0.0553	1						
x_3	−0.0656	0.1514	1					
x_4	−0.0807	0.003	−0.0219	1				
x_5	0.0304	−0.0124	0.2216	−0.0389	1			
x_6	−0.0031	0.0427	−0.0346	−0.0859	0.2535	1		
y_1	0.08916	0.0395	0.0361	−0.2209	0.2126	0.0749	1	
y_2	−0.0081	0.1184	−0.005	−0.0935	0.015	0.1197	−0.0825	1

对表 4.3 中的数据进行分析，可以得出以下结论：

(1) 影响Ⅱ段出口钴离子浓度 y_1 的最主要因素是变频器的调整频率 x_4(相关系数为−0.2209，呈负相关)和Ⅱ段入口钴离子浓度 x_5(相关系数为 0.2126，呈正相关)，其次为溶液温度 x_1 和Ⅱ段入口镉离子浓度 x_6。这种相关性分析与实际反应情况基本上是相符的，Ⅱ段出口钴离子含量必然与锌粉添加量和入口钴离子浓度密切相关，并且除钴反应需要在高温的溶液环境中进行，同时除钴反应还会受到镉离子的耦合影响。

(2) 影响Ⅱ段出口镉离子浓度 y_2 的最主要因素是溶液流量 x_2(相关系数为 0.1184)和入口镉离子浓度 x_6(相关系数为 0.1197)，其次为变频器的调整频率 x_4 和Ⅱ段入口钴离子浓度 x_5。镉离子在锌粉置换反应中能较快进行，且随溶液流量变化很大，同时必然与入口离子浓度和锌粉添加量密切相关。

(3) 溶液流量 x_2 与锑盐流量 x_3 相关性较大，这是因为实际生产中锑盐流量与溶液流量之间是连锁比例控制的，两者间必然相互关联。

(4) 锑盐流量 x_3 与Ⅱ段入口溶液的钴离子浓度 x_5 相关性也比较大，因为在除钴过程中会添加锑盐作为催化剂，加速钴离子的置换沉淀反应正向进行。

2. 在线支持向量回归预测模型

连续运行的硫酸锌溶液净化过程，其生产数据将不断产生。由于这些新产生的数据反映了生产状况的变化情况，因此建模样本库也需要不断更新样本数据。为此，采用在线支持向量回归的新增样本递增算法和在线支持向量回归的逆矩阵迭代更新算法[6]，以建立在线支持向量回归预测模型。

选取某月份的生产数据，以Ⅱ段净化反应槽入口钴、镉离子浓度以及溶液温度、溶液流量、锌粉下料量、锑盐流量作为模型输入参数，以反应槽出口钴和镉离子浓度作为模型输出参数，经过数据预处理后得到 38 组有效数据，其中 30 组用于模型训练，另外 8 组用于预测。经过交叉验证得到最优的惩罚因子和高斯径向基核函数参数后[6]，得到的钴离子浓度预测结果如图 4.4 和表 4.4 所示。

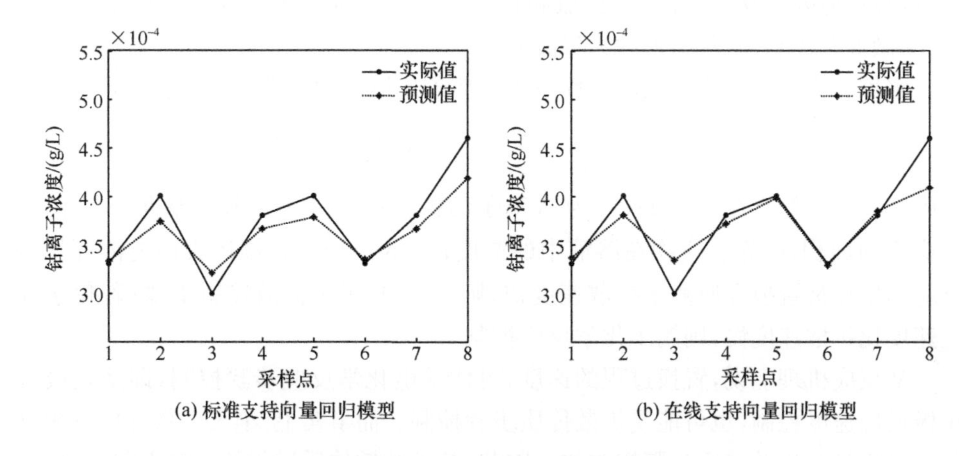

图 4.4　钴离子浓度预测曲线图

表 4.4　标准支持向量回归模型与在线支持向量回归模型性能比较

建模方法	平均相对误差（钴离子）	平均相对误差（镉离子）	运算时间（钴离子）	运算时间（镉离子）
标准支持向量回归	0.0437	0.0496	36.74s	47.32s
在线支持向量回归	0.042	0.047	19.05s	21.97s

仿真结果表明，在线支持向量回归模型的平均相对误差比标准支持向量回归方法要明显小很多，表现出较高建模精度，且运算时间大大缩短。在线支持向量回归模型的相对误差最大值不超过 10%，已达到硫酸锌溶液净化过程中对离子浓度检测的精度要求。

4.2.3　净化过程的优化控制

1. 锌粉除杂的动态反应模型

1）金属离子的置换反应机理

在硫酸锌溶液的净化反应过程中，主要存在固、液两相反应。固、液相反应的特点是置换反应发生在两相界面上，单位时间内反应物或生成物浓度的变化，即反应速度与反应物在界面处的浓度有关，同时也与反应产物在界面的浓度及性质有关[7]。因此,反应速度与反应物接近界面的速度、生成物离开界面的速度以及界面反应速度都有关。固、液相反应的反应速度一般由吸附、化学反应和扩散三个步骤决定。吸附过程能很快达到平衡,因此固、液相反应的速度主要由化学反应和扩散决定。当以扩散为控制步骤时,称固、液相反应处于扩散区;以化学反应为控制步骤时,称反应处于动力学区;当扩散和化学反应两者都对多相反应速度影响很大时,叫做混合控制,此种情形称为过渡区。

根据菲克第一定律,固、液相反应中的离子扩散速度通常用下式表示:

$$\frac{\mathrm{d}m}{\mathrm{d}t}=\frac{D_{\mathrm{A}}S}{\delta}(C-C_{\mathrm{s}}) \tag{4-12}$$

式中,m 为 A 离子的摩尔数;D_{A} 为 A 离子的扩散系数;δ 为扩散层厚度;S 为固体反应表面面积;C 为反应物在溶液中的浓度;C_{s} 为反应物在固体表面的浓度。若反应速度比被置换金属离子扩散速度快,则 $C_{\mathrm{s}}=0$,属于扩散控制步骤;若化学反应速度比扩散速度慢,则属于化学反应控制。

从反应机理上说,置换过程的速度,可能受电化学反应步骤控制,即受负极或正极反应速度控制,也可能受扩散传质步骤控制。而事实上,绝大多数置换沉积过程的速度是受扩散传质步骤控制的。因此,基于扩散传质过程的速度方程,在反应表面积大体不变的条件下,可推导出下列适用于绝大多数置换沉积过程的速度方程:

$$r=\frac{\mathrm{d}C}{\mathrm{d}t}=\frac{1}{V}\frac{\mathrm{d}m}{\mathrm{d}t}=\frac{k'S}{V}C \tag{4-13}$$

式中,V 为电解质溶液体积;k' 为扩散速度常数。从速度方程可以看出,采用粒度尽可能小的金属粉末作为置换剂以增大反应表面积,可提高置换沉积过程的速度。

2) 锌粉净化除杂动态反应方程

当硫酸锌溶液中存在多种不同重金属离子的时候,在用锌粉置换这些离子的过程中,不同的金属离子会影响某一种离子的置换过程,并且这种离子作用是相互的,即不同离子的置换过程会相互耦合,相互干扰。这种离子之间相互影响的程度取决于它们在溶液中的浓度大小,干扰离子浓度越大,则对其他离子的置换过程影响越大。对于硫酸锌溶液净化生产过程,Ⅱ段净化反应槽中除了有用的锌离子外,杂质离子主要是钴和镉离子,并且镉离子浓度要远大于钴离子浓度,但钴离子的化学性质特殊,对锌粉沉淀除镉离子的影响不可忽略。在锌粉颗粒与杂质离子间的置换沉淀反应过程中,需要假设反应表面积不变,也就是添加锌粉的控制量在相应的时间段内不发生改变。

另外,硫酸锌溶液净化是一个长时滞过程。溶液从进入Ⅱ段净化的第一个反应槽的入口开始,需要在反应槽中平均停留 2h,才会流到第 4 个槽的出口,最后一个反应槽出口的离子浓度实际上反映的是 2h 以前的离子浓度变化情况。根据生产数据分析，溶液在反应槽中的停留时间主要受流量影响，虽然流量会在一定范围内不停波动，但其平均流量基本上稳定在 200m³/h。钴和镉离子是存在于硫酸锌溶液中的两种主要离子，其离子浓度是生产的主要技术指标，现场仅化验检测钴和镉这两种离子的浓度，其他杂质离子浓度相对较低，而且当钴和镉离子被沉淀除去时，其他杂质离子也会同时被除去。

溶液中的钴和镉离子与锌粉之间的置换反应过程为一阶反应，且反应过程中没有其他中间物生成。根据以上分析，可以建立Ⅱ段净化过程锌粉沉淀除钴和镉离子的时滞关联动态反应模型

$$\begin{cases} V\dfrac{\mathrm{d}\,x_1(t)}{\mathrm{d}t} = Q\,x_{10} - Q\,x_1(t-2) - k_1U_1(t)x_1(t-2) + \alpha\,x_2(t-2) \\ V\dfrac{\mathrm{d}\,x_2(t)}{\mathrm{d}t} = Q\,x_{20} - Q\,x_2(t-2) - k_2U_2(t)x_2(t-2) + \beta\,x_1(t-2) \end{cases} \tag{4-14}$$

由上述定义可知，该模型是一个常时滞动态方程。其中，$x_1(t)$和 $x_2(t)$分别表示反应槽出口的钴和镉离子浓度；$x_1(t-2)$和 $x_2(t-2)$分别表示 2h 前的出口钴和镉离子浓度；x_{10} 和 x_{20} 分别表示反应槽入口的钴和镉离子浓度，是已知量；Q 和 V 分别表示溶液平均流量和体积，也是已知量；k_1 和 k_2 分别表示化学反应系数，为待辨识模型参数；α 和 β 分别表示离子耦合系数，也是待辨识模型参数；U_1 和 U_2 分别表示置换反应过程中用于置换钴和镉的锌粉颗粒反应表面积，它们在模型方程中作为控制量。实际操作中，锌粉量通常都是以质量来计算的，而不是以锌粉颗粒反应表面积来计算的。通常情况下，可假设锌粉颗粒是微小圆球体，其反应表面积与质量之间存在如下关系：

$$U = 1740G \tag{4-15}$$

式中，比面积系数 1740(m^2/kg)是由比面积分析仪器测定出来的，在特定条件下，一般为常数。因此，一旦求得最优的锌粉反应表面积，即可根据反应表面积与质量之间的线性关系，迅速得到参与反应的锌粉质量 G(kg)，从而为生产提供操作指导。

2. 基于控制参数化的净化过程优化控制

锌液净化过程的优化控制要基于其动态特性，优化控制各除杂反应器中锌粉和砷(或锑)盐的添加量，保证净化后的锌液杂质离子浓度满足电解生产的要求，并使总的锌粉消耗量最少。由于净化过程的动态反应模型是一个时滞的动态方程，各变量相互耦合，且动态方程中含有 $k_1U_1(t)x_1(t-2)$和 $k_2U_2(t)x_2(t-2)$这两项，它们是关于控制量与状态量的乘积项，是两个非线性项，从而导致利用解析法很难求解该优化控制问题。因此，如何寻求非线性优化控制问题的数值解就显得十分

必要。

Teo 等提出的控制参数化方法是一种有效求解优化控制问题数值解的方法[8]，其主要思想是将时间区间划分为一系列子区间，控制函数被近似为相应的预先给定切换点的分段常数函数或分段线性函数。这样，就将非线性优化控制问题转化为一系列近似的最优参数选择问题，每个问题都可以看做数学规划问题来求解。

为此，针对动态反应模型(4-14)中含有非线性项的特点，采用控制参数化的方法，可以在每个控制参数相应的子区间内把非线性项转化为线性的，并利用合适的优化控制算法进行求解[9]。利用实际生产中的数据，可以确定动态反应模型(4-14)中的参数，得到如下形式的动态反应方程[10]：

$$\begin{cases} 400\dfrac{\mathrm{d}x_1(t)}{\mathrm{d}t} = 2.6 - 200x_1(t-2) - 5.464\times 10^{-4}U_1(t)x_1(t-2) + 9.54x_2(t-2) \\ 400\dfrac{\mathrm{d}x_2(t)}{\mathrm{d}t} = 22 - 200x_2(t-2) - 3.664\times 10^{-4}U_2(t)x_2(t-2) + 1415x_1(t-2) \end{cases} \tag{4-16}$$

实际生产中，一般以一个班(8h)的锌粉消耗量为一个统计单位，锌粉控制量通常根据每小时化验的离子浓度值调整一次。设控制量按每小时间隔离散化为 8 个控制参数，那么控制量 U_1 和 U_2 的函数形式分别为

$$U_1(t) = \sum_{i=1}^{8}\sigma_1^i\chi_{[i-1,i)}(t),\quad U_2(t) = \sum_{i=1}^{8}\sigma_2^i\chi_{[i-1,i)}(t) \tag{4-17}$$

式中，χ_I 表示区间 I[I 表示$[i-1,i)$]的指示函数，定义如下：

$$\chi_I(t) = \begin{cases} 1, & t\in I \\ 0, & \text{其他} \end{cases} \tag{4-18}$$

把控制函数表示成分段常数函数后，原动态方程中的非线性项 $k_1U_1(t)x_1(t-2)$ 和 $k_2U_2(t)x_2(t-2)$ 就被转化为在每个子时间区间内的线性项 $k_1\sigma_1^i(t)x(t-2)$ 和 $k_2\sigma_2^i(t)x(t-2)(i=1,2,\cdots,8)$，那么采用数值计算方法就可以很容易地求解该问题。

设 $\bar{x}_j(t)(j=1,2)$ 为动态反应模型计算得到的钴和镉离子浓度，$x_j(t)(j=1,2)$ 为钴和镉离子浓度实际值，锌粉优化控制的目标就是在动态反应模型(4-16)的条件下，最小化锌粉添加总量，使得最终实际的离子浓度等于模型算出的浓度，即保证计算状态在终端时刻不会过多偏离给定状态。因此，可以定义目标函数如下：

$$J = [x_1(8)-\bar{x}_1(8)]^2 + [x_2(8)-\bar{x}_2(8)]^2 + \int_0^8\{[U_1(t)]^2 + [U_2(t)]^2\}\mathrm{d}t \tag{4-19}$$

即要求满足最小化目标函数(4-19)的最优控制参数 σ_1^i 和 $\sigma_2^i(i=1,2,\cdots,8)$，并满足如下连续状态不等式约束：

$$g_{j,e}(x)=e-[x_j(t)-\bar{x}_j(t)]^2\geqslant 0,\quad t\in[0,8],\quad j=1,2 \tag{4-20}$$

式中，$e>0$ 是给定的误差边界。

为采用规范型的数值优化方法来求解该优化问题[10]，由目标函数(4-19)可知，转化为相应的数学规划问题后，$\Phi_0(\cdot)=[x_1(8)-\bar{x}_1(8)]^2+[x_2(8)-\bar{x}_2(8)]^2$，$L_0(\cdot)=[U_1(t)]^2+[U_2(t)]^2$。采用局部光滑技术[10]，可将连续状态不等式约束(4-20)近似为一系列规范型不等式约束条件

$$g_{j,\varepsilon}(x)=\gamma+\int_0^8 L_{j,\varepsilon}(t,x_j(t))\mathrm{d}t\geqslant 0,\quad j=1,2 \tag{4-21}$$

式中

$$L_{j,\varepsilon}[t,x_j(t)]=\begin{cases}e-[x_j(t)-\bar{x}_j(t)]^2, & g_{j,e}<-\varepsilon\\ -\{e-[x_j(t)-\bar{x}_j(t)]^2-\varepsilon\}^2/4\varepsilon, & -\varepsilon\leqslant g_{j,e}\leqslant\varepsilon\\ 0, & g_{j,e}>\varepsilon\end{cases} \tag{4-22}$$

且有 $\varepsilon>0$ 和 $\gamma>0$ 为给定量，初始值分别给定为 $\varepsilon^0=1,\gamma^0=1$。由约束函数的形式可知，此时 $\Phi_j(\cdot)=\gamma,L_j(\cdot)=L_{j,\varepsilon}(t,x_j(t))(j=1,2)$。根据目标函数 J 的形式，可以给出 J 关于控制参数 σ_1^i 和 $\sigma_2^i(i=1,2,\cdots,8)$ 的梯度为

$$\begin{cases}\dfrac{\partial J}{\partial\sigma_1^i}=\displaystyle\int_{i-1}^{i}\left[2\sigma_1^i-\frac{k_1}{V}\lambda_{0,1}(t)x_1(t-2)\right]\mathrm{d}t\\ \dfrac{\partial J}{\partial\sigma_2^i}=\displaystyle\int_{i-1}^{i}\left[2\sigma_2^i-\frac{k_2}{V}\lambda_{0,2}(t)x_2(t-2)\right]\mathrm{d}t\end{cases} \tag{4-23}$$

式中，$[\lambda_{0,1}\quad\lambda_{0,2}]^{\mathrm{T}}$ 是如下协态微分方程的解：

$$\begin{cases}\dfrac{\mathrm{d}\lambda_{0,1}(t)}{\mathrm{d}t}=\left(\dfrac{Q}{V}+\dfrac{k_1\sigma_1^i}{V}\right)\lambda_{0,1}(t+2)e(6-t)-\dfrac{\beta}{V}\lambda_{0,2}(t+2)e(6-t)\\ \dfrac{\mathrm{d}\lambda_{0,2}(t)}{\mathrm{d}t}=\left(\dfrac{Q}{V}+\dfrac{k_2\sigma_2^i}{V}\right)\lambda_{0,2}(t+2)e(6-t)-\dfrac{\alpha}{V}\lambda_{0,1}(t+2)e(6-t)\end{cases} \tag{4-24}$$

式中，$t\in(i-1,i](i=1,2,\cdots,8)$，同时协态方程满足以下终端条件：

$$\begin{cases}\lambda_{0,1}(8)=2[x_1(8)-\bar{x}_1(8)]\\ \lambda_{0,2}(8)=2[x_2(8)-\bar{x}_2(8)]\\ \lambda_{0,1}(t)=0,\quad\lambda_{0,2}(t)=0,\quad t>8\end{cases} \tag{4-25}$$

同时，两个规范型约束条件关于控制参数 σ_1^i 和 $\sigma_2^i(i=1,2,\cdots,8)$ 的梯度公式分别为

$$\begin{cases}\dfrac{\partial g_{1,\varepsilon}}{\partial \sigma_1^i}=-\displaystyle\int_{i-1}^{i}\dfrac{k_1}{V}\lambda_{1,1}(t)x_1(t-2)\mathrm{d}t\\ \dfrac{\partial g_{1,\varepsilon}}{\partial \sigma_2^i}=-\displaystyle\int_{i-1}^{i}\dfrac{k_2}{V}\lambda_{1,2}(t)x_2(t-2)\mathrm{d}t\\ \dfrac{\partial g_{2,\varepsilon}}{\partial \sigma_1^i}=-\displaystyle\int_{i-1}^{i}\dfrac{k_1}{V}\lambda_{2,1}(t)x_1(t-2)\mathrm{d}t\\ \dfrac{\partial g_{2,\varepsilon}}{\partial \sigma_2^i}=-\displaystyle\int_{i-1}^{i}\dfrac{k_2}{V}\lambda_{2,2}(t)x_2(t-2)\mathrm{d}t\end{cases}\tag{4-26}$$

式中，$[\lambda_{1,1}\quad \lambda_{1,2}\quad \lambda_{2,1}\quad \lambda_{2,2}]^{\mathrm{T}}$ 是如下协态微分方程的解：

$$\begin{cases}\dfrac{\mathrm{d}\lambda_{1,1}(t)}{\mathrm{d}t}=-\dfrac{\partial L_{1,\varepsilon}}{\partial x_1}+\left(\dfrac{Q}{V}+\dfrac{k_1\sigma_1^i}{V}\right)\lambda_{1,1}(t+2)e(6-t)-\dfrac{\beta}{V}\lambda_{1,2}(t+2)e(6-t)\\ \dfrac{\mathrm{d}\lambda_{1,2}(t)}{\mathrm{d}t}=\left(\dfrac{Q}{V}+\dfrac{k_2\sigma_2^i}{V}\right)\lambda_{1,2}(t+2)e(6-t)-\dfrac{\alpha}{V}\lambda_{1,1}(t+2)e(6-t)\\ \dfrac{\mathrm{d}\lambda_{2,1}(t)}{\mathrm{d}t}=\left(\dfrac{Q}{V}+\dfrac{k_1\sigma_1^i}{V}\right)\lambda_{2,1}(t+2)e(6-t)-\dfrac{\beta}{V}\lambda_{2,2}(t+2)e(6-t)\\ \dfrac{\mathrm{d}\lambda_{2,2}(t)}{\mathrm{d}t}=-\dfrac{\partial L_{2,\varepsilon}}{\partial x_2}+\left(\dfrac{Q}{V}+\dfrac{k_2\sigma_2^i}{V}\right)\lambda_{2,2}(t+2)e(6-t)-\dfrac{\alpha}{V}\lambda_{2,1}(t+2)e(6-t)\end{cases}\tag{4-27}$$

式中，$t\in(i-1,i](i=1,2,\cdots,8)$，同时协态方程满足如下终端条件：

$$\begin{cases}\lambda_{1,1}(8)=0,\quad \lambda_{1,2}(8)=0\\ \lambda_{2,1}(8)=0,\quad \lambda_{2,2}(8)=0\\ \lambda_{1,1}(t)=0,\quad \lambda_{1,2}(t)=0,\quad t>8\\ \lambda_{2,1}(t)=0,\quad \lambda_{2,2}(t)=0,\quad t>8\end{cases}\tag{4-28}$$

其中

$$\begin{cases}\dfrac{\partial L_{j,\varepsilon}}{\partial x_j}=\begin{cases}-2[x_j(t)-\bar{x}_j(t)]^2, & g_{j,e}<-\varepsilon\\ -\{e-[x_j(t)-\bar{x}_j(t)]^2-\varepsilon\}[x_j(t)-\bar{x}_j(t)]/\varepsilon, & -\varepsilon\leqslant g_{j,e}\leqslant\varepsilon\\ 0, & g_{j,e}>\varepsilon\end{cases}\\ j=1,2\end{cases}\tag{4-29}$$

针对优化模型，采用序列二次规划算法[11]，可求得对应于控制量 U_1 的 8 个最优控制参数分别为$[\sigma_1^1\quad \sigma_1^2\quad \cdots\quad \sigma_1^8]=[14.2\quad 9.31\quad 8.07\quad 7.08\quad 7.6\quad 6.45\quad 7.98\quad 9.27]\times 10^4$，对应于控制量 U_2 的 8 个最优控制参数分别为$[\sigma_2^1\quad \sigma_2^2\quad \cdots\quad \sigma_2^8]=[4.14\quad 4.47\quad 4.5\quad 4.59\quad 4.56\quad 4.69\quad 4.48\quad 4.21]\times 10^5$。

根据锌粉颗粒质量与反应表面积之间的线性关系，可得每个小时分别所对应的钴和镉离子浓度参与反应的锌粉添加量，以及两者的总添加量，其控制曲线如图

4.5～图 4.7 所示。

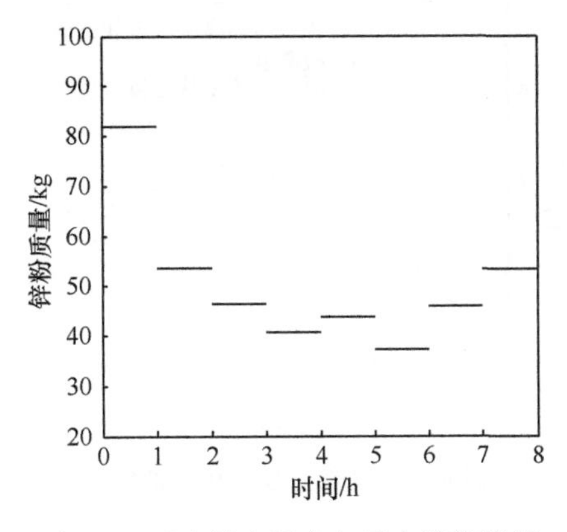

图 4.5　对应钴离子参与反应的锌粉量

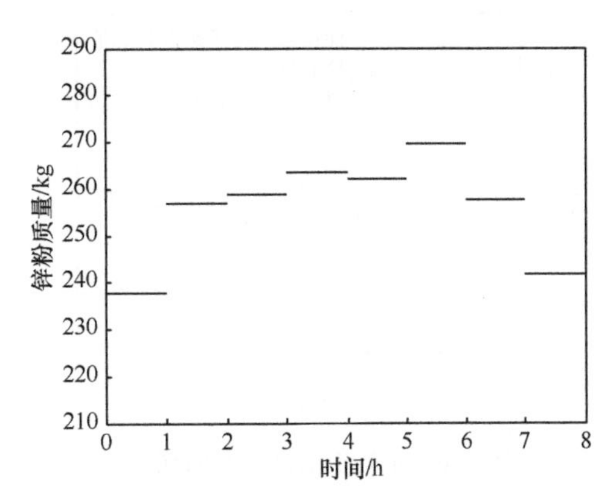

图 4.6　对应镉离子参与反应的锌粉量

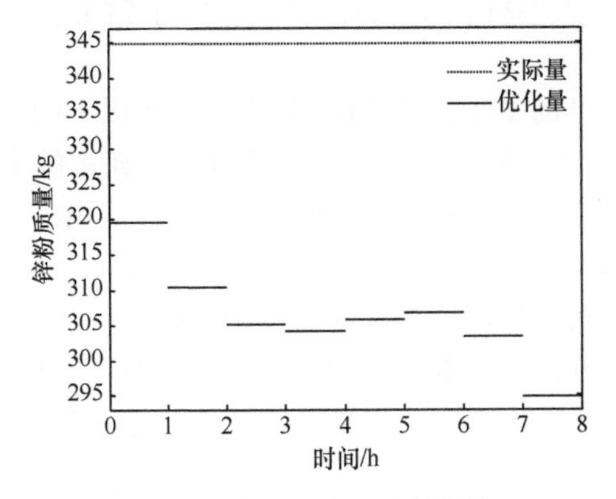

图 4.7　参与反应的总锌粉量

图 4.7 中最顶端的虚线表示实际的锌粉添加量，在选取的这一部分仿真数据中，锌粉添加量在连续的 8h 内都没有变化，因此在这部分数据的仿真中，锌粉添加量的值设定为常量。显然，优化后的总锌粉量明显比实际用量要少，同时也说明在实际生产操作过程中，锌粉添加量确实过量很多。

采用时滞优化控制方法求解最优控制参数的时候，会同时得到一组新的状态曲线，这组状态曲线应不过多偏离动态模型求得的状态曲线，相应的钴和镉离子浓度状态曲线如图 4.8 和图 4.9 所示，其中实线表示优化控制参数时得到的离子浓度状态曲线，虚线表示由动态模型求得的离子浓度状态曲线。

以上结果表明，基于控制参数化的优化控制，能较好地解决硫酸锌溶液净化过程中锌粉添加量的优化控制问题，不仅能保证净化效果，同时能降低锌粉的消耗量。

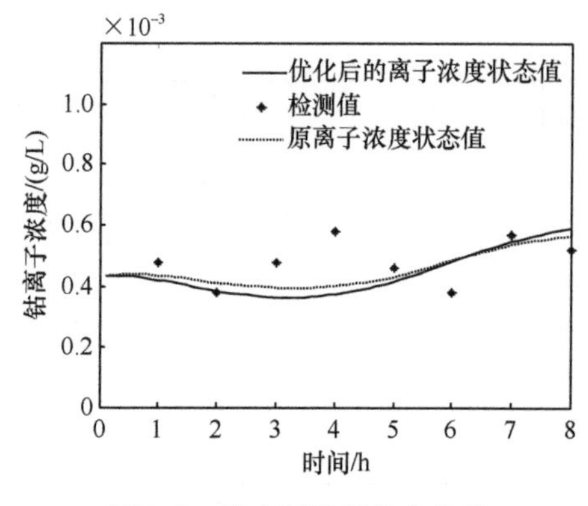

图 4.8 钴离子浓度状态曲线

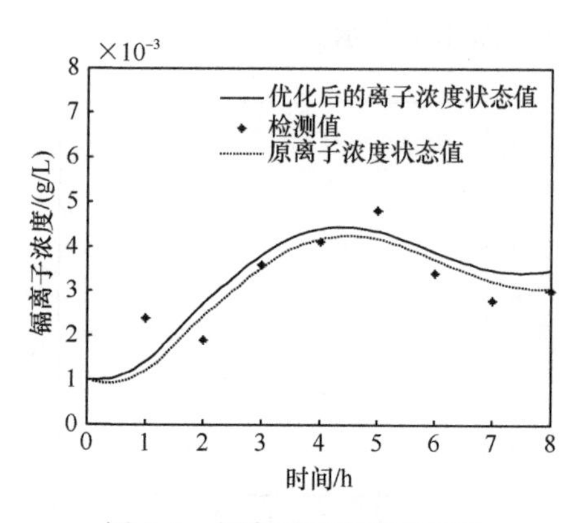

图 4.9 镉离子浓度状态曲线

4.3 大型锌湿法电解生产综合优化控制

湿法炼锌是锌生产的主要工艺，目前世界上 80%以上的锌是通过湿法冶炼生产的。电解是锌湿法冶炼的关键工序之一，其电能消耗占整个湿法炼锌过程能耗的 75%～80%。锌电解生产包括电解液的制备、电解沉积以及整流供电三个主要过程。电解液的制备是指将硫酸锌溶液(新液)与电解后的溶液(废液)按一定比例混合，通过控制冷却风机以调节混合后电解液的温度，并加入合适的添加剂，以制备具有合适酸锌浓度和温度的电解液。电解沉积是通过消耗大量的直流电能，使电解液中的锌离子放电析出的电化学过程。整流供电系统则是高压输电网通过调压变压器和整流机组转换为直流电，为锌电解沉积提供直流系列电流。

为了有效降低电解生产中的电能消耗，必须解决三方面的问题。一是为了平衡电网的用电负荷、提高功率因数和用电效率，我国电力部门采用了分时计价的电费计价方式，即将一天 24h 划分为用电尖峰、高峰、腰荷和低谷等多个时段，不同时段的电价不同。针对电价的分时计价政策，如果在电费低的用电低谷时段采用高电流密度生产，在电费高的用电尖峰时段采用低电流密度生产，那么将大幅度降低锌电解过程的用电费用。然而，电流密度过高或过低，都将导致锌析出状况差、电能消耗高、电流效率低等情况。二是在锌电解过程中，影响能耗的因素极其复杂，包括电流密度，以及电解液酸锌浓度、温度、杂质含量、添加剂情况及电解周期等，需要对工艺条件进行综合优化，以保证最优的电解条件，达到降低电解能耗及用电费用的目的。三是为降低用电费用，在不同时段将大幅度调整电解用电负荷，而锌电解直流系列电流由多台整流机组并联供电，各整流机组在不同运行状态功率损耗不同，因此，需根据电解生产的最优电力负荷，优化整流机组的运行状态，降低整流供电系统的电能损耗。

为此,针对大型锌湿法电解生产机理复杂、耗电量大的特点,从系统解决锌电解高能耗问题的角度出发,综合优化锌电解生产中电力负荷调度及电解工艺条件,并优化控制整流供电系统以保证整流供电过程功率损耗最小,对实现企业节能降耗并缓解我国的能源紧张局面具有十分重要的意义。

4.3.1 大型锌湿法电解生产工艺

锌电解生产工艺流程如图4.10所示。

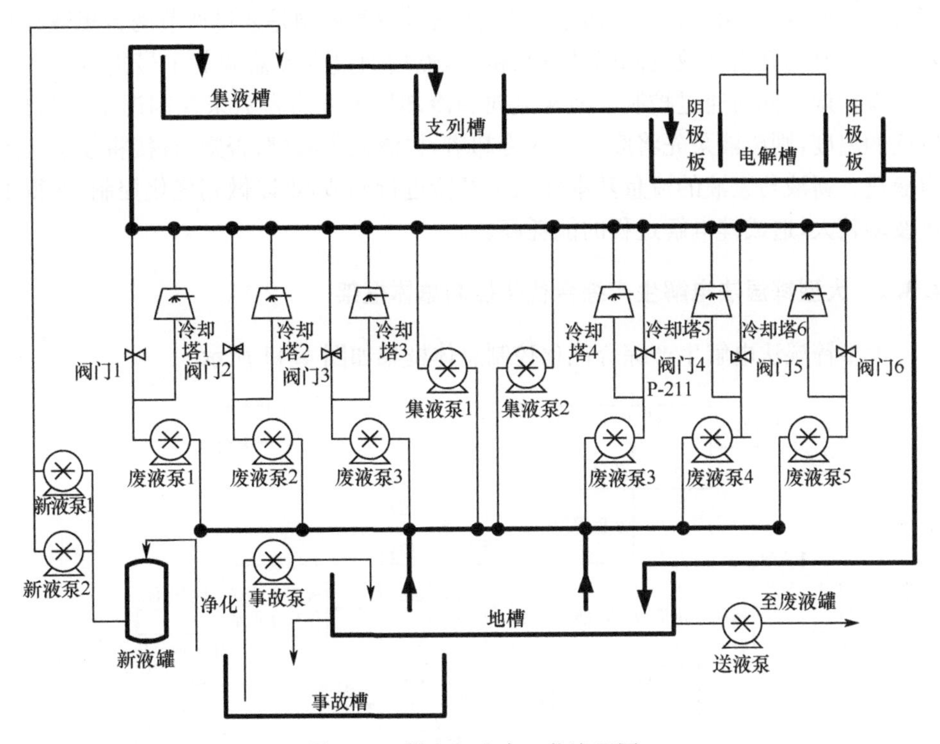

图4.10　锌电解生产工艺流程图

经过净化的硫酸锌溶液先流入新液罐储藏待用,然后新液通过新液泵连续不断地送入集液槽,地槽中的废液则通过废液泵、集液泵送入集液槽与新液混合,其中集液泵直接将废液泵入集液槽,而废液泵既可以直接将废液泵入集液槽,也可以将废液泵入冷却塔后再流回集液槽。新液与废液在集液槽中混合均匀后,经过支列槽流入电解槽进行电解。以某个系列电解槽为例,电解槽共有六列串联,每列35个电解槽,每槽正常情况下装56片阴、阳极板。电解时,以铅银合金板(含银1%)做阳极,压延铝板做阴极,当电解槽中通过直流电时,阴极析出金属锌,阳极放出氧气。随着电解过程的进行,电解液中的含锌量不断减少,而硫酸含量不断增加,经过电解沉积后的废电解液连续不断地从电解槽的出液端溢出,流入地槽,如果由于送液不畅,导致地槽液位偏高,则地槽废液自动溢流至事故槽存储,待恢复正常后,再经事故泵把事故槽内废液泵入地槽参与循环。地槽中的废液绝大部分重新返回至集液槽中与新液混合形成电解液,多余部分则由送液泵送入废液罐存储。阴极析出的锌每隔一定周期取出来,将锌片剥下送去铸锭,成为锌成品。阴极铝板经过洗刷处理后,再装入电解槽中继续进行电解沉积。

电解液的酸锌浓度,主要是通过控制新液和废液的流量配比来实现的。其中,新液流量是通过变频器调节新液泵的转速,配合新液管道的阀门开度来控制的。新液泵有两台,一用一备。一般情况下,废液流量的控制是通过调节两台集液泵和六台废液泵的开启台数及阀门开度来粗调,然后通过变频器调节 1 号集液泵的转速实现精调。同时通过控制废液泵流向和冷却塔的开启台数来控制温度,若要求较低的温度,则废液泵先将废液送入冷却塔,再流入集液槽;否则,直接将废液送入集液槽。新液与废液的流量基本凭人工经验进行调节,难以做到优化控制,使得生产波动较大,造成锌电解过程的能耗高。

4.3.2 大型锌湿法电解生产综合优化控制总体框架

大型锌湿法电解生产综合优化控制总体框架如图 4.11 所示。

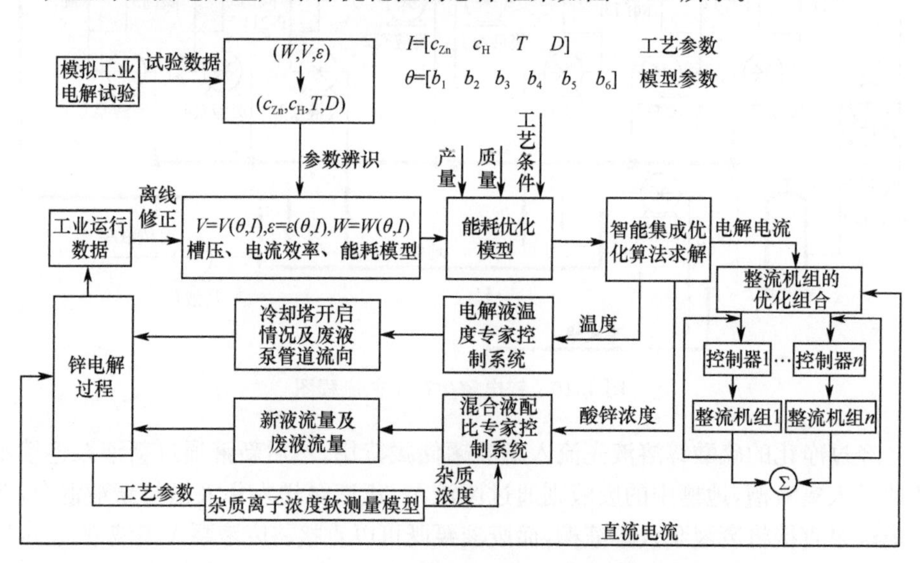

图 4.11 大型锌湿法电解生产综合优化控制总体框架

首先通过锌电解条件试验,获得大量不同电解条件(电流密度、电解液酸锌浓度、电解液温度)下的电流效率、槽电压、能耗等试验数据;再根据锌电解过程能量传递与消耗机理,确定锌电解过程中电流效率、槽电压及能耗与电流密度、电解液酸锌浓度及电解液温度等电解工艺参数之间的模型结构,利用锌电解条件试验结果辨识出模型参数，建立能耗数学模型。并利用实际生产中获得的数据，对能耗机理模型参数进行在线校正，保证能耗模型的精度满足实际生产的要求。在此基础上，建立以锌电解过程中能耗及用电费用为目标，以电解锌产量、质量及各工艺参数的上、下限为约束条件的多目标优化模型。针对优化模型的特点，采用改进的粒子群多目标优化算法，求解获得最优的电解条件。结合现场专家经验，对新液流量、废液流量和电解温度进行在线控制，保证电解生产运行。此外，针对分时负荷的优化调度导致锌电解过程中直流负荷波动很大的问题，建立整流机组优化运行模型，优化决策多台机组的最优投运组合和各机组的最优电流分配，提高整流效率，降低交、直流损耗。

4.3.3　锌电解过程能耗模型

锌电解液中主要成分是硫酸锌、硫酸、水及少量杂质。如果不考虑电解液中的杂质，那么在电解液中通入直流电时，电解阴极区主要是 Zn^{2+} 和 H^+，因此阴极主要发生两个反应

$$Zn^{2+} + 2e = Zn, \quad 2H^+ + 2e = H_2 \tag{4-30}$$

由于氢的超电压大于锌的超电压，锌电解时的极化作用使得 H^+ 的电极电位比 Zn^{2+} 负得更多，因此 Zn^{2+} 在阴极上优先放电析出。但实际生产中，Zn^{2+} 和 H^+ 的浓度也会影响它们的析出。锌电解过程的阳极反应主要是氧气的析出，即

$$4OH^- - 4e = 2H_2O + O_2 \tag{4-31}$$

与氢在阴极上析出一样，氧在阳极上析出也有较高的超电压存在，氧的超电压越大，在阳极上析氧就越困难，电能消耗增加。

锌电解过程中，电流效率与槽电压是决定电解能耗的两个主要指标。电解能耗与电流效率成正比，与槽电压成反比[12]。分析锌电解沉积过程的工艺机理可知，影响能耗的工艺条件很多，包括电流密度、电解液的酸锌浓度、温度、杂质含量、添加剂情况及电解周期等。实际生产中，杂质含量、添加剂及电解周期等变化比较小，而电流密度、电解液酸锌浓度及温度是影响能耗的最主要的可控因素。其对锌电解能耗的影响体现在以下方面：①随着电流密度的增加，氢的超电压增大，对提高电流效率有利；但电流密度过高，使得槽压升高，同样导致能耗增大。②电解液中合适的酸锌比是正常进行电解沉积的基本条件，锌离子含量过低，则硫酸浓度相对增大，造成阴极上析出的锌又反溶解，电流效率降低；锌离子含量过高，槽压升高，能耗增加。③电解液温度升高使得氢的超电压降低，在阴极上析出的可能性增大，电流效率降低；但若温度过低，则电解液电阻增大，槽压升高，又导致能耗增加。

可见电解液中的酸锌浓度、温度、电流密度与电流效率、槽电压及能耗之间的关系复杂，能耗模型建立困难。为此，首先需在机理分析的基础上，确定锌电解能

耗数学模型的结构,并利用大量条件试验及工业试验结果辨识模型参数,从而建立能耗数学模型。根据锌电解过程的电化学反应平衡方程,可建立电流效率及槽电压与电解沉积过程中的电流密度、电解液酸锌浓度及温度之间的数学模型,如式(4-32)所示

$$\varepsilon(D,T,c_{\mathrm{H}},c_{\mathrm{Zn}})=\frac{a_1a_2\mathrm{e}^{(-a_3+a_4\lg D-a_5)/T}(\mathrm{e}^{a_6/T}-\mathrm{e}^{-1.5a_6/T})c_{\mathrm{Zn}}^{1.6}c_{\mathrm{H}}^{-0.2}T^{0.3}}{[a_1\mathrm{e}^{(-a_3+a_4\lg D)/T}c_{\mathrm{Zn}}c_{\mathrm{H}}^{-0.2}T^{0.3}+a_2\mathrm{e}^{(a_6-a_5)/T}c_{\mathrm{Zn}}^{0.6}]D}$$

$$V(D,T,c_{\mathrm{H}},c_{\mathrm{Zn}})=1.194-\frac{RT\ln(1.1\times10^{-12}/c_{\mathrm{H}})}{F}-\frac{RT\ln(8.15\times10^{-4}c_{\mathrm{Zn}})}{2F}\tag{4-32}$$

$$+b_1+b_2\lg D+\frac{10^{-4}DL}{0.2175+b_3c_{\mathrm{H}}-b_4c_{\mathrm{Zn}}+b_5T}+b_6D$$

另根据能耗与电流效率及槽电压之间的关系,可得单位产量的能耗为

$$W(D,T,c_{\mathrm{H}},c_{\mathrm{Zn}})=819.8\frac{V(D,T,c_{\mathrm{H}},c_{\mathrm{Zn}})}{\varepsilon(D,T,c_{\mathrm{H}},c_{\mathrm{Zn}})}\tag{4-33}$$

式中,D、T、c_{Zn}、c_{H} 分别为电解沉积过程中的主要工艺条件参数,分别代表电流密度($\mathrm{A/m^2}$)、电解液绝对温度(K)、电解液中锌离子浓度和硫酸根离子浓度(g/L);$F=96500\mathrm{C}\cdot\mathrm{mol}^{-1}$ 为法拉第常数;$R=8.314\mathrm{J}\cdot\mathrm{mol}^{-1}\cdot\mathrm{K}^{-1}$ 为热力学常数;$L=62\mathrm{mm}$ 为电解槽阴极与阳极之间的距离;$a_1\sim a_6$ 和 $b_1\sim b_6$ 为与锌电解沉积过程工艺条件密切相关的模型参数,随着工艺条件的波动而变化,无法通过电化学平衡关系计算。

为了获得模型中的参数,模拟锌电解现场的生产条件,进行了近 8 个月的小电解槽条件试验和工业试验,获得了如图 4.12 所示的不同电流密度、电解液酸锌浓度及温度条件下的锌电解电流效率、槽电压及能耗的数据。图 4.12(a)和(b)是同一温度(40℃)、不同酸锌浓度条件下电流效率、槽电压及能耗与电流密度之间的关系,图 4.12(c)和(d)是同一酸锌浓度(170/55)、不同温度条件下电流效率、槽电压及能耗与电流密度之间的关系。

在此条件试验结果的基础上,对模型参数进行辨识,即求解如下优化问题:

$$J(\theta)=\min_{\theta}\left\{\sum_{i=1}^{M}\{[W_i(\theta)-\hat{W}_i]/\hat{W}_i\}^2\right\}\tag{4-34}$$

式中,$\theta=[a_1\ \cdots\ a_6\ \ b_1\ \cdots\ b_6]$;$W_i(\theta)$ 为模型(4-33)的输出;$\hat{W}_i$ 为实际的能耗;M 为样本个数。利用所获得的试验数据辨识模型参数 θ,即可建立能耗数学模型。为适应锌电解工艺条件的改变,实际生产中利用工业运行数据,定期修正能耗模型中的参数,以保证模型精度。

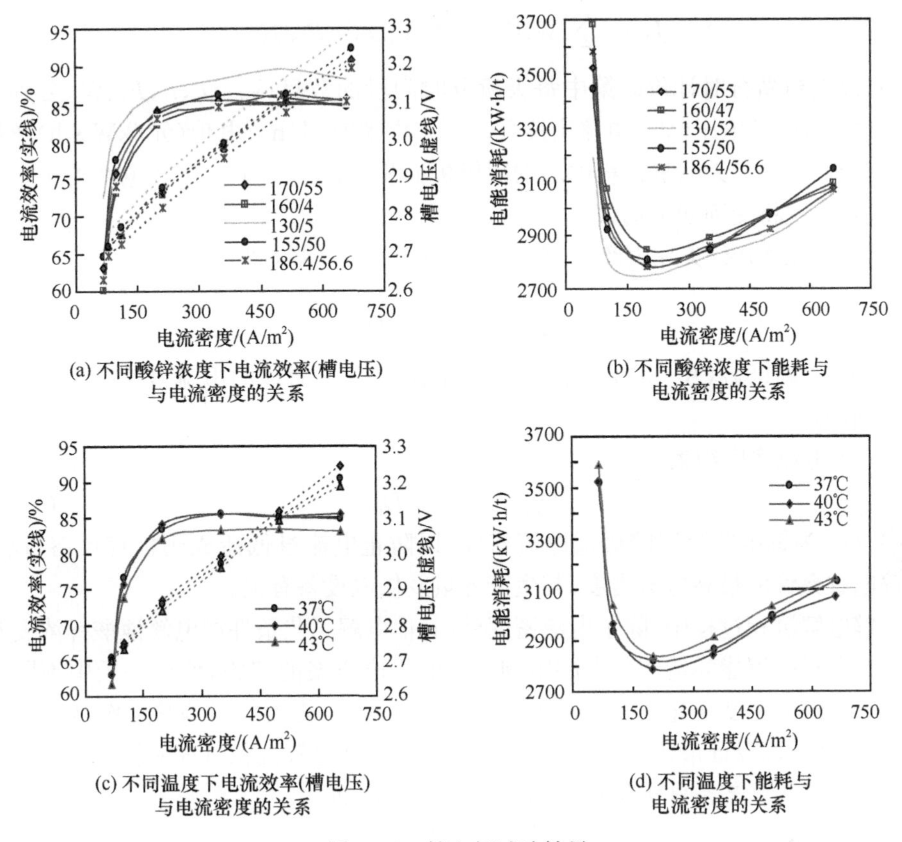

(a) 不同酸锌浓度下电流效率(槽电压)与电流密度的关系

(b) 不同酸锌浓度下能耗与电流密度的关系

(c) 不同温度下电流效率(槽电压)与电流密度的关系

(d) 不同温度下能耗与电流密度的关系

图 4.12　锌电解试验结果

4.3.4　锌电解沉积过程电力负荷优化调度

1. 电力负荷优化调度模型

传统锌电解生产采用恒定电流的方式进行电解沉积。为了平衡电网的用电负荷、提高功率因数和用电效率，我国电力部门采用了分时计价的电费计价方式，即将一天 24h 划分为用电尖峰、高峰、腰荷和低谷等多个时段，不同时段的电价不同。由于电费分时计价政策的实施，为了降低锌电解用电费用，需采用新的分时供电方式进行电解沉积。即电价越高，电流密度越低；反之，电价越低，则应提高电流密度。然而，电流密度过高，会使槽电压上升，导致电耗增大；电流密度过低，会造成锌的反溶，也会使电耗增大。因此，必须对锌电解过程中的直流电力负荷进行优化调度，在保证锌电解产量的前提下，优化各时段的电流密度，达到降低电费的目的[13]。

电力负荷优化调度系统的优化目标是每天的用电费用最少，即

$$J_{\mathrm{P}} = \sum_{i=1}^{N} W_i P_i = \sum_{i=1}^{N} V_i D_i C t_i P_i / 10^3 \tag{4-35}$$

式中,N 为电费分时计价政策中每天所分时间段的数目;V_i、D_i、t_i、P_i、W_i 分别为第 i 时间段的槽电压(V)、电流密度($\mathrm{A/m^2}$)、电解时间(h)、电价(元/kW・h)及耗电量(kW・h);C 为电解过程中总的阴极板面积($\mathrm{m^2}$)。为了保证锌电解的正常生产,优化系统将受到如下约束。

(1) 产量约束:实际生产中,必须保证每天的锌产量,即

$$\sum_{i=1}^{N} q D_i C \varepsilon_i t_i = G_0 \tag{4-36}$$

式中,$q=1.2198\mathrm{g/(A \cdot h)}$为锌的电化单量;$\varepsilon_i$ 为第 i 时段的电流效率;G_0 为当天的计划产量。

(2) 电流密度约束

$$D_{\min} \leqslant D_i \leqslant D_{\max} \tag{4-37}$$

式中,$D_{\min}$为锌电解允许的最低电流密度,以防止电流过低造成阴极锌反溶;$D_{\max}$为锌电解允许的最高电流密度,与生产容量及供电设备有关。

锌电解沉积过程中,除了电流密度外,其他电解工艺条件如电解液酸锌浓度及温度都会对电解能耗造成很大的影响。分时供电方案的实施,使得一天中不同时段的电解电流密度变化很大。对于不同的电流密度,必须实时调整电解液的酸锌浓度及温度,以保证最优的电解工艺条件,达到降低电解沉积过程能耗的目的。

电解沉积工艺条件优化的目标是使能耗最低,即

$$J_{\mathrm{W}} = \sum_{i=1}^{N} W_i = \sum_{i=1}^{N} V_i D_i C t_i / 10^3 \tag{4-38}$$

式中,各变量的意义与式(4-35)相同。同时,受电解液制备过程工艺的限制,电解液酸锌浓度及温度等工艺参数都会受到约束,即

$$c_{\mathrm{H,min}} \leqslant c_{\mathrm{H},i} \leqslant c_{\mathrm{H,max}}, \quad c_{\mathrm{Zn,min}} \leqslant c_{\mathrm{Zn},i} \leqslant c_{\mathrm{Zn,max}}, \quad T_{\min} \leqslant T_i \leqslant T_{\max} \tag{4-39}$$

式中,$c_{\mathrm{H},i}$、$c_{\mathrm{Zn},i}$、T_i 分别表示第 i 时段的酸浓度、锌浓度及温度;$c_{\mathrm{H,min}}$、$c_{\mathrm{H,max}}$、$c_{\mathrm{Zn,min}}$、$c_{\mathrm{Zn,max}}$、$T_{\min}$、$T_{\max}$分别为酸浓度、锌浓度及温度的上、下限。

综合考虑电力负荷的优化调度及电解沉积工艺条件的优化,可建立以电耗及电费最低为目标的锌电解沉积过程的综合优化模型,即

$$\min J_{\mathrm{W}} = \min\left(\sum_{i=1}^{N} V_i D_i C t_i / 10^3\right)$$

$$\min J_{\mathrm{P}} = \min\left(\sum_{i=1}^{N} V_i D_i C t_i P / 10^3\right)$$

$$
\text{s. t.} \begin{cases} V_i = V(D_i, T_i, c_{\mathrm{H},i}, c_{\mathrm{Zn},i}), \quad \varepsilon_i = \varepsilon(D_i, T_i, c_{\mathrm{H},i}, c_{\mathrm{Zn},i}) \\ \sum_{i=1}^{N} qD_i C\varepsilon_i t_i = G_0, \quad D_{\min} \leqslant D_i \leqslant D_{\max} \\ c_{\mathrm{H},\min} \leqslant c_{\mathrm{H},i} \leqslant c_{\mathrm{H},\max}, \quad c_{\mathrm{Zn},\min} \leqslant c_{\mathrm{Zn},i} \leqslant c_{\mathrm{Zn},\max}, \quad T_{\min} \leqslant T_i \leqslant T_{\max} \end{cases} \tag{4-40}
$$

式中,第 i 时段的电流效率 ε_i 及槽电压 V_i 由电流密度 D_i、酸浓度 $c_{\mathrm{H},i}$、锌浓度 $c_{\mathrm{Zn},i}$ 及温度 T_i 按式(4-32)确定。

2. 带加速度的粒子群和 Powell 混合优化算法

粒子群优化算法是由 Eberhart 和 Kennedy 于 1995 年提出的一种进化算法[14]。与其他进化算法一样,粒子群优化算法存在早熟收敛问题。当粒子群陷入局部极值点时,其粒子群中的其他粒子就聚集在其周围,此时,粒子群失去了对其他最优点搜索的能力。为此,可以在算法中定义一种粒子群早熟收敛程度的指标,并通过周期性地监测粒子群的早熟收敛程度和在粒子群优化算法的后期对种群粒子的速度更新,采取加速的策略,以增强粒子群跳出局部极值点的能力;同时针对粒子群优化算法局部搜索能力较差的特点,将其与 Powell 算法相结合,构成带加速度的粒子群和 Powell 混合优化算法[15],以求解锌电解沉积过程电力负荷优化调度问题。

1) 加速度策略

首先,定义第 t 次迭代中粒子群的平均适应值为

$$
f_{\mathrm{avg}} = \frac{1}{m}\sum_{i=1}^{m} f_i \tag{4-41}
$$

式中,f_i 为粒子 X_i 的适应值;m 为粒子个数。将优于 f_{avg} 的适应值求平均得到 f_{avg1},定义 $\Delta=|f_{\mathrm{avg}}-f_{\mathrm{avg1}}|$。$\Delta$ 可用来评价粒子群的早熟收敛程度,Δ 越小说明粒子群越趋于早熟收敛。

根据第 t 次迭代中粒子群的平均适应值与个体适应值的比较,将群体分为两个子群,只对适应度差的群体应用加速度调整策略,以保持群体的多样性。

(1) f_i 优于 f_{avg1}:这些粒子为群体中较为优秀的粒子,已经比较接近全局最优,按线性递减策略调整惯性权重保持寻优方向,以加速向全局最优收敛。

(2) f_i 次于 f_{avg1}:这些粒子为群体中较差的粒子,对粒子速度 v_{id}^k 的调整借鉴自适应调整遗传算法控制参数的方法,按照式(4-42)来进行

$$
v_{id}^k = v_{id}^k\left[1+\frac{1}{1+k_1\exp(k_2\Delta)}\right] \tag{4-42}
$$

当算法停滞时,若粒子分布较为分散,则 Δ 较大,由式(4-42)降低粒子的速度,加强局部寻优,以使群体趋于收敛;若粒子分布较为聚集(如算法陷入局部最优),则 Δ

较小,由式(4-42)增加粒子的速度,使粒子具有较强的探查能力,从而有效地跳出局部最优。

2) Powell 算法

Powell 算法属于一种不需计算导数的共轭方向法,准备时间少,而且有较快的收敛速度,在非线性函数的极值求解中非常有效。其基本含义是:对于 n 维极值问题,首先沿着 n 个坐标方向求极小,经过 n 次之后得到 n 个共轭方向,然后沿 n 个共轭方向求极小,经过多次迭代后便可求得最小值。对于给定的目标函数 $f(x)$,由任意选定的初始点出发,逐次构造共轭方向,并以此作为搜索方向,该算法具有较快的收敛速度,但容易陷入局部最优。

3) 多目标及约束项的处理

锌电解工艺条件的优化是一个多目标优化问题,本书采用双适应度的评价函数来评估每个粒子的适应度,即在粒子群优化算法中,首先比较粒子的主目标适应度,并设定目标值,若主目标适应度大于目标值,则主目标适应度值优的粒子排名靠前;若主目标适应度小于或等于目标值,则比较次目标适应度,适应度值优的粒子排名靠前。以能耗为主目标适应度,电费为次目标适应度,因此适应度可用式(4-43)表示

$$F_{\mathrm{con}}(t)=\begin{cases}\sum\limits_{i=1}^{N}V_iD_iCt_i\times 10^{-3}, & J_{\mathrm{W}}>W_0G_0\\ \sum\limits_{i=1}^{N}V_iD_iCt_iP_i\times 10^{-3}, & J_{\mathrm{W}}\leqslant W_0G_0\end{cases} \tag{4-43}$$

式中,W_0 为设定的平均电能单耗值目标值,表示算法在主目标适应度与次目标适应度之间的可行域范围内搜索,值越小则主目标适应度的可行域范围越小,此值在求出主目标函数的极小化值后根据要求确定。

多目标优化问题(4-40)中,包含有等式约束和不等式约束。对于等式约束,可采用惩罚函数法进行处理,即重新构造目标函数如下:

$$\begin{aligned}J'_{\mathrm{W}}&=J_{\mathrm{W}}+\sigma\left|\sum_{i=1}^{N}qD_iC\varepsilon_it_i-G_0\right|^2\\ J'_{\mathrm{P}}&=J_{\mathrm{P}}+\sigma\left|\sum_{i=1}^{N}qD_iC\varepsilon_it_i-G_0\right|^2\end{aligned} \tag{4-44}$$

式中,σ 为罚因子,在寻优过程中取较大值,经过多次试验,选取 $\sigma=10^5$。对于优化变量的约束处理比较简单:在寻优过程中,若优化变量超过边界,则让其等于该边界即可。

4) 混合优化算法流程

基于上述讨论,综合粒子群优化算法全局搜索能力强和 Powell 算法局部搜索能力强的优点,本书提出如下的混合优化算法:

第 1 步，初始化粒子群，包括算法控制参数、粒子的速度、位置、设置最大迭代次数。

第 2 步，根据当前迭代次数，线性下降更新惯性权重，更新速度和位置，根据目标函数计算每个粒子的适应度值 $f_i(i=1,2,\cdots,m)$，根据粒子适应度值决定是否采取相应的加速度调整策略，对 f_i 次于 f_{avg1} 的粒子按式(4-42)执行加速度调整。

第 3 步，对粒子 i，将适应度值与其历史最好位置的适应度值作比较，若较好，则将其作为当前个体的最好位置。

第 4 步，对粒子 i，将其适应度值与全局所经历的最好位置的适应度值作比较，若较好，则将其作为全局最优。

第 5 步，对目标函数以全局最优点作为初始点用 Powell 算法进行寻优，以获得更好的全局最优解。

第 6 步，检查是否满足结束条件，若满足，则结束寻优；否则，转至第 2 步继续寻优。

4.3.5　锌电解沉积过程工艺条件优化控制

电解液是锌电解生产的原料，电解液的制备是通过将新液与废液按一定比例混合后形成具有合适的酸锌浓度和温度的 $ZnSO_4$、H_2SO_4 及 H_2O 的混合液。基于对锌电解工艺条件的优化，可获得不同时段最优的电解液温度及酸锌浓度。但由于电解液制备流程长、滞后大、环境恶劣，使得电解液的温度及酸锌浓度的实时控制困难。为此，提出了如图 4.13 所示的电解液制备过程专家控制系统，包括酸锌浓度专家控制和温度专家控制[16]。

1. 酸锌浓度专家控制系统

酸锌浓度专家控制系统由三个部分组成。

1) 电解液酸锌浓度预测模型

实际生产中，电解液酸锌浓度不能在线检测，而是每小时化验一次，存在较大的滞后。为此，需对电解液酸锌浓度进行预测。通过分析可知，影响电解液酸锌浓度的主要因素包括新液流量、新液含锌量、废液流量、废液酸锌浓度。因此，电解液酸锌浓度可表示为

$$Y = F(Q_{\mathrm{f}}, Q_{\mathrm{w}}, C_{\mathrm{f}}, C_{\mathrm{Zn}}, C_{\mathrm{S}}) \tag{4-45}$$

式中，Y 表示电解液的酸(锌)浓度；Q_{f} 为新液流量；Q_{w} 为废液流量；C_{f} 为新液中锌离子浓度；C_{Zn}为废液中锌离子浓度；C_{S} 为废液中酸浓度。采用 BP 神经网络来建立电解液酸锌浓度的预测模型，同时，为保证模型能够适应各种工况，实际应用中，利用电解液酸锌浓度的化验结果对预测模型进行在线修正。

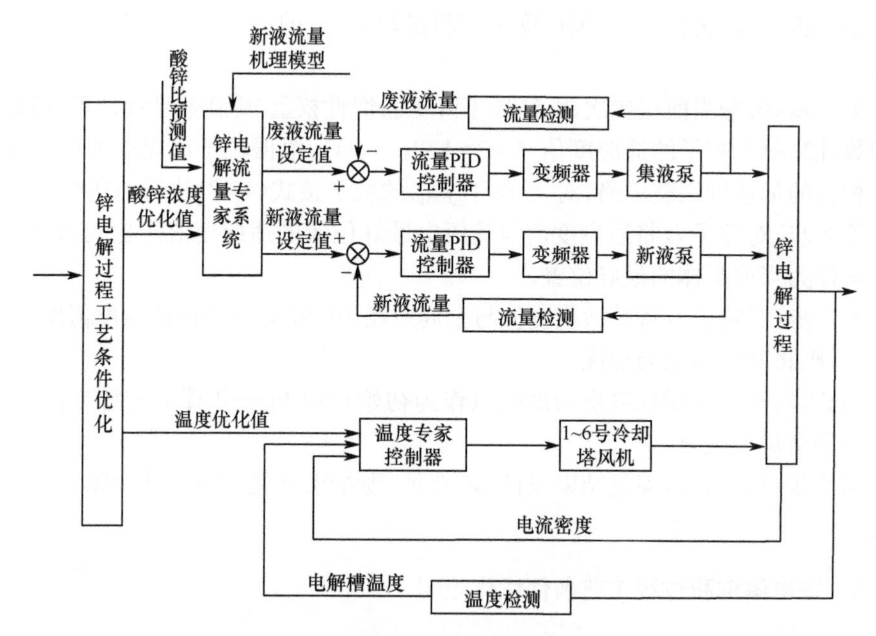

图 4.13　电解液制备过程专家控制系统

2) 新液流量机理模型

电解过程中,大部分新液中锌离子在阴极板析出,少部分随废液送到废液罐。在阴极板析出的锌的质量近似(受电解槽的影响)为加入新液的锌离子质量减去废液锌离子的质量。电解过程中,废液的酸锌离子是在不断变化的,根据长期的现场经验:当新液浓度大的时候,对应废液的锌离子浓度也高;同样,新液浓度低的时候,对应废液锌离子浓度低。结合现场的数据发现,电解过程中新液浓度和废液锌浓度对应的关系如表 4.5 所示。

表 4.5　新液浓度和废液锌浓度的关系

新液浓度/(g/L)	155	160	165	170	175	180	185
废液锌浓度/(g/L)	46	47.2	48.7	50	51.5	53	54.5

根据物料平衡原理,阴极板产生的锌质量等于新液浓度与废液锌浓度之差乘以新液体积。因此,可得新液流量经验公式,即

$$Q(D,C_f)=\frac{0.001qDNSB\varepsilon}{C_f-\frac{50C_f}{170}} \tag{4-46}$$

式中,C_f 为新液浓度(g/L);$Q(\cdot)$为新液流量(m^3/h);D 为电流密度;$q=1.202g/(A\cdot h)$为锌的电化当量;N 为每槽的装板数;S 为每块阴极板的截面积;B 为电解

槽数;ε 为电流效率。

3) 基于专家经验的新液流量修正

式(4-46)只考虑了满足阴极板析出锌所需要的新液流量,并没有综合考虑锌电解系统情况。因而专家系统实际给定新液流量,需要在模型计算值的基础上,综合考虑系统各因素,对新液流量进行补偿。

专家系统选取影响流量的主要参考因素:以优化设定的酸锌比和实际酸锌比之差 k 以及当前电流密度 D_c 与前一时刻电流密度 D_h 之差 k_D 作为专家规则库的前提,结论为新液的流量 Q_1 和废液的流量 Q_2。根据专家经验,当实际酸锌比与优化设定酸锌比低时,应增大新液流量;反之,应降低新液流量。同样,当电流密度变大时,增大新液流量;反之,应降低新液流量。此外,实际生产中,新液流量和废液流量的总和基本保持不变,增大新液流量,则同时应减少废液流量。因此,可得出新液与废液流量控制的专家规则:

R1:IF k 负得较多 OR k_D 负得较多 THEN Q_1 降低,Q_2 增大;

R2:IF $|k|$很小 AND $|k_D|$很小 THEN Q_1 与 Q_2 保持模型计算值;

R3:IF k 正得较多 OR k_D 正得较多 THEN Q_1 增大,Q_2 降低。

其中,Q_1 和 Q_2 的增大或降低的量取决于当前的电流密度与电解液酸锌比。在现场也存在一些极端情况,比如酸锌比失控(酸锌比严重过低或过高),此种情况下,应停止加入新液或以最大流量加入新液。因此,可以得出此极端情况下的新液与废液流量控制的专家规则

R4:IF $k>k_{max}$ OR $k_D< k_{Dmin}$ THEN $Q_1=0$,Q_2 增大;

R5:IF $k<k_{min}$ OR $k_D>k_{Dmax}$ THEN $Q_1= Q_{1max}$,Q_2 降低。

其中,k_{max}和 k_{min}分别为当电解液酸锌比失控时 k 的上限和下限;k_{Dmax}和 k_{Dmin}则分别表示电流密度变化的上限和下限;Q_{1max}表示新液流量的最大值。

2. 温度专家控制系统

温度专家控制主要是通过控制冷却风机的开启台数来实现。实际生产中,冷却风机开启情况主要是由电流密度、环境温度及温度优化设定值决定的。当环境温度或电流密度上升时,应增加冷却风机开启台数;反之,应减少冷却风机开启台数。通过对现场专家经验及实际操作情况分析可知,对于设定的电解液温度,冷却风机开启台数与电流密度及环境温度基本上是固定的,表 4.6 列出了电解液温度为 40℃时三者之间的关系。

表 4.6 冷却风机开启台数与电流密度及环境温度关系

电流密度/(A/m²)	环境温度/℃	冷却风机开启台数/台	电流密度/(A/m²)	环境温度/℃	冷却风机开启台数/台
200～300	0～10	0	400～500	0～10	2
200～300	10～20	0	400～500	10～20	3
200～300	20～30	1	400～500	20～30	4
200～300	30～40	1	400～500	30～40	4
300～400	0～10	1	500～620	0～10	4
300～400	10～20	2	500～620	10～20	5
300～400	20～30	2	500～620	20～30	6
300～400	30～40	3	500～620	30～40	6

4.3.6 锌电解整流机组智能优化运行

锌电解沉积过程中,考虑电费的分时计价政策,为了降低电费,需在每天不同计费时段对电解电流进行大幅度的调节(实际生产中,最高电流超过最低电流的3倍)。实际电解生产中,电解电流由多台整流机组并联供电,由于整流机组之间运行损耗各不相同、同一台机组在不同运行状态的功率损耗也各不相同,因此,需根据满足电解生产条件综合优化的系列电流,优化决策整流机组的投运状况,并合理控制各整流机组的电流,使得整流供电系统的功率损耗最小。

一台整流机组由一台调压变压器和两个二极管整流器(或两个晶闸管整流器)组成。其功率损耗为硅整流器功率损耗和变压器功率损耗之和,即

$$\Delta P_g = \Delta P_z + \Delta P_b = P_{z0} + P_{b0} + \beta P_{zN1} + \beta^2 (P_{zN2} + P_{bk}) \tag{4-47}$$

式中,$\beta = I_d / I_{dN}$为负载系数,I_d、I_{dN}为整流器直流负荷电流和额定电流;P_{z0}为整流器空载损耗;P_{b0}为整流调压变压器的空载功率损耗;P_{zN1}、P_{zN2}分别为硅整流器额定负载时的一次方和二次方功率损耗;P_{bk}为整流调压变压器的短路损耗。分析整流机组各种交流损耗的组成,可得第 i 台整流机组功率损耗为

$$\Delta P_{g,i} = P_{b0} + \sum_{j=1}^{2} \left[b_{i,j} \left(P_{z0} + \frac{P_{zN1}}{I_{dN}} I_{i-j} + \frac{P_{zN2}}{I_{dN}^2} I_{i-j}^2 \right) \right] + \frac{P_{bk}}{4 I_{dN}^2} \left[\sum_{j=1}^{2} (b_{i,j} I_{i-j}) \right]^2 \tag{4-48}$$

式中,I_{i-1}和I_{i-2}分别表示同一台变压器所带两台整流器的直流负荷电流;$b_{i,1}$和$b_{i,2}$取值为1或0,分别表示一台变压器所带两个整流器的投入运行(1)或断开(0)情况。

设整流供电系统由 n 台整流机组并联供电,其中有 m 台二极管整流机组和

$n-m$ 台晶闸管整流机组。对于晶闸管整流机组，其输出电流为连续量；对于二极管整流机组，其电流调节仅依赖于整流变压器挡位(共 28 挡)的调节。整流机组的优化组合运行既要保证电解电流满足电解工艺条件优化确定的电流要求，又要使整流供电系统的功率损耗最小，其中各整流机组的功率损耗由式(4-48)描述。因此，整流机组优化组合是一个多目标优化问题[17]

$$\begin{cases} \min\ \ \Delta P_{\mathrm{g}} = \min\sum\limits_{i=1}^{n}\left\{P_{\mathrm{b0}} + \sum\limits_{j=1}^{2} b_{i,j}\left(P_{\mathrm{z0}} + \dfrac{P_{\mathrm{zN1}}}{I_{\mathrm{dN}}} I_{i-j} + \dfrac{P_{\mathrm{zN2}}}{I_{\mathrm{dN}}^{2}} I_{i-j}^{2}\right) + \dfrac{P_{\mathrm{bk}}}{4I_{\mathrm{dN}}^{2}}\left[\sum\limits_{j=1}^{2}(b_{i,j} I_{i-j})\right]^{2}\right\} \\ \min\ \ e = \min\left|\sum\limits_{i=1}^{n}\sum\limits_{j=1}^{2} I_{i-j} - I\right| \\ \text{s. t.}\ \begin{cases} I_{i-j} = a_i b_{i,j} I_{\mathrm{d}}^{k}, & i=1,2,\cdots,m;\quad j=1,2;\quad k=1,2,\cdots,28 \\ I_{i-j} = a_i b_{i,j} I_{i,j}, & i=m+1,2,\cdots,n;\quad j=1,2 \\ I_{\mathrm{dmin}} \leqslant I_{i,j} \leqslant I_{\mathrm{dmax}}, & i=m+1,2,\cdots,n;\quad j=1,2 \end{cases} \end{cases} \tag{4-49}$$

式中，ΔP_{g}、e 分别为总的功率损耗及电解电流误差，均为 I_{i-j} 的非线性函数，其中 I_{i-j} 为第 i 台整流机组中的第 j 台整流器的电流值；I_{dmin}、I_{dmax} 分别表示单台整流器输出电流的下限和上限；a_i 取值为 1 或 0，表示第 i 台机组投运或断开；$b_{i,j}$ 取值为 1 或 0，表示第 i 台变压器所带两个整流器的投入运行或断开；$I_{i,j}$ 表示晶闸管整流器的电流值；I_{d}^{k}($k=1,2,\cdots,28$)表示变压器挡位。针对优化模型(4-49)，应用粒子群算法求解整流供电系统运行优化问题，确定各整流变压器的运行投入切换参数 a_i、变压器的挡位 D_i($D_i=1,2,\cdots,28$)、整流器运行投入切换参数($b_{i,1}$,$b_{i,2}$)及各整流器的直流电流分配值 I_{i-j}。

4.3.7 大型锌湿法电解生产综合优化控制系统

大型锌湿法电解生产综合优化控制系统结构如图 4.14 所示。

由图 4.14 可知，大型锌湿法电解生产综合优化控制系统由总厂调度级、分厂调度级与工段级的三级实时控制网络组成。总厂调度级 DMC 具有锌电解综合优化计算功能，实时在线优化锌电解系列电流、电解液酸锌浓度、温度等关键工艺参数，并通过企业内部网络将最优系列电流、最优电解液酸锌浓度及最优温度等送往供电分厂 EMC1 及电解分厂 EMC3。EMC1 和 EMC2 实时监视整流供电运行状况，并将各时段最优电解系列电流通过以太网送往整流所 RMC1、RMC2。RMC1 和 RMC2 确定整流机组的最优投运组合和各投运机组的最优电流，并将各现场采集的信号通过以太网传输至大屏幕显示器进行集中显示。D200 通过 MODBUS 协议与直流强电测量仪、整流装置进行信号传输，并由整流机组控制器完成各系列电解槽稳流控制。EMC3 通过 Profibus 总线与现场控制器进行数据通信，实时监视电解生产运行状况，实现各系列电解槽的电解液酸锌浓度和温度的实时控制。

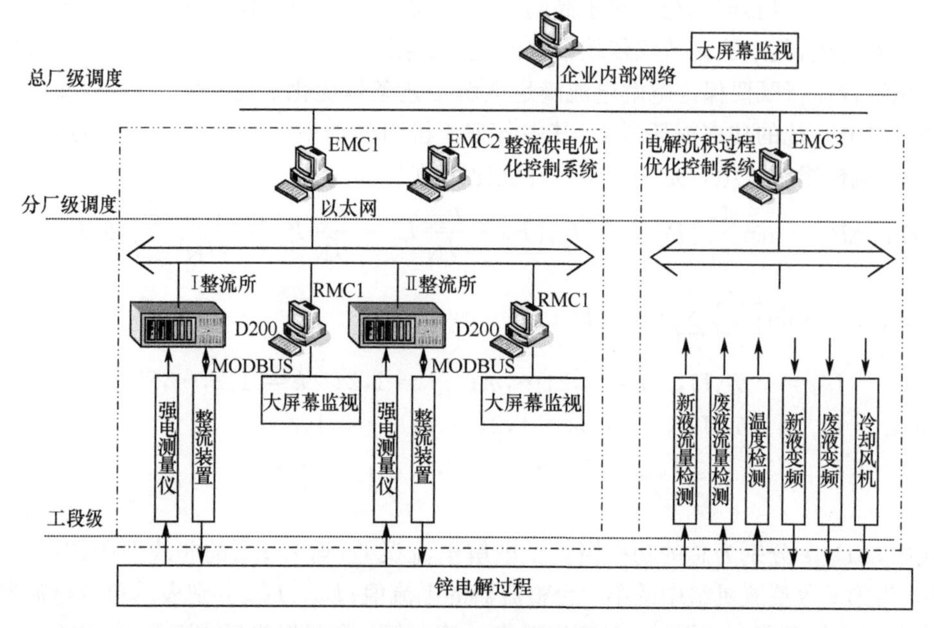

图 4.14 大型锌湿法电解生产综合优化控制系统结构图

DMC 实现全厂整流供电系统、锌电解生产状态集中监视(大屏幕)、事故报警,同时具有记录、统计分析和报表打印、供电系统日常管理以及系统安全管理等功能,对提高企业信息化程度及企业生产效率,保障设备的安全可靠运行发挥了重要作用。

大型锌湿法电解生产集成优化控制系统已成功应用于 40 万 t/年锌冶炼生产线,实现了锌电解过程中电力负荷的优化调度及电解液酸锌浓度、温度等工艺条件的优化;并通过优化控制电解液制备过程新液、废液流量及冷却风机,实现了酸锌浓度及温度的精确控制和整流机组的优化控制。

4.4 小 结

本章在分析锌冶炼企业原料供应特点的基础上,研究了原料采购优化决策方法、原料库存的智能优化控制方法和原料量价实时预警;针对锌湿法冶炼净化、电解两大关键工序,研究了净化过程钴离子浓度的在线检测,建立了净化过程动力学反应方程,提出了基于控制参数化的净化过程优化控制方法,建立了锌电解过程能耗优化模型,提出了锌电解电力负荷优化调度方法、电解沉积过程工艺条件优化控制方法和整流机组智能优化决策方法;基于所提出的方法和技术,研究开发的优化控制系统已成功应用于国内大型锌冶炼企业,取得了很好的应用效果。

参考文献

[1] 黄泰松. 基于成本最小的原料保证系统研究及应用. 长沙：中南大学博士学位论文，2001

[2] 桂卫华，黄泰松，朱爽. 智能综合原料库存优化系统及其在有色冶炼企业中的应用. 中南工业大学学报，2001，32(5)：536-540

[3] 毕大川，刘树成. 经济周期与预警系统. 北京：科学出版社，1991

[4] 桂卫华，黄泰松，朱爽，等. 智能集成实时预警系统研究及应用. 小型微型计算机系统，2002，23(11)：1366-1370

[5] 张斌. 不确定信息下湿法炼锌除铜过程建模与控制. 长沙：中南大学博士学位论文，2016

[6] 王凌云，桂卫华，刘梅花，等. 基于改进在线支持向量回归的离子浓度预测模型. 控制与决策，2009，24(4)：537-541

[7] 孙备. 锌湿法冶炼砷盐除钴过程优化控制. 长沙：中南大学博士学位论文，2015

[8] Teo K L, Goh C J, Wong K H. A unified computational approach to optimal control problems. New York: Longman Scientific and Technical, 1991

[9] 王凌云. 湿法炼锌净化过程建模及基于控制参数化的优化方法. 长沙：中南大学博士学位论文，2009

[10] Wang L Y, Gui W H, Teo K L, et al. Time delayed optimal control problems with multiple characteristic time points: Computation and industrial applications. Journal of Industrial and Management Optimization, 2009, 5(4): 705-718

[11] Wang L Y, Gui W H, Teo K L, et al. Optimal control problems arising in the zinc sulphate electrolyte purification process. Journal of Global Optimization, 2012, 54(2): 307-323

[12] Barton G W, Scott A C. A validated mathematical model for a zinc electrowinning cell. Journal of Applied Electrochemistry, 1992, 22(2): 104-115

[13] Yang C H, Deconinck G, Gui W H, et al. An optimal power-dispatching system using neural networks for the electrochemical process of zinc depending on varying prices of electricity. IEEE Transactions on Neural Networks, 2002, 13(1): 229-236

[14] Eberhart R, Kennedy J. A new optimizer using particle swarm theory//Proceedings of the 16th International Symposium on Micro Machine and Human Science, Nagoya, 1995: 39-43

[15] 桂卫华，张美菊，阳春华，等. 基于混合粒子群算法的锌电解过程能耗优化. 控制工程，2009，16(5)：748-751

[16] 陶顺红，桂卫华，阳春华，等. 锌电解过程流量专家控制. 自动化仪表，2009，(2)：1-4

[17] 邓仕均. 长沙：中南大学博士学位论文，2015

第5章 铜闪速熔炼生产过程优化控制

世界铜生产工业主要采用火法冶炼，其产品产量约占精炼铜总产量的85%，主要用于处理硫化铜矿石或精矿[1]。闪速熔炼是现代火法炼铜的主要方法，包括铜精矿配料与干燥、闪速炉熔炼、PS转炉吹炼、电解精炼以及渣选矿、烟气制酸等工序。铜闪速熔炼反应机理复杂，是一个高温、高压、多尘、强腐蚀的生产过程，关键工艺参数无法在线检测，原料来源复杂、工况多变，难以实现铜冶炼生产过程的优化控制。为此，本章研究铜闪速熔炼主流程工序中的铜精矿配料、气流干燥、闪速炉熔炼和PS转炉吹炼过程的优化控制问题。

5.1 铜精矿配料过程优化

铜精矿配料过程是将若干种不同来源的铜精矿，配成满足闪速熔炼要求的混合精矿，是铜闪速熔炼生产过程的第一道工序。闪速熔炼炉反应时间极短，要求物料均匀且稳定，对配料要求更为严格。在操作条件一定且矿源成分已知的情况下，配料成分由参与配料的各种铜精矿配比决定。目前，各种铜精矿的比例主要依靠调度人员多年积累的生产调度经验，通过考虑进厂精矿的数量、成分、计划产量以及生产工艺状况，人工计算调配。然而，由于精矿来源广泛、种类较多、成分偏差大，以往采用人工经验配料，仅由人的主观意识来判断和确定配比，难以平衡各影响因素之间的关系，对混合精矿是否能够最大限度地满足工艺要求也难以把握。因此，这使得该过程具有显著的主观性和不确定性，难以得到最优配比，直接影响企业的经济效益。文献[2]在专家经验的基础上加入启发式知识进行推理，实现了焦炉配煤的最优化；文献[3]引入基于模型的专家控制系统，结合有知识搜索、前向推理和哈希算法的推理机制，快速获得生料浆配料比；文献[4]提出用神经网络预测的性能指标来调整线性规划的约束条件，解决了烧结配料最佳经济性问题。但是，目前混合精矿的成分含量约束多取决于生产经验，其边界值也由人为主观决定，在缺乏对由此确定的可行域进行判断和调整的前提下，各个约束条件之间可能会产生冲突，不能统筹兼顾得到最优配比。

为此，本节从闪速熔炼配料的影响因素分析出发，结合工艺过程特点，建立综合考虑精矿品位、成本、库存的配料优化模型；并利用软约束调整的概念对由人为主观确定的约束边界值进行一定范围内的调整，以降低优化问题不可行的概率；针对模型的多目标、多变量特性，采用以单变量编码的交叉变异来确定整体决策向量的方案来改进多目标 Pareto 遗传算法[5]，克服多维变量在编码过程中可能导致搜索空间剧增的缺陷。最后结合工业运行数据进行基于该优化模型的配比优化计算，优化结果表明了该方法的有效性。

5.1.1　铜精矿配料优化建模

混合精矿中的 Cu、S 含量直接影响闪速熔炼的铜锍反应，Fe、SiO_2 含量会影响铜精矿在炉中造渣性能和流动性能。其他杂质元素，如 Zn、Pb 含量较高时，会导致沉尘池结瘤等不良现象；随着铜锍品位及熔炼富氧浓度的提高，As、Sb 在渣相中的分配率增大，Bi 在铜锍中的分配率显著升高，将直接威胁产品质量，加大治理难度。

定义变量 x_i 代表第 i 种铜精矿在混合精矿中所占的比例，A_i^j 为第 i 种矿中第 j 种元素的含量，$A_{\min}^j$ 为第 j 种元素含量的下限值，$A_{\max}^j$ 为第 j 种元素含量的上限值，则混合精矿的品位约束可以表示为

$$A_{\min}^j \leqslant \sum_{i=1}^{n} A_i^j x_i \leqslant A_{\max}^j \tag{5-1}$$

式中，n 为精矿的种类。在保证熔炼质量的前提下，由于闪速炼铜的精矿来源广，成分不一，价格差异较大，其消耗费用又占粗铜成本的 90%以上，平衡精矿品位与价格之间的相互关系也成为影响配比的一个方面。

设 P_i 为第 i 种精矿的价格，则所耗铜精矿的成本为

$$Z_1 = \sum_{i=1}^{n} P_i x_i \tag{5-2}$$

另外，熔剂也是闪速炼铜原料消耗的重要组成部分，其比率 R_{f} 是根据混合精矿的成分进行金属平衡计算来决定的，即

$$R_{\mathrm{f}} = \mathrm{MBC}(x_i, A_i^j),\quad i = 1,2,\cdots,n;\quad j = 1,2,\cdots,m \tag{5-3}$$

式中，m 为精矿中元素种类数，$\mathrm{MBC}(x_i, A_i^j)$ 表示金属平衡计算函数。设 P_{f} 为熔剂的价格，则熔剂成本为

$$Z_2 = P_{\mathrm{f}} R_{\mathrm{f}} \tag{5-4}$$

从物流管理的角度来看，各个矿种的消耗引起的库存变化对配比有着强烈的制约作用。配料间隔时间过长，在订货时间内容易发生由于原料短缺而造成配料工艺的波动。设 C 为日处理精矿量，ST_i 为第 i 种精矿的当前库存量，SD_i 为第 i 种精矿的安全库存量，t_{d}^i 为第 i 种矿的订货时间间隔，则第 i 种矿的消耗时间

$$t_{\mathrm{a}}^i = \frac{\mathrm{ST}_i - \mathrm{SD}_i}{C x_i} \tag{5-5}$$

应满足

$$t_a^i \geqslant t_d^i \tag{5-6}$$

且配比方案能够适用的最长时间为

$$t^* = \min\{t_a^i\}, \quad i = 1,2,\cdots,n \tag{5-7}$$

在该段时间内，精矿和熔剂的保存需要耗费一定的存储成本，该费用在物流管理中是一个重要的经济指标。设 B_i 为 1t 第 i 种铜精矿保存 1 天所耗的费用，B_f 为 1t 熔剂保存 1 天所耗的费用，则精矿的存储成本为

$$Z_3 = \frac{1}{2}\sum_{i=1}^{n} B_i C x_i t^* (1 + t^*) \tag{5-8}$$

熔剂的存储成本为

$$Z_4 = \frac{1}{2}\sum_{i=1}^{n} B_f C x_i R_f t^* (1 + t^*) \tag{5-9}$$

综合式(5-1)～式(5-9)，在保证熔炼质量的前提下，以降低铜精矿、熔剂的消耗费用及相应的库存成本为目标的配料优化模型可以表示为

$$\begin{cases} \min \ Z_1 = \sum_{i=1}^{n} P_i x_i \\ \min \ Z_2 = P_f R_f \\ \min \ Z_3 = \frac{1}{2}\sum_{i=1}^{n} B_i C x_i t^* (1 + t^*) \\ \min \ Z_4 = \frac{1}{2}\sum_{i=1}^{n} B_f C x_i R_f t^* (1 + t^*) \end{cases} \tag{5-10}$$

$$\text{s. t.} \begin{cases} A_{\min}^j \leqslant \sum_{i=1}^{n} A_i^j x_i \leqslant A_{\max}^j \\ R_f = \text{MBC}(x_i, A_i^j) \\ t^* = \min\{t_a^i\} \\ t_a^i = \frac{\text{ST}_i - \text{SD}_i}{C x_i} \geqslant t_d^i \\ 0 \leqslant x_i \leqslant 1 \end{cases} \tag{5-11}$$

式中，$i = 1,2,\cdots,n$，表示有 n 种铜精矿参与配料；$j = 1,2,\cdots,m$，表示需要考虑的精矿元素有 m 种。显然，该优化模型存在多目标、多约束、非线性等特性，采用传统的约束规划求解方法，在缺乏对问题可行性的判断下，难以求得问题的最优解。

5.1.2 基于软约束调整的优化计算

软约束的概念来源于满意控制[6]，即优化问题中约束条件具有可调整性。对于边界条件并不十分严格的铜闪速熔炼配料过程，软约束不仅能够解决由人为确

定约束边界带来的主观性，而且能直接影响优化问题的求解。为此，我们提出一种按照优先级顺序将约束条件转化为边界调整目标函数的方法进行约束边界值的更新。

设约束条件的表达式为

$$A_{\min}^{(p)} \leqslant A^{(p)}, \quad X \leqslant A_{\max}^{(p)} \tag{5-12}$$

式中，p 为根据实际情况设置的约束条件调整的优先级别，数值越大，表示接受调整的意愿越强烈。相应地引进 p 个逻辑变量 $\delta_{\min}^{(i)}$、$\delta_{\max}^{(i)}$ 和中间变量 $\varepsilon_{\min}^{(i)}$、$\varepsilon_{\max}^{(i)}$($i=1,2,\cdots,p$)。将式(5-12)转化为

$$A_{\min}^{(i)}[1-\delta_{\min}^{(i)}]+\delta_{\min}^{(i)}\varepsilon_{\min}^{(i)} \leqslant A^{(i)}X \leqslant A_{\max}^{(i)}[1-\delta_{\max}^{(i)}]+\delta_{\max}^{(i)}\varepsilon_{\max}^{(i)} \tag{5-13}$$

当且仅当 $\delta_{\min}^{(i)}\delta_{\max}^{(i)}=0$ 时，表示对应优先级别为 i 的约束满意。按优先顺序从低到高，依次选择级别为 $j(j\neq 1)$ 的约束条件表达式作为边界调整的目标函数，级别低于 j 的仍然保留作为约束条件集 $I=\{i \mid i<j\}$，求被调整约束条件表达式的最小值和最大值[7]

$$\min\ z = A^{(j)}X \tag{5-14}$$

$$\max\ z = A^{(j)}X \tag{5-15}$$

$$\text{s. t.}\begin{cases} A_{\min}^{(I)}[1-\delta_{\min}^{(I)}]+\delta_{\min}^{(I)}\varepsilon_{\min}^{(I)} \leqslant A^{(I)}X \\ A^{(I)}X \leqslant A_{\max}^{(I)}[1-\delta_{\max}^{(I)}]+\delta_{\max}^{(I)}\varepsilon_{\max}^{(I)} \\ I=\{i \mid i<j\} \end{cases} \tag{5-16}$$

对以下参数进行初始化：$i=1, j=2, \delta_{\min}^{(I)}=\delta_{\max}^{(I)}=0, \varepsilon_{\min}^{(I)}=\varepsilon_{\max}^{(I)}=0$。

令 $\varepsilon_{\min}^{(j)}=\min z, \varepsilon_{\max}^{(j)}=\max z$，按照以下规则对 $\delta_{\min}^{(j)}$、$\delta_{\max}^{(j)}$ 赋值：

$$\text{IF } \varepsilon_{\min}^{(j)} \geqslant A_{\min}^{(j)} \text{ THEN } \delta_{\min}^{(j)}=0 \text{ ELSE } \delta_{\min}^{(j)}=1$$

$$\text{IF } \varepsilon_{\max}^{(j)} \leqslant A_{\max}^{(j)} \text{ THEN } \delta_{\max}^{(j)}=0 \text{ ELSE } \delta_{\max}^{(j)}=1$$

级别为 j 的约束条件调整完毕后，令

$$I = I \cup \{j\} \tag{5-17}$$

直至 $I=\{1,2,\cdots,p\}$，所有的约束条件的边界更新完毕。

在经过约束调整之后的优化问题的可行域上进行遗传算法寻优时，通常将所有的决策变量整合成一个决策向量进行编码和交叉变异。当决策变量维数较大时，多维变量编码就出现搜索空间剧增的问题，且不能保证新产生个体的可行性。为此，提出以单变量编码的交叉变异来确定整体决策向量的方法求解。其具体步骤如下。

第1步，任取 $x_k \in X(k=1,2,\cdots,n)$，$X$ 为决策向量，其他变量 $x_i(i\neq k)$ 均为零，根据约束不等式可求得 x_k 的取值范围。依次类推，求得所有决策变量的范围。

第2步，随机取定 x_1 的值，除了要取定的 x_k，其他变量均为零，此时约束不等式中只含有 x_1 和 x_k，由于 x_1 是取定的，则 x_k 在此时的范围可以确定，并在该范围内随机取定 x_k。依次类推，可得到一组可行的决策向量 X。

第 3 步,染色体编码:决策向量 $X=[x_1 \quad x_2 \quad \cdots \quad x_n]$ 即为染色体,群体规模为 popsize。

第 4 步,令 $f(X)=\sum_{r=1}^{4} m_r Z_r$,其中 $\sum_{r=1}^{4} m_r=1$ 且 $m_r \in (0,1)$,构造如下适应度函数,即 $\mathrm{fit}(X)=\mathrm{e}^{-f(X)}$,并采用小生境[8]共享机制来调整适应度函数,以保证种群的多样性。采用海明距离 $d_{ij}=\sqrt{\sum_{r=1}^{4}[Z_r(X_i)-Z_r(X_j)]^2}$,当 $d_{ij} \leqslant \sigma_{\mathrm{share}}$ 时,共享函数 $S(d_{ij})=1-\dfrac{d_{ij}}{\sigma_{\mathrm{share}}}$;当 $d_{ij}>\sigma_{\mathrm{share}}$ 时,共享函数 $S(d_{ij})=0$,小生境半径按式(5-18)进行估算[8]:

$$\prod_{r=1}^{4}(\Delta_r+\sigma_{\mathrm{share}})-\prod_{r=1}^{4}\Delta_r=N\sigma_{\mathrm{share}}^{4} \tag{5-18}$$

式中,$\Delta_r=\max[Z_r(X)]-\min[Z_r(X)]$;$N$ 为当前种群中具有最大适应度值的个体数。则个体 X_i 的适应度函数按式(5-19)调整:

$$\mathrm{fit}(X_i)=\frac{\mathrm{fit}(X_i)}{\sum_{j=1}^{\mathrm{popsize}} S(d_{ij})} \tag{5-19}$$

第 5 步,计算染色体的总适应度值 $F=\sum_{i=1}^{\mathrm{popsize}}\mathrm{fit}(X_i)$,选择概率 $p_i=\mathrm{fit}(X_i)/F$,累积概率 $q_i=\sum_{j=1}^{i} p_i$;产生一个[0,1]的随机数 R,如果 $R<q_1$,选择第一个染色体,否则选择使 $q_{i-1}<R<q_i$ 成立的第 i 个染色体。转动轮盘 popsize 次,对种群中的染色体进行复制。

第 6 步,随机选择配对染色体 X_i、X_j。取交叉概率 p_{c} 和变异概率 p_{m},随机生成[0,1]的数 R_{c} 和 R_{m},为减小新个体的不可行性,本书在杂交和变异时作如下改动:仅选择一个变量 $x_i^{(k)}$ 作为操作变量。若 $R_{\mathrm{c}}<p_{\mathrm{c}}$,则新变量 $x_i^{(k)\prime}=cx_i^{(k)}+(1-c)x_j^{(k)}$,再按第 2 步取定其他变量的值,由此产生杂交新个体 X'_i,c 为[0,1]的随机数。同样,变异时首先对 $x_i^{(k)}$ 进行二进制编码,对应每一位产生随机数 R_{m},若 $R_{\mathrm{m}}<p_{\mathrm{m}}$,则对该位取反。再按第 2 步取定其他变量的值,由此产生变异新个体 X''_i。

第 7 步,对新的种群进行适应度的评价,得到最佳个体,并与上次种群中的最佳个体进行比较。若对于可行解 X_u 和 X_v,有 $f(X_u)=f(X_v)$,且至少存在一个目标函数 $Z_i(X)$,有 $Z_i(X_u)<Z_i(X_v)$ 成立,则 X_u 进入非支配集。当所有的迭代和非支配集的比较进行完毕后,可得到 Pareto 优化解。

5.1.3 工业实例计算

以某冶炼厂铜闪速熔炼炉配料的工业运行数据为例进行优化计算。精矿种类

$n=7$,成分含量限制的元素种类 $m=8$。遗传算法的参数选择:交叉概率 $p_c=0.37$ 和变异概率 $p_m=0.02$,操作变量 $x_i^{(k)}$ 采用二进制编码,染色体长度为 7。计算得到最优配比 $X=[0.46\quad 0.2\quad 0.01\quad 0.04\quad 0.09\quad 0.19\quad 0.01]$,总成本 $Z_1+Z_2+Z_3+Z_4=479.18$;采用原有人工计算方式投入使用的配比为[0.43　0.21　0.05　0.04　0.1　0.2　0.05],成本为 490.45,使用二者配比所得的混合精矿成分对比如表 5.1 所示。由表 5.1 可见,采用优化配比所得的混合精矿 Cu、Fe、SiO_2 含量与采用人工计算配比所得的相应混合精矿成分含量相差不大,且前者的 S/Cu 更接近工艺要求值(1.1 左右),说明采用优化配比能够保证熔炼的工艺要求;在杂质含量方面,优化配比所得的混合精矿 As、Bi、Sb、Zn、Pb 含量明显低于人工配比下的相应值。

取 2006 年 1～3 月内连续 14 次人工调配结果与基于上述优化模型计算得到的配比结果下的混合精矿成分指标进行对比,如图 5.1 所示,图中粗实线为人工手动调配结果,细虚线为优化计算结果。图 5.1(a)为混合精矿 S/Cu,优化后得到的 S/Cu 比较接近手动调配值,且按优化配比配矿的 S/Cu 平均值为 1.15,比人工配比配矿的 S/Cu 平均值 1.16 更接近工艺要求;图 5.1(b)为杂质 As 的含量,优化计算的结果明显低于手动调配值,其余杂质 Bi、Sb、Zn、Pb 含量都有不同程度的下降;图 5.1(c)为所耗精矿的总成本(包括精矿的原料成本和存储成本),优化配比下所耗精矿的总成本明显低于人工调配下的精矿成本。可见,按照优化配比进行配矿,在满足闪速熔炼要求的同时,能够有效降低混合精矿的杂质含量,而且能够降低所耗精矿的总成本。

表 5.1　混合精矿的成分　(单位:%)

混合精矿成分名称	优化配比对应的混合精矿成分	人工计算配比对应的混合精矿成分
Cu	26.7497	27.05
S/Cu	1.099	1.082
Fe	25.8702	25.717
SiO_2	7.9957	7.618
As	0.2244	0.2664
Bi	0.0589	0.0608
Sb	0.1094	0.1176
Zn、Pb	0.7799	1.0333

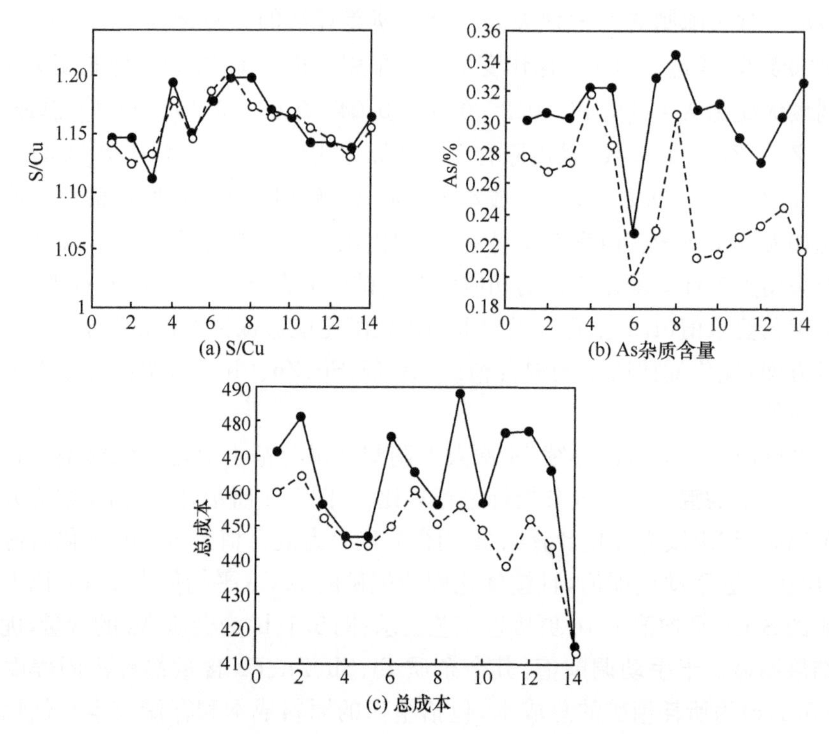

图 5.1 混合精矿成分指标人工调配值与优化计算值对比

5.1.4 配料优化系统设计

以配料工艺流程为基础,采用面向对象技术设计开发了铜闪速熔炼配料优化系统,其软件功能如图 5.2 所示,主要功能[9]包括以下方面。

(1) 配料数据管理。包括矿石信息处理、参与配比计算的数据与优化结果管理、配料变更单。

(2) 配比计算。为生产调度人员提供配比的计算,是配料优化系统的核心,分为手动调整和优化计算,其中手动调整是按照人工计算配比的方式实现的,优化计算则是按照配料优化模型进行配比的寻优。

(3) 配料单的实时下达。根据计算所得的配比和矿仓分配的结果,自动生成配料变更单,并实时传送配比,同时结合现场的实际下料情况,协助生产调度人员监测配料工艺状况的变化及对库存的影响,并预测当前配比可继续运行的有效时间。

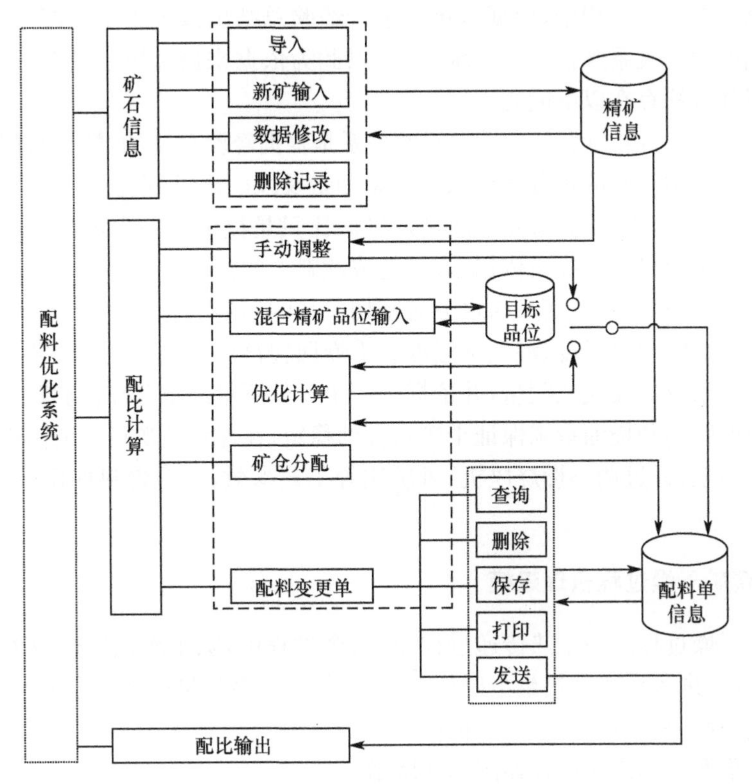

图5.2 系统软件功能框图

5.2 铜精矿气流干燥过程优化控制

5.2.1 铜精矿干燥工艺过程

气流干燥利用加热的气流或废烟气流使精矿颗粒悬浮起来进行干燥。精矿颗粒被热气流所包裹，固、气两相直接充分接触，使精矿中的水分迅速蒸发出来，数秒内完成精矿干燥。在闪速熔炼过程中，由于炉料从进入反应塔到落入沉淀池，停留时间大约为2s，因此炉料的干燥程度对闪速熔炼过程影响非常大。如果炉料水分含量过高，那么炉料中的水分从物料颗粒内部运动到颗粒表面，进而从表面蒸发，炉料在脱水过程中还没来得及与富氧空气反应就已经落入沉淀池内，造成生料堆积，因此一般工艺要求水分率控制在0.3%以下。如果精矿过于干燥(水分含量低于0.1%)，精矿中的硫就会在干燥过程中与氧发生反应，造成精矿的自燃，不但会损伤设备，而且会使干精矿在沉尘室吸潮而结疤。因此，控制入炉精矿水分含量在0.1%～0.3%是稳定闪速熔炼生产的前提。

目前，铜冶炼一般采用三段(回转窑、鼠笼、气流干燥管)气流干燥方法对精矿进行干燥。在干燥过程中,根据多年的生产经验总结出以沉尘室温度与干矿水分含量之间的对应关系来估测干矿水分,并以此为依据来调节燃油量及风矿比。这种经验操作方法存在以下问题。

(1) 沉尘室温度与水分含量之间的关系是根据经验总结的,精度有限,而且依据沉尘室温度估测到的水分含量来调节燃油量及风矿比,存在较大的滞后。

(2) 依据沉尘室温度调节燃油量及风矿比只是提供了一个定性的参考,没有对燃料的添加提供辅助决策依据,容易造成燃料上的浪费。

因此,利用易于获取而且与水分有密切关系的测量信息,构造干矿水分与热风温度、风矿比、沉尘室温度、混气室温度和干燥回转窑尾的温度之间的软测量模型,实现对干矿水分的在线软测量,并依据干矿水分软测量结果,及时调节干燥系统中变频风机的转速和烧油量来保证干矿水分的稳定;在保证精矿稳定的前提下,建立智能优化模型,通过调整燃烧风机、风矿比等工艺参数,实现燃料使用最少的优化目标。

5.2.2 精矿干燥过程机理建模

气流干燥过程是一个热传递过程,在这个过程中,除了燃油燃烧以外,没有别的化学反应,进入系统的热量主要用于精矿干燥,剩余热量由尾气带出。气流干燥过程的热平衡,是指在气流干燥、设备稳定的热力状态下,输入的热量和输出的热量之间的平衡。热传递过程如图 5.3 所示。

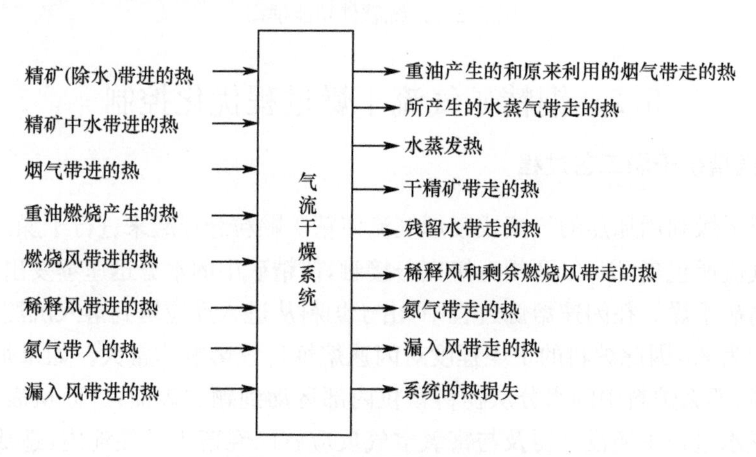

图 5.3 气流干燥过程热传递图

根据采集到的过程数据,以每小时入炉热量为基准来计算。

1) 物料衡算

在气流干燥过程中,进行物料衡算的目的是计算出干燥系统总的脱水量。

$$G = G_1W_1 - \frac{G_1(1-W_1)}{1-W_2}W_2 = G_1\left[W_1 - \frac{(1-W_1)W_2}{1-W_2}\right] \tag{5-20}$$

式中，G 为干燥系统总的脱水量(kg/h)；G_1 为湿精矿入窑量(kg/h)；W_1 为湿精矿的含水率(%)；W_2 为干燥后精矿的含水率(%)。

2) 热收入项计算

(1) 精矿(除水)带进的热

$$Q_1 = C_1(1-W_1)G_1T_1 \tag{5-21}$$

式中，C_1 为精矿比热容，取经验值为 0.63kJ/(kg·℃)；W_1 为湿精矿的含水率(%)；G_1 为湿精矿入窑量(kg/h)；T_1 为常温，取为 15℃。

(2) 精矿中水带进的热

$$Q_2 = C_2G_1W_1T_1 \tag{5-22}$$

式中，C_2 为水的比热容，取经验值为 4.187kJ/(kg·℃)。

(3) 烟气带进的热

$$Q_3 = C_3V_1T_2 \tag{5-23}$$

式中，C_3 为烟气的比热容，取经验值为 1.423kJ/(m^3·℃)；V_1 为入窑烟气的体积(m^3/h)；T_2 为入窑烟气的温度(℃)。

(4) 重油燃烧产生的热

$$Q_4 = M_1q \tag{5-24}$$

式中，M_1 为燃烧的重油量(kg/h)；q 为重油的发热量(kJ/kg)。

气流干燥过程一般使用三种重油，设为 A、B、C。对于重油 A，计算时取其低位发热值 42672kJ/kg；对于重油 B，计算时取其低位发热值 42000kJ/kg；对于重油 C，计算时取其低位发热值 40992kJ/kg。

(5) 稀释风和燃烧风带进的热

$$Q_5 = C_4(F_1 + F_2)T_1 \tag{5-25}$$

式中，C_4 为空气的比热容，取经验值为 1.324kJ/(m^3·℃)；F_1 为稀释风流量(m^3/h)；F_2 为燃烧风流量(m^3/h)。

(6) 氮气带进的热

$$Q_6 = C_5F_3T_1 \tag{5-26}$$

式中，C_5 为氮气的比热容，取经验值为 1.362kJ/(m^3·℃)；F_3 为氮气流量(m^3/h)。

(7) 漏入风带进的热

$$Q_7 = C_4F_4T_1 \tag{5-27}$$

式中，F_4 为系统漏入风量(m^3/h)。

进入气流干燥系统的总热量为

$$Q_{in} = Q_1 + Q_2 + Q_3 + Q_4 + Q_5 + Q_6 + Q_7 \tag{5-28}$$

3) 热支出项计算

(1) 重油产生的烟气和原来利用的烟气带走的热

$$Q_8 = C_3(M_1S_1 + V_1)T_3 \tag{5-29}$$

式中,T_3 为沉尘室温度(℃);S_1 为1kg重油产生的烟气(m^3/kg)。

对于重油A,产生的气体为11.384 m^3/kg;对于重油B,产生的气体为11.245 m^3/kg;对于重油C,产生的气体为10.899 m^3/kg。

(2) 产生的水蒸气带走的热

$$Q_9 = C_6GT_3 \tag{5-30}$$

式中,C_6 为水蒸气的比热容,取经验值为1.92kJ/(kg·℃)。

(3) 水蒸发热

$$Q_{10} = C_7G \tag{5-31}$$

式中,C_7 为水蒸发热,取经验值为2502kJ/(kg·℃)。

(4) 干精矿带走的热

$$Q_{11} = C_1G_1(1 - W_2)T_3 \tag{5-32}$$

(5) 残留水带走的热

$$Q_{12} = C_2G_1W_2T_3 \tag{5-33}$$

(6) 稀释风和剩余燃烧风带走的热

$$Q_{13} = C_4[F_1 + (F_2 - M_1S_2)]T_3 \tag{5-34}$$

式中,S_2 为1kg重油消耗的空气(m^3/kg)。

对于重油A,需要燃烧风10.7m^3/kg;对于重油B,需要燃烧风10.6m^3/kg;对于重油C,需要燃烧风10.3m^3/kg。

(7) 氮气带走的热

$$Q_{14} = C_5F_3T_3 \tag{5-35}$$

(8) 漏入的风带走的热

$$Q_{15} = C_4F_4T_3 \tag{5-36}$$

(9) 系统热损失

$$Q_{16} = \lambda Q_{in} \tag{5-37}$$

式中,λ 为系统热损失系数(%)。

气流干燥系统出口的总热量为

$$Q_{out} = Q_8 + Q_9 + Q_{10} + Q_{11} + Q_{12} + Q_{13} + Q_{14} + Q_{15} + Q_{16} \tag{5-38}$$

根据热平衡原理

$$Q_{in} = Q_{out} \tag{5-39}$$

利用采集的气流干燥过程数据,进行平衡计算,建立热平衡模型,可以粗略计算出含水量。

5.2.3 精矿干燥水分软测量的智能集成建模

为了提高模型的可靠性，结合主成分分析（principal components analysis, PCA），建立主成分回归模型，对气流干燥过程干精矿的含水率进行预测。

假设数据矩阵 $X_{p\times n}$，p 代表采样次数，n 代表测量变量个数，步骤如下。

(1) 将原始数据进行标准化处理。

$$x'_{ij}=\frac{x_{ij}-M_j}{S_j} \tag{5-40}$$

式中，$x'_{ij}(i=1,2,\cdots,p;j=1,2,\cdots,n)$ 为经过自标准化的第 i 个样本的第 j 个变量；x_{ij} 为原始变量；M_j、S_j 分别为第 j 个变量的算术平均值和标准偏差。

(2) 计算其协方差矩阵 R。

$$R=[r_{ij}]_{n\times n} \tag{5-41}$$

式中，$r_{ij}=\dfrac{1}{p}\sum\limits_{k=1}^{p}x_{ki}x_{kj}(i,j=1,2,\cdots,n)$。

(3) 计算 R 的特征值和特征向量。

利用雅可比法求矩阵 R 的 n 个非负特征值 $\lambda_1\geqslant\lambda_2\geqslant\cdots\geqslant\lambda_n\geqslant0$，以及对应的特征向量 $C^{(i)}=[c_1^{(i)}\quad c_2^{(i)}\quad\cdots\quad c_n^{(i)}]^{\mathrm{T}}(i=1,2,\cdots,n)$。

(4) 选择主元。

由特征向量组成 n 个新变量

$$\begin{cases}z_1=c_1^{(1)}x_1+c_2^{(1)}x_2+\cdots+c_n^{(1)}x_n\\z_2=c_1^{(2)}x_1+c_2^{(2)}x_2+\cdots+c_n^{(2)}x_n\\\vdots\\z_n=c_1^{(n)}x_1+c_2^{(n)}x_2+\cdots+c_n^{(n)}x_n\end{cases} \tag{5-42}$$

当前面 m 个变量 $z_1,z_2,\cdots,z_m(m<n)$ 的方差占全部总方差的比例 $\alpha=\sum\limits_{i=1}^{m}\lambda_i\Big/\sum\limits_{i=1}^{n}\lambda_i$ 接近 1 时（一般取 $\alpha>0.85$），选择前面 m 个因子 $z_1,z_2,\cdots,z_m(m<n)$ 作为主元分量。

根据现场工艺调查和对机理的定性分析，并考虑到变量的类型、数目和测点位置，确定影响气流干燥过程精矿含水率的因素包括精矿量、湿精矿含水率、烟气量、烟气温度、燃油量、鼓风量（为燃烧风、稀释风和氮气的总和）、热风温度、机内负压、混气室出口温度、回转窑尾温度及沉尘室温度。从工业现场获取一批历史数据，并进行数据滤波、归一化和主成分分析处理后得到 210 组数据，其主成分贡献率如表 5.2 所示。

表 5.2 主成分贡献表

主元	特征值	方差百分比/%	方差累积百分比/%
1	1.8427	26.59	26.59
2	1.6412	23.7	50.29
3	1.0021	14.47	64.76
4	0.7519	10.86	75.62
5	0.6441	9.30	84.92
6	0.421	6.08	91.00
7	0.1845	2.66	93.66
8	0.1465	2.11	95.77
9	0.1423	2.05	97.82
10	0.086	1.25	99.07
11	0.0641	0.93	100.00

从表 5.2 中可以看出,6 个主元的贡献率超过 91%,因此选取这 6 个变量建立回归模型,取 210 组数据作为训练样本,得到如下的主成分回归模型:

$$
\begin{aligned}
y = & -0.304z_1 + 1.4722z_2 + 0.4551z_3 + 0.3774z_4 \\
& -0.3445z_5 + 0.0365z_6 - 0.8607
\end{aligned}
\tag{5-43}
$$

利用另外 60 组数据进行仿真分析,其预测结果如图 5.4 所示。

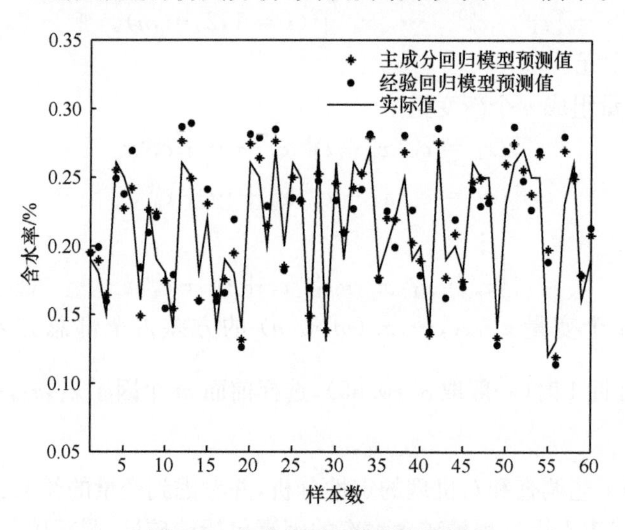

图 5.4 主成分回归模型预测图

干精矿含水率的实际值与预测值的最大相对误差为 8.9%,平均相对误差为 3.0%,比经验回归模型的精度大有提高,反映实际值的变化趋势。主成分回归解决了由输入变量间的线性相关而引起的计算问题,由于忽略掉了那些次要的因素,抑制了测量噪声对模型精度的影响,并且通过数据的压缩简化了模型,方便在实际生产中的应用。

基于机理分析的热平衡模型以影响气流干燥过程的横向因素为出发点来建模。该模型深入分析了气流干燥过程的工艺，从事物的本质上认识外部特征，因而在预测气流干燥过程干精矿水分上具有非常明显的优势。然而，由于气流干燥过程的复杂性、生产实际的多变性，生产工艺机理模型在一定的条件下可能存在很大的误差。但是，该模型在异常工况、突变工况下，具有一定的灵敏度和鲁棒性；而主成分回归模型能够在稳定工况下很好地反映气流干燥过程的实际。为了充分发挥这两种方法的优势，弥补彼此的缺陷，对这两种方法的预测值进行协调处理。当工况稳定，而且沉尘室温度在75～100℃时采用热平衡模型和主成分回归模型集成来预测干精矿的含水率；当工况发生突变，或者沉尘室温度不在75～100℃时，采用热平衡模型来预测干精矿的含水率。

工况是否稳定的判断依据是重油流量和加入的湿精矿量的变化是否超过某个规定的范围。目前干燥系统的热源主要是燃烧重油，烟气的量相对很少，因此燃油量的突变是工况不稳定的反映；同时湿精矿的下料量突变也是造成工况突变的重要因素。根据经验和数据分析，把当前时刻的重油量相比前一个时刻的重油量的波动超过200L/h或者当前的湿精矿量相比前一个时刻的湿精矿量波动超过30t/h作为工况不稳定的判据。

在工况稳定且沉尘室温度在75～100℃时，采用对两种软测量模型的输出进行加权集成的策略，集成模型可表示为

$$y=\sum_{i=1}^{2}a_i y_i \tag{5-44}$$

式中，y_i 为第 i 种模型的预测值；a_i 为第 i 种方法的预测权重；y 为集成模型的输出值。

设有 N 组采集数据，记 $y_t(t=1,2,\cdots,N)$ 为实际输出值，$y_{it}(i=1,2;t=1,2,\cdots,N)$ 为第 i 种模型的第 t 个预测值，$e_{it}=y_{it}-y_t$ 为第 i 种方法的预测误差，$e_t=y-y_t=\sum_{i=1}^{2}a_i e_{it}$ 为组合预测后的误差。模型系数的确定可以通过求解以下约束条件来实现：

$$\begin{cases}\min\ \ J=\sum_{t=1}^{N}e_t^2\\ \text{s.t.}\ \ a_1+a_2=1\\ a_1\geqslant 0,\quad a_2\geqslant 0\end{cases} \tag{5-45}$$

$$J=\sum_{t=1}^{N}e_t^2=\sum_{i=1}^{2}\sum_{j=1}^{2}\left[a_i a_j\left(\sum_{i=1}^{N}e_{it}e_{jt}\right)\right] \tag{5-46}$$

令加权系数向量 $A=[a_1\quad a_2]^{\mathrm{T}}$，第 i 种预测方法的预测误差向量 $E_t=[e_{i1}\quad e_{i2}\quad\cdots\quad e_{iN}]^{\mathrm{T}}$，预测误差矩阵 $e=[E_1\quad E_2]$，则 J 也可以简洁地表示为

$$J=e^{\mathrm{T}}e=A^{\mathrm{T}}EA \tag{5-47}$$

式中

$$E=\begin{bmatrix}E_{11} & E_{12}\\ E_{21} & E_{22}\end{bmatrix}$$

$E_{ij}=E_{ji}=E_i^{\mathrm{T}}E_i$，$E_{it}=E_i^{\mathrm{T}}E_i=\sum\limits_{i=1}^{N}e_{it}^2$，$E_{it}$ 为第 i 种方法的预测误差和。记 $R=[1\quad 1]^{\mathrm{T}}$，则 $a_1+a_2=1$ 可以改写为 $R^{\mathrm{T}}A=1$，最优权系数等价于求解如下规划模型的最优解：

$$\begin{cases}\min\ \ J=A^{\mathrm{T}}EA\\ \text{s. t.}\ \ R^{\mathrm{T}}A=1\\ A\geqslant 0\end{cases} \tag{5-48}$$

对式(5-48)进行拉格朗日乘子法求解，得

$$A=\lambda E^{-1}R \tag{5-49}$$

式中

$$\lambda=\frac{1}{R^{\mathrm{T}}E^{-1}R}$$

从而求得使组合预测方法的误差平均和 J 最小的加权系数为

$$a_1=\frac{E_{22}-E_{12}}{E_{11}+E_{22}-2E_{12}},\quad a_2=1-a_1 \tag{5-50}$$

选取 210 组数据作为集成软测量模型的训练样本，建立气流干燥过程水分软测量集成模型，训练图如图 5.5 所示。利用剩下的 60 组数据对模型的预测效果进行检验，如图 5.6 和表 5.3 所示。为了便于对比，选取与各个子模型相同的检验数据。

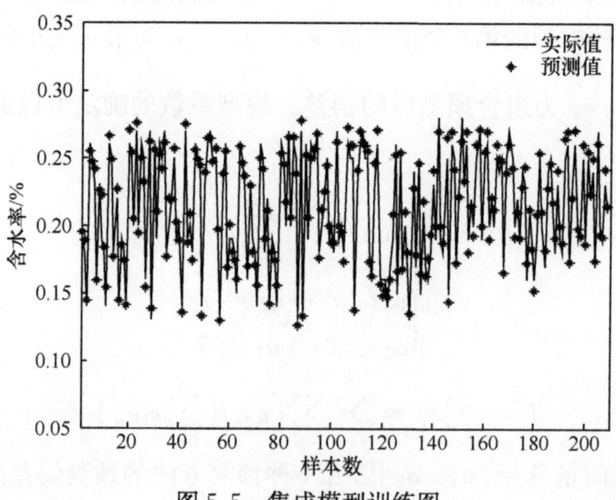

图 5.5 集成模型训练图

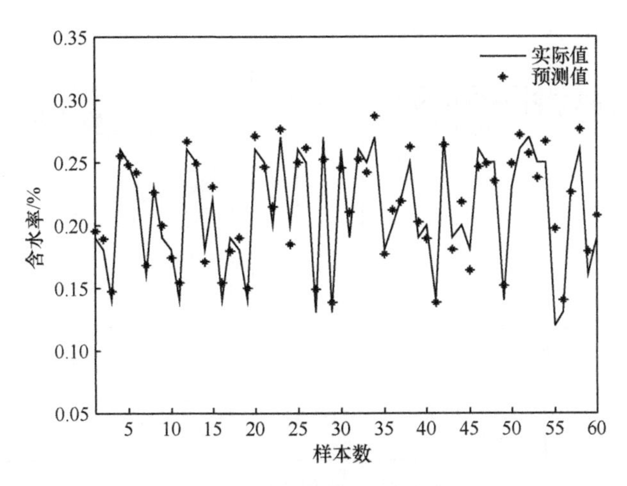

图 5.6　集成模型预测图

表 5.3　模型性能比较

模型	平均相对误差/%	最大相对误差/%
热平衡模型	4.2	10.00
主成分回归模型	3.0	8.90
集成模型	2.85	5.70

5.2.4　干燥混合气的智能优化控制

基于水分软测量模型设计了氮气和稀释风的专家控制系统，并组成一个双反馈控制系统，以不着火为前提(稳定含水率)，使燃油消耗量达到最优值。可以将此任务分解为两部分来协调控制，即由氮气与稀释风流量专家控制和基于软测量的燃油量控制来实现。反馈控制包括基于氮气和稀释风专家控制的内环反馈控制和基于软测量的外环反馈控制。前者是根据过程量 Q 进行含氧率计算，得到进入系统气体的含氧率，然后根据含氧率和窑头温度给出氮气和稀释风的调节量，采用专家控制器来调节系统内的含氧率和温度，确保系统内精矿不着火。燃油量的控制是根据软测量的输出结果，利用遗传算法搜索在当前工况约束下的最佳燃油量和稀释风量，及时改变干燥气体的温度。优化的目标是在这个双反馈控制的作用下，在稳定干精矿水分的同时，使消耗的氮气量和燃油量达到较优值，如图 5.7 所示。

图 5.7 中，M_1、W_2、W_3、W_4 分别表示燃油量、燃烧风量、稀释风量和氮气量；K 表示燃烧风量、稀释风量和燃油量的前馈计算值；K' 表示前馈计算的氮气量；ΔK 表示由优化控制器优化计算得到的燃烧风量、稀释风量和燃油量的调节量；$\Delta K'$ 表示由氮气和稀释风专家控制得到的氮气和稀释风的调节量；Z 代表热风温度、机内负压、窑头温度、窑尾温度和沉尘室温度；Q 表示重油量、重油品位、烟气量、烟气含

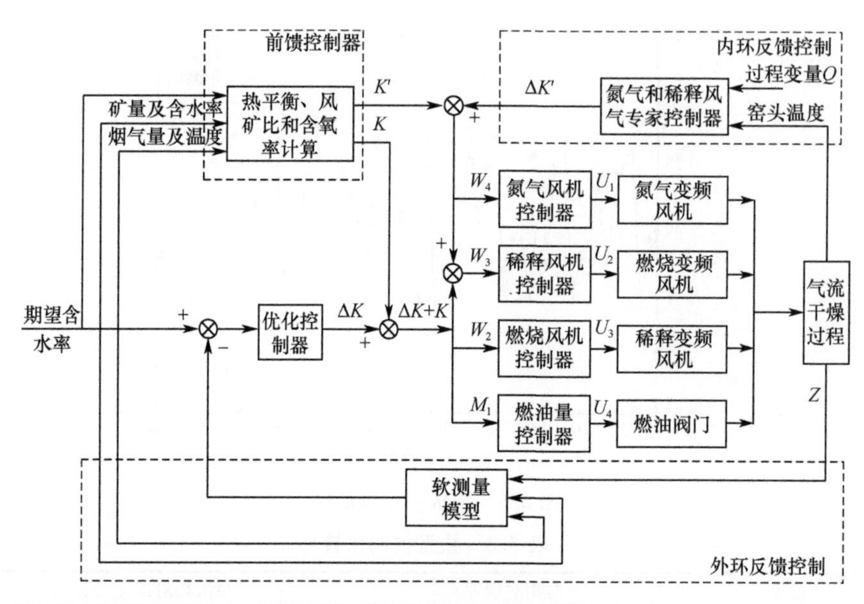

图 5.7　干燥系统优化控制框图

氧率、稀释风量、燃烧风量和氮气量。

1）前馈控制器

前馈控制是根据进矿量及其含水率、烟气量及其温度、期望的含水率，在满足风矿比、含氧率的条件下，由热平衡模型计算燃油量和各风量的初始值，计算方法如下。

已知湿精矿量 G_1、湿精矿含水率 S_1、利用的废热烟气的量 W_1 和温度 T_1、烟气含氧率 $\eta_{烟气}$、氮气含氧率 $\eta_{氮气}$、重油品位 A、风矿比为 1000、目标含水率为 0.3%。

(1) 取风矿比为 1000，由进矿量、烟气量，计算出要加入的稀释风和燃烧风的总量。由重油品位为 A，查表可得消耗的燃烧风与产生的气体比为 11.384/10.7，耗氧为 $M_1\times 2.247$，有

$$\frac{W_1(11.384/10.7)W_2+W_3+W_4}{G_1}=1000 \tag{5-51}$$

(2) 取窑头含氧率为 10%，有

$$\frac{W_1\eta_{烟气}+(W_2+W_3)\times 0.21-M_1\times 2.247+W_4\eta_{氮气}}{W_1+(11.384/10.7)W_2+W_3+W_4}=10\% \tag{5-52}$$

(3) 由热平衡模型，已知目标含水率求燃油量，可得到一个关于 M_1、W_2、W_3、W_4 的方程，有函数关系式

$$f(M_1,W_2,W_3,W_4)=0 \tag{5-53}$$

(4) 由重油的品位 A 和燃烧量，可知要匹配的燃烧风，有

$$W_2=10.7M_1 \tag{5-54}$$

由式(5-51)～式(5-54)就可以求出 M_1、W_2、W_3、W_4。

2) 氮气与稀释风流量专家控制器

氮气和稀释风流量控制器是通过调节充入的氮气和稀释风来控制窑内气体的含氧率和窑头温度,确保精矿不着火。精矿的着火点与精矿的成分(考虑成分硫)、粒度、干燥气体温度、窑内气体的含氧率和炉料与气体的混合程度有关。一般,精矿经过配料后,其含硫率控制在 32%～33%,粒度控制在 0.5～3.0mm,因此其含硫率和粒度当做常量来处理;干燥气流的温度由窑头温度检测仪而得到;窑内气体的含氧率由含氧率公式(5-55)计算得到;炉料与气体的混合程度即风矿比,在实际生产中维持在 1000～1200m^3/t,由于调节的氮气和稀释风的量相对较少,可将其当做常数处理。这样,精矿的着火点就只与窑头温度和系统内气体含氧率两个因素有关。

含氧率是由稀释风、废热烟气、重油和燃烧风产生的气体和氮气组成的混合气体中氧气所占的比例,定义为

$$w_{\mathrm{O}}=\frac{W_1\eta_{烟气}+(W_2+W_3)\times 0.21-M_1L+W_4\eta_{氮气}}{W_1+\rho W_2+W_3+W_4} \tag{5-55}$$

式中,L 为燃烧重油所消耗的氧气;ρ 为重油燃烧所消耗的空气与其产生的气体比,可按重油的品位查表 5.4 得到,空气含氧率取 21%,其他参数同前。计算方程式中,氮气来自于制富氧分离的空气,其含氧率相当低,取经验值 2%;烟气的含氧率由定期化验得到;重油燃烧的耗氧和产生的烟气由燃烧重油的量与其品位来决定。例如,设燃烧的重油质量为 1kg。对重油 A,耗氧为 2.247m^3,产生的烟气为 11.384m^3;对重油 B,耗氧为 2.226m^3,产生的烟气为 11.245m^3;对重油 C,耗氧为 2.163m^3,产生的烟气为 10.899m^3。

表 5.4　重油品质与耗氧关系表

种类	发热量/(kcal/kg)	需氧气/(m^3/kg)	二氧化碳/(m^3/kg)	水蒸气/(m^3/kg)	二氧化硫/(m^3/kg)	氮气/(m^3/kg)	合计产生气体
重油 A	10800～10160	2.247	1.578	1.328	0.01398	8.46	11.384
重油 B	10650～10000	2.226	1.577	1.273	0.0209	8.38	11.245
重油 C	10400～9760	2.163	1.549	1.176	0.0245	8.15	10.899

着火点与含氧率的关系,经过对配矿后的铜精矿进行试验分析得到。

考虑到以下两个因素:①烟气含氧率、氮气含氧率分别取的是定时化验值和经验值,致使含氧率计算不很精确;②干燥精矿成分是经过计算配合多种矿源而得的混合矿,其成分也在一定范围内波动。故计算时取定值。

为了保证生产的可靠性,允许氮气在一定范围内有盈余。采用的方法是将每次增大或减少的氮气进行定量化,调节步长为 80Nm^3/h,并匹配允许的温度波动

范围 $C_1 \sim C_2$。又由于氮气的相对分子质量(28)和空气的相对分子质量(29)相差无几,随尾气排出后不容易流走,笼罩于整个车间上方。为防止现场操作工人在无形中缺氧,设定最大安全许可的氮气充入量,若需要的氮气量大于最大安全量,则充入一定稀释风来降温。

含氧率在 w_O 下的精矿着火点 T_1 可表示为[16]

$$w_O = \begin{cases} \text{int}(w_O)+1, & w_O - \text{int}(w_O) \geqslant 0.5 \\ \text{int}(w_O), & w_O - \text{int}(w_O) < 0.5 \end{cases} \tag{5-56}$$

与窑头温度 T_2 相比较,若 $C_1 \leqslant T_1 - T_2 \leqslant C_2$,则充入的氮气量合适;若 $T_1 - T_2 < C_1$,则使氮气的充入量增加 $80\text{Nm}^3/\text{h}$;若 $T_1 - T_2 > C_2$,则使氮气的充入量减少 $80\text{Nm}^3/\text{h}$;若此时计算要加入的氮气量比最大安全许可的氮气充入量多,则将稀释风增大 $500\text{Nm}^3/\text{h}$ 的流量,其中 C_1 和 C_2 是按照经验给定的。

针对所获取的试验数据的特点,知识表示采用产生式规则表示法,一般形式为 P→Q,P 表示一组前提(条件或状态),Q 表示若干结论(或动作),表示"若前提 P 满足则可推出结论 Q"。知识表示如下例所示:

R1:IF $13.5 < w_O \leqslant 14.5$ AND $(T_1 - T_2) \leqslant 3$ AND $k \leqslant (z-80)$
THEN $k = k+80$, $L = L$;

R2:IF $13.5 < w_O \leqslant 14.5$ AND $(T_1 - T_2) \leqslant 3$ AND $(z-80) < k < z$
THEN $k = z, L = L+500$;

R3:IF $13.5 < w_O \leqslant 14.5$ AND $(T_1 - T_2) \geqslant 6$ AND $80 \leqslant k$
THEN $k = k-80$, $L = L$;

R4:IF $13.5 < w_O \leqslant 14.5$ AND $(T_1 - T_2) \geqslant 6$ AND $k < 80$
THEN $k = 0$, $L = L$;

R5:IF $13.5 < w_O \leqslant 14.5$ AND $3 < (T_1 - T_2) < 6$
THEN $k = k, L = L$;

……

采用前向推理来实现氮气和稀释风流量的专家规则的推理。当取出某个规则集后,在规则集内部采用前向推理。记录指针首先指向该规则集的第一条记录,然后匹配此记录的比较单元,若匹配不成功,则继续判断是否为规则库的最后一条记录,若是则退出匹配,若不是则继续匹配下一条规则记录。当条件为真时,继续判断是否为该规则的最后一个前提,若是该规则前提结束,调用结论;否则,表示此条规则的前件没有结束,继续匹配此条记录的条件。如此反复循环比较,直至成功匹配某条规则前提[3]。

3) 燃料优化控制

根据软测量反馈的结果,在风矿比、混合气体含氧率和精矿含水率等约束下求取燃油量的最优值及其匹配的燃烧风、稀释风,达到节约能源、降低干燥成本的目的。对干精矿水分进行预测，若与期望值的差值超出了某一个范围，就启动优化计算，重新搜索燃油量的最优值，来调节燃油阀门的开度。优化的目标函数是燃油量，其表达式为

$$\min(M_1) \tag{5-57}$$

该优化目标要满足的约束条件有以下五个。

(1) 为了使矿能够顺利送到干料仓，必须保证一定的风矿比，其变化范围是1000～1200。

$$1000 \leqslant \frac{W_1 + KW_2 + W_3 + W_4}{G_1} \leqslant 1200 \tag{5-58}$$

式中，K 为重油所消耗的燃烧风与产生的气体的比。

(2) 由于扩大生产，干燥的矿量增加，使得干燥系统内的温度达 600℃，为了防止着火，系统内气体的含氧率要控制在 10%以下，其中空气含氧率取 21%。

$$\frac{W_1 \eta_{烟气} + W_3 \times 0.21 + W_4 \eta_{氮气}}{W_1 + KW_2 + W_3 + W_4} < 10\% \tag{5-59}$$

(3) 为了使重油能够充分燃烧，必须根据燃烧的重油的品位和流量来提供相匹配的燃烧风。

$$\frac{M_1}{W_2} = B \tag{5-60}$$

式中，B 可由表 5.4 推算出来。

(4) 优化油量的最重要的前提是确保干精矿的水分稳定，并满足生产的要求，即

$$0.1\% \leqslant f(\cdot) \leqslant 0.3\% \tag{5-61}$$

其中 $f(\cdot)$ 为 5.2.3 节中干矿水分软测量模型。

(5) 受风机、管径等实际条件的影响，每一个变量都有自身的取值范围

$$\begin{cases} M_1^{\min} \leqslant M_1 \leqslant M_1^{\max} \\ W_2^{\min} \leqslant W_2 \leqslant W_2^{\max} \\ W_3^{\min} \leqslant W_3 \leqslant W_3^{\max} \\ W_4^{\min} \leqslant W_4 \leqslant W_4^{\max} \end{cases} \tag{5-62}$$

因此，这是一个带有等式约束和不等式约束的非线性优化问题，且等式约束中含有无法求导的软测量模型。因此，采用混合惩罚函数法把有约束的燃油优化模型转化为无约束模型，然后采用遗传算法来寻优得到最佳的燃油量、燃烧风量和稀释风量。

采用混合罚函数法来处理有约束问题，满足

$$h_j(X) = 0, \quad j = 1,2,\cdots,m \tag{5-63}$$

$$lb_k \leqslant g_k(X) \leqslant ub_k, \quad k = 1,2,\cdots,p \tag{5-64}$$

$$LB_i \leqslant x_i \leqslant UB_i, \quad i = 1,2,\cdots,n \tag{5-65}$$

式(5-63)表示等式约束,式(5-64)表示不等式约束,式(5-65)表示边界约束。由于在遗传算法中已把随机产生的变量值限定在各个变量的许可值范围内,这里不考虑式(5-65)的影响。

将式(5-64)中的上限或下限通过移转变化,得到 $y_k(X) \leqslant 0 (k = 1,2,\cdots,t)$ 的形式后,再加入惩罚函数后表达式变为

$$F(X,r^{(q)}) = f(X) + r^{(q)} \sum_{i=1}^{t} \left[\frac{1}{-y_i(X)}\right] + \frac{1}{\sqrt{r^{(q)}}} \cdot \left\{ \sum_{i=1}^{m} h_i^2(X) + \sum_{i=1}^{t} \left[\frac{(1+\mathrm{sgn}(y_i(X)))y_i(X)}{2}\right]^2 \right\} \tag{5-66}$$

式中,r 是罚因子。右端的第一项是内点法的惩罚项,使得搜索点不越出已被满足的不等式约束边界,随着 $r^{(q)}$ 的不断减少,搜索点向有效约束边界逼近;右端的第三项是外点法的惩罚项,其作用是当 $r^{(q)}$ 减少、$1/\sqrt{r^{(q)}}$ 增大时,迫使搜索点从被违反的不等式约束边界的外部向内部移动,并同时靠近等式约束表示的超曲面。

罚因子 $r^{(0)}$ 的选取以及罚因子增大或缩小的规律,对无约束极小化的次数,甚至对罚函数法的成败,都有着极大的影响。用内点法时 $r^{(0)}$ 太大,或用外点法时 $r^{(0)}$ 太小,都容易使罚函数极小化,但是其最小点离约束最优解较远,使得极小化次数增加;反之,罚函数极小点离约束最优解较近,但又可能在初次最小化时遇到困难。目前没有完整的理论可借鉴,一般都是凭借经验。在式(5-66)中,罚因子取 $r^{(0)} = 1, r^{(q)} = 0.05r^{(q-1)}$。混合罚函数法将约束问题转化为无约束优化问题后,再应用遗传算法进行求解。

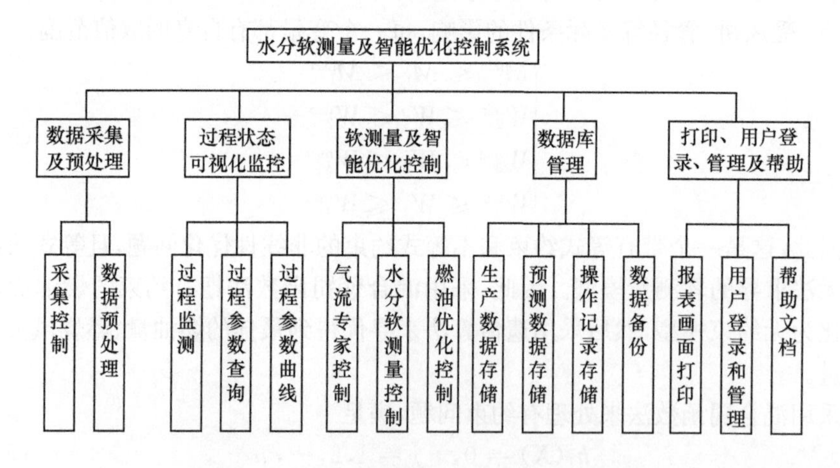

图 5.8 气流干燥过程优化控制系统功能图

5.2.5　干燥过程优化系统设计

基于水分软测量的气流干燥过程优化控制系统功能图如图 5.8 所示。该系统提供科学的参数优化操作指导，为操作工人调节工况参数提供了理论依据，降低了以往凭经验调节的盲目性，减少了由参数波动引起的工况不稳定。把连续稳定生产 3 个月所消耗的氮气量、燃油量与此前 3 个月所耗的相应量相比较，累计每天平均所消耗的氮气、燃油量都有明显下降，降低了能耗，提高了生产效率[10]。

5.3　闪速炉炉况评判与操作优化

5.3.1　闪速炉简介

在火法炼铜工艺中，采用奥托昆普闪速熔炼炉生产的铜占世界铜产量的 30%以上。其熔炼过程是将经过深度脱水（含水率小于 0.3%）的粉状精矿，在喷嘴中与空气或氧气混合后，以高速度（60～70m/s）从反应塔顶部喷入高温（1450～1550℃）的反应塔内。此时，精矿颗粒被气体包围，处于悬浮状态，在 2～3s 内基本上完成了硫化物的分解、氧化和熔化等过程。在 1150～1250℃的高温下，硫化铜精矿和熔剂在熔炼炉内进行熔炼，炉料中的 Cu、S 与未氧化的 Fe 形成液态铜锍。这种铜锍是以 FeS · Cu_2S 为主，并溶有 Au、Ag 等贵金属及少量其他金属硫化物的共熔体。炉料中的 SiO_2、Al_2O_3、CaO 等成分与 FeO 一起形成液态炉渣，炉渣是以 2FeO · SiO_2（铁橄榄石）为主的氧化物熔体。熔融硫化物和氧化物的混合熔体落到反应塔底部的沉淀池中汇集起来，继而最终形成锍与炉渣，并进行澄清分离。炉渣在单独贫化炉或闪速炉内贫化区处理后再弃去。投入熔炼炉的炉料有 Cu_2S 精矿、各种返料及熔剂等。这些物料在炉中将发生一系列物理化学变化，最终形成烟气和互不相溶的铜锍与炉渣[1]。奥托昆普闪速炉的结构简图如图 5.9 所示。

在铜闪速熔炼过程中，闪速炉产出的铜锍温度、铜锍品位及渣中铁硅比是闪速熔炼过程的综合判断指标。这三大参数也是对闪速炉的操作参数（即热风、氧气量）进行调控的重要依据。只要稳定这三大参数就可基本实现熔炼、吹炼、硫酸等整个闪速熔炼流程的生产稳定。目前，根据静态的冶金计算模型，得到风量、氧量和燃料流量等操作参数的设定指导值。但由于这三大参数只能在放出铜锍时进行人工测量，而铜锍每隔一段时间才从铜锍口放出，这样测得的数据滞后 1h 以上，再加上人为因素的影响，使得三大参数的测量值更加难以及时起到修正操作参数的作用。此外，由于使用消耗式热电偶在炉前铜锍口处测量铜锍温度，这种一次性热电偶测温存在不可重复性，测量成本较高。因此，本节首先研究物料平衡和热量平衡计算模型，然后研究铜锍温度、铜锍品位和渣中铁硅比三大指标的检测，以此为

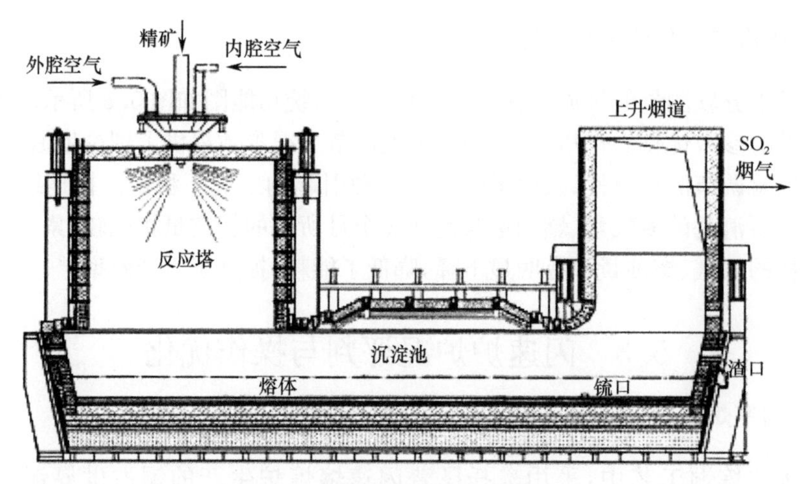

图 5.9 奥托昆普闪速炉结构简图

基础,研究其操作模式的智能优化,最后设计了闪速炉炉况综合优化控制系统,并将其应用到实际系统中,获得了良好的应用效果。

5.3.2 闪速炉物料平衡和热平衡计算模型

闪速熔炼过程的机理模型是在对工艺机理深刻认识的基础上,通过列写宏观的物料平衡与热平衡方程来确定三大参数与其他输入变量之间的数学关系[11]。

1. 闪速炉物料平衡模型

物料平衡模型用于预测铜锍品位与渣中铁硅比。

1) 炉料与产物分析

闪速熔炼过程的炉料包括精矿、渣精矿、不定物料、硅酸矿、转炉烟灰、转炉锅炉烟灰、干燥烟灰、锅炉烟灰、电收尘烟灰以及鼓风。鼓风(即富氧)通常是空气和工业氧气的混合气体,而其他装入物料中主要包含 Fe、Cu、S、SiO_2 四种成分。

闪速熔炼过程的产物包括:铜锍、炉渣、烟气与烟尘。在闪速炉反应塔空间内,Fe 的硫化物氧化占主要地位。氧化形成的 FeO 与炉料中其他组分一起造渣,而形成的 Fe_3O_4 进入熔体内。未氧化的 FeS 与 Cu_2S 构成铜锍。

2) 物料平衡模型

在建立物料平衡模型时,作出以下假设。

(1) 鼓入的富氧空气、重油、炉料之间的反应达到平衡时,平衡体系包含 Fe、Cu、S、O、N、SiO_2 六种成分,其他成分含量较少,可不参与计算。

(2) 铜锍仅由 FeS 与 Cu_2S 组成。

根据质量守恒定律,可以得到

$$\text{装入物料量} = \text{产出物料量} \tag{5-67}$$

$$\text{装入物料中某元素的含量} = \text{产出物料中某元素的含量} \tag{5-68}$$

根据式(5-67)、式(5-68)，可建立闪速炉物料平衡模型。

设未知数 X_1、X_2、X_3、X_4、X_5、X_6、X_7、X_8、X_9、X_{10}、X_{11} 分别表示铜锍量、铜锍中铜量、渣量、渣中 Fe 量、渣中 SiO_2 量、锅炉烟灰粉量、锅炉烟灰块量、电收尘烟灰量、排烟中 S 量、排烟中其他物质量、化学反应所需氧量。

① 物料平衡

$$\begin{aligned} &G_1 + G_2 + G_3 + G_4 + G_5 + G_6 + G_7 + G_8 + G_9 + X_{11} \\ &= X_1 + X_3 + X_6 + X_7 + X_8 + X_9 + X_{10} \end{aligned} \tag{5-69}$$

式中，G_1 为精矿量；G_2 为渣精矿量；G_3 为不定物料量；G_4 为硅酸矿量；G_5 为转炉烟灰量；G_6 为转炉锅炉烟灰量；G_7 为干燥烟灰量；G_8 为锅炉烟灰量；G_9 为电收尘烟灰量。

② Cu 平衡

$$G_{\text{Cu装入}} = X_2 + X_3\theta_{\text{Cu渣}} + (X_6 + X_7)\theta_{\text{Cu锅炉}} + X_8\theta_{\text{Cu电收尘}} \tag{5-70}$$

式中，$G_{\text{Cu装入}}$ 为装入物中的 Cu 量；$\theta_{\text{Cu渣}}$ 为渣中 Cu 品位；$\theta_{\text{Cu锅炉}}$ 为锅炉烟灰块中 Cu 品位；$\theta_{\text{Cu电收尘}}$ 为电收尘烟灰中 Cu 品位。

③ S 平衡

$$\begin{aligned} G_{\text{S装入}} = &X_1(P_{11} + X_2/X_1P_{12}) + X_3\theta_{\text{S渣}} \\ &+ (X_6 + X_7)\theta_{\text{S锅炉}} + X_8\theta_{\text{S电收尘}} + X_9 \end{aligned} \tag{5-71}$$

式中，$G_{\text{S装入}}$ 为装入物中的 S 量；P_{11}、P_{12} 为铜锍中 S 品位计算系数，通过经验确定；$\theta_{\text{S渣}}$ 为渣中 S 品位；$\theta_{\text{S锅炉}}$ 为锅炉烟灰块中 S 品位；$\theta_{\text{S电收尘}}$ 为电收尘烟灰中 S 品位。

④ Fe 平衡

$$\begin{aligned} G_{\text{Fe装入}} = &X_1(P_{13} + X_2/X_1P_{14}) + X_4 \\ &+ (X_6 + X_7)\theta_{\text{Fe锅炉}} + X_7\theta_{\text{Fe电收尘}} \end{aligned} \tag{5-72}$$

式中，$G_{\text{Fe装入}}$ 为装入物中的 Fe 量；P_{13}、P_{14} 为铜锍中 Fe 品位计算系数，通过经验确定；$\theta_{\text{Fe锅炉}}$ 为锅炉烟灰块中 Fe 品位；$\theta_{\text{Fe电收尘}}$ 为电收尘烟灰中 Fe 品位。

⑤ SiO_2 平衡

$$G_{SiO_2\text{装入}} = X_1\theta_{SiO_2\text{铜锍}} + X_5 + (X_6 + X_7)\theta_{SiO_2\text{锅炉}} + X_8\theta_{SiO_2\text{电收尘}} \tag{5-73}$$

式中，$G_{SiO_2\text{装入}}$ 为装入物中的 SiO_2 量；$\theta_{SiO_2\text{铜锍}}$ 为铜锍中 SiO_2 品位，由于假设铜锍仅由 FeS 与 Cu_2S 组成，因此 $\theta_{SiO_2\text{铜锍}}$ 为零；$\theta_{SiO_2\text{锅炉}}$ 为锅炉烟灰块中 SiO_2 品位；$\theta_{SiO_2\text{电收尘}}$ 为电收尘烟灰中 SiO_2 品位。

⑥ 锅炉烟灰粉量

$$X_6 = (G_1 + G_2 + G_3 + G_4)P_1P_2P_3 \tag{5-74}$$

式中，P_1 为烟灰发生率(相对装入干矿量)；P_2 为锅炉烟灰率(相对发生的烟灰量)；P_3 为锅炉烟灰返回率(相对锅炉烟灰量)。

⑦ 锅炉烟灰块量

$$X_7 = (G_1 + G_2 + G_3 + G_4)P_1P_2(1 - P_3) \tag{5-75}$$

⑧ 电收尘烟灰量

$$X_8 = (G_1 + G_2 + G_3 + G_4)P_1(1 - P_2) \tag{5-76}$$

⑨ 排烟中的 S 量

$$\begin{aligned} X_9 = \{ & [(G_{风} - G_{氧}) \times \frac{0.21}{1 + \omega_{空气}} + G_{氧}\theta_{氧} \\ & + (G_{自由空气} + \frac{G_{一次空气}}{1 + \omega_{空气}}) \times 0.21 \\ & - G_{油}\alpha_1\rho_{油} \times 0.21] \\ & \cdot \eta_{氧} \times 32.0/22.4 \times 10^{-3} - X_{11}\} \times \frac{32.06}{32.0} \end{aligned} \tag{5-77}$$

式中，$G_{风}$、$G_{氧}$分别为反应塔热风量、反应塔氧气量；$G_{自由空气}$、$G_{一次空气}$分别为反应塔自由空气量、反应塔一次空气量；$\omega_{空气}$为空气水分率；$\theta_{氧}$为制氧站氧气浓度；$\rho_{油}$为重油密度；$\eta_{氧}$为由经验确定的反应塔氧效率；α_1为反应塔单位重油燃烧空气量，可由下式确定：

$$\alpha_1 = \frac{\theta_{C油} \times \frac{22.4}{12} + \theta_{H油} \times \frac{11.2}{2} + \theta_{S油} \times \frac{22.4}{32.06}}{0.21\eta_{氧}} \tag{5-78}$$

其中，$\theta_{C油}$、$\theta_{H油}$、$\theta_{S油}$分别为重油中 C、H、S 的品位。

⑩ 排烟中其他物质量

$$\begin{aligned} X_{10} = [& G_{other装入} - (\delta_{O_2渣精} + \delta_{O_2不定} + \delta_{O_2转炉} + \delta_{O_2转炉锅炉} + G_4\alpha_{硅酸} \\ & + G_8\alpha_{锅炉} + G_9\alpha_{电收尘})](1 - P_4) \end{aligned} \tag{5-79}$$

式中，$G_{other装入}$为装入物中其他物质量；$\delta_{O_2渣精}$为渣精矿 O_2 量；$\delta_{O_2不定}$为不定物料 O_2 量；$\delta_{O_2转炉}$为转炉烟灰 O_2 量；$\delta_{O_2转炉锅炉}$为转炉锅炉烟灰 O_2 量；$\alpha_{硅酸}$为硅酸矿 O_2 系数；$\alpha_{锅炉}$为锅炉烟灰 O_2 系数；$\alpha_{电收尘}$为电收尘烟灰 O_2 系数；P_4 为其他物质计算系数，由经验确定。

⑪ O_2 平衡

$$\begin{aligned} & X_1\left(P_{13} - P_{11}P_{20} \times \frac{55.85}{32.06}\right) \times \frac{16 \times 4}{55.85 \times 3} \\ & + X_2\left[P_{14} - \left(P_{12} - \frac{32.05}{63.55 \times 2}\right)P_{20} \times \frac{55.85}{32.06}\right] \\ & - X_3\alpha_{渣} + X_4\alpha_{渣中Fe} + (X_6 + X_7)\alpha_{锅炉} \\ & + X_8\alpha_{电收尘} - X_{11} \\ = & \delta_{O_2渣精} + \delta_{O_2不定} + \delta_{O_2转炉} + \delta_{O_2转炉锅炉} + G_4\alpha_{硅酸} \\ & + G_8\alpha_{锅炉} + G_9\alpha_{电收尘} \end{aligned} \tag{5-80}$$

式中，P_{20} 为成为 FeS 的 Fe、S 比率；$\alpha_{渣}$ 为渣 O_2 系数；$\alpha_{渣中Fe}$ 为渣中 Fe 的 O_2 系数。

由以上 11 个平衡方程求得 $X_1 \sim X_{11}$，且

$$P'_m = X_2/X_1 \tag{5-81}$$

$$C'_{铁硅} = X_4/X_5 \tag{5-82}$$

式中，P'_m、$C'_{铁硅}$ 分别为铜锍品位和渣中铁硅比的预测结果。

2. 闪速炉热平衡模型

热平衡模型用于预测反应塔烟气温度。在建立热平衡模型时，作以下假设：

(1) 鼓入的富氧空气、重油、炉料之间的反应达到热力学平衡时，平衡体系包含 Fe、Cu、S、O、N、SiO_2 六种成分，其他成分含量较少，可不参与计算。

(2) 铜锍仅由 FeS 与 Cu_2S 组成。

(3) 闪速炉反应塔热损失(即反应塔散热)视为常数。

(4) 忽略反应塔内温度的不均匀分布。

根据热收入项之和等于热支出项之和的原理，建立闪速炉的热平衡模型

$$\sum Q_i = \sum Q_o \tag{5-83}$$

式中，Q_i 为反应塔的热收入项；Q_o 为反应塔的热支出项。

闪速炉反应塔的热传递关系示意图如图 5.10 所示。

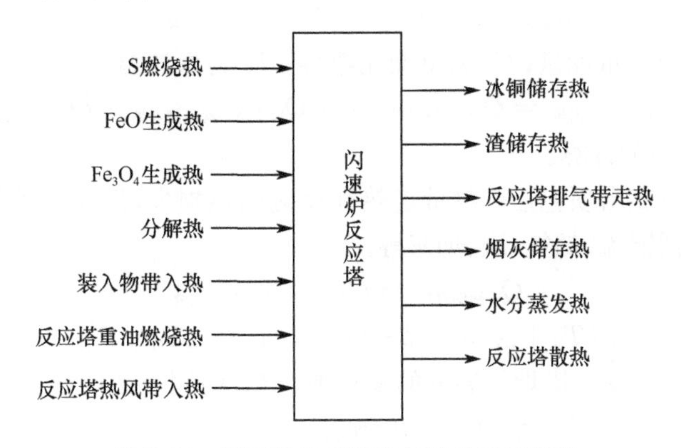

图 5.10　闪速炉反应塔热传递关系示意图

① 热收入项的计算。

反应塔的热收入项包括炉料的化学反应热以及燃料或物料带进来的热，反应塔加入的炉料主要包括精矿、渣精矿、不定物料、硅酸矿、转炉烟灰、转炉锅炉烟灰、装入锅炉烟灰、装入电收尘烟灰，此外还有重油、氧气、热风以及一次风。

被氧化的 S 全部进入烟气中，因此

$$Q_{S燃烧热} = \delta_S Q_{S氧化热} \tag{5-84}$$

式中，δ_S 表示排烟中的 S 量，即物料平衡计算得到的 X_9；$Q_{S氧化热}$ 表示 $S+O_2 = SO_2$ 的反应热(J/kg)。

$$Q_{FeO生成热} = \delta_{Fe} Q_{Fe氧化热} \tag{5-85}$$

式中，δ_{Fe} 为渣中 FeO 的 Fe 含量；$Q_{Fe氧化热}$ 表示 $2Fe+O_2 = 2FeO$ 的反应热。

$$Q_{Fe_3O_4生成热} = (\delta_{Fe1} + \delta_{Fe2} + \delta_{Fe3} + \delta_{Fe4} + \delta_{Fe5}) Q_{Fe_3O_4反应热} \tag{5-86}$$

式中，δ_{Fe1} 为铜锍中 Fe_3O_4 的 Fe 含量；δ_{Fe2} 为渣中 Fe_3O_4 的 Fe 含量；δ_{Fe3} 为产出锅炉烟灰粉 Fe_3O_4 的 Fe 含量；δ_{Fe4} 为产出锅炉烟灰块 Fe_3O_4 的 Fe 含量；δ_{Fe5} 为产出电收尘烟灰 Fe_3O_4 的 Fe 含量。

$CuSO_4$ 生成热、$FeSO_4$ 生成热以及 Fe_3O_4 生成热类似。

$$Q_{分解热} = -(Q_1 + Q_2 + Q_3 + Q_4 + Q_5 + Q_6 + Q_7 + Q_8 + Q_9 + Q_{10}) \tag{5-87}$$

式中，Q_1 为精矿分解热；Q_2 为渣精矿分解热；Q_3 为不定物料分解热；Q_4 为硅酸矿分解热；Q_5 为转炉烟灰分解热；Q_6 为转炉锅炉烟灰分解热；Q_7 为装入锅炉烟灰分解热；Q_8 为装入电收尘烟灰分解热；Q_9 为产出烟灰 Cu_2S 变成 $CuSO_4$ 的分解热；Q_{10} 为产出物 FeS 变成 FeO、Fe_3O_4、$FeSO_4$ 的分解热。

$$Q_{装入物带入热} = [G_0 C_1 + (G_1 + G_2 + G_3 + G_4)\omega_{装入}](T_1 - T) \tag{5-88}$$

式中，G_0 为装入量合计；C_1 为装入物比热容；$\omega_{装入}$ 为装入物水分率；T_1 为装入物温度；T 为基准温度。

$$Q_{反应塔重油燃烧热} = G_6 [C_2(T_2 - T) + Q_{重油发热量}] \tag{5-89}$$

式中，G_6 为反应塔重油量；C_2 为重油比热容；T_2 为重油温度。

$$Q_{反应塔热风带入热} = Q_{反应塔空气带入热} + Q_{反应塔一次风带入热} + Q_{氧气带入热} \tag{5-90}$$

② 热支出项的计算。

反应塔的热支出项包括产物带走热和反应的热损失，以及炉子的散热等。反应塔的产物包括铜锍、烟气、渣、烟灰等。

$$Q_{铜锍储存热} = G_{铜锍量} C_{铜锍单位热量} \tag{5-91}$$

式中，$C_{铜锍单位热量} = a(T_G + \Delta T_G) + b - [c + d(T_G + \Delta T_G)]P'_m \times 100$，$T_G$为反应塔烟气温度，$\Delta T_G$ 为反应塔烟气温度的修正项，P'_m 为铜锍品位预测值，由式(5-81)计算得到，a、b、c、d 为计算系数，由经验确定。

$$Q_{渣储存热} = G_{渣量} C_{渣单位热量} \tag{5-92}$$

式中，$C_{渣单位热量} = e(T_G + \Delta T_G) + f$，$e$、$f$ 为计算系数，由经验确定。

$$Q_{反应塔排气带走热} = G_{SO_2} C_{SO_2} + G_{N_2} C_{N_2} + G_{CO_2} C_{CO_2} + G_{H_2O} C_{H_2O} \tag{5-93}$$

式中，G 为各气体的成分量；C 为各气体的单位热量，可由下式决定：

$$C = \frac{A(T_G + \Delta T_G) + B(T_G + \Delta T_G)^2 \times 10^{-3} + \dfrac{C}{T_G + \Delta T_G} \times 10^5 + D}{22.4} \tag{5-94}$$

其中，T_G 为反应塔烟气温度；A、B、C、D 为计算系数，由经验确定。

$$Q_{烟灰储存热} = (G_{产出锅炉烟灰粉量} + G_{产出锅炉烟灰块量} + G_{产出电收尘烟灰量} + G_{排烟中其他量})G_{烟灰单位热量} \tag{5-95}$$

式中，$C_{烟灰单位热量} = E(T_G + \Delta T_G) + F$，$E$、$F$ 为计算系数，由经验确定。

$$Q_{水分蒸发热} = (G_2 + G_3 + G_4 + G_5)w_{装入}(Q_{水蒸发热} + Q_{饱和水热焓} - Q_{装入水热焓}) \tag{5-96}$$

$$Q_{反应塔散热} = s \tag{5-97}$$

式中，s 为常数，由经验确定。

利用式(5-83)可求得烟气温度预测值 T_G，而预测的目标变量——铜锍温度

$$T'_m = T_G - \Delta T_G \tag{5-98}$$

式中，ΔT_G 为铜锍温度与烟气温度的差值。

③ 热平衡模型的修正。

为了对热平衡模型进行实时的在线修正，提高模型的精确度，引入反馈修正回路，对反应塔烟气温度的修正项 ΔT_G 进行修正。设由热平衡模型得到的铜锍温度预测值与测量值的偏差为

$$E_T = T'_m - T_{m测} \tag{5-99}$$

式中，$T_{m测}$ 为铜锍温度的测量值，则

$$\Delta T_G = \begin{cases} \Delta T'_G - \Delta t_1, & E_T \geqslant \Delta t_0 \\ \Delta T'_G + \Delta t_1, & E_T \leqslant -\Delta t_0 \\ \Delta T'_G, & -\Delta t_0 < E_T < \Delta t_0 \end{cases} \tag{5-100}$$

式中，$\Delta T'_G$ 为上一次计算得到的 ΔT_G；Δt_0、Δt_1 均为常数。

3. 铜锍与烟气的温差模型

影响铜锍与烟气之间温差的因素很多，这些因素之间又相互影响，给建模带来了困难。神经网络只依赖于历史数据，无须了解太多的过程知识，且有以任意精度逼近非线性连续函数的能力，总体拟合能力强，预测精度较高，因此可以采用神经网络预测铜锍与烟气的温差。

根据上面的机理分析，确定铜锍与烟气的温差模型的输入变量为：反应塔热风量 x_1、反应塔富氧浓度 x_2、装入干矿总量 x_3、装入物含 Cu 率 x_4、装入物含 Fe 率 x_5、装入物含 S 率 x_6、装入物含 SiO_2 率 x_7、空气水分率 x_8。采用三层 BP 神经网络模型结构，输入层神经元 8 个，隐含层神经元 23 个，输出层神经元 1 个。可用下式表示：

$$\Delta T_G = f(x_1, x_2, x_3, x_4, x_5, x_6, x_7, x_8) \tag{5-101}$$

4. 机理模型的工业运行结果

选取 50 组工业数据对基于物料平衡与热平衡的机理模型进行验证，三大参数

的预测结果如图 5.11～图 5.13 所示。

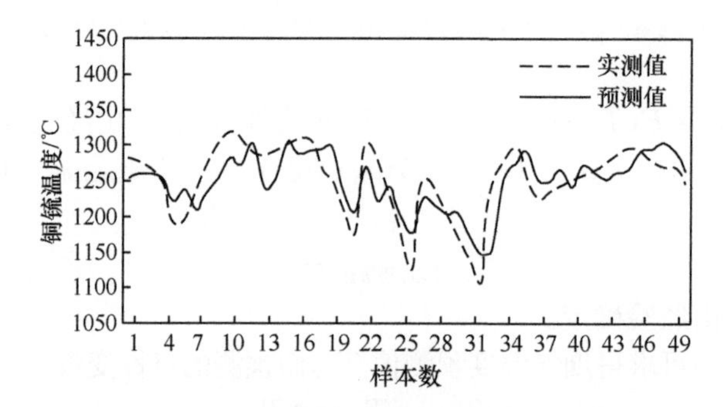

图 5.11 基于机理模型的铜锍温度预测结果图

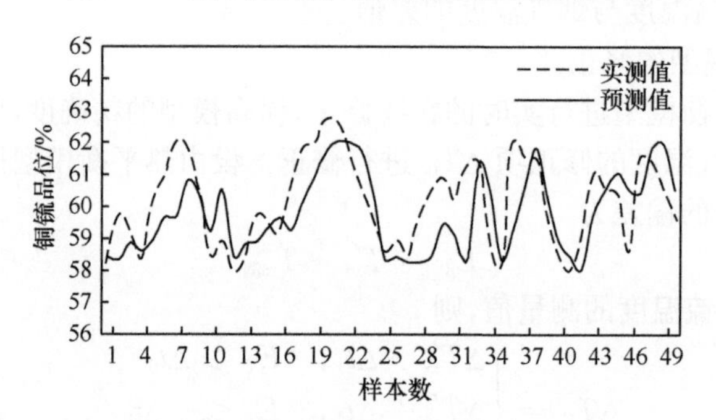

图 5.12 基于机理模型的铜锍品位预测结果图

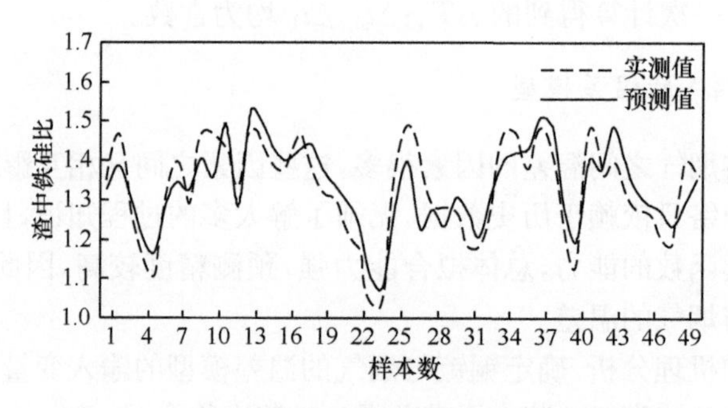

图 5.13 基于机理模型的渣中铁硅比预测结果图

铜锍温度的最大相对误差为 8.05%，平均相对误差为 2.17%；铜锍品位的最大相对误差为 4.72%，平均相对误差为 1.57%；渣中铁硅比的最大相对误差为 11.73%，平均相对误差为 4.34%。由此可以看出，基于物料平衡与热平衡的机理模型基本可以预测出三大参数的变化趋势，但预测值精度不够高。

5.3.3 闪速炉工艺指标的智能集成预测模型

基于物料平衡与热平衡的机理模型是基于一些假设条件和经验系数建立的，对模型中一些参数进行了简化处理，影响了机理建模的准确性，而实际熔炼过程中积累的工业运行数据为基于数据的建模方法创造了条件。为此，在5.3.2小节机理建模基础上，利用模糊神经网络模型进行三大参数预测，并通过智能协调提高三大参数的预测精度[12]。

模糊神经网络有多种，采用较多的是简化的T-S模糊神经网络，其特点是：在系统的模糊规则中，“IF”部分是模糊的，而后件“THEN”部分是确定的，为各输入变量的线性组合或常量。这里每条模糊规则的结论都采用常值形式，其简化的一种形式为

$$\begin{aligned}R_j:\ &\text{IF } x_1 \text{ is } A_1^j \text{ AND } x_2 \text{ is } A_2^j \text{ AND} \cdots x_n \text{ is } A_n^j\\ &\text{THEN } y_1=\omega_1^j \text{ AND } y_2=\omega_2^j \text{ AND} \cdots y_m=\omega_m^j\end{aligned} \tag{5-102}$$

其中，x 和 y 是输入、输出变量；ω_k^j 是常值，表示系统第 j 条规则的 k 个输出；A_i^j 为论域 U_i 上的模糊集合。

一般模糊神经网络模型由5层组成，分别如下。

第1层为输入层。该层有 m 个神经元，输入向量 $X=[x_1 \quad x_2 \quad \cdots \quad x_m]^{\mathrm{T}}$ 传送到下一层。

第2层为模糊化层。设每个输入变量均有5个模糊集合，分别为PB、PS、ZE、NS、NB，则该层共有 $m\times5$ 个神经元，隶属函数选择为高斯函数，输出为

$$\mu_{ik}=\exp\left[-\frac{(x_i-m_{ik})^2}{\sigma_{ik}^2}\right] \tag{5-103}$$

式中，$i=1,2,\cdots,m$；$k=1,2,\cdots,5$，分别表示输入量的维数和模糊集合数；m_{ik} 和 σ_{ik} 分别表示高斯隶属函数的中心和宽度。

第3层为推理层。该层的神经元个数为 n，每个神经元代表1条模糊规则，采用Sum-Product模糊推理规则，即

$$\pi_j=\prod_{i=1}^{m}\mu_{il} \tag{5-104}$$

式中，$j=1,2,\cdots,n$ 表示规则数；$l=1,2,\cdots,5$。

第4层为解模糊层。该层的作用是实现归一化计算，避免在学习过程中由于各修正量过大而产生振荡。该层的输出可表示为

$$\bar{\pi}_j=\frac{\pi_j}{\sum_{j=1}^{n}\pi_j} \tag{5-105}$$

第5层为输出层，只有一个神经元。该层采用加权线性求和法，求出清晰的输

出值,即

$$y = \sum_{j=1}^{n} \omega_j \bar{\pi}_j \tag{5-106}$$

式中,ω_j 表示解模糊层与输出层之间的连接权值。

在模糊神经网络中,学习的方法有很多种,因为 BP 算法是一种运算简单、计算效率高的方法,因此采用 BP 算法,按照反方向误差修正 ω_j、σ_{ij}、m_{ij},从而完成隶属函数和规则的自我学习与完善。

网络的误差函数 E 为

$$E = \frac{1}{2} \sum_{i=1}^{T} (\tilde{y}_i - y_i)^2 \tag{5-107}$$

式中,y_i 为实际输出;$\tilde{y}_i$ 为模型输出;T 为训练样本个数。

输出层权值加权的调节公式为

$$\omega_j(t+1) = \omega_j(t) + \eta \Delta\omega_j + \alpha[\omega_j(t) - \omega_j(t-1)] \tag{5-108}$$

$$\Delta\omega_j = \frac{\pi_j(\tilde{y}_i - y_i)}{\sum \pi_j} \tag{5-109}$$

式中,t 为迭代次数;η 为学习率;α 为冲量系数。

模糊化层权值加权的调节公式为

$$m_{ij}(t+1) = m_{ij}(t) + \eta \Delta m_{ij} + \alpha[m_{ij}(t) - m_{ij}(t-1)] \tag{5-110}$$

$$\sigma_{ij}(t+1) = \sigma_{ij}(t) + \eta \Delta\sigma_{ij} + \alpha[\sigma_{ij}(t) - \sigma_{ij}(t-1)] \tag{5 111}$$

$$\Delta m_{ij} = -\frac{\partial E}{\partial m_{ij}} \tag{5-112}$$

$$\Delta\sigma_{ij} = -\frac{\partial E}{\partial \sigma_{ij}} \tag{5-113}$$

根据机理分析,确定三大参数神经网络的输入变量为反应塔热风量 x_1、反应塔富氧浓度 x_2、装入干矿总量 x_3、装入物含 Cu 率 x_4、装入物含 Fe 率 x_5、装入物含 S 率 x_6、装入物含 SiO_2 率 x_7、空气水分率 x_8,分别建立三大参数的模糊神经网络。

铜锍温度模糊神经网络

$$T''_{\mathrm{m}} = f_1(x_1, x_2, x_3, x_4, x_5, x_6, x_7, x_8) \tag{5-114}$$

铜锍品位模糊神经网络

$$P''_{\mathrm{m}} = f_2(x_1, x_2, x_3, x_4. x_5, x_6, x_7, x_8) \tag{5-115}$$

渣中铁硅比模糊神经网络

$$C''_{\text{铁硅}} = f_3(x_1, x_2, x_3, x_4, x_5, x_6, x_7, x_8) \tag{5-116}$$

式中,T''_{m}、P''_{m}、$C''_{\text{铁硅}}$ 分别为铜锍温度、铜锍品位、渣中铁硅比预测结果。

选取 300 组工业数据分别对这三个模糊神经网络进行训练,并选取 50 组数据分别对这三个模型进行验证,模型预测结果如图 5.14~图 5.16 所示。其中,铜锍温度的最大相对误差为8.85%，平均相对误差为2.03%；铜锍品位的最大相对误差为4.48%，平均相对误差为1.53%；渣中铁硅比的最大相对误差为11.74%，平均相对误差为4.30%。

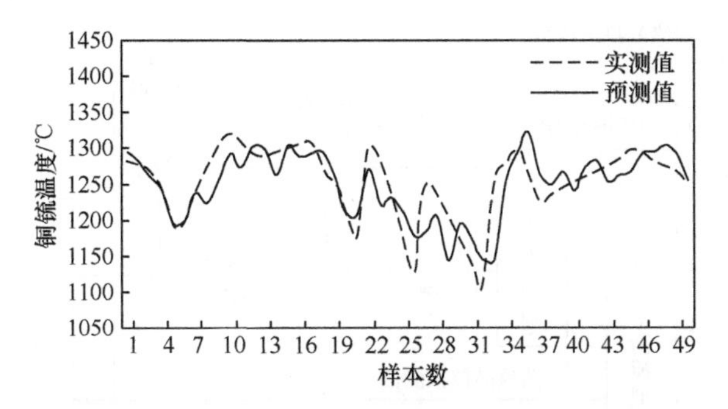

图5.14　铜锍温度的模糊神经网络预测结果图

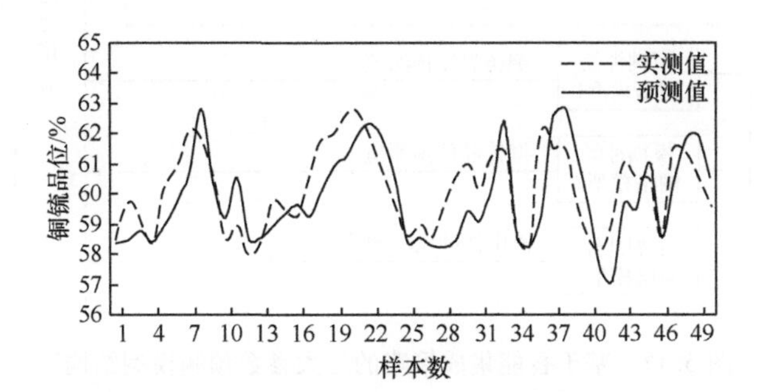

图5.15　铜锍品位的模糊神经网络预测结果图

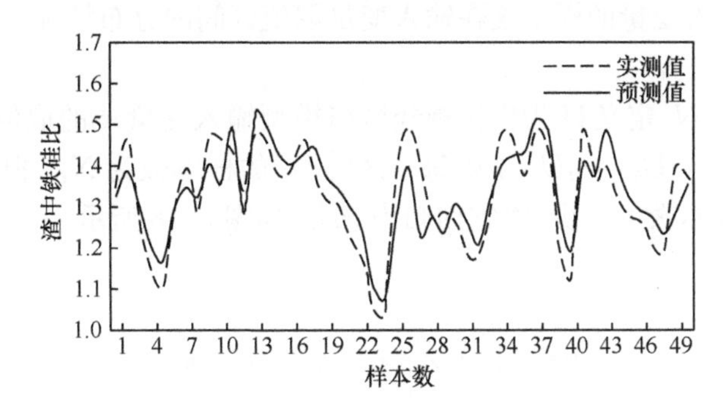

图5.16　渣中铁硅比的模糊神经网络预测结果图

对前两个模型比较研究发现：模糊神经网络模型总体拟合性好，但由于数据的不完备而导致在工况不稳定时不能正确预测；机理模型误差较大，但在工况不稳定时又比模糊神经网络的预测效果好。为了充分发挥两个模型的优势，弥补彼此的缺陷，设计了一个智能协调器将两个模型的输出进行集成。智能协调器的作用是通过对输入变量区域的划分与综合,计算每个模型的加权系数。其基本原理是,当生产条件稳定时,模糊神经网络模型所占的权重较大,在工艺状况不稳定时,机理模型所占的权重较大,其智能集成结构如图 5.17 所示[12,13]。

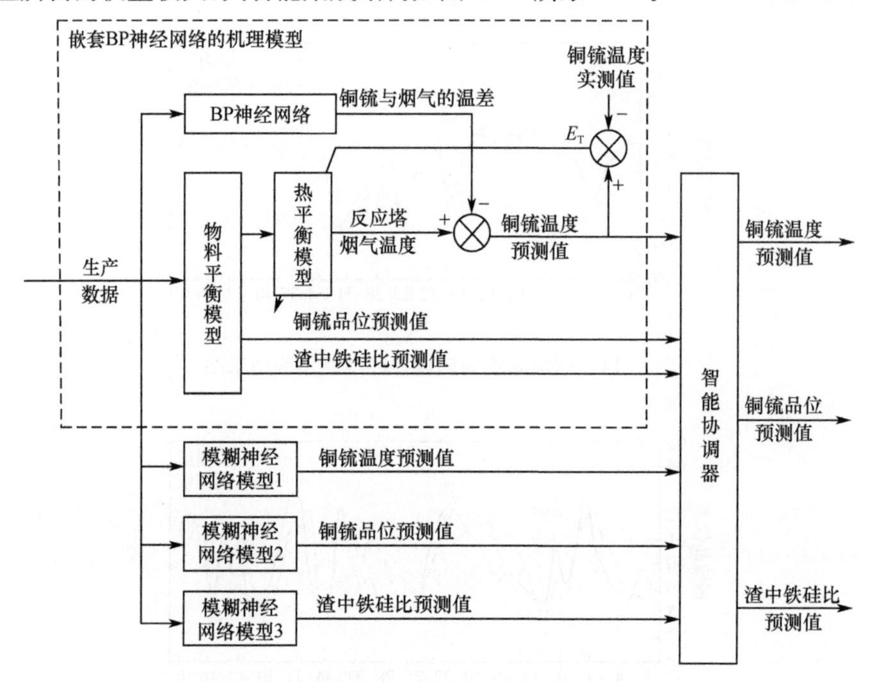

图 5.17　基于智能集成策略的三大参数预测模型结构图

智能协调器的算法如下[12]。

(1) 依据输入变量的样本集在输入变量取值区间的分布情况确定每个输入变量的加权系数。

设样本数为 N,定义 U 为模糊神经网络模型输入变量 x 的取值区间,将 U 细分为 n 个区间 $\{U_1,U_2,\cdots,U_n\}$,则每个区间 U_i 的样本数为 N_i。根据每个区间所含样本数占总样本数的多少,将它们归为 3 类,如图 5.18 所示。

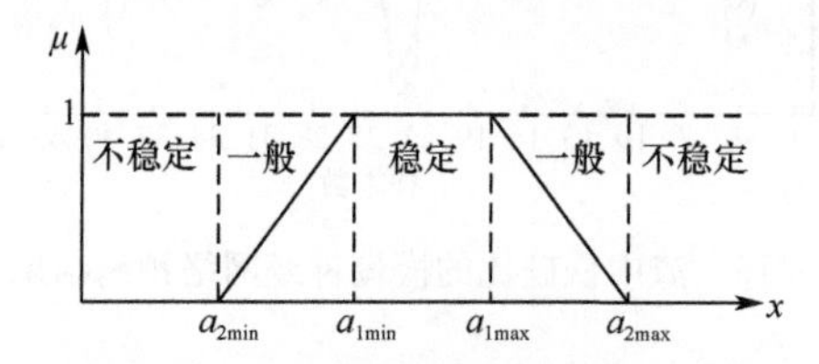

图 5.18　模糊神经网络模型的加权系数

① 若 $N_i/N \geqslant \varepsilon_{\max}$,则生产条件较为稳定。

② 若 $\varepsilon_{\min} < N_i/N < \varepsilon_{\max}$,则生产条件稳定性一般。

③ 若 $N_i/N \leqslant \varepsilon_{\min}$，则生产条件不稳定，$\varepsilon_{\max}$ 和 $\varepsilon_{\min}$ 是由经验确定的。稳定性较好和稳定性一般时 x 的最小、最大值分别为 $a_{1\min}$、$a_{1\max}$ 和 $a_{2\min}$、$a_{2\max}$，可以根据生产历史记录得到。

模糊神经网络模型的加权系数为 μ_i，其函数形式为

$$\mu(x)=\begin{cases}\dfrac{x-a_{2\min}}{a_{1\min}-a_{2\min}}, & a_{2\min}\leqslant x<a_{1\min}\\ 1, & a_{1\min}\leqslant x\leqslant a_{1\max}\\ \dfrac{x-a_{2\max}}{a_{1\max}-a_{2\max}}, & a_{1\max}<x\leqslant a_{2\max}\\ 0, & \text{其他}\end{cases} \tag{5-117}$$

(2) 采用加权平均法计算最终模糊神经网络模型的加权系数

$$\mu(x)=\frac{\sum_{i=1}^{r}\mu(x_i)\beta_i}{\sum_{i=1}^{r}\beta_i} \tag{5-118}$$

式中，$x=[x_1 \quad x_2 \quad \cdots \quad x_r]^{\mathrm{T}}$ 表示模糊神经网络的 r 个输入；$\mu(x_i)$ 是根据式(5-117)计算出的第 i 个输入变量对模糊神经网络模型的加权系数；β_i 反映第 i 个变量对三大工艺指标的影响程度，其值由人工经验确定。

(3) 智能集成模型的输出结果为

$$T_{\mathrm{m}}=T''_{\mathrm{m}}\mu(x)+T'_{\mathrm{m}}[1-\mu(x)] \tag{5-119}$$

$$P_{\mathrm{m}}=P''_{\mathrm{m}}\mu(x)+P'_{\mathrm{m}}[1-\mu(x)] \tag{5-120}$$

$$C_{\text{铁硅}}=C''_{\text{铁硅}}\mu(x)+C'_{\text{铁硅}}[1-\mu(x)] \tag{5-121}$$

式中，T_{m}、P_{m}、$C_{\text{铁硅}}$ 分别表示铜锍温度、铜锍品位、渣中铁硅比预测结果。

通过这一智能协调器的集成，当生产条件正常、参数变化较小时，模糊神经网络模型占有较大的权重，对保证估计精度起主要作用；当工艺状况波动时，基于物料平衡与热平衡的机理模型能够起到补偿作用，提高模型的可靠性。

选取50组工业数据对智能集成模型进行验证，三大参数的预测结果如图5.19～图5.21所示。

铜锍温度的最大相对误差为6.08%，平均相对误差为1.83%；铜锍品位的最大相对误差为3.82%，平均相对误差为1.49%；渣中铁硅比的最大相对误差为10.90%，平均相对误差为4.21%。三大参数的预测精度满足工艺要求，尤其在生产条件波动较大时，预测值也能较准确地反映三大参数的变化。

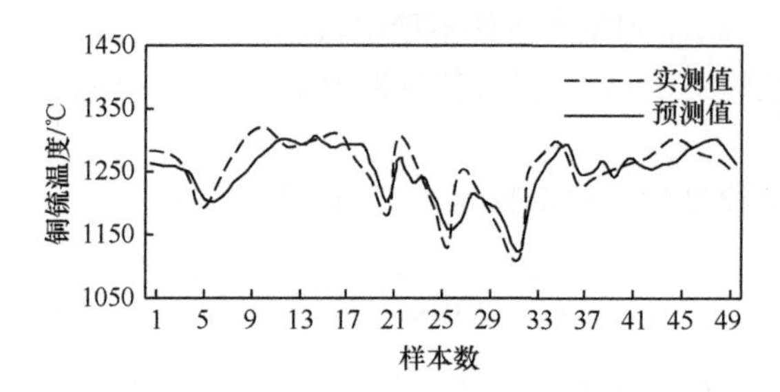

图 5.19　铜锍温度的智能集成模型预测结果图

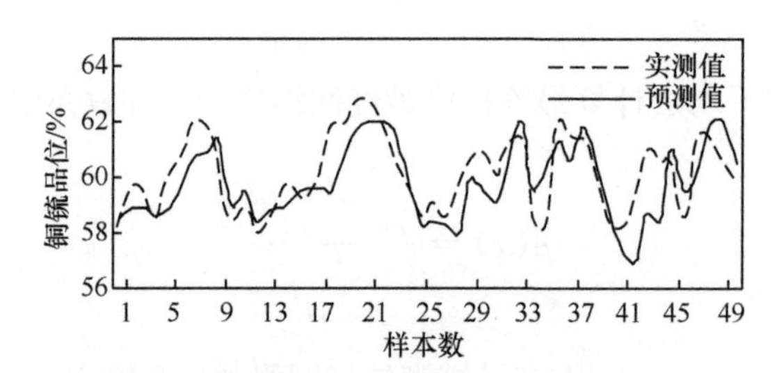

图 5.20　铜锍品位的智能集成模型预测结果图

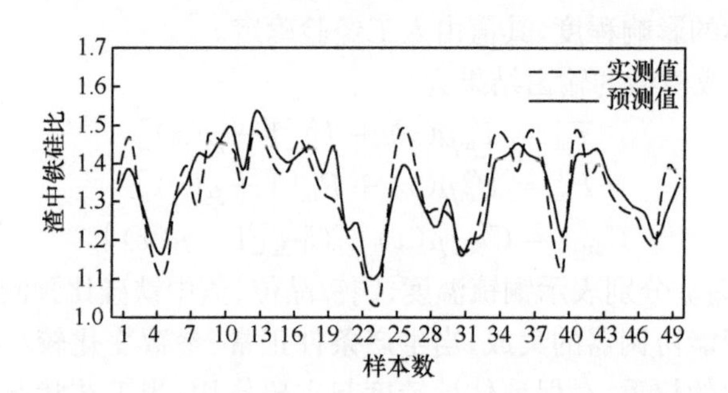

图 5.21　渣中铁硅比的智能集成模型预测结果图

5.3.4　闪速炉炉况操作模式优化

闪速炉炉况综合优化控制的基本思想是,以闪速熔炼综合工况稳定为控制目标,采用优化控制方法寻找最优的操作参数[14],即寻找热风、氧气、重油的最优加入量[15,16]。氧气是指制氧站提供的浓度较高的纯氧,热风是指制氧站的氧气与空气混合后鼓入反应塔内的气体。由于富氧工艺的采用,闪速炉能够实现自热熔炼,因此所需加入的重油量为零,仅优化加入热风与氧气量。

铜闪速熔炼过程的综合工况通过铜锍温度 (T_{m})、铜锍品位 (P_{m})、渣中铁硅比 ($C_{铁硅}$) 反映出来,利用所建立的三大参数预测模型进行工况(优、良、中、差)判断:若非优,则进行操作参数的优化;若为优,则继续保持当前操作参数不变。

1) 工况判断

由于三大参数不能直观地反映闪速熔炼过程的综合工况,引入综合工况指数,来直接判断闪速熔炼过程整体工况的好坏。

定义 5.1[17]　闪速熔炼过程综合工况指数为 S,它反映出整个闪速熔炼过程的综合工况,用

$$S = 0.3\left(\frac{T_{\mathrm{m}} - 1225}{1225}\right)^2 + 0.4\left(\frac{P_{\mathrm{m}} - 0.58}{0.58}\right)^2 + 0.3\left(\frac{C_{\text{铁硅}} - 1.3}{1.3}\right)^2 \tag{5-122}$$

来表示。式中,T_{m}、P_{m}、$C_{\text{铁硅}}$ 分别表示铜锍温度、铜锍品位、渣中铁硅比的预测值;1225、0.58、1.3 分别为铜锍温度、铜锍品位、渣中铁硅比的目标值。

根据计算获得的 S 值,结合表 5.5 可将综合工况指数分为优、良、中、差四个区间。若当前的综合工况指数落在“优”区间,则保持当前的操作参数;若当前的综合工况指数落在“非优”区间,则调用操作参数优化模型,给出操作优化指导。

表 5.5　综合工况判断表

S	0～0.002	0.002～0.01	0.01～0.04	>0.04
综合工况	优	良	中	差

2) 炉况综合优化控制方案

首先从历史数据中找出工况较为稳定时的操作参数,建立操作优化样本库,将实际工况参数与操作参数存入样本库中。当进行操作参数优化时,可通过智能优化算法从操作优化样本库中搜索与当前工况最相似的样本,然后以炉况评价标准为评价函数,采用优化算法进行寻优,将其操作参数作为优化的操作参数输出。但是,工况越不稳定时,其操作优化的样本数就会减少,智能优化算法搜索到的数据可能会与当前工况有较大的出入,无法保证得到的操作参数是最优的。因此,采用协调策略,对基于机理的决策模型与智能优化算法进行综合,得到的炉况综合优化控制总体框图如图 5.22 所示[11,12,22]。

利用基于机理的决策模型和智能优化模型对操作参数分别进行优化,再通过对两组优化结果进行综合,得到最终操作参数的优化结果。该优化结果一方面输出到三大参数预测模型,对三大参数进行预测,用三大参数的预测值进行工况判断;另一方面输出到闪速熔炼 TPS 控制系统,经 TPS 控制系统将操作参数用于闪速熔炼过程控制。经过闪速熔炼过程以后,利用三大参数的实测值对工况进行判断:若当前综合工况为优,则将当前的工况参数与操作参数存入操作优化样本库;若当前工况非优,则用三大参数的实测值对三大参数预测模型与配料计算进行反馈修正。

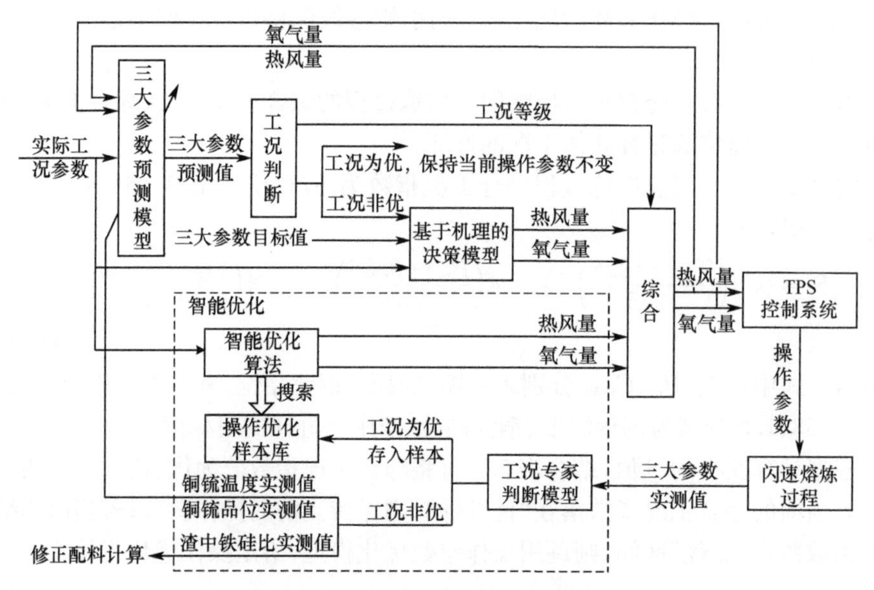

图 5.22 炉况综合优化控制总体框图

TPS：total plant soluting

3）操作参数智能优化算法

在如图 5.22 所示的操作优化样本库中保存有大量的各种不同炉料及工况参数情况下的优化操作参数，事实上相当于保存了历史上大量的优化操作专家经验。其基本思想是，利用一种智能的搜索策略，从操作优化样本库中搜索与当前工况最相似的数据，将其操作参数作为优化的操作模式输出。但是，由于优化样本数据库数据量很大，为提高搜索速度，采用聚类算法将优化样本空间范围缩小，再进行模式匹配。

采用模糊 c 均值聚类模式匹配算法进行智能优化。首先采用模糊 c 均值聚类方法对操作优化样本进行聚类，将优化样本分为 10 大类。再计算当前工况与 10 个聚类中心的相似系数，计算得到的相似系数反映出各类历史典型工况数据与当前工况相接近程度。在相似系数最大的类中，选择 S 值最小的 10 个样本，然后采用优化算法，以炉况评价函数为评价标准进行优化，取其优化结果的操作参数作为优化结果进行调控。

优化算法具体步骤如下[16]。

第 1 步，建立样本库。

建立闪速熔炼过程优化操作数据库，用于保存历史上典型工况下的优化操作数据。数据库中的个体样本主要由两部分构成：用于样本聚类的数据，包括反应塔热风量、反应塔富氧浓度、装入干矿总量、装入物含 Cu 率、装入物含 Fe 率、装入物含S率、装入物含SiO_2率、空气水分率(以上参数反映出历史上典型的工况);用于优化操作的数据,包括反应塔氧气和热风量设定值,这些数据可以反映出在与当前工况类似的条件下专家的操作经验。当前采集获得的现场数据样本X_0包含同样的内容。

第2步,模糊聚类。

采用模糊c均值聚类方法对优化操作数据库中的样本进行聚类,若有新的优化操作样本加入,则需要重新对样本进行聚类。聚类根据样本中反应塔热风量、反应塔富氧浓度、装入干矿总量、装入物含Cu率、装入物含Fe率、装入物含S率、装入物含SiO_2率、空气含水率进行。聚类后优化操作样本分为10大类,第i类的类中心为C_i。当前工况样本与类中心之间的相似性用相似系数表示:

$$\cos\theta_{x_i,x_j} = \frac{\sum_{a=1}^{P} x_{ai}x_{aj}}{\left(\sum_{a=1}^{P} x_{ai}^2 \cdot \sum_{a=1}^{P} x_{aj}^2\right)^{1/2}} \tag{5-123}$$

式中,x_i、x_j为两个样本;P为样本中用于聚类的元素个数。若样本中所有元素取正数,则$0 < \cos\theta_{x_i,x_j} \leqslant 1$,$\cos\theta_{x_i,x_j}$越接近于1,表明两者越相似;当$\cos\theta_{x_i,x_j} = 1$时,说明$x_i$与$x_j$完全相同。

第3步,判断当前工况所属类。

计算现场数据样本与10个聚类中心的相似系数,选择相似系数最大的类,作为当前工况所属的类。

第4步,模式匹配。

在当前类中计算现场样本与类中各个样本的相似系数,选择10个相似系数最大的样本,作为与当前工况最接近的样本。

第5步,优化算法的初始值。

分别计算这10个样本的综合工况指数S,将S值最小的样本作为优良样本,将其作为操作参数优化的初始值。

第6步,优化算法的输出值。

将第5步获得的优良样本作为初始值,然后采用GARPSO算法[16,17]进行优化,获得优化结果,最后进行操作参数的调整。

4) 集成优化决策

为了充分发挥基于机理的决策模型和智能优化决策模型的优势,设计了一个协调器将两组输出结果进行综合。综合的原理就是通过对输入变量区域的划分,计算每个模型的加权系数。首先,根据工况判断得到的综合工况等级确定两个模型的加权系数[16]。

智能优化模型决策输出的加权系数为μ,其函数形式如图5.23所示。

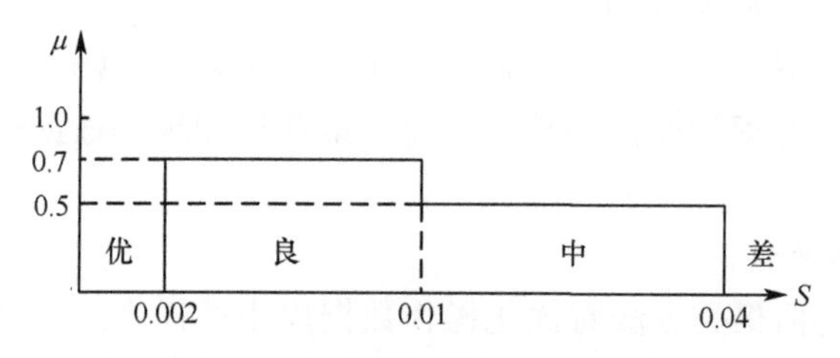

图 5.23 智能优化模型的加权系数

$$\mu=\begin{cases}0, & S\leqslant 0.002\\ 0.7, & 0.002<S\leqslant 0.01\\ 0.5, & 0.01<S\leqslant 0.04\\ 0, & S>0.04\end{cases} \tag{5-124}$$

综合输出结果为

$$G_{氧}=G''_{氧}\mu+G'_{氧}(1-\mu) \tag{5-125}$$

$$G_{风}=G''_{风}\mu+G'_{风}(1-\mu) \tag{5-126}$$

式中，$G_{氧}$、$G_{风}$分别表示最终反应塔所需氧气量与热风量的设定值；$G'_{氧}$、$G'_{风}$为基于机理的决策模型计算得到的氧气量与热风量；$G''_{氧}$、$G''_{风}$为智能优化决策模型得到的氧气量与热风量。

通过对两组输出结果的综合，当生产条件正常、参数变化较小时，智能优化决策模型占有较大的权重，对保证生产稳定起主要作用；当工艺状况不稳定，操作优化样本数较少时，基于机理的决策模型能够起到补偿作用，提高操作可靠性。

5.3.5 闪速炉炉况综合优化控制系统设计与实现

以 Windows XP 为操作平台，使用 Visual C++6.0 作为前台开发工具，SQL Server 2000 作为后台数据库，自主开发了闪速炉生产监控及操作优化指导系统[18]，其软件功能如图 5.24 所示。它主要由五大功能模块构成，包括过程状态可视化监控模块、数据采集与通信模块、参数预测及优化指导模块、数据库管理模块及辅助功能模块。其中，过程状态可视化监控模块主要包括工艺流程监视、实时数据显示、工艺参数实时趋势图显示等；参数预测及优化指导模块主要完成三大参数的预测和操作参数的优化计算[19]，这些计算可定期自动进行，也可人工启动计算；数据库管理模块完成生产数据记录、工况报警记录、历史记录查询等功能，可实现对三大参数的预测值、实测值以及操作参数优化结果历史数据的查询等。

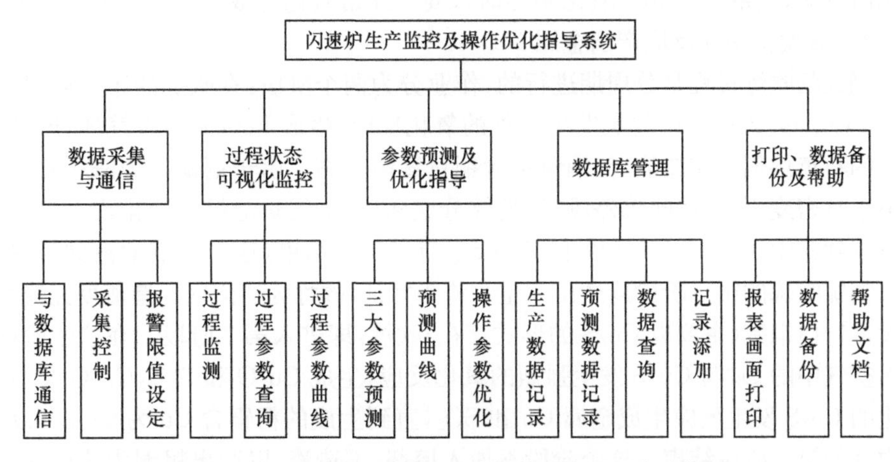

图5.24　闪速炉生产监控及操作优化指导系统功能图

5.4　PS转炉优化控制

5.4.1　铜锍吹炼过程

铜锍吹炼的主要设备为卧式转炉，又称为皮尔斯-史密斯(Peirce-Smith)转炉，简称PS转炉，全球矿产粗铜的80%都是用这种PS转炉吹炼而得的[1]。铜精矿熔炼获得的铜锍是一种中间产品，其组分主要是Cu_2S、FeS、Fe_3O_4，并含少量Pb、Zn、Ni、Co、As、Bi、Sb等元素的硫化物以及金、银和铂族金属。吹炼时，向铜锍中鼓入空气，将其中的Fe、S及其他有害杂质氧化除去以获得粗铜，并将贵金属富集到粗铜中。

吹炼作业大都在卧式转炉中进行。加入转炉的铜锍温度通常约1100℃，由于吹炼时发生的主要是Fe、S及其他杂质的氧化反应和FeO与熔剂的造渣反应，放出的热足以抵偿操作过程中的热损耗并可使体系温度升至1150～1300℃，因此整个吹炼过程是自热进行的。正常作业时，转炉风口埋入熔体200～700mm，高压空气(0.08～0.15MPa)由风口鼓入熔融铜锍，入口风速达120～160m/s。由于受到熔体的阻力，气流喷入后分散为大量气泡，气、液相接触面积大，反应速度快，虽然空气在熔池内停留的时间仅为0.1～0.13s，但氧利用率却达90%～95%，而且气流的喷入、热膨胀、分散以及上浮使熔体受到强烈搅动，传热传质条件好，熔池温度基本均匀。

FeS、Cu_2S氧化热力学性质的差异使得吹炼时铜锍中的FeS优先氧化，生成的FeO与加入的石英熔剂发生反应生成炉渣。由于铜锍与炉渣密度不同且两者的相互溶解有限，因此熔体分为两层。随吹炼的进行，炉渣定期倒出，而铜锍逐渐为铜所富集,当铜锍中 FeS 氧化殆尽时,Cu_2S 开始氧化生成 Cu_2O 并进而与未氧化的 Cu_2S 发生交互反应产出金属 Cu。

铜锍的吹炼过程是分周期进行的,作业分为两个阶段:在吹炼的第一阶段,铜锍中 FeS 与鼓入空气中的氧发生强烈的氧化反应,生成 FeO 和 SO_2 气体,FeO 与加入的石英熔剂反应造渣,使铜锍中含铜量逐渐升高。由于铜锍与炉渣相互溶解度很小且密度不同,在吹炼停风时,熔体分成两层,上层炉渣被定期排出。这个阶段持续到锍中含 Cu 为 75%以上、含 Fe 少于 1%时结束,这时的锍常被称为白铜锍。铜锍吹炼的第一阶段以产出大量炉渣为特征,故称为造渣期。造渣期完成后,继续进行白铜锍(主要以 Cu_2S 的形式存在)吹炼,即进入第二阶段。在这个阶段,鼓入空气中的 O_2 与 Cu_2S 发生强烈的氧化反应,生成 Cu_2O 和 SO_2,Cu_2O 又与未氧化的 Cu_2S 发生反应生成金属 Cu 和 SO_2,直到生成的粗铜含 Cu 为 98.5%以上时吹炼的第二阶段结束。这个阶段不加入熔剂、不造渣,以产出粗铜为特征,故称为造铜期。

5.4.2 铜锍吹炼的氧量平衡计算模型

通过建立硫、铁、氧等元素平衡方程进行物料衡算,采用氧平衡模型计算整个吹炼过程的耗氧量,通过已知的风量来预测整个吹炼过程所需时间。铜硫吹炼全过程分为 S1、S2、B 三个周期,分别代表造渣一期、造渣二期和造铜期。为了以下的内容表述清楚,这里也用 S 代表造渣全期,用 T 代表包含造渣期、造铜期在内的吹炼全周期。吹炼全周期的物料流程如图 5.25 所示。

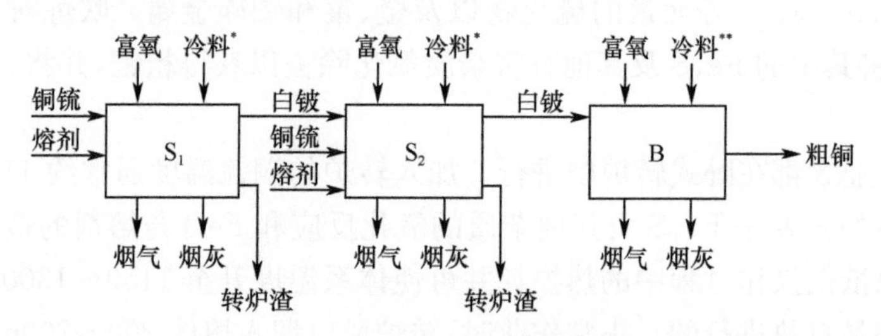

图 5.25　铜转炉吹炼过程物料流程图

1) 物料分析

PS 转炉以闪速炉及贫化电炉铜锍为主原料,鼓入富氧空气,在 1150～1250℃下开始造渣期吹炼,通过氧化去除 Fe 和 S,得到白铍。倒渣后进入造铜期(称为 B 期),继续吹炼,直至得到粗铜。

进炉物料可分为主要原料、冷料、富氧三类。其中,主要原料包括贫化电炉铜锍(以下简称 EF)、闪速炉铜锍(以下简称 FF)和石英石熔剂。其中,依照闪速炉生产情况不同,FF 均有不同程度的带渣(闪速炉渣,简称 FF 渣);为了提高 EF 的温度，也会往 EF 中倒渣（贫化电炉炉渣，简称 EF 渣）。

冷料分为造渣期冷料和造铜期冷料两种。图 5.25 中，带“*”者为造渣期所加的冷料，可能为精矿、床下物、烟灰（包括转炉锅炉产生的烟灰、转炉电收尘产生的烟灰、转炉产生的烟灰，分别简称为 CFWHB、CFEB、CF）、铟铍、黑铜、焦炭；带“**”者为造铜期所加的冷料，可能为氧化渣、床下物、烟灰、残极、废铜、包壳、黑铜、紫杂铜。

由于整个吹炼过程涉及许多中间物理量，而且造渣期的终点范围很大，因此计算吹炼全期的耗氧量比分开计算各过程的耗氧量更为合理。假设转炉底渣为惰性物质，即每炉的底渣量及其成分均不变，故不考虑底渣对物料平衡的影响，则氧的平衡如表 5.6 所示。

表 5.6　氧的平衡

氧的来源	氧的消耗
鼓风中的 O_2（吹炼所需的 O_2，为计算目标）	转炉炉渣中以 FeO 和 Fe_3O_4 形式存在的氧
入炉铜锍中的 Fe_3O_4 带入的氧	烟气中以 SO_2 存在的氧
铜锍带渣以 FeO 和 Fe_3O_4 形式存在的氧	各种烟灰中以 FeO 和 Fe_3O_4 形式存在的氧
返白铍的氧	—
B 期氧化渣中的氧	—
各种冷料中的氧	—

2）物料中氧含量的估算

为了计算物料含氧量，首先应计算物料中的 FeO 和 Fe_3O_4 的含量，然后通过物料中 Fe 的含量来确定该物料中 O 的含量[19]（SiO_2 中的 O 不计入其内）。

(1) 入炉铜锍中的 Fe_3O_4 含量。

根据现场数据，将铜锍中 Fe_3O_4 含量对铜锍品位的关系归纳如下：

$$x_{Fe_3O_4} = 79.53 - 2.05x_{Cu} + 0.01325x_{Cu}^2 \tag{5-127}$$

式中，$x_{Fe_3O_4}$ 表示铜锍中 Fe_3O_4 的百分含量；x_{Cu} 表示铜锍中 Cu 的百分含量。

(2) 床下物及各种烟灰中 FeO 和 Fe_3O_4 的含量根据现场数据确定。

(3) 各种渣中 FeO 和 Fe_3O_4 的含量。

定义各类渣中 Fe 的分配比 θ 为以 FeO 和 Fe_3O_4 形式存在的 Fe 量之比，即

$$\theta_1 = [(\text{FeO 形式存在的 Fe})/(\text{Fe}_3\text{O}_4\text{ 形式存在的 Fe})]_{\text{CF渣}} \tag{5-128}$$

$$\theta_2 = [(\text{FeO 形式存在的 Fe})/(\text{Fe}_3\text{O}_4\text{ 形式存在的 Fe})]_{\text{铜锍带渣}} \tag{5-129}$$

由转炉渣（简称 CF 渣）和 EF 及 FF 渣中的 Fe 的百分含量可以估算渣中 FeO 和 Fe_3O_4 的百分含量。

(4) 冷料中氧化渣中氧的估算。

氧化渣中的氧可以认为是以 Cu_2O 和 Fe_3O_4 的形式存在，因此可以根据氧化渣中 Cu 和 Fe 的含量来估算氧的含量。

(5) 氧气利用率的定义。

定义某吹炼周期 r(r 取 S_1、S_2、B 或全周期 T)的氧气利用率 σ_r(%)为

$$\sigma_r = \frac{\hat{Q}_r}{Q_r} \times 100\% \tag{5-130}$$

式中,$\hat{Q}_r$ 为理论计算所需的氧气量;Q_r 为实际消耗的氧气量。

由于吹炼中漏风、捅风眼、摇炉加冷料、吹炼过程温度过低或其他动力学因素使得吹炼实际用氧气量大于理论所需氧气量,因此 σ_r 应该小于 100%。吹炼氧气利用率 σ_r 能反映出吹炼操作水平和生产稳定情况。

计算出吹炼全期理论所需氧气量 $\hat{Q}_r$,然后确定 σ_r,就可以利用式(5-130)计算出吹炼全期所需的氧气量。即

$$Q_{\mathrm{T}} = \frac{\hat{Q}_{\mathrm{T}}}{\sigma_{\mathrm{T}}} \tag{5-131}$$

3)耗氧量计算

氧量只需考虑 Fe、S 元素的平衡。由于喷炉、返白铍没有记录在报表上等原因会使计算结果偏差很大,故通过计算 Cu 元素的平衡来反映计算偏差的程度。

作如下定义:

(1) 定义 x 为某种元素的质量,其下标第一个字符的 i、o 分别表示 x 的输入值和输出值,下标第二个字符表示元素名称,有 Cu、S、Fe,其上标表示吹炼周期,即 S_1、S_2、B、S、T,分别表示造渣一期、造渣二期、造铜期、造渣全期的周期以及包含造渣期、造铜期在内的吹炼全周期。

(2) 定义 W 为某种物料的质量,其下标表示物料的名称,m 表示铜锍、FSlag 表示闪速炉铜锍带渣、CFSlag 表示转炉渣、L 表示冷料,其上标表示吹炼周期。

(3) 定义 g 为某元素的百分含量,其下标第一个字符表示元素所在的物料名称,下标第二个字符表示元素名称,其上标表示吹炼周期。

(4) 定义 δ 为烟灰发生率(%),其下标第一个字符表示产生烟灰的名称,有 CFWHB 烟灰、CFEB 烟灰、CF 烟灰,其上标表示吹炼周期。

(5) 定义 $\sum$ 为某种类各元素的求和,如 $\sum W_{\mathrm{L}}^{\mathrm{S}}$ 表示造渣期各种冷料质量之和。

设铜锍带渣率为 k,物料衡算方法如下:

(1) 不包括产出的粗铜和底渣中的铜,则铜在造渣期和造铜期产生的收入和产出分别为

$$x_{\mathrm{i,Cu}}^{\mathrm{S}} = \left[W_{\mathrm{m}}^{\mathrm{S}_1} g_{\mathrm{m,Cu}}^{\mathrm{S}_1} + W_{\mathrm{m}}^{\mathrm{S}_2} g_{\mathrm{m,Cu}}^{\mathrm{S}_2} + (W_{\mathrm{m}}^{\mathrm{S}_1} + W_{\mathrm{m}}^{\mathrm{S}_2}) k g_{\mathrm{FSlag,Cu}}^{\mathrm{S}} + \sum W_{\mathrm{L}}^{\mathrm{S}} g_{\mathrm{L,Cu}}^{\mathrm{S}}\right]/100$$

$$x_{\mathrm{i,Cu}}^{\mathrm{B}} = \left(\sum W_{\mathrm{L}}^{\mathrm{B}} g_{\mathrm{L,Cu}}^{\mathrm{B}}\right)/100$$

$$x_{\mathrm{o,Cu}}^{\mathrm{S}} = [W_{\mathrm{CFSlag}}^{\mathrm{S}_1} g_{\mathrm{CFSlag,Cu}}^{\mathrm{S}_1} + W_{\mathrm{CFSlag}}^{\mathrm{S}_2} g_{\mathrm{CFSlag,Cu}}^{\mathrm{S}_2} + (W_{\mathrm{m}}^{\mathrm{S}_1} + W_{\mathrm{m}}^{\mathrm{S}_2})$$

$$\cdot(\delta^S_{CFWHB}g^S_{CFWHB,Cu}+\delta^S_{CFEB}g^S_{CFEB,Cu}+\delta^S_{CF}g^S_{CF,Cu})]/100$$

$$x^B_{o,Cu}=[(W^{S_1}_m+W^{S_2}_m)(\delta^B_{CFWHB}g^B_{CFWHB,Cu}+\delta^B_{CFEB}g^B_{CFEB,Cu}+\delta^B_{CF}g^B_{CF,Cu})]/100$$

(2) 不包括底渣中的铁，铁在造渣期和造铜期产生的收入和产出分别为

$$x^S_{i,Fe}=\left[W^{S_1}_m g^{S_1}_{m,Fe}+W^{S_2}_m g^{S_2}_{m,Fe}+(W^{S_1}_m+W^{S_2}_m)kg^S_{FSlag,Fe}+\sum W^S_L g^S_{L,Fe}\right]/100$$

$$x^B_{i,Fe}=\left(\sum W^B_L g^B_{L,Fe}\right)/100$$

$$x^S_{o,Fe}=[W^{S_1}_{CFSlag}g^{S_1}_{CFSlag,Fe}+W^{S_2}_{CFSlag}g^{S_2}_{CFSlag,Fe}+(W^{S_1}_m+W^{S_2}_m)$$

$$\cdot(\delta^S_{CFWHB}g^S_{CFWHB,Fe}+\delta^S_{CFEB}g^S_{CFEB,Fe}+\delta^S_{CF}g^S_{CF,Fe})]/100$$

$$x^B_{o,Fe}=[(W^{S_1}_m+W^{S_2}_m)(\delta^B_{CFWHB}g^B_{CFWHB,Fe}+\delta^B_{CFEB}g^B_{CFEB,Fe}+\delta^B_{CF}g^B_{CF,Fe})]/100$$

(3) 硫在吹炼全期发生的收入和产出(不包括底渣和烟气中的S)分别为

$$x^L_{i,S}=\left[W^{S_1}_m g^{S_1}_{m,S}+W^{S_2}_m g^{S_2}_{m,S}+(W^{S_1}_m+W^{S_2}_m)kg^S_{FSlag,S}+\sum W^S_L g^S_{L,S}\right]/100$$

$$x^L_{o,S}=[W^{S_1}_{CFSlag}g^{S_1}_{CFSlag,S}+W^{S_2}_{CFSlag}g^{S_2}_{CFSlag,S}+(W^{S_1}_m+W^{S_2}_m)$$

$$\cdot(\delta^T_{CFWHB}g^T_{CFWHB,S}+\delta^T_{CFEB}g^T_{CFEB,S}+\delta^T_{CF}g^T_{CF,S})]/100$$

(4) 由于烟灰产生很小，故可以不考虑产生烟灰中的氧。铜锍、铜锍带渣和冷料中的氧 $x_{part,O}$ 为

$$x_{part,O}=\left[W^{S_1}_m g^{S_1}_{m,O}+W^{S_2}_m g^{S_2}_{m,O}+(W^{S_1}_m+W^{S_2}_m)kg^S_{FSlag}+\sum W^T_L g^T_{L,O}\right]/100 \tag{5-132}$$

因为吹炼过程中氧的消耗来源于 S 和 Fe 的氧化，设 M_S、M_O分别为 S 和 O 的摩尔质量，则 S 氧化成 SO_2所需的氧 $Q_{O,S}$ 为

$$Q_{O,S}=(x^T_{i,S}-x^T_{O,S})M_O/M_S \tag{5-133}$$

首先假设 Fe 全部氧化成 Fe_3O_4，然后减掉转炉渣中因为生成 FeO 而少消耗的氧。设 M_{Fe}为 Fe 的摩尔质量，则因为 Fe 被氧化所耗的氧 $Q_{O,Fe}$ 为

$$Q_{O,Fe}=(x^S_{i,Fe}+x^B_{i,Fe})\cdot 4M_O/(3M_{Fe})-\beta(W^S_{CF}g^S_{CF,Fe})/100M_O/M_{Fe} \tag{5-134}$$

经推算，式(5-134)中的 $\beta=0.1941$。根据氧元素的平衡，设全期鼓风的氧质量 W_T为

$$W_T=Q_{O,S}+Q_{O,Fe}-x_{part,O} \tag{5-135}$$

因为标态下氧气的密度为 1.43kg/m³，设吹炼全期所需氧气的体积为 Q_T，则

$$Q_T=W_T\times 1000/1.43 \tag{5-136}$$

富氧由空气和浓度约 96%的氧气混合而成，造渣期富氧率通常在 23%左右，造铜期不另加氧气，含氧率为 21%。设富氧率为 η，送风时速为 v，氧气利用率为 σ_r，则吹炼时间为

$$t=Q_T/(\eta v\sigma_r) \tag{5-137}$$

4) 氧平衡模型仿真结果与分析

设铜锍带渣率为零，铜转炉造铜期氧平衡预测模型仿真结果如图 5.26 所示。

可以看出造铜期终点时间的预测值普遍偏低；终点时间的实际值与机理模型

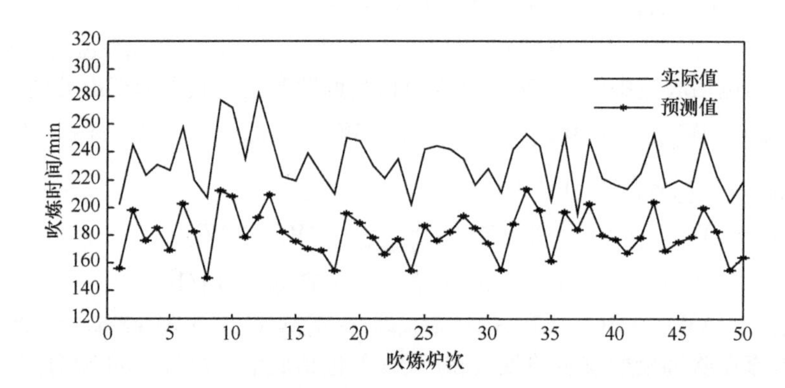

图 5.26 铜转炉造铜期氧平衡预测模型仿真结果

预测结果的绝对误差为 50.22,相对误差为 21.7%,且个别点的误差达到 35%左右,模型误差大、偏差波动大。因此,直接采用氧平衡预测模型预测造铜期的终点时间很难达到生产要求[20,21]。造成这一现象主要有以下原因。

(1) 由于对转炉吹炼过程的复杂性和不确定性认知的有限,机理模型是在一定假设条件下得到的,不能完全反映外界扰动对系统的影响,因此基于物料平衡原理建立的机理模型只反映了确定因素对指标的影响,不能反映不确定因素对指标的干扰。

(2) 考虑铜锍、冷料和熔剂物料成分时,只考虑了主要成分铜、铁及硫的含量,没考虑铅等含量相对较小的有效成分含量;另外,底渣的成分含量没有进行检测。

这些实际生产情况都给转炉吹炼预报带来了信息不确定性和随机性,使基于物料平衡原理建立的机理模型预测结果存在较大的误差,要提高模型精度,必须对预测结果进行一定的补偿。

5.4.3 吹炼终点在线预报

为保证粗铜的质量、减少粗铜的带渣量和炉渣中铜的含量,需实现吹炼终点的准确预报,同时在不改变现有生产设备和流程的前提下,强化生产,提高粗铜产量和质量、提高整个吹炼过程的操作水平和经济效益,使转炉操作由人工经验转为科学化、程序化的操作管理,达到安全、稳定、高产、高效的目的。考虑到现有的检测手段有限,而且吹炼过程工艺机理复杂,传统的策略难以实现优化操作。因此,以工艺机理为基础,结合人工经验,采用智能优化方法,设计操作优化模型和终点预报模型,并开发 PS 转炉的优化控制系统,实现铜转炉的冷料优化与终点预报。

1. 神经网络补偿模型

以生产现场收集到的历史数据为原始样本,铜锍吹炼的造铜期,理论上以渣中

Cu含量<5%，SiO_2/Fe取0.5～0.53，粗铜中Cu含量>98.8%作为约束条件进行样本筛选，将样本分为训练样本集和检验样本集。分析生产工艺和生产过程，选择S_1和S_2期中铜锍的质量、铜锍的品位（铜、铁、硫三种元素含量百分比），以及熔剂质量、熔剂的SiO_2含量、高铜冷料和低铜冷料16个输入量为条件参数，记为$x=\{x_1,x_2,\cdots,x_{16}\}$，$p=16$；$S_1$、$S_2$期送风时速和富氧率为决策参数，记为$u=\{u_1,u_2,u_3,u_4\}$，$q=4$。将$x_i$和$u_i$进行自标准化为$x'_i$和$u'_i$。并将吹炼时间$t$归一化到[0,1]范围，得到$t'$。采用主成分分析(principal component analysis，PCA)对x'_i和u'_i组成的操作模式进行主成分分析，达到降维的目的，并将其作为神经网络模型的输入。

建立基于神经网络的目标变量预报模型[22]：以$\{t_1,t_2,\cdots,t_v\}$为输入，以预测目标量t'为单变量输出。相应的神经网络补偿模型结构如图5.27所示。

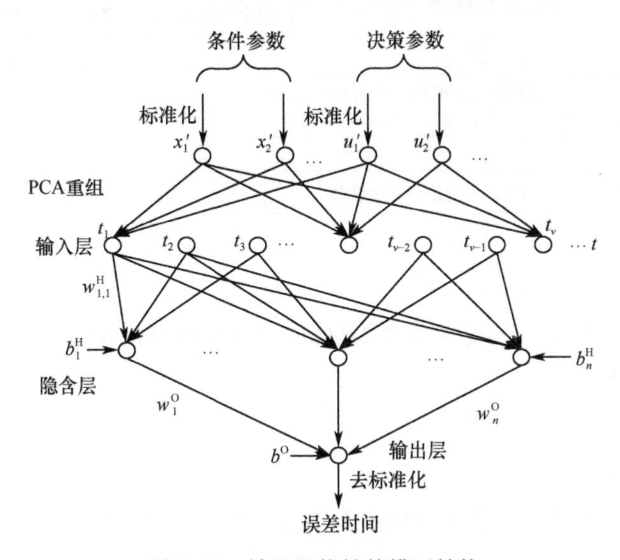

图5.27　神经网络补偿模型结构

神经网络模型用公式表示为

$$y=\sum_{j=1}^{20} w_j^{O}\operatorname{tansig}\left(\sum_{i=1}^{10} w_{ji}^{H} x_i+b_j^{H}\right)+b^{O} \tag{5-138}$$

式中，w_{ji}^H表示第j个隐含层神经元到第i个输入变量的权值；b_j^H为对应第j个隐含层神经元的阈值；w_j^O为对应第j个隐含层神经元隐含层到输出层的权值；b^O为输出神经元的阈值。

考虑到BP算法寻优精确，但易陷入局部极小、收敛速度慢的缺点，而遗传算法具有很强的宏观搜索能力，可避免局部极小，将两者结合起来发挥各自的优势，有利于提高结构优化的搜索效率。GA-BP(genetic algorithm-back propagation)

混合算法优化网络的结构和权值的流程如图 5.28 所示[22]。

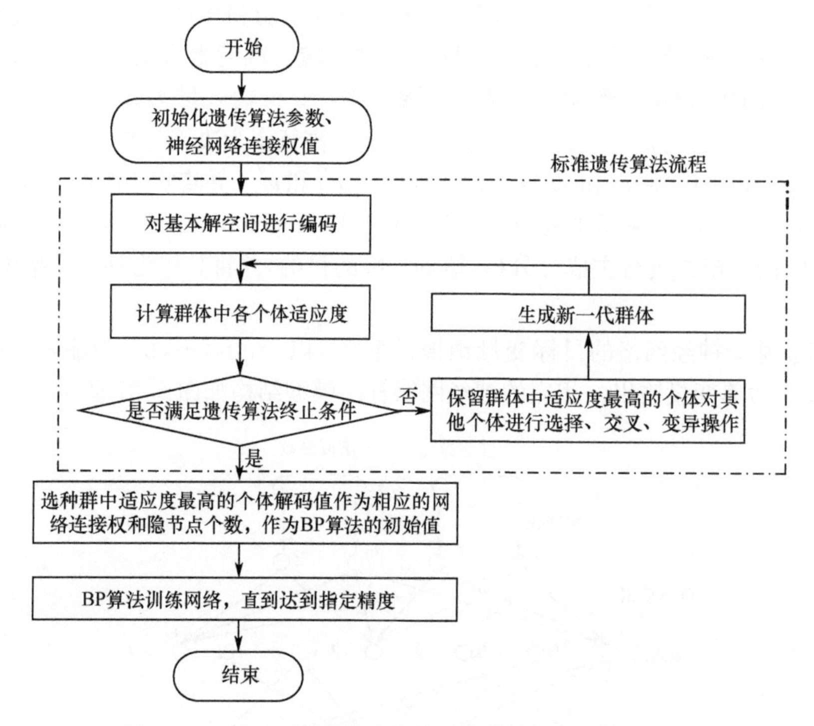

图 5.28 GA-BP 混合算法优化网络的结构和权值的流程

2. 吹炼终点组合预报模型

1) 预报模型结构

采用造渣期偏最小二乘预测模型[22]和造铜期氧平衡模型,对吹炼过程各期终点进行预测的结果显示,虽然变化趋势与实际相同,但是存在很大的误差。通过分析各期终点时间误差特点,可以考虑在造渣期和造铜期主规律模型的基础上,利用偏差时间建立各期的神经网络补偿模型,以补偿不确定因素和未知因素带来的偏差,将回归模型和氧平衡模型与偏差补偿模型分别进行并联求和,以提高模型预测精度。吹炼终点组合预报模型结构如图 5.29 所示。

图 5.29 中,T_1^0、T_2^0 和 T_B^0 分别为造渣 S_1期、造渣 S_2期和造铜期的实际吹炼时间值,$\overline{T}_1$、$\overline{T}_2$ 和 $\overline{T}_B$ 分别为转炉吹炼造渣 S_1期回归模型、造渣 S_2期回归模型和氧平衡计算模型的输出值,$\Delta\overline{T}_1$、$\Delta\overline{T}_2$ 和 $\Delta\overline{T}_B$ 分别为回归模型和氧平衡机理模型的建模误差值;$\Delta\hat{T}_1$、$\Delta\hat{T}_2$ 和 $\Delta\hat{T}_B$ 分别为 S_1、S_2 和 B 期的建模误差补偿模型的输出,利用 ΔT_{d1}、ΔT_{d2} 和 ΔT_{dB} 来校正建模误差补偿模型。终点预测值为

$$\hat{T}_a = \overline{T}_a + \Delta\hat{T}_a, \quad a = 1,2,\mathrm{B} \tag{5-139}$$

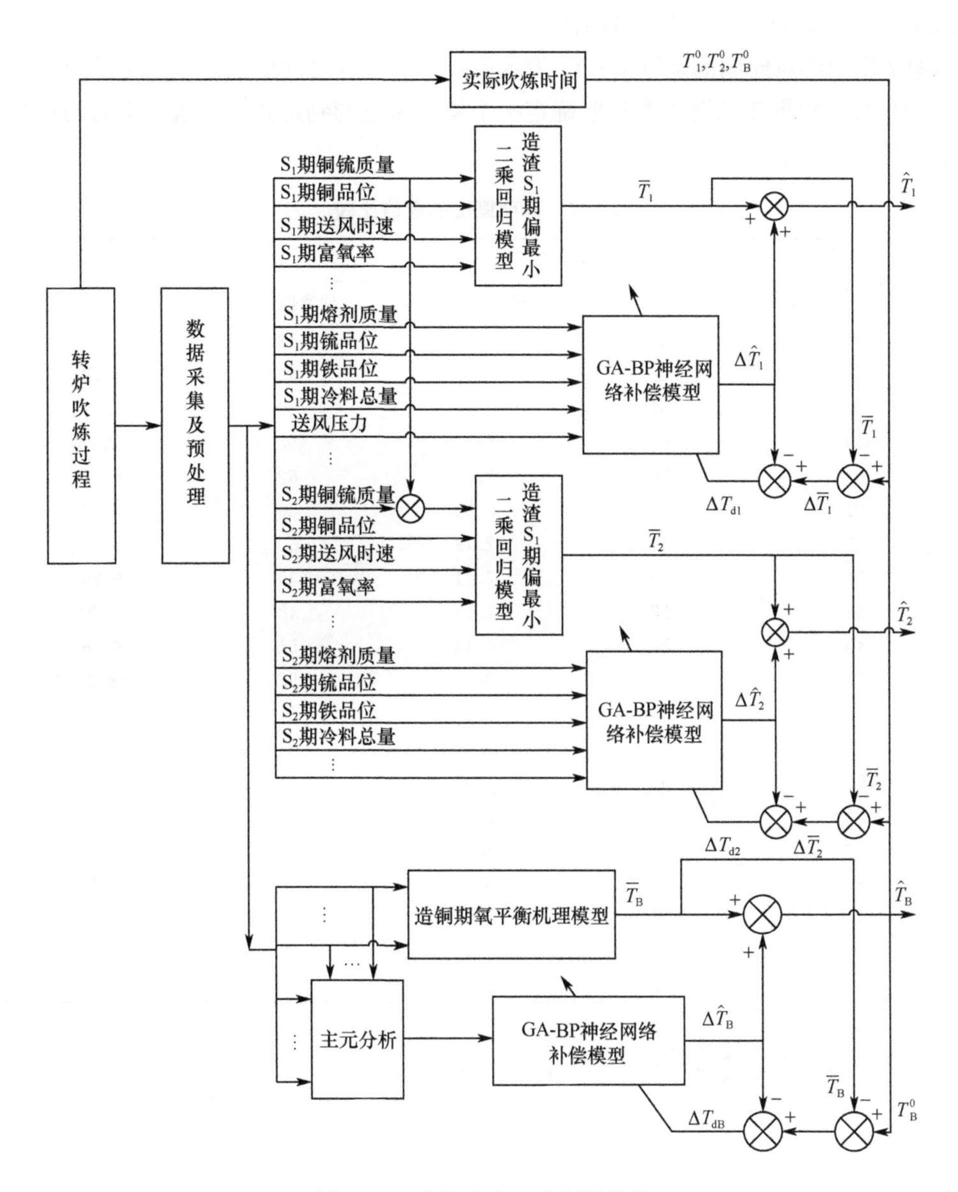

图 5.29　吹炼终点组合预报模型

引入计算转炉吹炼终点校验数据集的泛化均方根误差(root mean squard error,RMSE)和最大泛化绝对误差(max root absolute error,MAXE)作为预测模型校验指标。

$$\mathrm{RMSE}=\sqrt{\frac{1}{N}\sum_{k=1}^{N}(\overline{T}_{kl}-T_{kl}^{0})},\quad \mathrm{MAXE}=\max_{k=1}^{N}(|\overline{T}_{kl}-T_{kl}^{0}|) \tag{5-140}$$

式中，$k=1,2,\cdots,N$ 为校验数据的个数；l 表示吹炼的三个周期 S_1、S_2 和 B；T_{kl}^0 表示第 l 周期终点时间的实际值；$\overline{T}_k$ 表示第 l 周期终点时间的测量值；N 是校验数据的个数。根据工艺要求和经验确定一个模型失效的判定指标。表 5.7 为两种算法的数值比较。

表 5.7　两种算法的数值比较

实际值/min	GA-BP 混合算法		标准 BP 算法	
	预测值/min	相对误差/%	预测值/min	相对误差/%
47	49	4.26	43	8.51
45	48	6.67	49	8.89
54	51	5.56	50	7.41
49	52	6.12	55	12.24
55	50	9.01	52	5.45
51	49	3.92	56	9.80
47	48	2.12	50	6.38
54	50	7.41	49	9.26
56	52	7.14	48	14.29
49	52	6.12	51	4.08
60	55	8.33	52	13.33
58	55	5.17	54	6.89
61	54	11.53	49	19.67
52	51	1.82	55	5.77
54	51	5.56	49	9.26
56	54	3.57	50	10.71
51	49	3.92	55	7.84
47	51	8.51	53	12.77
45	47	4.44	50	11.11
49	48	2.04	53	8.16

吹炼终点组合预报算法步骤：

第 1 步，采集偏最小二乘回归预测模型的变量数据，确定物料平衡计算所需参数。

第 2 步，采用偏最小二乘回归计算转炉吹炼造渣 S_1 期和 S_2 期终点时间，应用氧平衡模型计算造铜期终点时间。

第 3 步，根据离线检测过来的历史吹炼时间减去偏最小二乘得到的造渣期终点时间，可得到造渣各期偏最小二乘模型的误差时间。同样，在造铜期也可得到造铜期的误差时间。得到的数据作为神经网络训练样本，分别对三个神经网络进行训练。

第 4 步，根据终点时间的实际值，计算模型泛化均方根和最大泛化误差，若

RMSE<3min,MAXE<5min,则满足终点预报要求;否则,需重新建立终点时间的误差补偿模型。

第 5 步,采用训练好的神经网络来预测终点时间补偿值,将预测的结果加在偏最小二乘回归模型或氧平衡模型之上,进而求出组合预报模型的预测值。

2) 仿真结果

从转炉吹炼实际生产过程中取 400 组生产记录,然后剔除其中的主要数据缺失严重的记录,结合机理分析剔除其中的异常记录,以此获得的 326 组记录建立了数据表,取数据的后 50 组记录作为验证模型的训练集。遗传算法采用适应度比例方法来保留最优个体,群体规模 60,最大遗传代数 800,交叉概率 0.5,变异概率 0.05。首先对神经网络模型进行训练,再用组合模型分别对三个周期的终点时间预测进行仿真。加入误差补偿模型后组合模型吹炼各期的终点时间预测结果如图 5.30～图 5.32 所示。可看出经过神经网络补偿后,该模型对转炉吹炼各期的预测精度较高,达到期望要求,可以满足工程需要。与直接采用偏最小二乘回归模型和氧平衡机理模型预测终点时间相比,补偿后的模型精度大大提高,反映了吹炼各期终点时间的变化趋势,可以为生产过程提供有益的参考。但同时也可以看出,预报值与实际值还存在一定误差,主要原因有:

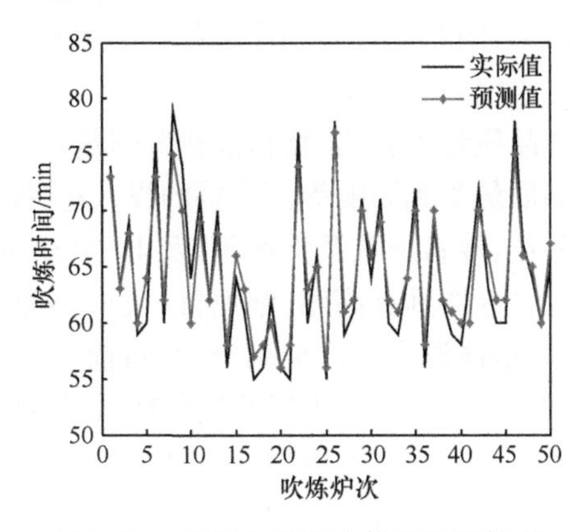

图 5.30　造渣 S_1 期组合模型预测结果

(1) 入炉铜锍中的 S、Fe 含量很难准确确定。由于转炉操作工序不需要了解铜锍中的 S、Fe 含量,不能保证用于计算的铜锍的 S、Fe 含量的准确性。

(2) 由于种种原因,生产报表上记录的数据如冷料量、累积风量、吹炼时间等的记录难免有误。由于预报模型非常依赖历史数据,当体现历史经验的样本失真时,等同于记忆了一条错误的经验,因而也会使模型计算给出不正确的预报结果。

(3) 由于缺乏较好的成分快速检测手段,假设每种冷料具有固定的成分。然而,冷料成分的波动对吹炼终点的影响较大,因此计算结果会出现某些炉次违背人工操作经验的情况。

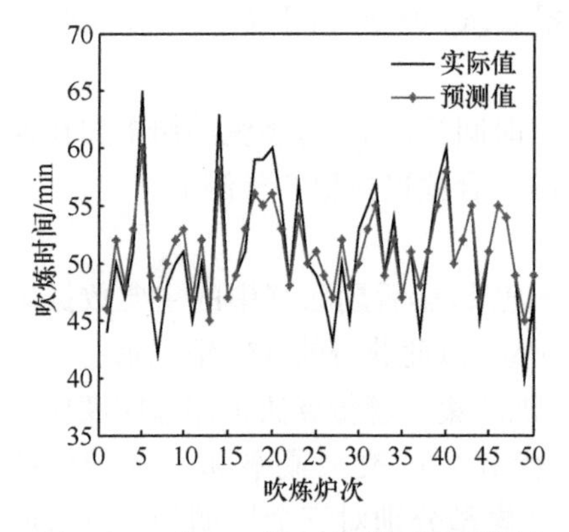

图 5.31　造渣 S_2 期组合模型预测结果

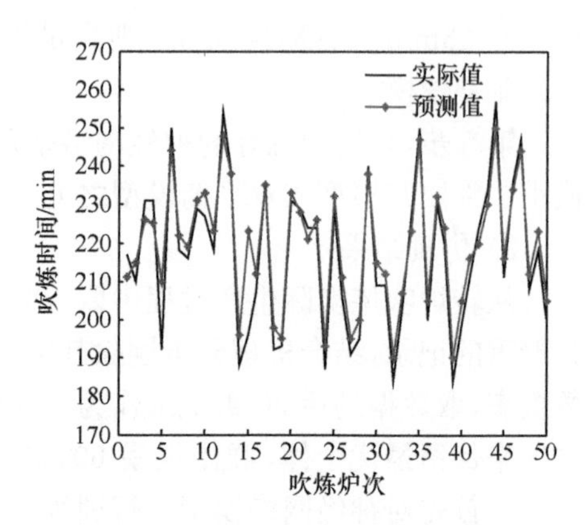

图 5.32　造铜期组合模型预测结果

5.4.4　冷料添加操作优化

转炉吹炼过程化学反应放出大量的热，热量不仅能满足吹炼过程的需求，而且有时存在热量过剩。为了避免高温作业，防止炉衬耐火材料因过度受热而加快损耗，必须向炉内适当加入冷料以消耗反应生成的过剩热量，取得炉子的热平衡，保证吹炼温度，提高粗铜质量，同时回收冷料中的铜，增加铜产量。冷料是决定转炉热状态的重要因素，也是决定粗铜质量的重要因素。冷料种类选择不当，可能会导致生产管理出现问题、产品质量不合格、物料浪费等问题；加入时机选择不当，可能会增加吹炼热损耗、产品质量受到影响等。冷料的投入量、投入时机及种类取决于冷料的性能(包括冷料品位、冷料形状及大小等)及 PS 转炉的炉况等。然而，由于冷料品种较多，而 PS 转炉熔体具有高温、强腐蚀、反应剧烈、流速快等特点，使得反映炉况的关键参数——熔体温度难以准确测量，目前现场操作人员只能在恶劣环境下凭肉眼观察熔体的温度，结合个人经验进行冷料量、冷料加入时机和种类的决策。显然，这种方式难以实现冷料准确、及时添加。

1. 冷料组合优化模型

在预测铜锍吹炼过程中需要加入冷料以平衡吹炼过程剩余热，同时增加铜产量，显然多种冷料的不同搭配，可以得到大量的可行操作方案，同时也可以回收冷料中的铜，以增加铜的产量。但是，由于不同的冷料含铜率不同，冷料种类的随意搭配与冷料量的随意选取而增加的铜产量未必就是最优解或者满意解，同时还可能对冷料造成浪费。因此，冷料的组合问题是以实现最大限度增加铜产量为目标的组合优化问题，需要在铜锍吹炼过程剩余热预测的基础上，设计冷料添加的组合优化方案。

1）冷料添加优化问题

可供选择的冷料一般包括壳、床下物、废铜、镅铍、黑铜、精炼渣、机残、机杂、烟灰、杂铜、直残等十余种，对于S期与B期所选择的冷料种类各有不同。若S期或B期所添加的冷料种类为n，对于这n种冷料的添加量为$m_1,m_2,\cdots,m_n$，每种冷料的含铜率是已知的，分别为$x_1,x_2,\cdots,x_n$，则优化的目标表达式为[19]

$$\max g(m)=\sum_{i=1}^{n}x_i m_i \tag{5-141}$$

但是，冷料的用量存在很多限制条件，首先冷料添加必须要能平衡吹炼剩余热ΔQ。每种冷料的吸热值也是已知的，分别为$q_1,q_2,\cdots,q_n$（Mcal/t，1cal=4.1868J）。理想的冷料添加情况是添加的冷料恰好平衡吹炼剩余热，则添加的冷料所吸收的热量为[19]

$$\Delta Q=\sum_{i=1}^{n}q_i m_i \tag{5-142}$$

但是，实际操作中恰好满足式(5-142)的可行解可能根本不存在，所添加的冷料吸收的热量与剩余热的预测值会存在一定的偏差。吹炼过程中高温有利于反应的进行，减少吹炼时间，一般情况下都采用高温富氧吹炼，因此冷料加入不宜过多，否则会导致炉内温度偏低，对生产造成影响；但冷料加入量不能太少，否则既不利于增加铜产量，又会导致炉内温度过高。

因此，所添加的冷料吸收的热量与吹炼剩余热的相对误差应在一个允许的误差范围$[-b,a]$内，其中a、b均为非负数。误差在$[0,a]$内，冷料所吸收的热量超过吹炼剩余热，但是由于冷料熔化、吸收热量需要一个过程，因此加入过多的冷料不仅不会使得炉内熔体温度瞬时降低至标准温度以下，同时还会增加铜产量；误差在$[-b,0]$内，冷料所吸收的热量少于吹炼剩余热，这样保证了吹炼在一个较高的温度下进行，缩短了吹炼时间，提高了生产率，但会降低单炉的铜产量。因此，限制$a\geqslant b$，且为保证熔体温度不至于过冷或过热，误差范围有所限制，取$[-b,a]\subset[-10\%,10\%]$。这里取$a=10\%$，$b=5\%$，则约束如下：

$$0.95\Delta Q\leqslant\sum_{i=1}^{n}q_i m_i\leqslant 1.1\Delta Q \tag{5-143}$$

另外，冷料的用量必须限制在冷料库存的范围内，设n种冷料对应的库存量分别为$S_1,S_2,\cdots,S_n$，则有冷料用量应满足

$$0\leqslant m_i\leqslant S_i,\quad i=1,2,\cdots,n \tag{5-144}$$

故得到冷料添加的组合优化问题的数学模型为

$$\begin{cases} \max g(m) = \sum_{i=1}^{n} x_i m_i \\ \text{s. t. } 0.95\Delta Q \leqslant \sum_{i=1}^{n} q_i m_i \leqslant 1.1\Delta Q \\ 0 \leqslant m_i \leqslant S_i, \quad i = 1,2,\cdots,n \end{cases} \tag{5-145}$$

2)遗传算法的改进

针对标准遗传算法中交叉操作的不足,提出一种改进的交叉操作。定义个体相异度和种群相异度,根据种群的相异度选择不同的交叉策略,根据个体相异度进行交叉配对,同时在选择交叉点位置时,确定相异区,确保交叉操作能生成与父代个体不同的新的子代个体,从而提高交叉操作的效率。

种群的多样性是衡量遗传算法进化状态的重要标志,当算法寻找到一个存在极值的区域时(局部或全局的),种群中的个体会不断向该区域集中,出现很多相同或相似的个体,使种群的多样性变差,从而影响算法遗传操作的效率和探索其他极值区域的能力。目前一般采用种群的最大适应度 $f_{\max}$、平均适应度 f_{avg} 和最小适应度 $f_{\min}$ 来衡量种群的多样性,但只用这三个参数有时并不能反映出种群多样性的真实情况,因此采用定义种群相异度和个体相异度的方法。

个体相异度是种群中任意两个个体的相异程度,反映两个个体之间的关联相似程度。采用二进制编码的情况下,个体 x_i 和 x_j 分别为

$$x_i = \{x_{i1}, x_{i2}, \cdots, x_{iL}\}, \quad x_j = \{x_{j1}, x_{j2}, \cdots, x_{jL}\} \tag{5-146}$$

式中 ,$x_{ik} \in \{0,1\}(k=1,2,\cdots,L)$,$x_{jk} \in \{0,1\}(k=1,2,\cdots,L)$,$L$ 表示个体串长。定义个体 x_i 和 x_j 之间的个体相异度为

$$d(x_i, x_j) = \sum_{k=1}^{L} x_{ik} \oplus x_{jk} \tag{5-147}$$

$$x_{ik} \oplus x_{jk} = \begin{cases} 0, & x_{ik} = x_{jk} \\ 1, & x_{ik} \neq x_{jk} \end{cases} \tag{5-148}$$

式中,$d(x_i, x_j)$ 表示个体 x_i 和 x_j 之间不相同的基因数目,$d(x_i, x_j)$ 越大,表明 x_i 和 x_j 之间的相关性越小, x_i 和 x_j 之间进行交叉时出现无效操作的可能性越小。

因此,在整个群体中,种群相异度定义为

$$D = \sum_{i=1}^{M} \sum_{j=1, j\neq i}^{M} \frac{d(x_i, x_j)}{M(M-1)L} \times 100\% \tag{5-149}$$

式中,M 表示种群规模。D 越大,表示种群的多样性越好。

交叉运算中,首先需要把个体随机两两配对,配对过程中,所有个体都具有相同的被选概率,其次再随机设置交叉点位置,完成这些步骤后再进行交叉与变异。由于遗传早期种群多样性较好,随机产生配对情况下也会产生与父代不同的子代,但是随着遗传的进行,种群相异度降低,随机配对可能会出现子代与父代相同的无

效遗传，因此为了改善遗传操作，此时采用相异度配对，具体算法步骤如下。

第 1 步，将选择结果按照个体适应度值由大到小排序，序列初始长度为 $n = M$，M 为种群规模。

第 2 步，对序列中的第 1 个个体 x_1，即适应度值最大的个体进行配对。从第 2 个个体 x_2 开始直到最后一个个体 x_n，寻找与第 1 个个体 x_1 之间个体相异度 $d(x_1, x_j)$ 最大的个体 x_j，其中 $j \in \{2,3,\cdots,n\}$。

第 3 步，将 x_1 与 x_j 配对。

第 4 步，将 x_1 与 x_j 从序列中剔除，其他个体仍保持现有排序，序列长度 $n = n - 2$。若 $n = 0$，则配对结束，否则转第 2 步。

基于编码原则和适应度值完成选择操作后，计算当前种群相异度，若大于设定值，即种群多样性较好，则可以按照标准遗传算法的等概率随机配对方式对个体进行配对；否则，按照改进遗传算法的相异度配对算法对个体进行配对。配对完成后，通过交叉、变异遗传算子的作用获得新一代种群，从而完成一个搜索步骤。同时，由于相异度降低，在对两个个体进行交叉操作时，如果交叉点选择不当，那么仍然会出现与父代个体一样的子代个体，导致交叉无效。通过确定交叉的相异区，然后在相异区中随机选择交叉点，确保交叉操作能够生成与父代不同的新的子代。若已经配对的个体为 x_i 和 x_j，则

$$\begin{aligned}\mathrm{Pos}_{\min} &= \min\{k \mid x_{ik} \neq x_{jk}, k = 1,2,\cdots,L\}\\ \mathrm{Pos}_{\max} &= \max\{k \mid x_{ik} \neq x_{jk}, k = 1,2,\cdots,L\}\end{aligned} \tag{5-150}$$

式中，$\mathrm{Pos}_{\min}$和 $\mathrm{Pos}_{\max}$分别表示在个体 x_i 和 x_j 不同基因出现的第一个和最后一个的位置，则可认为相异区为$[\mathrm{Pos}_{\min}, \mathrm{Pos}_{\max}]$，交叉点选择应限制在该区域内。

3) 基于改进遗传算法的冷料添加优化

对于式(5-141)的冷料添加操作的组合优化问题，采用改进遗传算法求解。首先对设计参数进行二进制编码，将问题空间的参数表示为基于 0 和 1 组成的没有次序的二进制字符串，建立位串空间。串长由变量个数 n、精度 p 和上、下限决定，总串长由所有变量串(长)相加得到。对于冷料添加操作取精度 $p = 0.1$，则一个变量对应的染色体串长计算式为

$$l_i = \log_2 \frac{\max(i) - \min(i)}{p} = \log_2 10S_i \tag{5-151}$$

式中，$\max(i)$ 和 $\min(i)$ 分别表示变量取值的上、下限。

同时可以计算将所有变量的二进制编码连接而成的个体串长为

$$L = \sum_{i=1}^{n} \mathrm{ceil}(l_i) \tag{5-152}$$

式中，$\mathrm{ceil}(l_i)$ 表示把 l_i 向正无穷取整。

编码工作完成后，优化问题空间的各种设计方案已经转化为遗传算法空间的

染色体。随机选取一定数量的染色体,生成第 0 代染色体群完成种群初始化。

种群初始化以后,根据每个个体的适应度值计算该个体遗传到下一代的概率(选择概率)。适应度值由适应度值函数确定。冷料添加优化的目标函数如式(5-141)所示,其总取非负值,由于是以求目标函数最大值为优化目标,可直接利用目标函数 $g(m)$ 作为个体的适应度值函数 $f(m)$,即 $f(m)=g(m)$。对于规模为 M 的种群 $C=\{x_1,x_2,\cdots,x_M\}$,个体 $x_i\in C$ 的适应度值为 $f(x_i)$,其选择概率为

$$P_i=\frac{f(x_i)}{\sum_{i=1}^{M}f(x_i)},\quad i=1,2,\cdots,M \tag{5-153}$$

选取参数为种群 $M=50$,遗传代数 $T=200$,交叉概率 $P_c=0.6$,变异概率 $P_m=0.03$。针对冷料添加的组合优化问题,固定一组剩余热 ΔQ 和库存量 $S_1,S_2,\cdots,S_n$,分别采用标准遗传算法和改进遗传算法各随机运行 50 次。仿真对比结果如表 5.8 所示,可以看出改进遗传算法较标准遗传算法收敛概率更高,收敛速度更快。

表 5.8　两种遗传算法测试对比结果

算法	最小收敛代数	平均收敛代数	收敛概率/%
SGA	75	142	48
IGA	46	113	94

2. 操作优化规则模型

遗传算法虽然可以解决冷料添加优化问题,但是得到的是一个全局最优解,对于吹炼过程实时操作指导只是起到了一个约束和规范的作用。故采用专家系统建立操作优化规则模型,该模型在冷料添加的全局最优解的基础上,结合现场实时数据与人工经验对冷料添加操作进行实时指导,解决冷料添加时机、添加种类、添加量的问题,以保证铜锍吹炼过程在期望的温度范围内。专家系统是操作优化规则模型的重要组成部分,操作优化规则模型结构如图 5.33 所示。

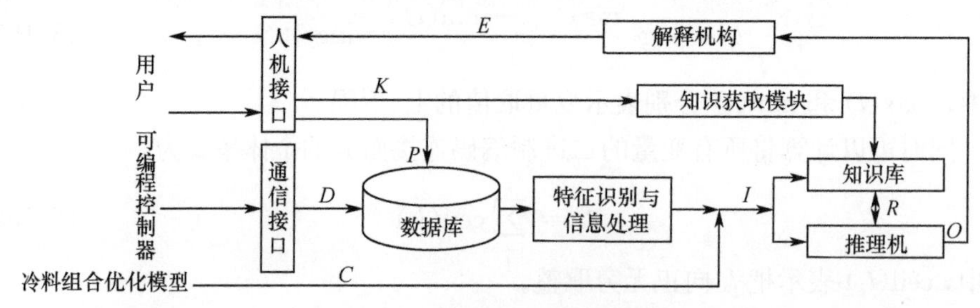

图 5.33　操作优化规则模型结构

图 5.33 中 D 为在线采集数据；P 为离线数据以及设定参数；C 为冷料最优组合解；I 为专家系统输入；K 为专家规则知识；R 为专家系统器的知识项集；O 为具体推理机构的输出集；E 为专家知识解释信息。

特征识别与信息处理单元的作用是实现对铜锍吹炼过程工艺参数信息的提取、加工和数据筛选，为优化和学习提供依据；知识库是专家系统的基础，存储经归纳总结的经验知识；推理机把输入信息和知识库中的规则前提进行匹配，若某规则匹配成功，即满足条件，则取出该项规则的结论部分作为指导信息；解释机制模块向操作者提供推理结果，增加推理的透明性；知识获取模块通过人机接口获得专家知识。

冷料添加过程的在线采集数据 D，利用可编程控制器在线采集各种仪表数据，如熔体温度、富氧率、送风速率、风口压力等，通过通信接口传至数据库；离线数据和参数 P，如从化验室得到的冷料成分分析、按照工艺设定的吹炼温度等参数，用户通过人机接口将其传至数据库。数据库内的数据经过特征识别与信息处理单元得到推理需要的特征信息，结合冷料最优组合解 C，作为专家系统输入 I 并调用相应的知识库。推理机根据 I 和相应知识库中的规则 R 进行判断、推理，推理结果 O 经过解释机制转换为合适的解释信息 E，通过人机接口反馈给操作工人，指导冷料添加操作。

知识表示方法采用产生式规则表示冷料添加操作的知识，采用巴科斯范式(Backus-Naur form，BNF)描述。采用 BNF 描述的知识如下例：

R1：IF 吹炼期＝B AND 吹炼温度≤1170 THEN 温度偏低，加入石炭；

R2：IF 吹炼期＝B AND 吹炼温度≥1170 AND 吹炼温度≤1300 AND 吹炼时间≤120 THEN 温度正常范围，无须加入冷料；

R3：IF 吹炼期＝B AND 吹炼时间≥120 THEN 吹炼进入后期，不需添加任何冷料。

知识通过获取输入计算机后，就建立了知识库，以下的任务是如何有效地利用这些知识，这是推理机的任务。推理是模拟人类专家的推理的思维过程，运用已知的事实，推出合适的结论。采用前向推理来实现冷料添加操作的专家规则推理，即根据用户提供的原始信息，在知识库中寻找能与之匹配的规则。

3. 冷料添加操作优化模型

以剩余热组合预测模型为基础，结合冷料组合优化模型与操作优化规则模型，建立冷料添加操作优化模型，实现冷料添加操作的优化和指导。操作优化指导框图如图 5.34 所示。

操作优化模型由组合预测模型和智能优化模型组成。其中，智能优化模型由冷料组合优化模型和操作优化规则模型两部分组成。优化系统数据库存储了大量

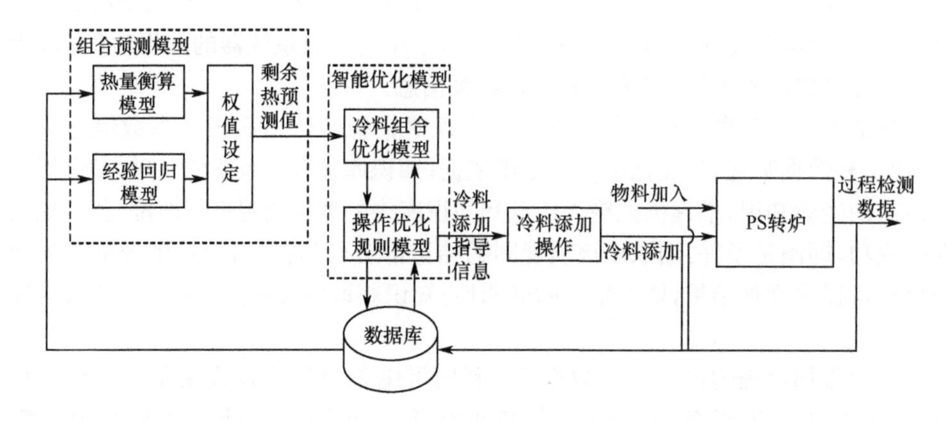

图 5.34　冷料添加操作优化指导框图

的历史数据和人工经验。通过历史数据,辨识剩余热计算的热量衡算模型和经验回归模型参数,并计算组合权值,建立组合预测模型,以预测吹炼过程剩余热。

在加入冷料足以平衡吹炼剩余热且冷料量不超过冷料库存量的前提下,以最大限度增加铜产量为优化目标,将组合预测模型的剩余热预测值、专家系统及数据库提供的工艺信息和库存信息作为冷料组合优化模型的输入,采用遗传算法,得到冷料全局最优组合。根据冷料全局最优组合解,操作优化规则模型运用专家系统结合现场数据、人工经验,以及热平衡的原理,给出冷料添加指导信息,实现冷料添加操作的优化指导。通过系统模型给出的指导信息,指导 PS 转炉铜锍吹炼过程进行冷料添加操作。当前生产过程数据、信息不断存入数据库,结合历史数据,不断修正组合预测模型参数和组合权值,以提高模型的适应性,保证指导信息的有效性。

5.4.5　PS 转炉操作优化控制系统设计与应用

PS 转炉操作优化控制系统由优化指导系统主机和现场可编程逻辑控制器(programmble logic control,PLC)组成,其软件功能如图 5.35 所示。图中,数据采集和实时监控模块,从 PLC 实时采集传感数据并存储在数据库中,同时对整个铜锍吹炼生产过程进行工艺模拟显示和实时监视;吹炼各期终点预报模块,从化验室读取入炉铜锍、冷料、熔剂的元素含量数据,从调度网上获得铜锍质量、冷料质量和熔剂质量等数据,实现对吹炼的各期终点时间的预测及对预测模型的在线校正;过程状态可视化监测模块,以表格、曲线等多种形式监视转炉吹炼状态及预测结果,便于现场操作人员了解吹炼的实时状况,当检测到风压过高时,会给出警告、提示操作;操作优化指导模块,根据从现场获取的实时数据,通过操作优化模型,得到冷料添加决策的指导信息,通过终点预报模型得到熔剂添加指导信息,指导操作人员进行冷料添加和熔剂添加操作；系统配置模块，根据生产过程中的实际情况，对系统参数、工艺参数以及通信和数据库进行配置，综合数据管理模块，实现转炉吹炼的生产数据保存、历史数据查询和曲线显示，以及生产过程中的报表统计和打印，专家知识库的管理、数据库管理和用户分权限管理等。

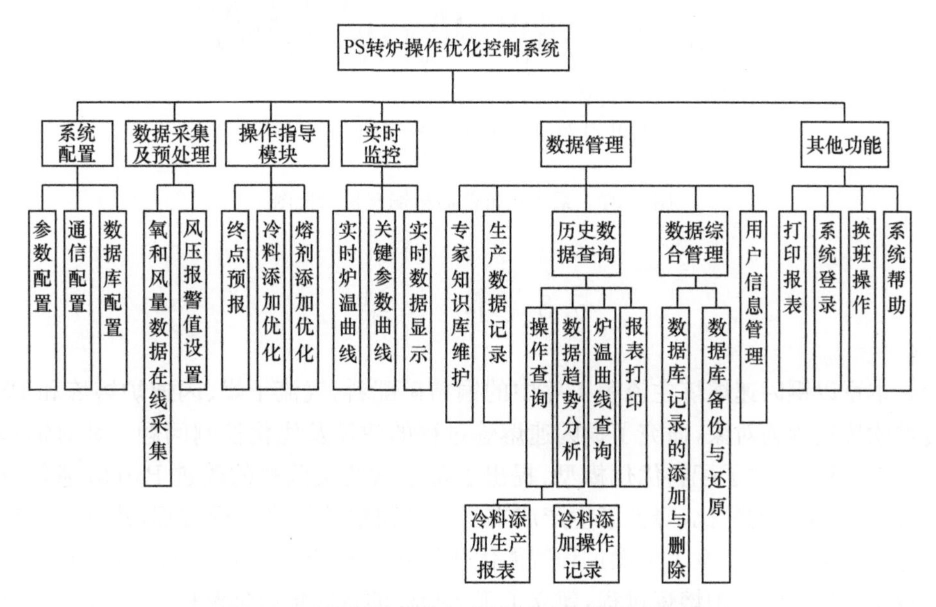

图 5.35　PS 转炉操作优化控制系统软件功能框图

系统投入工业运行后，取得了明显的应用效果。选取 100 炉次数据，其冷料处理量在系统运行前后的对比情况如图 5.36 所示，系统运行前冷料处理最少 79.5t，最多 110t，平均 95.46t，系统运行后冷料处理最少 87.78t，最多 120.89t，平均 104.98t，冷料处理量明显增多了。

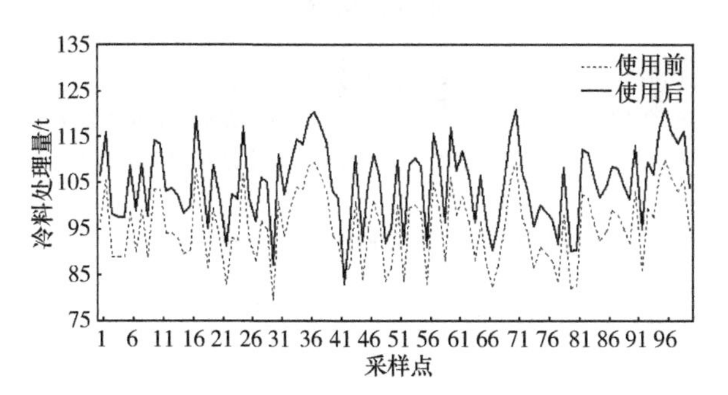

图 5.36　系统运行前后冷料处理量对比图

随着冷料处理量的增加，所选取的 100 炉次转炉吹炼的粗铜产量也明显增加，平均增加 6.0%,最多增加 6.99%,如图 5.37 所示。

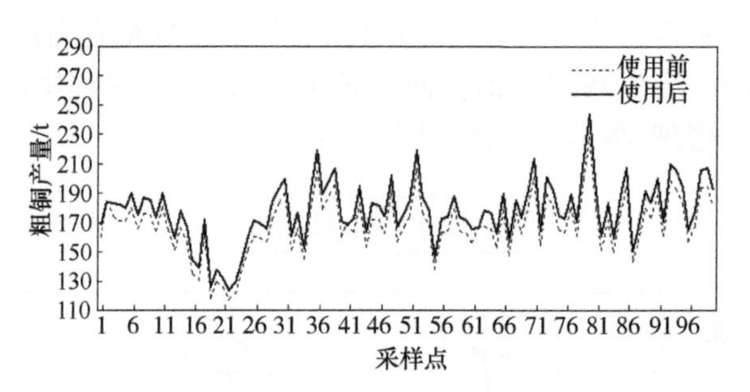

图 5.37 系统运行前后粗铜产量对比图

5.5 小 结

本章以铜闪速熔炼主流程工序中的铜精矿配料、气流干燥、闪速炉熔炼和 PS 转炉吹炼过程为对象,研究了铜闪速熔炼过程的建模及优化控制问题。针对铜精矿配料过程,建立了配料优化模型,提出了基于软约束调整的改进 Pareto 遗传算法,优化了精矿的配比,降低了生产成本。针对铜精矿气流干燥过程,建立了干矿水分软测量模型,开发了干燥过程智能优化控制系统,降低了燃油消耗量和精矿着火概率。针对闪速炉熔炼过程,建立了工艺指标的智能集成预测模型,提出了炉况操作模式优化方法,实现了闪速熔炼过程热风和氧量的优化控制。针对 PS 转炉吹炼过程,建立了氧量平衡计算模型和吹炼终点预报模型,研究了冷料添加的操作优化方法。基于所提出的方法和技术,研究开发的 PS 转炉操作优化控制系统已成功应用于国内大型铜冶炼企业,取得了很好的应用效果。

参考文献

[1] 朱祖泽,贺家齐. 现代铜冶金学. 北京:科学出版社,2003:1-3

[2] 阳春华,沈德耀,吴敏. 焦炉配煤专家系统的定性定量综合设计方法. 自动化学报,2000,26(2): 226-232

[3] 阳春华,段小刚,王雅琳. 烧结法生产氧化铝生料浆的配料专家系统设计. 中南大学学报(自然科学版),2005,36(4):648-652

[4] 王炜,陈畏林,等. 基于线性规划和神经网络的优化烧结配料系统开发. 烧结球团,2006,31(1): 27-30

[5] 李学全,邹伟军. 改进的多目标规划遗传算法. 数学理论与应用,2004,24(2):94-96

[6] 孔玲爽,阳春华,王雅琳,等. 考虑多性能指标的配料优化模型及求解算法. 中南大学学报(自然科学版),2010,41(1):213-218

[7] 阳春华,王晓丽,陶杰,等. 铜闪速熔炼配料过程建模与智能优化方法研究. 系统仿真学报,2008,20(8): 2152-2155

[8] 牟在根,梁杰. 一种模糊控制小生境遗传算法的应用研究. 北京科技大学学报,2006,28(3): 299-302

[9] 陶杰. 铜闪速熔炼配料过程满意优化研究及应用. 长沙:中南大学硕士学位论文,2007

[10] 张定华，桂卫华，李勇刚，等．闪速熔炼气流干燥优化控制系统的设计与实现．信息与控制，2006，35(3)：397-401

[11] 颜青君．铜闪速熔炼操作参数优化的研究与应用．长沙：中南大学硕士学位论文，2007

[12] 彭晓波，桂卫华，李勇刚，等．动态 T-S 递归模糊神经网络及其应用．系统仿真学报，2009，21(18)：5636-5638，5644

[13] 阳春华，谢明，桂卫华，等．铜闪速熔炼过程冰铜品位预测模型的研究及应用．信息与控制，2008，37(1)：28-33

[14] 彭晓波，桂卫华，胡志坤，等．铜闪速熔炼过程操作模式智能优化．控制与决策，2008，23(3)：297-301

[15] 桂卫华，阳春华，李勇刚，等．基于数据驱动的铜闪速熔炼过程操作模式优化及应用．自动化学报，2009，35(6)：717-724

[16] 彭晓波．铜闪速熔炼过程智能优化方法及应用．长沙：中南大学博士学位论文，2008

[17] 彭晓波，桂卫华，黄志武，等．GAPSO：一种高效的遗传粒子混合算法及其应用．系统仿真学报，2008，20(18)：5025-5027，5031

[18] 谢明，阳春华．铜闪速熔炼炉计算机在线控制策略与方法．自动化与仪表，2007，22(3)：58-60

[19] 鄢锋．PS 转炉铜锍吹炼过程冷料添加操作优化的研究与应用．长沙：中南大学硕士学位论文，2007

[20] 胡志坤，桂卫华，阳春华，等．铜转炉吹炼过程熔剂加入量的模糊操作模式挖掘方法．控制与决策，2010，25(11)：1689-1692

[21] 胡志坤，桂卫华，彭小奇．铜转炉优化操作智能决策支持系统开发与应用．计算机科学，2002，29(10)：57-59

[22] 孙鑫红．铜转炉吹炼终点预报模型的研究及应用．长沙：中南大学硕士学位论文，2007

第6章 氧化铝生产过程优化控制

氧化铝生产过程具有工艺流程长、工序设备多、反应机理复杂，以及环境恶劣、工况多变，惯性大、生产滞后时间长等特点，传统的建模方法和控制手段难以满足节能降耗、增产增效的生产要求。为此，本章分别以氧化铝生产过程中的配料、高压溶出、蒸发以及连续碳酸化分解等过程为研究对象，讨论了智能建模与优化控制方法在这些过程中的应用。

6.1 氧化铝生产流程概述

氧化铝主要采用碱法生产，即用碱（NaOH 或 Na_2CO_3）处理铝土矿，使矿石中

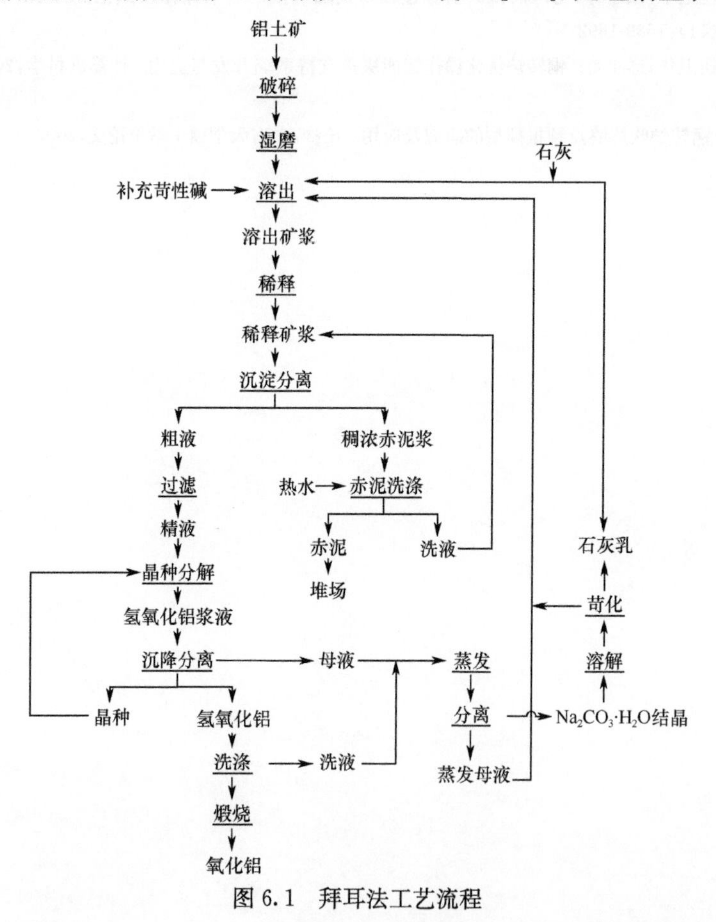

图6.1 拜耳法工艺流程

的氧化铝和碱发生反应生成铝酸钠，铝酸钠溶于碱液即为铝酸钠溶液。铝酸钠溶液可以分解析出氢氧化铝，将氢氧化铝与碱液分离，经过洗净和煅烧，即获得氧化铝。制取氧化铝的方法主要有拜耳法、烧结法和混联法[1]。拜耳法生产氧化铝流程如图 6.1 所示，其基本原理是用苛性钠溶液溶出铝土矿中的氧化铝，所制得的铝酸钠溶液在添加氢氧化铝做种子、降温和搅拌的条件下进行分解得到氢氧化铝，氢氧化铝焙烧得到氧化铝，分解剩下的母液蒸发后再用来溶出新的一批铝土矿。

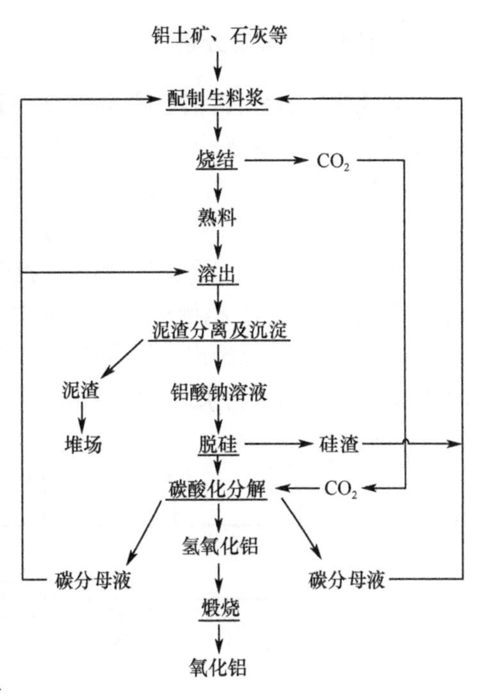

图 6.2　烧结法工艺流程

烧结法氧化铝生产工艺流程如图 6.2 所示，其基本原理是：由含铝原料与纯碱、石灰石制备成的生料浆经烧结后，所得的铝酸钠溶液再经脱硅和碳酸化分解得到氢氧化铝，氢氧化铝煅烧后得到氧化铝。纯碱经蒸发后以浓溶液形态返回到生料浆的配制过程再循环生产。

拜耳法和烧结法两种生产工艺方法各有优缺点：拜耳法生产经济、环境污染小，应用也最为广泛，目前世界上生产的氧化铝有 95% 是用拜耳法从铝土矿制得的，但是要应用该方法需要高质量的铝土矿；烧结法生产能耗高、环境污染较为严重，但可以处理低品位铝土矿。我国既有高品位铝土矿也有很多低品位的铝土矿，为此，我国两种氧化铝生产方式都有；此外，还有这两种方法串联或并联的混联生产方法。

6.2　烧结法氧化铝配料过程的优化控制

作为烧结法氧化铝生产的第一道工序，配制的生料浆指标的好坏直接关系到熟料质量的高低[2]，因此稳定生料浆成分和质量不容忽视。生料浆的配制不仅仅是几种物料的简单混合，它直接关系到整个系统的碱平衡和水平衡。人工凭经验确定配比，计算工作量大、生料浆质量波动大且入槽合格率低。如能在现有配料的基础上，通过优化配料提高生料浆的质量，不仅能保证整个系统的稳定性，而且将进一步提高氧化铝的生产产量，从而为企业增加经济效益，其实际意义非常明显。

6.2.1 配料过程工艺分析

生料浆配料过程:将铝土矿、调整矿、石灰、碱粉、生料煤、碳分母液和硅渣(碳分母液和硅渣统称为碱液)等原料按一定配比送入管磨机,磨制的生料浆直接流入缓冲槽,再由缓冲泵打入A槽,将不同管磨机和不同时段配制的生料浆进行第一次混合调配;A槽灌满后,整点取样进行成分分析,操作人员根据当前A槽成分和B槽指标要求,凭经验进行反复组合计算,挑出一批合适的A槽混合后倒入B槽,完成生料浆的第二次调配;同样,B槽灌满后,整点取样分析,根据B槽料浆成分和送入熟料窑的生料浆指标,反复计算选出一批合适的B槽混合后倒入K槽,通过三次调配获得符合熟料烧结要求的生料浆送往熟料窑。其工艺流程如图6.3所示。

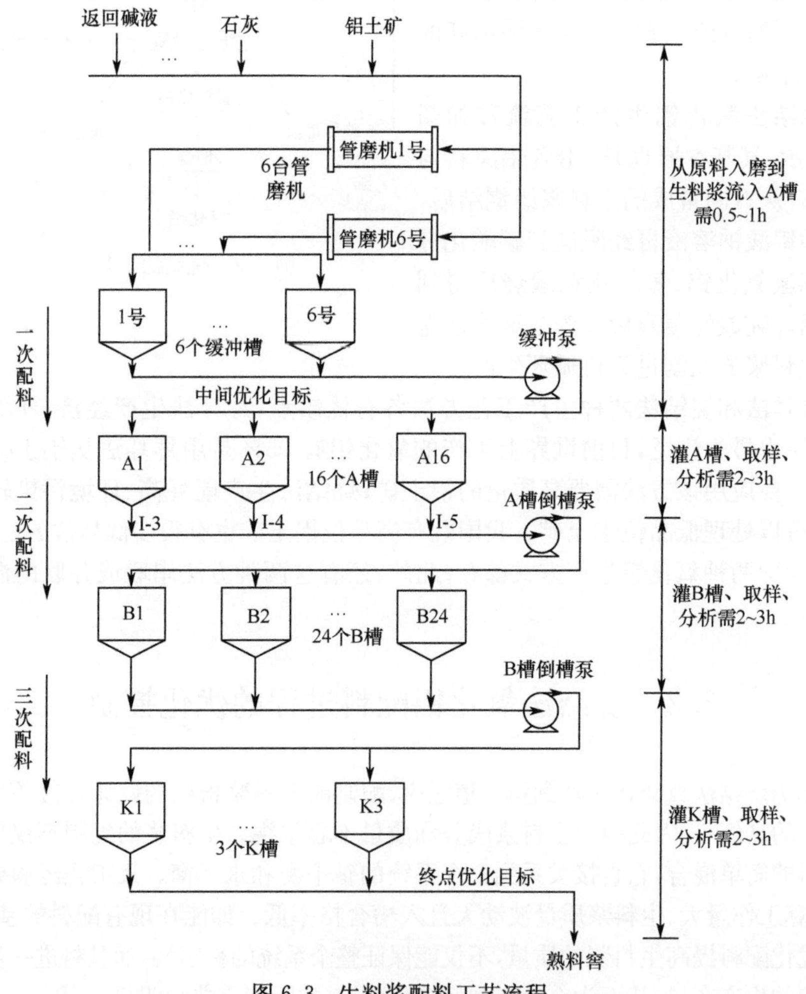

图6.3 生料浆配料工艺流程

实际生产过程中，由于供矿来源的不稳定，铝土矿及其调整矿成分波动大且难以实时检测，只能从配矿工序获得滞后的离线分析数据；进入配料段的碳分母液和硅渣受到后续碳分工序和脱硅工序生产状态的影响，成分和流量波动大，而返回碱液从取样到分析滞后超过 2h；此外，配料过程中产生的污水，球磨机、管道、泵类等磨损产生的铁质也作为原料进入生产流程，存在很大的随机性。这些因素的存在使原料信息具有明显的不确定性。

与此同时，配料生产过程中从原料入磨到生料浆入槽，需经过 0.5～1h；从生料浆入 A 槽、灌满 A 槽、A 槽取样到成分分析，需 2～3h；又从 A 槽生料浆混合后入 B 槽、灌满 B 槽、B 槽取样到成分分析，需 2～3h；再从 B 槽生料浆混合后入 K 槽、送往熟料窑的生料浆质量分析完毕还需 2～3h。可见，配料过程中每一个环节的操作所产生的效果只能从数小时后的离线分析结果中得到反映。生产流程的大滞后和各槽生料浆成分检测的大滞后，使配料过程无法及时获取各个环节的生料浆质量信息，带来了配比计算所需质量反馈信息的不确定。

原料成分信息和质量反馈信息的不确定使得生料浆配料过程在物料配比计算的基础上，必须经过缓冲槽混合到 A 槽，部分 A 槽混合到 B 槽、部分 B 槽混合到 K 槽这样三次调配后，才能获得满足熟料烧结质量要求的生料浆，造成配料工艺流程长，一批料浆槽被倒槽所占用，限制了生料浆的生产能力，增加了配料过程的能耗。为此，针对配料过程中存在的不确定性，研究其配料优化控制方法，实现生料浆配料过程的优化控制，达到提高生料浆质量、简化生产工艺、提高生产效率的目的。

6.2.2　优化控制总体方案

根据生料浆配料过程特点，提出包括原料配比优化与料浆调配优化的两级智能优化系统结构[3]，如图 6.4 所示。

原料配比优化以提高入槽生料浆质量为目标，根据入磨原料成分和返回液成分，确定最优配比，并通过 DCS 实现各物料下料量的稳定控制；料浆调配优化以保证送往熟料窑的生料浆质量为目标，根据入槽生料浆质量指标进行组合计算，获得最优调配方案，实时控制倒槽泵运行，实现生料浆的优化调配。其中，送往熟料窑的生料浆质量作为终点优化目标，其质量指标根据熟料烧结过程的生产状态实时确定；入槽生料浆质量作为中间优化目标，其质量指标根据终点优化目标和已入槽生料浆质量实时调整。考虑到入槽生料浆质量检测的大滞后和生产过程扰动的影响，建立基于物料平衡、神经网络和灰色偏差补偿的生料浆质量智能预测模型，并通过预测指标和离线检测的实际指标之间的偏差在线修正；所建立的智能预测模型根据原料成分和拟定的原料配比实时预测入槽生料浆质量，当预测质量与中间优化目标存在偏差时，配比优化专家系统不断调整原料配比，直到满足中间优化目

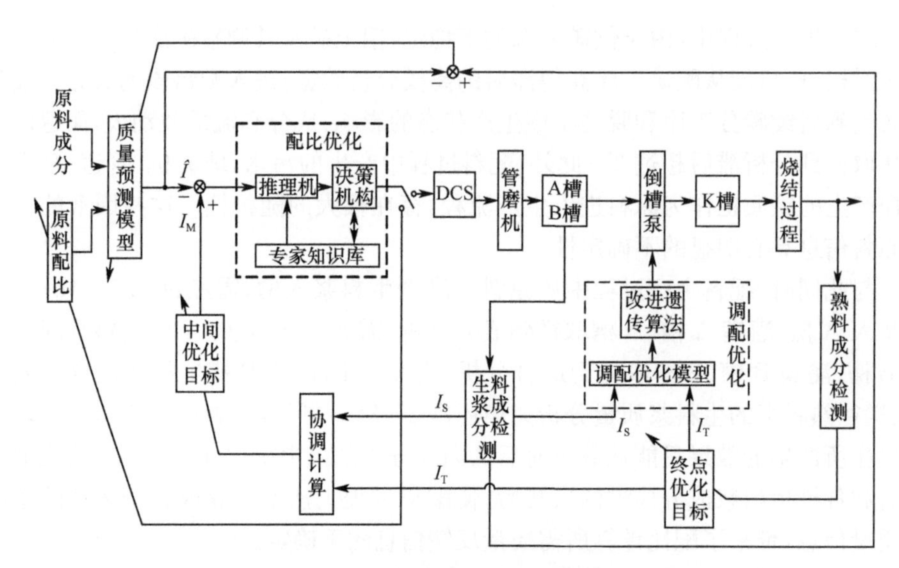

图 6.4　两级智能优化系统结构

标即入槽生料浆质量要求。中间优化目标是前一级原料配比计算的质量优化目标,也是后一级调配优化要求满足的质量前提,其合理设定是保证两级优化协调的关键。

生料浆质量指标主要包括铝硅比 A/S、碱比[N/R]、钙比[C/S],计算公式为

$$A/S = \frac{A}{S}, \quad [N/R] = \frac{aN}{A + bF}, \quad [C/S] = \frac{cC}{S} \tag{6-1}$$

式中,[·]表示物质的量比;C、N、S、F、A 表示生料浆中氧化钙、氧化钠、氧化硅、氧化铁和氧化铝的质量分数;a、b、c 表示物质的量与质量之间的转换系数。

设入槽生料浆质量指标,即中间优化目标,以 I_M 表示,送入熟料窑的生料浆指标即终点优化目标以 I_T 表示,已配制的生料浆质量指标以 I_S 表示,基于物料平衡原理,拟入槽的生料浆质量指标和已配制的生料浆质量指标之间的平均值应等于送入熟料窑的生料浆指标,即

$$I_T = \frac{I_M + I_S}{2} \tag{6-2}$$

因此,在终点优化目标 I_T 确定的情况下,只要获得已配制的生料浆质量指标 I_S,即可计算获得中间优化目标。然而,由于生产过程本身的滞后和质量指标中各成分分析检测时间的不同,使得当前时刻 k 仅能获得 $k-2$ 及以前时刻取样槽生料浆质量的全分析值[包括氧化铝(Al_2O_3)、氧化钙(CaO)、氧化铁(Fe_2O_3)、氧化钠(Na_2O)和氧化硅(SiO_2)的含量],以及 $k-1$ 时刻取样槽生料浆 CaO、Na_2O 含量,而 k 时刻取样槽生料浆还没有成分检测结果。设 $I_S(k-2)$、$I_S(k-1)$ 和 $I_S(k)$ 分别表示这三部分生料浆质量,w_j 表示每一部分所占的槽数,则 I_S 可表示为

$$I_S = \frac{\sum_{j=0}^{2} w_j I_S(k-j)}{\sum_{j=0}^{2} w_j} \tag{6-3}$$

式中，$I_S(k-2)$为具有成分全分析结果生料浆的质量指标，设$\bar{C}(k-2)$、$\bar{N}(k-2)$、$\bar{S}(k-2)$、$\bar{F}(k-2)$、$\bar{A}(k-2)$分别表示 $k-2$ 及以前时刻取样槽 CaO、Na_2O、SiO_2、Fe_2O_3 和 Al_2O_3 的平均含量，其分析结果值代入指标公式(6-1)，则计算获得 $I_S(k-2)$。$I_S(k-1)$为仅具有 CaO、Na_2O 含量检测结果生料浆的质量指标，设 $\bar{C}(k-1)$、$\bar{N}(k-1)$为 $k-1$ 时刻取样槽 CaO 和 Na_2O 的平均含量。实际工业生产中 CaO、Na_2O 含量在很大程度上反映了生料浆的质量，因此，根据生料浆中$k-1$与 $k-2$ 时刻 CaO、Na_2O 含量的变化 $\Delta C=\bar{C}(k-1)-\bar{C}(k-2)$，$\Delta N=\bar{N}(k-1)-\bar{N}(k-2)$，基于专家规则获得

$$I_S(k-1) = I_S(k-2) + \Delta I_S(k-1) \tag{6-4}$$

式中，$\Delta I_S(k-1)$为规则修正模型根据 ΔC 和 ΔN 获得的指标补偿值；$I_S(k)$为没有任何检测结果生料浆的质量指标。根据生产流程的滞后，未取样检测的生料浆对应前 1h 内的配比，设 $\bar{U}(k-1)$和 $\bar{G}(k-1)$分别为当前 k 时刻前 1h 内原料配比和成分含量的平均值，利用生料浆质量预测模型获得 $I_S(k)$，以 $f(\cdot)$代表预测模型，则

$$I_S(k) = f(\bar{U}(k-1), \bar{G}(k-1)) \tag{6-5}$$

6.2.3　生料浆质量预测智能集成模型

生料浆的配制过程是一个以物理变化为主并伴有少量化学反应的过程，基于物料平衡原理可建立生料浆质量预测的机理模型。由于物料平衡计算的简化以及过程中的不确定性因素和未知因素等造成机理模型存在预测误差，为此提出智能集成模型[4]，通过残差补偿方法提高质量预测模型的预测精度。生料浆质量智能集成预测模型如图 6.5 所示，由物料平衡数学模型和残差补偿组合模型组成。残差补偿组合模型通过一个在线协调器控制其输出。在正常生产条件下，误差补偿值依赖于训练好的神经网络计算结果；在生产波动的情况下，数学模型的误差值通过提取历史数据进行补偿。然后将此组合残差补偿模型的值补偿到数学模型的输出值上，建立了生料浆质量智能预测模型，实现了生料浆成分可靠、准确的全局在线预测。

1. 生料浆配料过程机理模型

根据配料机理、各元素质量平衡原理以及生料浆配料过程中的实际情况，由各物料配比与成分建立生料浆质量数学模型。设生料浆是由 K 种原料配制而成的，m_i 是第 i 种原料的下料量。

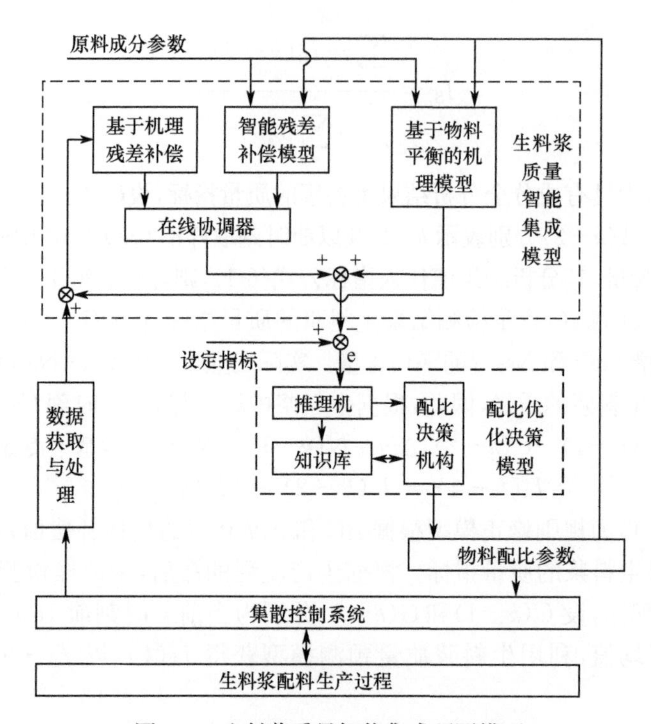

图 6.5 生料浆质量智能集成预测模型

水的物料平衡计算为

$$\hat{H}=\frac{\sum_{i=1}^{K}m_iH_i}{\sum_{i=1}^{K}m_i} \tag{6-6}$$

式中，$\hat{H}$ 为生料浆物质中水的百分含量；H_i 为第 i 种物料中水的百分含量。

生料浆中 CaO、Na_2O、SiO_2、Fe_2O_3、Al_2O_3 物质的物料平衡模型结构如下：

$$\hat{P}=\frac{\sum_{i=1}^{K}m_iP_i}{\sum_{i=1}^{K}m_i-\sum_{i=1}^{K}m_iH_i} \tag{6-7}$$

式中，$\hat{P}$ 为生料浆物质 P 在干物中的百分含量；P_i 为第 i 种物料中物质 P 的百分含量。为了简洁表示，不对 CaO、Na_2O、SiO_2、Fe_2O_3、Al_2O_3 各物质进行展开描述。在建立物料平衡模型时，有几点问题值得注意。

(1) 现场检测碱粉的有效化学成分是 Na_2CO_3，因此在进行生料浆 Na_2O 物料平衡计算时，要根据相对分子质量之比将碱粉的 Na_2CO_3 含量折算成 Na_2O 的含量，折算后碱粉 Na_2O 含量为

$$\hat{N}_{\mathrm{al}} = k_{\mathrm{al}} \cdot m_{\mathrm{al}} \cdot N_{\mathrm{al}} \tag{6-8}$$

式中，k_{al}为折算系数；m_{al}为碱粉的下料量；N_{al}为碱粉中有效 Na_2CO_3 的含量(%)。

(2) 生料浆中水分的检测方法是将单位体积的生料浆称重，与在 150℃下炒干后的固体物质质量相减得到水分的含量。配料原料中石灰中含的有效氧化钙与入磨碱液中的水生成氢氧化钙，化学反应方程式为

$$CaO + H_2O \text{===} Ca(OH)_2 \downarrow$$

此时，这部分水经过化学反应生成了另外一种物质，故在生料浆水的物料平衡中应将这部分水减去。

$$\hat{H} = \sum_{i=1}^{K} m_i H_i - \hat{H}_{\mathrm{Los}} \tag{6-9}$$

式中，$\hat{H}_{\mathrm{Los}} = k_{\mathrm{Ca}} \cdot m_{\mathrm{Ca}} \cdot C_{\mathrm{Ca}}$为与石灰进行化学反应损失的水，$k_{\mathrm{Ca}}$为化学折算系数，$m_{\mathrm{Ca}}$为石灰的下料量，$C_{\mathrm{Ca}}$为石灰中有效 CaO 的含量(%)。

(3) 硅渣液比重回归模型。硅渣液作为液体，测量单位为体积值，而物料平衡模型中计算单位为质量，从体积到质量单位换算需要用到密度这一物理量。基于历史数据用最小二乘法对硅渣比重 ρ_{Si}与水分 H_{Si}进行回归分析，有

$$\rho_{\mathrm{Si}} = \alpha H_{\mathrm{Si}}^2 + \beta H_{\mathrm{Si}} + \gamma \tag{6-10}$$

式中，α、β、γ 为回归系数。

(4) 碳母液比重神经网络预测模型。碳母液是一种成分复杂的过饱和溶液，其中未溶解的晶体在生产中称为固含。碳母液主要包含碳酸钠和少量氧化铝，一部分没有被碳酸化分解的铝酸钠，其次含有 Si、Fe、Al、Ca、Na、K 等各种氧化物。工业现场对碳母饱和溶液部分测量的主要参数为 NT 浓度(溶液中检测到的 Na^+ 折算成 Na_2O 的量)与 AO 浓度(溶液中检测到 Al^{3+} 的折算成 Al_2O_3 的量)。对固含只称其重量。NT 浓度、AO 浓度和固含与碳母液比重 ρ_{TM}的关系是非线性的，因此采用神经网络来拟合这种关系。神经网络学习算法采用 Levenberg-Marquardt 算法，该算法具有收敛快和不易陷于局部极小的特点。按时间对应关系选取了 130 组碳母液的 NT 浓度、AO 浓度、固含以及 ρ_{TM}数据。数据中 80 组用于模型训练，50 组用于模型检验。以 NT 浓度 N、AO 浓度 A、固含 G 为输入变量，ρ_{TM}为输出变量，用神经网络拟合，其数学形式描述为

$$\rho_{\mathrm{TM}} = f_{\mathrm{NN}}(N, A, G) \tag{6-11}$$

式中，TM 代表模型；NN 代表神经网络(neural network)。

2. 智能残差补偿

从氧化铝生产理论来看，生料煤只起固体还原剂和强化烧结的作用，理论上不提供氧化铝产品所需的有效成分。但根据煤的工业分析，煤中除了含有大量的固

定碳外,硅元素占10%左右,还含有一部分铝、铁、钙等元素,这些都不可避免地作为有效成分被带入生料浆中。此外,在配料过程中进入的生产污水、球磨机、管道、泵类等磨损的一部分铁质也进入配料流程。还有,生产实际中,只对物质的主要成分进行了检测,而忽略了次要成分。例如,铝土矿只检测了氧化硅、氧化铁及氧化铝主要成分的含量,没有检测钠和钙元素等含量相对较小的有效成分含量。这些都是机理模型不可描述的部分。这些由于机理模型本身的简化带入的误差以及未知外界和生产扰动带来的模型误差需要进行补偿。为此,利用生产中积累的大量生产数据为先验知识和指导经验建立BP神经网络对模型的输入与模型误差的非线性关系进行拟合,从而达到提高模型精度并有效地反映系统真实信息的目的。

在神经网络建模前,为了降低输入变量的维数,简化网络结构,在基于机理分析的基础上,采用主成分分析方法对数据进行处理。

以对氧化钙数学模型预测值修正为例。经过主成分分析处理后,神经网络补偿模型的输入变量为8个,分别是铝土矿、石灰、硅渣、碳母、煤、碱粉的下料量以及石灰、硅渣中氧化钙的含量。隐含层神经元为15个,输出变量为氧化钙数学模型的补偿量(ΔP_{Ca})。

按槽号选取100组满足样本空间分布的生料浆化学分析数据,并且分为两组,一组作为训练数据,另一组作为检验数据。实际过程稳态输出与数学模型输出之间误差是网络逼近目标。网络训练算法的目标是使网络的输出与模型实际残差之间误差的MSE最小。

对于其他量的修正,方法与氧化钙类似,这里不再赘述。则所有成分补偿量组成的模型补偿向量为

$$\Delta P_{NN} = [\Delta P_{Ca} \quad \Delta P_{Na} \quad \Delta P_{Si} \quad \Delta P_{Fe} \quad \Delta P_{Al} \quad \Delta P_{H_2O}] \tag{6-12}$$

式中,ΔP_X为各物质神经网络残差补偿值,X表示Ca、Na、Si、Fe、Al和H_2O这几种物质。

3. 智能预测模型的建立

神经网络模型在样本区间内具有较高预测精度,但对训练样本外的数据,其预测能力有限。为了解决样本空间外数据模型误差的问题,系统提取历史检测数据对数学模型的误差进行补偿。设当前时刻为K时刻,对于神经网络模型边界外的输入数据,K时刻的误差补偿量$\Delta P_G(K)$为

$$\Delta P_G(K) = P_R(K-\tau) - \hat{P}(K-\tau) \tag{6-13}$$

式中,$P_R(K-\tau)$为$K-\tau$时刻的实际生料浆化学成分检测值;$\hat{P}(K-\tau)$为$K-\tau$时刻的数学模型预测值;τ为生料浆配料生产过程滞后时间,与开磨台数、入槽个数、取样检测时间等有关。

设 U 为神经网络输入变量的取值区间，X 为输入向量。在线专家协调器的工作方式为

$$\text{IF } X \leqslant U \text{ THEN } \Delta P = \Delta P_{\mathrm{NN}}$$
$$\text{IF } X > U \text{ THEN } \Delta P = \Delta P_{\mathrm{G}}$$

综上所述，生料浆质量智能模型的输出 P 为

$$P = \hat{P} + \Delta P \tag{6-14}$$

式中，$\hat{P}$ 为根据物料平衡建立的数学模型的输出值；ΔP 为残差混合预测模型的输出值。

6.2.4　生料浆配比优化计算

生料浆配比优化计算，根据生料浆质量预测智能集成模型的结果，并对照生料浆指标的设定值，采用专家优化推理技术优化配比方案，以使质量指标满足目标指标。

1. 配料专家知识库

知识库是整个决策系统的核心，用于存储生料浆配料过程领域中经过事先总结的专家知识条目：一部分知识为数据，如生料浆配料过程中的各操作参数，配比的初始值；另一部分知识为定性推理知识，采用产生式规则表示，包括由生料浆质量指标确定配比的推理规则，以及配比合法性判断。若未进入指标合格区域，则修改配比后重新推理，直到配比合格为止。

由于氧化铝配料原料种类多，约束指标多，且一种物料量的变化同时影响多个指标值，这些特点造成配料知识非常丰富。这对生料浆配料专家知识的组织提出了很高的要求。依据实际生产情况为指导对生料浆配料专家知识按照“以 A/S 为主线，其他指标逐步跟进”的思路将配料规则组织成若干个配料知识类。在每一个类中，根据规则在领域中问题出现的机会多少进行优先级排序，以加快规则的搜索速度。规则表示的通式为

$$\text{Rule(RGNo,RNo,ConList,ConcNo)} \tag{6-15}$$

式中，RGNo 为类号；RNo 为规则在配料知识类内的编号，按规则强度由大到小排序；ConList 为条件序号表，条件表形如“$((\text{ConNo}_1,\text{Tag}_1),(\text{ConNo}_2,\text{Tag}_2),\cdots,(\text{ConNO}_n,\text{Tag}_n))$”，其中 Tag_i 表示此条件是否是最后一条，若是置为 1，否则置为 0；ConNo 为结论号，此结论号对应结论库中专家操作。例如：

R^{01}：IF {A/S 合格，0} AND IF {[C/S] 合格，0} AND IF {[N/R] 合格，0} AND IF {[F/A]，合格，1} THEN (0101)

R^{01} 表示 0 号知识类中编号为 1 的规则。0101 为结论号，推理机根据此结

论号到结论库中调用相应的操作,在此规则中,0101 的结论是“保持配比不变”。

2. 配料优化决策

基于专家经验的配比优化计算是根据生料浆质量智能预测模型的输出值与给定指标的差值来调整配比的。

优化推理过程是:系统启动第一级推理机调用 A/S 调整知识类中的知识和黑板的信息进行推理,并将推理结果存储到黑板。对 A/S 调整推理完毕后,启动第二级目标推理机。第二级目标推理机根据[C/S]调整知识类中的知识和黑板中的有关信息进行推理。同理,依次根据[N/R]、[F/A]和 H_2O 进行推理,直到所有目标级推理结束。

在优化推理过程中,由于生产条件的不满足(如矿的设置情况),使指标无法优化到指定区域时,系统会通过人机界面提示操作人员改善生产条件。当生产条件改善后,系统继续完成优化推理。

黑板是一个动态共用数据区,黑板上记录有各种信息,包括实时生产数据、所有管磨机上入磨矿的设置情况、各级推理机的推理结果、根据实时推理需要调用的各配料知识类中的知识、系统运行时产生的中间结果及最终结果。各级目标根据需要,从黑板中调用这些信息。系统以黑板作为信息传输的介质,以此实现各部分直接的信息交换。

以 A/S 调整为例:

已知 $E_{A/S}$ 表示生料浆质量智能预测模型计算的 A/S 与工艺设定 A/S 的差值,$M(>0)$为生产技术参数。$|E_{A/S}|\leqslant M$ 表示以当前配比配制的生料浆 A/S 指标合格;$|E_{A/S}|>M$ 表示不合格,需要调整配比。在需调整配比的情况下,根据生产经验设定 $L(0<M<L)$。若 $M<|E_{A/S}|\leqslant L$,则以 p_1 为步长调整配比;若 $|E_{A/S}|>L$,则以 p_2 为步长调整配比。出于成本的考虑,对 A/S 的调整以普矿为主,如果普矿达不到要求,就下调整矿,调整矿为高铝矿、低铝矿和高铁矿等。

具体规则如下。

R^{11}:IF ($E_{A/S}|\leqslant M$) THEN (配比不变)

R^{2i}:IF ($E_{A/S}>L$) AND IF (i 号磨低铝≠0) AND IF (i 号磨普矿仓有普铝) AND IF (i 号磨调整矿仓有低铝)

THEN (i 号磨普铝量=i 号磨普铝量+p_2,i 号磨低铝量=0)

$R^{2(2i)}$:IF ($E_{A/S}>L$) AND IF (i 号磨普铝≠0) AND IF (i 号磨普矿仓有普铝)AND IF (i 号磨调整矿仓有高铝)

THEN (i 号磨高铝量=i 号磨高铝量+p_2,i 号磨普铝量=0)

……

$R^{2(ni)}$：IF（$E_{A/S}>L$）AND IF（i 号磨普铝$\neq 0$）AND IF（i 号磨普矿仓有普铝）AND IF（i 号磨调整矿仓有低铝）

THEN（提示当前矿的设置无法正确调整 A/S）

R^{3i}：IF（$M<E_{A/S}\leqslant L$）AND IF（i 号磨低铝$\neq 0$）AND IF（i 号磨普矿仓有普铝）

THEN（i 号磨低铝＝第 i 号磨低铝$-p_1$，i 号磨普铝＝i 号磨普铝$+p_1$）

……

在将 A/S 调整推理完毕后，进入第二级推理[C/S]的调整。依次逐级推理，直到完成所有目标推理，得到配比优化方案，并将此控制方案传递给集散系统实现配比的自动控制。多目标分级推理示意图如图 6.6 所示。

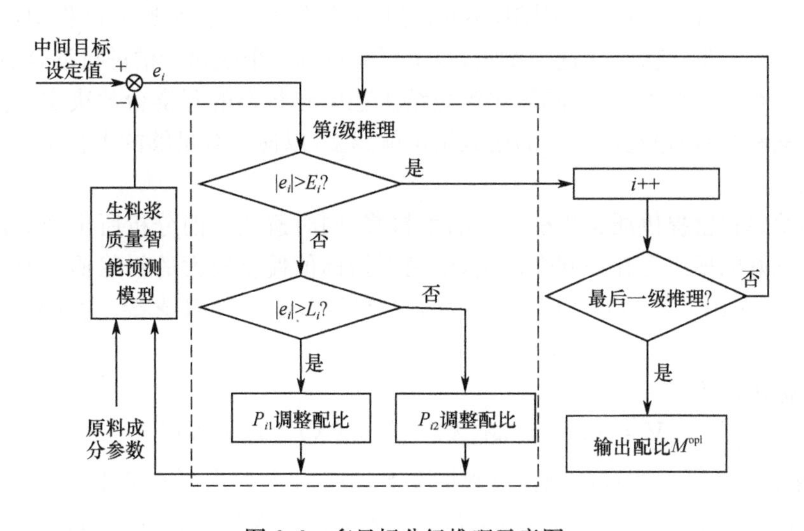

图 6.6　多目标分级推理示意图

6.2.5　生料浆智能倒槽

1. 生料浆智能倒槽问题描述

从管磨机出来的生料浆往往难以满足指标要求，为此操作人员不得不对进入 A 槽的生料浆进行调均，使最终的生料浆满足熟料烧结过程的需求。往往 A 槽的生料浆要经过 A 槽到 B 槽和 B 槽到 K 槽两次调均过程才能满足质量指标送往烧结熟料窑。每一次调均过程实际上也是一个倒槽过程。以 B 槽倒 K 槽为例，倒槽过程就是从 n 个 B 槽中选择 m 个，然后将它们相互混合后倒入 K 槽的过程。倒槽过程对所倒槽数、倒槽后的生料浆质量以及剩余在 B 槽的生料浆质量都有一定的要求，倒槽过程存在着处理数据量大、倒槽过程人工计算速度慢、劳动强度大以及倒槽组合选择不合适、影响熟料窑烧结等问题。为此，提出了智能倒槽[5]的思想，希望利用先进的优化方法通过计算机自动地求出满足生产要求的倒槽方案,实现生料浆调配过程的智能化。

生料浆智能倒槽问题(又称为优化调配问题)就是一个组合优化问题。生产现场对生料浆倒槽过程的工艺要求可归结为以下3点:

(1) 从一批满槽中抽取若干个槽组合在一起混合,被抽取的各槽平均碱比、钙比、铝硅比与工艺指标值偏差尽可能小。这样,倒走的槽其工艺指标才是最适合熟料窑烧结要求的,才能保证氧化铝成品的质量与产量。

(2) 在倒槽后,剩余各槽平均碱比、钙比、铝硅比要尽量符合工艺指标值要求,使其尽量不存在槽滞留的情况。

(3) 对倒槽数目有一定限制,不允许过多或过少。生料浆调配过程中,不可能存在把所有的槽一次性全选中倒走,也不可能只挑一个或两个槽进行混合后倒走,一般应该在三个以上,由实际氧化铝烧结工艺中熟料窑的开窑台数决定。能正常工作的熟料窑台数越多,倒槽的槽数量也就越多,以使其有足够的生料浆送往熟料窑烧结。

为给熟料窑提供质量指标最好的生料浆,同时避免如前分析所出现的把所有质量指标好的槽组合在一起全倒走,全剩下指标值偏差较大的料浆槽而导致槽子滞留问题,选用工艺要求(1)作为优化的主要目标,(2)、(3)工艺要求在约束条件中给予考虑,由此建立生料浆优化调配过程的模型。

目标函数为

$$V=\min_{X\in I}[f_{[N/R]}(X)\quad f_{[C/S]}(X)\quad f_{A/S}(X)]^{T} \tag{6-16}$$

式中,集合 I 表示在当前的满槽总数情况下,根据工艺要求所有可能倒槽组合的一个集合;$f_{[N/R]}(X)$、$f_{[C/S]}(X)$、$f_{A/S}(X)$分别表示根据 X 所选槽的平均碱比、钙比和铝硅比与工艺希望倒槽指标值的方差。

约束条件为

$$\begin{cases}L_N\leqslant R_{[N/R]}(X)\leqslant U_N\\ L_C\leqslant R_{[C/S]}(X)\leqslant U_C\\ L_A\leqslant R_{A/S}(X)\leqslant U_A\\ N_{min}\leqslant N(X)\leqslant N_{max}\end{cases} \tag{6-17}$$

式中,$R_{[N/R]}(X)$、$R_{[C/S]}(X)$、$R_{A/S}(X)$分别表示剩余槽的平均碱比、钙比、铝硅比;U_N、L_N、U_C、L_C、U_A、L_A 分别为剩余槽平均碱比、钙比和铝硅比浮动范围的上、下限;$N(X)$表示所选用倒槽数目的和;N_{max}、N_{min}分别为进行组合倒槽数目的上、下限。

分析倒槽过程,若用数0、1表示不倒槽和倒槽,则生料浆调配的组合优化问题可看成是0-1组合优化问题。用向量 X 表示当前批待倒走的一系列槽子,X 中元素 x_i 表示第 i 槽状态,取值1或0,1表示选中第 i 槽,0则反之,则生料浆优化调

配过程模型中的表达式可进一步表示为

$$f_{[N/R]}(X)=\left(\frac{a\sum_{i=1}^{n}x_iv_iN_i}{\sum_{i=1}^{n}x_iv_iA_i+b\sum_{i=1}^{n}x_iv_iF_i}-S_{[N/R]}\right)^2 \tag{6-18}$$

$$f_{[C/S]}(X)=\left(\frac{c\sum_{i=1}^{n}x_iv_iC_i}{\sum_{i=1}^{n}x_iv_iS_i}-S_{[C/R]}\right)^2 \tag{6-19}$$

$$f_{A/S}(X)=\left(\frac{\sum_{i=1}^{n}x_iv_iA_i}{\sum_{i=1}^{n}x_iv_iS_i}-S_{A/S}\right)^2 \tag{6-20}$$

$$R_{[N/R]}(X)=\frac{a\sum_{i=1}^{n}(1-x_i)v_iN_i}{\sum_{i=1}^{n}(1-x_i)v_iA_i+b\sum_{i=1}^{n}(1-x_i)v_iF_i} \tag{6-21}$$

$$R_{[C/S]}(X)=\frac{c\sum_{i=1}^{n}(1-x_i)v_iC_i}{\sum_{i=1}^{n}(1-x_i)v_iS_i} \tag{6-22}$$

$$R_{A/S}(X)=\frac{\sum_{i=1}^{n}(1-x_i)v_iA_i}{\sum_{i=1}^{n}(1-x_i)v_iS_i} \tag{6-23}$$

$$N(X)=\sum_{i=1}^{n}x_i \tag{6-24}$$

式中，n 表示槽数；v_i 表示第 i 槽体积；N_i、C_i、A_i、F_i、S_i 分别表示第 i 槽中的 Na_2O、CaO、Al_2O_3、Fe_2O_3、SiO_2 的体积百分含量；$S_{[N/R]}$、$S_{[C/S]}$、$S_{A/S}$分别为倒槽设定指标值。

由式(6-16)～式(6-24)可以看出，生料浆的智能倒槽问题是一个多目标、带约束的组合优化问题，为此采用改进的遗传算法[5]予以求解。

2. 优化目标与约束条件的处理

为采用智能算法求解生料浆智能倒槽问题，必须先对优化模型的多目标和约束条件进行处理。这里采用加权和[6]的方法将多目标转化为如下单目标形式：

$$\begin{cases} F(X) = \omega_1 f_{[N/R]}(X) + \omega_2 f_{[C/S]}(X) + \omega_3 f_{A/S}(X) \\ \omega_1 + \omega_2 + \omega_3 = 1 \end{cases} \tag{6-25}$$

式中,$F(X)$为与 $f_{[N/R]}(X)$、$f_{[C/S]}(X)$和 $f_{A/S}(X)$相关的泛化目标;ω_1、ω_2 和 ω_3 分别对应 $f_{[N/R]}(X)$、$f_{[C/S]}(X)$和 $f_{A/S}(X)$的权值,反映了在指标中的重要性,由实际生产需要决定。

目前利用遗传算法满足约束的技术有拒绝策略、修复策略、改进遗传算子策略、惩罚策略等[7]。前面三种策略的共同优点是都不会产生不可行解,缺点则是无法考虑可行域外的点。对于约束严的问题,不可行解在种群中的比例很大。这样,将搜索限制在可行域内就很难找到可行解。惩罚策略是一种允许在搜索空间里的不可行域中进行搜索以更快获得最优解的技术。

惩罚技术本质上是通过惩罚不可行解将约束问题转化为无约束问题。在遗传算法中,惩罚技术用来在每代的种群中保持部分可行解,使遗传搜索可以从可行域和不可行域两边来达到最优解。具体地就是对在解空间中无对应可行解的个体,计算其适应度时,除以一个罚函数,从而改变该个体适应度,使之被遗传到下一代群体中的机会减少。

根据优化调配过程模型的目标函数是求极小值,设计将约束条件以惩罚函数的形式引入优化目标中,构造适应度函数如下:

$$\begin{aligned} Z(X) = & F(X) + \lambda_1[R_{[N/R]}(X) - R_{[N/R]}^{\lim}]^2 + \lambda_2[R_{[C/S]}(X) - R_{[C/S]}^{\lim}]^2 \\ & + \lambda_3[R_{A/S}(X) - R_{A/S}^{\lim}]^2 + \lambda_4[N(X) - N^{\lim}]^2 \end{aligned} \tag{6-26}$$

式中,惩罚因子 $\lambda_i (i=1,2,3,4)$取足够大,以保证满足约束;$R_{[N/R]}^{\lim}$、$R_{[C/S]}^{\lim}$、$R_{A/S}^{\lim}$和 $N^{\lim}$定义如下:

$$R_{[N/R]}^{\lim} = \begin{cases} U_N, & R_{[N/R]}(X) > U_N \\ L_N, & R_{[N/R]}(X) < L_N \\ R_{[N/R]}(X), & L_N \leqslant R_{[N/R]}(X) \leqslant U_N \end{cases} \tag{6-27}$$

$$R_{[C/S]}^{\lim} = \begin{cases} U_C, & R_{[C/S]}(X) > U_C \\ L_C, & R_{[C/S]}(X) < L_C \\ R_{[C/S]}(X), & L_C \leqslant R_{[C/S]}(X) \leqslant U_C \end{cases} \tag{6-28}$$

$$R_{A/S}^{\lim} = \begin{cases} U_A, & R_{A/S}(X) > U_A \\ L_A, & R_{A/S}(X) < L_A \\ R_{A/S}(X), & L_A \leqslant R_{A/S}(X) \leqslant U_A \end{cases} \tag{6-29}$$

$$N^{\lim} = \begin{cases} N_{\max}, & N(X) > N_{\max} \\ N_{\min}, & N(X) < N_{\min} \\ N(X), & N_{\min} \leqslant N(X) \leqslant N_{\max} \end{cases} \tag{6-30}$$

3. 改进遗传算法

基本遗传算法在优化应用中存在诸如局部搜索能力差、计算量大、对较大搜索空间适应能力差和早熟收敛等棘手问题。为求解生料浆智能倒槽问题，提出一种改进的遗传算法。该算法设计思想如下。

1) 编码

Holland 模式定理建议采用二进制编码，这得到许多学者的支持。通过分析，生料浆调配过程中调配为 0-1 组合问题，采用二进制编码解决 0-1 规划有其天然的优势。

对满槽的每个槽进行依次标号，n 个槽，则一个个体由 n 个基因组成，个体中每个基因的二进制数表示对应于该基因位的槽倒槽被选中与否，一个个体就表示了一个倒槽组合方式，这样无需解码方案，最优个体即为所求的最优调配方案。一个个体的基因串表示方法如下：

$$\text{chrom}:[1001\cdots1100]_n$$

第 i 位的值表示这一时刻第 i 槽状态，1 表示该槽被选中倒槽，0 表示该槽未被选中。

2) 改进种群初始化策略

在遗传算法设计中，种群的初始化对算法的收敛性能有很大的影响，较好的分布均匀的种群能够加快算法的运算速率。针对某冶炼厂生料浆调配过程中工艺要求，倒槽数目一般为 3～8 个。因此，在初始化种群当中，如果每个个体二进制串中“1”的数目之和也为 3～8，那么在遗传进化过程中能加快得到符合工艺所需的最佳槽组合速度。

遗传算法的种群初始化一般为随机赋值，采用 rand(·)函数赋给个体串中的每一位随机的二进制值“0”或“1”。在生料浆调配过程中待调配的满槽数目较少时(小于 10 个)，采用随机赋值方式能使初始群体中个体分布较均匀，3～8的槽组合基本都有分布。但当待调配的满槽数目较多时(10 个以上)，种群分布就不怎么均匀。对调配的满槽数目为 18 时，进行了初始种群的种群分布概率统计，如表 6.1 所示。该统计是在初始化时限制槽组合数目为 3～8 的情况下进行的。

表 6.1　初始种群分布概率统计

槽组合数目	3	4	5	6	7	8
概率/%	0	0	1	2	5	92

经分析，之所以会出现这种情况是因为二进制编码长度过长造成的。在满槽数为 18 时，遗传算法的二进制编码长度有 18 位，在没有限制槽组合数目为 3～8

的情况下,通过 rand(·)函数对个体串中的每一位进行随机的“0”或“1”赋值时,18 位的二进制串中基本上都有超过 8 个基因位被赋值为“1”,概率达到 90%以上。因此,种群初始化过程得到的劣势个体过多,导致搜索速度过慢。

通过对槽组合数目的限制,使其初始种群中槽组合数目集中在 3~8 的情况下,再通过人为干预,把种群中的部分个体强行分布在 3~6。人为干预初始化过程的种群可满足特定工艺下的种群分布均匀化,对算法的收敛速度有很大的帮助。

3)改进自适应遗传算子设计

交叉概率和变异概率对遗传算法的全局收敛速度和概率等性能有着重要的影响。为改善遗传算法的性能,Srinivas 和 Patnaik[8] 提出利用适应度函数值自适应改变交叉和变异概率,具有代表性。其思想是,当群体适应度比较集中时,使交叉概率 P_c 和变异概率 P_m 增大;当群体适应度比较分散时,使 P_c 和 P_m 减小。P_c 和 P_m 的具体定义为

$$P_c=\begin{cases}k_1(f_{\max}-f')/(f_{\max}-\overline{f}_{\text{total}}), & f'\geqslant\overline{f}_{\text{total}}\\ k_2, & f'<\overline{f}_{\text{total}}\end{cases} \tag{6-31}$$

$$P_m=\begin{cases}k_3(f_{\max}-f)/(f_{\max}-\overline{f}_{\text{total}}), & f\geqslant\overline{f}_{\text{total}}\\ k_4, & f<\overline{f}_{\text{total}}\end{cases} \tag{6-32}$$

式中,$\overline{f}_{\text{total}}$为群体的适应度平均值;$f_{\max}$表示群体中最大适应度值;$f'$为选择需交叉个体的适应度值;$f$ 为变异个体的适应度值;k_1、k_2、k_3、k_4 为大于 0 而小于 1 的常数。

Srinivas 等提出的算法在进化后期是比较合适的,根据每代个体适应度的改变来自适应地改变 P_c 和 P_m,在保护最优个体的同时,加快了较差个体的淘汰速度。但是该算法以个体为单位改变 P_c 和 P_m,缺乏整体的协作性,因此在某些情况(如整体进化的停滞期)下,特别是在进化初期,使得群体中较优个体几乎处于一种不发生变化的状态,而此最优个体不一定就是全局最优解,增加了该算法走向局部最优解的可能性。同时,由于对每个个体都要分别计算 P_c 和 P_m,会影响程序的执行效率。针对 Srinivas 等提出的算法有可能不能跳出局部最优解的缺点,对于求极小值问题设计了一种改进自适应算法,即根据适应度集中程度,自适应地变化整个群体的 P_c 和 P_m 的方法。

$$P_c=\begin{cases}P_{c0}\dfrac{f_{\min}-f'}{f_{\min}-\overline{f}_{\text{better}}}, & f_{\min}\leqslant f'<\overline{f}_{\text{better}}\\ P_{c1}\dfrac{f_{\min}-f'}{f_{\min}-\overline{f}_{\text{total}}}, & \overline{f}_{\text{better}}\leqslant f'<\overline{f}_{\text{total}}\\ P_{c2}, & f'\geqslant\overline{f}_{\text{total}}\end{cases} \tag{6-33}$$

$$P_m=\begin{cases}P_{m0}\dfrac{f_{min}-f}{f_{min}-\overline{f}_{better}}, & f_{min}\leqslant f<\overline{f}_{better}\\ P_{m1}\dfrac{f_{min}-f}{f_{min}-\overline{f}_{total}}, & \overline{f}_{better}\leqslant f<\overline{f}_{total}\\ P_{m2}, & f\geqslant\overline{f}_{total}\end{cases}\tag{6-34}$$

式中，$\overline{f}_{total}$是当代种群的适应度平均值；$\overline{f}_{better}$是适应值小于或等于$\overline{f}_{total}$的优良个体的适应度平均值；f_{min}为当代种群中适应度最小值。为保证 P_c 和 P_m 分别在0～1.0和 0～0.5 的范围，设置 $P_{c0}=0.5$，$P_{c1}=P_{c2}=1.0$，$P_{m0}=0.25$，$P_{m1}=P_{m2}=0.5$。

4）改进遗传进化策略

遗传算法交叉操作采用单断点交叉，变异操作采用基本位变异方法。

生料浆调配中遗传算法的进化过程在没有人为干预的情况下，采取交叉、变异操作后，会以较大的概率使合适个体变为劣势个体，这种劣势一般体现在个体表示的槽组合数目超过 8 个。因此，采取人为干预的措施，在每一代的进化后，对适应度值靠后的 20 个个体采取重新赋初始值的方法，产生均匀分布的 20 个初始个体，使种群合理化。同时，在每一代的进化过程中保留 10 个最优个体不参与交叉、变异等遗传运算，当前的最优个体没遭破坏直接复制到下一代群体中，保证了遗传算法的收敛性。

5）终止准则

当连续几代最优个体适应度值的差异小于某个阈值时，遗传进化终止。生料浆调配过程中根据其精度要求设计终止阈值。若在最大遗传代数内无法达到预定阈值的最优解，则跳出，给出所能找到的较优解。

改进遗传算法流程如图 6.7 所示。

4. 改进遗传算法与基本遗传算法的比较

智能倒槽的一个主要实际生产需求就是每次优化计算应尽可能地保证连续生产的需要。一般生产上要求，一次倒槽计算应在 2min 内完成。为论证改进遗传算法(improved genetic algorithm，IGA)的计算性能，进行 10 次进化试验。遗传算法的种群数定为 100，基本遗传算法(basic genetic algorithm，BGA)的 P_c 和 P_m 取为 0.6 和 0.001，IGA 中的 P_c 和 P_m 按式(6-33)和式(6-34)进行确定。两种算法计算时间复杂度的比较如表 6.2 所示。

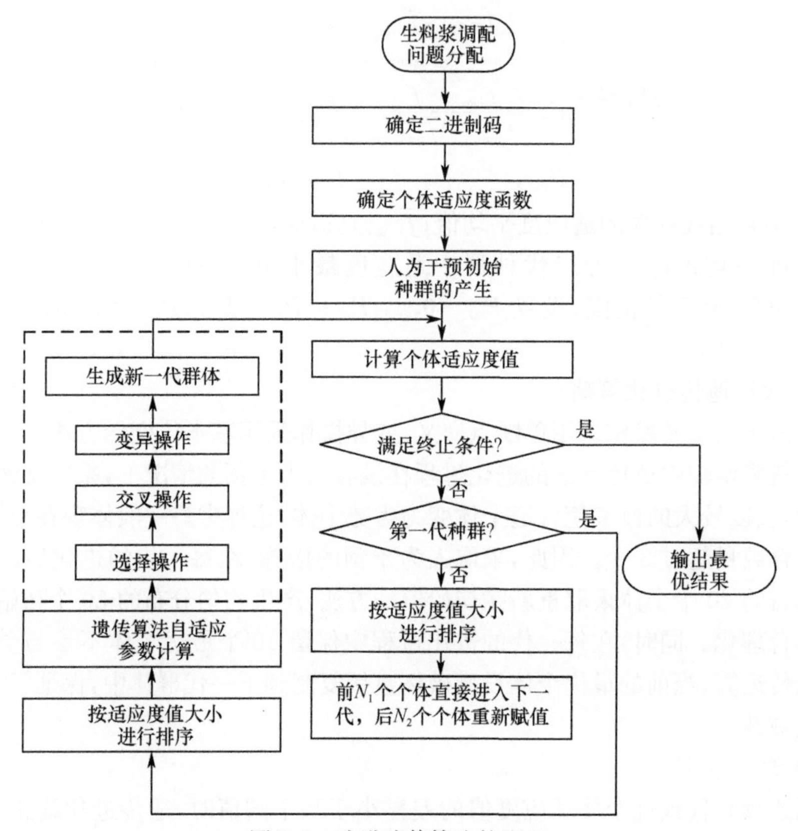

图 6.7 改进遗传算法的流程

表 6.2 IGA 和 BGA 计算时间复杂度的比较

可倒的槽数	花费时间/s		陷入局部极值点的次数	
	IGA	BGA	IGA	BGA
10	0.2	0.2	0	0
16	0.9	3.8	0	3
18	1.6	8.3	1	2
22	4.3	18.5	0	5
28	10.6	30.6	0	3
30	11.2	50.2	1	7

从表 6.2 中可以看出，IGA 和 BGA 的计算时间都能满意生产需求，但 BGA 的计算时间随槽数增加增长快，另外，BGA 与 IGA 相比易陷入局部极值点。

5. ω_1、ω_2 和 ω_3 的选择

为了评价 ω_1、ω_2 和 ω_3 对 IGA 解质量的影响，以表 6.3 提供的实际生产数据为对象进行分析。表 6.3 中，第 1 列给出可以进行倒槽的满槽料浆槽，第 2～6 列分别为料浆中 CaO、Na_2O、SiO_2、Fe_2O_3 和 Al_2O_3 的质量分数。

表 6.3　一次智能倒槽的实际生产数据　（单位：%）

满槽数	w_{CaO}	w_{Na_2O}	w_{SiO_2}	$w_{Fe_2O_3}$	$w_{Al_2O_3}$
A6	11.00	18.73	5.22	3.25	25.93
A7	10.20	17.62	5.84	3.34	27.07
A8	11.28	17.02	5.77	3.36	27.75
A10	10.60	17.18	5.45	3.19	28.26
A11	10.38	16.92	5.80	3.41	27.23
A12	10.90	16.74	5.39	3.49	27.97
A13	10.50	18.43	5.05	3.22	26.84
A14	10.80	16.76	6.14	3.44	27.91
A15	10.10	19.63	5.12	3.26	26.42
A16	11.00	17.23	6.04	3.31	27.69
A17	11.35	18.25	5.36	3.21	25.91
A20	10.65	17.98	5.56	3.41	27.23
A21	10.75	17.91	5.94	3.36	26.95
A22	10.85	17.36	6.11	3.22	27.02
A24	11.00	16.83	6.11	3.38	28.00
A25	11.02	17.11	6.18	3.21	27.55
A27	10.10	17.53	5.77	3.42	27.46
A28	10.20	17.21	5.63	3.16	26.18

优化模型的相关参数如下。

(1) 可选中倒槽数的上、下限：$N_{min}=3$，$N_{max}=8$。

(2) 期望倒槽指标：$S_{[N/R]}=0.98$，$S_{[C/S]}=2.010$，$S_{A/S}=4.80$。

(3) 剩下槽 [N/R]的上、下限：$L_N=0.98$，$U_N=1.10$。

(4) 剩下槽[C/S]的上、下限：$L_C=1.950$，$U_C=2.050$。

(5) 剩下槽 A/S 的上、下限：$L_A=4.70$，$U_A=4.85$。

IGA 算法的参数设置：种群数为 100，收敛条件为 $\sqrt{Z(X)}\leqslant 0.05$ 且最大迭代次数为 200。

表 6.4 给出不同 ω_1、ω_2 和 ω_3 对 IGA 解质量的影响。从表 6.4 中可以看出，不同的 ω_1、ω_2 和 ω_3，IGA 都可能求出相应不同的优化解。ω_i 取值越小，其对应的被

选中槽的平均指标受重视程度就相对越低。一般生产中这三个指标的权值取相同值,当不能得到令人满意的结果时,可以相应提高某个指标的权值,降低另一指标的权值,如 A/S 的重要级别往往比另两个高,此时可以加大 A/S 所对应的权值。

表 6.4 ω_1、ω_2 和 ω_3 对 IGA 解质量的影响

$\omega_1 : \omega_2 : \omega_3$	解	选中槽的平均指标([N/R],[C/R],A/S)	$\sqrt{Z(X)}$	剩余槽平均指标([N/R],[C/R],A/S)
1:1:1	A6、A7、A10、A11、A16	0.98,2.010,4.80	0	0.99,2.015,4.75
2:2:1	A12、A20、A21、A22	0.98,2.010,4.75	0.05	0.99,2.015,4.77
2:1:2	A12、A14、A15、A20、A25、A28	0.98,2.004,4.80	0.006	0.99,2.018,4.75
1:2:2	A12、A13、A16、A20、A21、A25、A27	1.00,2.010,4.80	0.02	0.98,2.016,4.74

6.2.6 生料浆优化配料系统工业应用

氧化铝生料浆配料优化控制系统(batching optimization control system, BOCS)硬件结构如图 6.8 所示,由优化计算机(electronic optimization computer, EOC)、监控计算机(monitoring and control computer,MCC)和分散控制器(distributed controller,DC)组成,其中 EOC 通过 OPC 技术与 6 台 MCC 进行信息交换,MCC 通过升级版高速公路网络(data highway plus network,DH+Network)将配比设定值发送到 DC,实现各物料下料量的跟踪控制。

BOCS 除具有配比优化计算和智能倒槽两大主要功能外,还实现过程监视、信息管理、数据通信和报表打印等功能。BOCS 于 2005 年 10 月投入运行,图 6.9 为系统投入运行前后入槽生料浆和送往熟料窑生料浆的质量对比结果。图 6.9(a)代表入槽生料浆质量,图 6.9(b)代表送往熟料窑生料浆质量。

由图 6.9(a)可知,采用优化配比配制的生料浆指标值曲线较人工配比结果更加平滑,说明入槽生料浆指标值的平稳性较人工操作有了很大提高,能够有效解决人工调整配比时入槽生料浆指标波动大的问题,为调配过程的简化提供了可能。由图 6.9(b)可以看出,优化系统调配的生料浆指标值较人工调配稳定,并且生料浆三个指标值都非常接近给定值,合格率大幅提高。

BOCS 的工业应用提高了入槽生料浆和送往熟料窑生料浆的质量,减少了生产指标的波动;稳定了配料生产,提高了配料产能,并有效降低了生产能耗。同时,熟料窑生料浆质量的提高使烧结后熟料的质量指标 A/S、[N/R]、[C/S]的合格率

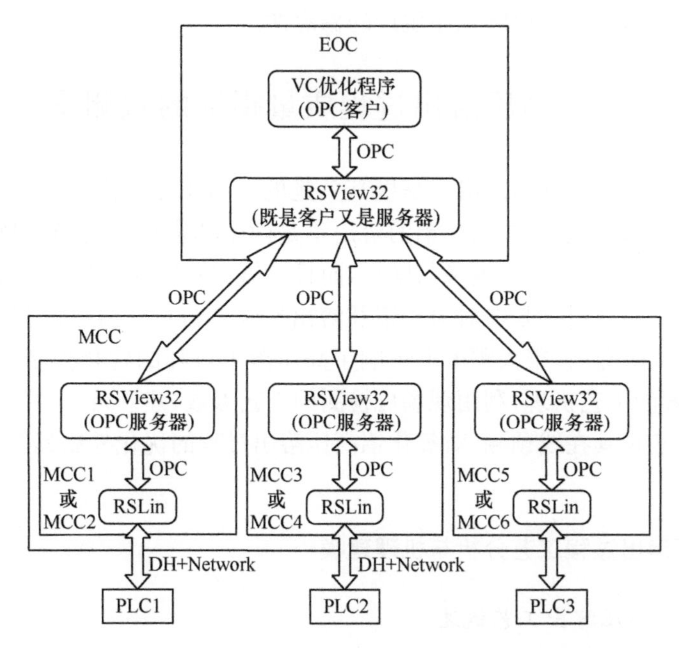

图 6.8　氧化铝生料浆配料优化控制系统硬件结构

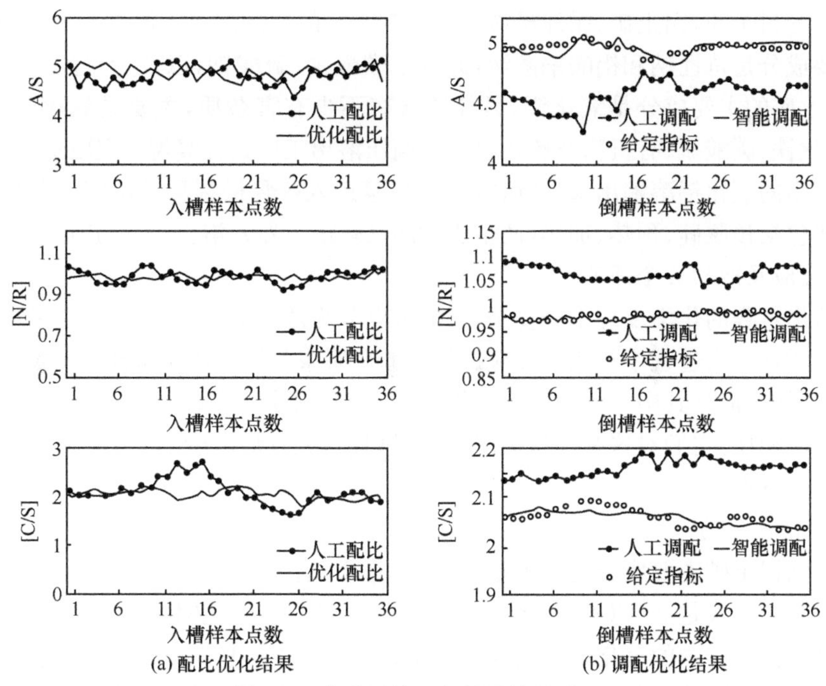

图 6.9　优化系统运行前后结果对比

也得到一定提高,保证了后续工序生产的稳定性。

6.3 高压溶出过程质量指标的软测量

在拜耳法生产中,高压溶出[9]是极其关键的一道工序。高压溶出过程中溶出液的苛性比值以及铝土矿中氧化铝的溶出率是两个非常重要的经济技术指标,它们不仅反映了氧化铝的溶出效果与碱耗,而且对氧化铝后续生产有着极大的影响。然而,苛性比值与溶出率是在对原矿浆及溶出矿浆进行化学分析的基础上计算出来的,存在较大的滞后,很大程度上影响了高压溶出过程的优化控制。因此,基于高压溶出过程的工艺机理,利用现场可检测的工艺参数,建立苛性比值与溶出率的软测量模型,实现其在线预测,对氧化铝高压溶出过程的优化控制具有十分重要的意义。

6.3.1 高压溶出过程工艺分析与机理建模

1. 氧化铝高压溶出工艺概述

在拜耳法生产氧化铝的过程中,高压溶出是从铝土矿中提取氧化铝的主要工序。在配料车间,铝土矿、循环母液及石灰按一定的比例配制成原矿浆。循环母液的主要成分是苛性钠和铝酸钠溶液,此外是碳酸钠、硫酸钠,以及少量的铝硅酸盐等;铝土矿的主要成分是氧化铝,另外还含有不少有害杂质,主要是氧化硅、氧化钛、氧化铁、碳酸盐、有机物及硫化物等。高压溶出工序是在高温、高压的条件下将原矿浆中的氧化铝溶解出来,然后将溶出矿浆送入稀释槽稀释并沉降。其生产流程主要包括预脱硅、预热、加热(两个连续的加热溶出器)、溶出(七个连续的反应溶出器)反应及冷却五个环节。

溶出过程的化学反应十分复杂,一般可以分为两大类:氧化铝水合物的溶出反应和杂质在溶出过程中的化学反应。虽然原矿浆中各种杂质对苛性比值及溶出率都会有影响,但是其中一些杂质含量极少,影响也很小。在正常情况下,与一些主要的杂质相比,它们对这两个指标的影响可以忽略。高压溶出过程中最主要的反应包括三方面。

1) 溶出反应

我国铝土矿主要成分是一水硬铝,其中每个氧化铝分子只含有一个分子的结晶水。其分子式是 a-AlOOH 或写成 $a\text{-}Al_2O_3 \cdot H_2O$。氧化铝的溶出,就是用苛性钠溶液把铝土矿中的氧化铝溶出来。其中,发生的主要化学反应就是一水硬铝与苛性钠(NaOH)反应生成铝酸钠($NaAlO(OH)_2$),其反应方程式如下:

$$AlOOH + NaOH + H_2O = NaAlO(OH)_2 + H_2O$$

铝酸钠在一定苛性钠浓度和温度下都可以在苛性钠水溶液中稳定存在，形成铝酸钠溶液。铝土矿的溶出过程可以分为下列 4 个步骤：①循环母液湿润矿粒的表面；②OH^- 与氧化铝水合物发生反应；③形成 $NaAl(OH)_4$ 或 $NaAlO(OH)_2$ 的扩散层；④$Al(OH)_4^-$ 或 $AlO(OH)_2^-$ 从扩散层扩散出来，而 OH^- 则从溶液中扩散到固相接触面上。对于铝土矿溶出来说，第②个步骤和第④个步骤在一定条件下起主导作用。

2）氧化硅的化学反应

氧化硅在铝土矿中的含量仅次于氧化铝，是主要的杂质。在高压溶出中，氧化硅发生的化学反应主要包括两个方面。

（1）氧化硅与碱液的反应：氧化硅与苛性钠溶液发生反应生成易溶于水的硅酸钠

$$SiO_2 + 2NaOH = Na_2SiO_3 + H_2O$$

（2）生成硅渣的反应：硅酸钠与铝酸钠溶液发生反应，生成溶解度极小的铝硅酸钠沉淀进入赤泥，同时引起一定数量的碱和氧化铝的损失。另外，在高压溶出过程中，一般都会加入大量的石灰，这时铝土矿中的氧化硅除了生成钠硅渣（铝硅酸钠水合物）外，还将生成钙硅渣（铝硅酸钙水合物），其反应方程式为

$$2Na_2SiO_3 + 2NaAlO(OH)_2 + H_2O =$$
$$Na_2O \cdot Al_2O_3 \cdot 2SiO_2 \cdot nH_2O + 4NaOH + H_2O$$
$$Na_2O \cdot Al_2O_3 \cdot 1.7SiO_2 \cdot nH_2O + Ca(OH)_2 =$$
$$CaO \cdot Al_2O_3 \cdot 1.7SiO_2 \cdot nH_2O + 2NaOH$$

3）氧化钛与碱液及氧化钙的反应

氧化钛是铝土矿中另外一种重要的杂质，对苛性比值及溶出率影响非常大。高压溶出铝土矿时，如果没有添加石灰，氧化钛就会与苛性碱发生反应，生成不溶性的钛酸钠（$Na_2O \cdot 3TiO_2 \cdot 2.5H_2O$）；当原矿浆中有足够的石灰时，则不生成钛酸钠，而是与氧化钙发生反应生成不溶性的钛酸钙（$2CaO \cdot TiO_2 \cdot 2H_2O$），其化学方程式为

$$3TiO_2 + 2NaOH + H_2O = Na_2O \cdot 3TiO_2 \cdot 2.5H_2O + H_2O$$
$$2CaO + TiO_2 + 2H_2O = 2CaO \cdot TiO_2 \cdot 2H_2O$$

2. 苛性比值与溶出率定义

（1）苛性比值，指的是溶出液中苛性氧化钠分子数与氧化铝分子数的比值，它实际反映了高压溶出过程中苛性钠的消耗量，其定义如下：

$$\alpha_k = 1.645N_k/A \tag{6-35}$$

式中，1.645 为氧化铝和苛性氧化钠的相对分子质量比值；N_k 为溶出液中的苛性氧化钠浓度（g/L）；A 为溶出液中的氧化铝浓度（g/L）。

(2) 溶出率,指的是铝土矿中的氧化铝被循环母液中的苛性钠溶出的比例。溶出率计算公式为

$$\eta = [1-(A/S)_{赤泥}/(A/S)_{矿石}]\times 100\% \tag{6-36}$$

式中,η为溶出率(%);$(A/S)_{赤泥}$为赤泥中的氧化铝和氧化硅的质量比;$(A/S)_{矿石}$为铝土矿中的氧化铝和氧化硅的质量比。实际生产中,一般用原矿浆固相中的铝硅比和溶出矿浆固相中的铝硅比来表示氧化铝的溶出率

$$\eta = [1-(A/S)_{溶出浆}/(A/S)_{原矿浆}]\times 100\% \tag{6-37}$$

式中,$(A/S)_{溶出浆}$为溶出矿浆中固相氧化铝和氧化硅的质量比;$(A/S)_{原矿浆}$为原矿浆中固相氧化铝和氧化硅的质量比。

3. 基于物料平衡的苛性比值与溶出率机理模型

在所有影响苛性比值与溶出率的因素中,原矿浆中各化学成分的含量是最本质的内在因素,它们对这两个指标起的作用是决定性的;而高压溶出工况则是外在因素,它们只是在一定范围内对苛性比值及溶出率有影响。因此,可以在不考虑实际溶出工况的前提下,根据溶出过程的物料平衡原理,建立一个理想工况下理论上的苛性比值及溶出率机理模型。为了便于描述机理模型,首先定义如下变量:A_1为原矿浆液相中氧化铝含量(g/L),A_2为原矿浆固相中氧化铝的比例(%),S为原矿浆固相中氧化硅的比例(%),T为原矿浆固相中氧化钛的比例(%),Ca为原矿浆固相中氧化钙的比例(%),Gh为原矿浆中的固含(g/L),N为原矿浆液相中苛性氧化钠含量(g/L)。

因此,可以计算出1L原矿浆中氧化铝、苛性氧化钠、氧化钛、氧化钙及氧化硅的含量分别为$Gh\cdot A_2+A_1$、N、$Gh\cdot T$、$Gh\cdot Ca$及$Gh\cdot S$(单位为g)。为了计算苛性比值,对整个溶出过程中的主要化学反应作如下的分析。

(1) 氧化钛与氧化钙发生反应生成不溶性的钛酸钙($2CaO\cdot TiO_2\cdot 2H_2O$)

$$2CaO + TiO_2 + 2H_2O = 2CaO\cdot TiO_2\cdot 2H_2O$$

即一部分氧化钙(实际生产中,氧化钙一般都会过剩)与氧化钛(几乎全部)生成钛酸钙而进入赤泥。钛酸钙中,氧化钛与氧化钙的质量比为2×56∶80=1.4∶1,其中56和80分别为氧化钛和氧化钙的相对分子质量。也就是说,氧化钛消耗掉的氧化钙为

$$Ca_u = 1.4Gh\cdot T \tag{6-38}$$

这样,剩余的氧化钙为

$$Ca_r = Gh\cdot Ca - Ca_u = Gh\cdot (Ca-1.4T) \tag{6-39}$$

(2) 铝土矿中的氧化硅将有一部分与氧化铝及苛性氧化钠发生反应生成溶解度非常小的铝硅酸钠($Na_2O\cdot Al_2O_3\cdot 1.7SiO_2\cdot nH_2O$)沉淀进入赤泥,而另外一部分与氧化铝及氧化钙发生反应生成铝硅酸钙($CaO\cdot Al_2O_3\cdot 1.7SiO_2\cdot nH_2O$)

沉淀进入赤泥。但是，生成铝硅酸钠和铝硅酸钙的氧化硅所占比例不是一定的，这主要取决于生产工艺条件和原矿浆中苛性氧化钠数量及与氧化钛发生反应后余下的氧化钙数量。为了计算方便，这里假设与氧化钛发生反应后余下的氧化钙全部生成铝硅酸钙沉淀，则与氧化钙结合的氧化硅的量为

$$S_1 = 1.7 \times 60 \times \mathrm{Ca}_r/56 = 1.8214\ \mathrm{Gh} \cdot (\mathrm{Ca} - 1.4\ T) \tag{6-40}$$

式中，60、56、1.7 分别为氧化硅、氧化钙的相对分子质量及其分子个数比。由于溶出液中所含氧化硅的量极少，几乎所有的氧化硅都转化成了赤泥，因此与铝硅酸钠结合的氧化硅的量为

$$S_2 = \mathrm{Gh} \cdot S - S_1 = \mathrm{Gh} \cdot (S - 1.8214\ \mathrm{Ca} + 2.55\ T) \tag{6-41}$$

因此，从原矿浆中带到赤泥中的苛性钠的量为

$$N_u = 62\ S_2/(60 \times 1.7) = 0.6078\ \mathrm{Gh} \cdot (S - 1.8214\ \mathrm{Ca} + 2.55\ T) \tag{6-42}$$

由于进入赤泥中的氧化铝的量为 $\mathrm{Gh} \cdot S$，则原矿浆中剩余的氧化铝和苛性钠的含量分别为

$$A_r = \mathrm{Gh} \cdot A_2 + A_1 - \mathrm{Gh} \cdot S \tag{6-43}$$

$$N_r = N - N_u = N - 0.6078\ \mathrm{Gh} \cdot (S - 1.8214\ \mathrm{Ca} + 2.55\ T) \tag{6-44}$$

因此，可以得到基于物料平衡的苛性比值理论值为

$$\alpha_{k0} = 1.645\,\frac{N_r}{A_r} = 1.645\,\frac{N - 0.6078\ \mathrm{Gh} \cdot (S - 1.8214\ \mathrm{Ca} + 2.55\ T)}{\mathrm{Gh} \cdot A_2 + A_1 - \mathrm{Gh} \cdot S} \tag{6-45}$$

由于氧化硅基本上都是以铝硅酸钠和铝硅酸钙的形式进入赤泥的，而两者的氧化铝和氧化硅分子个数比均为 1∶1.7，而两者的相对分子质量之比为 102∶60，因此它们的质量比为 1∶1。也就是说，随着氧化硅进入赤泥的氧化铝质量等于氧化硅的质量。假设在理想条件下，氧化铝只随着氧化硅进入赤泥，因此溶出率理论值为

$$\eta_0 = (A_2 - S)/A_2 \times 100\% = (1 - S/A_2) \times 100\% \tag{6-46}$$

4. 基于专家知识的机理模型修正

基于物料平衡建立的机理模型反映了原矿浆中各主要化学成分对苛性比值与溶出率的影响；但并没有考虑高压溶出工况对苛性比值与溶出率的影响，因此，精度受到了很大的影响。为此，可基于专家知识，利用高压溶出过程的工况，对苛性比值与溶出率的机理模型式(6-45)和式(6-46)进行修正，以提高机理模型的预测精度。

氧化铝高压溶出工况指标主要包括预热器温度 T_0；1 号、2 号、3 号、9 号溶出器的温度和压力，分别用 T_1、T_2、T_3、T_4、P_1、P_2、P_3、P_4 表示；原矿浆在 1 号溶出器

进口与 9 号溶出器出口的压差 ΔP 以及原矿浆的进口流量 F。实际生产中,现场操作人员关注的是整个高压溶出过程的温度和压力状况,而不仅仅是某一个溶出器的温度和压力。因此,苛性比值及溶出率的修正模型为

$$\alpha_{kM} = f_\alpha(T,P,\Delta P,F)\alpha_{k0} \tag{6-47}$$

$$\eta_M = f_\eta(T,P,\Delta P,F)\eta_0 \tag{6-48}$$

式中,α_{k0}、η_0 分别为苛性比值与溶出率的理论值;α_{kM}、η_M 为相应的修正值;$f_\alpha(\cdot)$、$f_\eta(\cdot)$为修正率。T 和 P 可以通过 T_0、T_1、T_2、T_3、T_4、P_1、P_2、P_3、P_4 来度量,即

$$T = k_{T_0}T_0 + k_{T_1}T_1 + k_{T_2}T_2 + k_{T_3}T_3 + k_{T_4}T_4 \tag{6-49}$$

$$P = k_{P_1}P_1 + k_{P_2}P_2 + k_{P_3}P_3 + k_{P_4}P_4 \tag{6-50}$$

式中,k_{T_i} $(i=0,1,2,3,4)$ 表示 T_i 对苛性比值及溶出率的影响程度;k_{P_i} $(i=1,2,3,4)$表示 P_i 对苛性比值及溶出率的影响程度。

根据多年实际生产积累的专家知识,总结出如表 6.5 所示的专家规则。其中,T_B、P_B、ΔP_B、F_B 表示溶出效果非常好的情况下的工况,$f_\alpha^{T_B}>1$ 和 $f_\alpha^{P_B}>1$ 分别表示此时对苛性比值所作的调整,T_W、P_W 则为溶出效果很差时的温度和压力。这样就可以根据目前的工况值,按照表 6.5 中的规则修正苛性比值及溶出率。在机理模型中,假设氧化铝只随氧化硅以铝硅酸盐的形式进入赤泥,而实际生产中氧化铝还会以其他形式进入赤泥,因此按该模型计算出的溶出率肯定比实际溶出率高,因

表 6.5 高压溶出过程的专家规则

规则	条件	结论
R1	$T > T_B$	溶出率不作调整,苛性比值作最大正调整 $f_\alpha^{T_B}$
R2	$T_W \leqslant T \leqslant T_B$	随温度降低,溶出率略为降低
R3	$T \leqslant T_W$	随温度降低,溶出率有较大的下降
R4	$P > P_B$	溶出率不作调整,苛性比值作最大正调整 $f_\alpha^{P_B}$
R5	$P_W \leqslant P \leqslant P_B$	随温度降低,溶出率略为降低
R6	$P \leqslant P_W$	随温度降低,溶出率有较大的下降
R7	$T \leqslant T_B$、T 降低	苛性比值增大
R8	$P \leqslant P_B$、P 降低	苛性比值增大
R9	$\Delta P \leqslant \Delta P_B$	溶出率不作调整
R10	$\Delta P_B \leqslant \Delta P$、$\Delta P$ 增大	溶出率降低
R11	$F \leqslant F_B$	溶出率不作调整
R12	$F_B \leqslant F$、F 增大	溶出率降低
R13	ΔP 增大	苛性比值增大
R14	F 增大	苛性比值增大

此修正率 f_η 永远小于 1；而按机理模型计算出的苛性比值则可能大于也可能小于实际苛性比值，也就是说，修正率 f_α 可能大于 1 也可能小于 1。

6.3.2　苛性比值与溶出率的智能集成建模方法

尽管基于物料平衡原理及专家知识建立的苛性比值与溶出率机理模型能在一定程度上反映高压溶出过程的生产状况，但由于很难完全了解高压溶出机理，且专家知识也有一定的局限性，模型精度不是很高，难以直接应用于实际生产。为此，针对氧化铝高压溶出的特点，在机理模型的基础上，综合运用数据预处理、神经网络、灰色理论、专家系统等知识，建立苛性比值与溶出率的智能集成模型。

1. 苛性比值与溶出率智能集成模型框架

苛性比值与溶出率软测量智能集成模型框架如图 6.10 所示，主要包括数据预处理、基于知识机理及神经网络的集成模型 MI、灰色模型 MII、智能协调与误差修正单元及学习机制五个部分。这五个模块并不独立，而是相互关联，相互协调成为一个整体，共同实现对苛性比值与溶出率的在线预测，并能实时地保证预测精度。下面简要地介绍智能集成模型中各模块的主要功能。

1）数据预处理

随着检测仪表的成熟和发展，在氧化铝高压溶出过程中，可以获得的信息也越来越多，这为苛性比值与溶出率建模提供了大量的学习样本，是实现苛性比值与溶出率在线预测的基础。然而，学习样本的质量(即样本分布反映总体分布的程度，或者说整个训练样本集所提供的信息量)对模型的性能有着很大的影响。为了保证模型的精度及泛化能力，在建模之前，必须对学习样本进行适当的预处理。针对所提出的智能集成建模方法，数据预处理主要包括数据的降维处理、样本的聚类及输入数据误差检测与校正，相关处理方法见文献[10]。

2）基于知识机理及神经网络的集成模型 MI

要利用氧化铝高压溶出过程中其他变量实现苛性比值与溶出率的在线预测，首先必须研究氧化铝高压溶出过程的工艺机理，在此基础上，依据物料平衡、热量平衡、动力学、热力学等理论建立苛性比值及溶出率与其他可测变量之间的关系模型。机理模型在很大程度上依赖于科研和工程开发人员对氧化铝高压溶出过程的理论和化学、物理过程原理的认识。机理分析是建模的基础，但是由于实际生产过程的复杂性和不确定性，对生产过程的认知总是有限的，因此要建立苛性比值与溶出率的精确的机理模型是十分困难的，甚至可以说是不可能的。在实际生产中，现场的工程技术人员由于长期与生产过程接触，对生产过程有很深的认识，积累了大量非常有用的个人经验。因此，可以利用这些专家知识对机理模型进行适当的修正，以提高机理模型的精度。

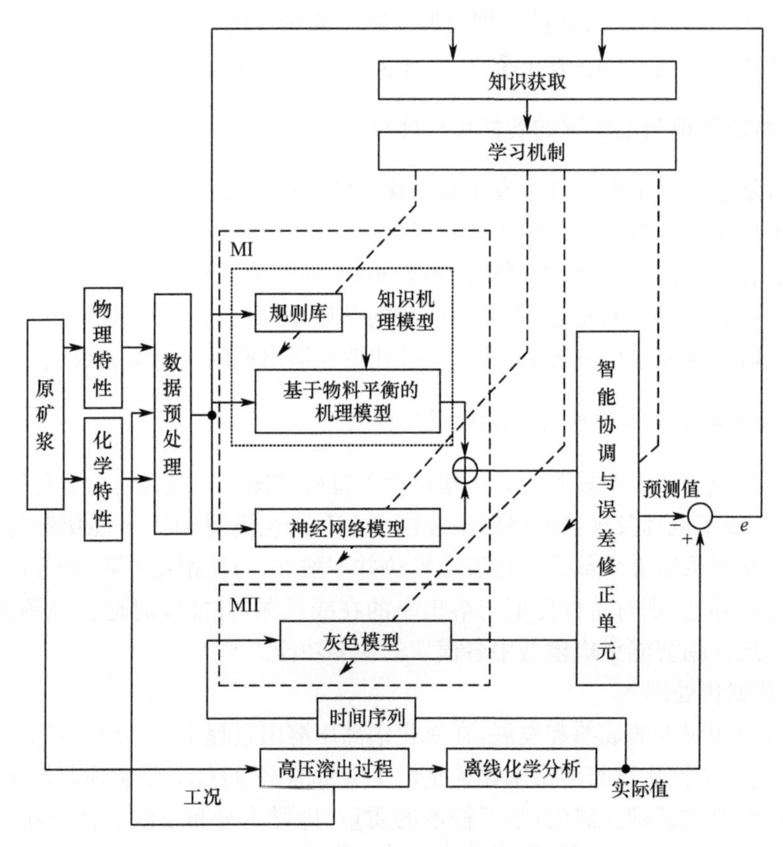

图 6.10 苛性比值与溶出率软测量智能集成模型框架

尽管基于专家知识的机理模型能实现对苛性比值与溶出率的在线预测，也能达到一定的精度，但是由于模型中存在很多假设条件，而专家知识受个人因素影响较大，因此模型难以达到理想的精度。神经网络作为一种黑箱建模方法，其优点就是不需要对生产过程进行深入的机理分析，只需要依据输入、输出数据，选用一定的神经网络结构，采用一定的优化算法，就能建立输入、输出之间的神经网络模型。而实际生产中，也保存了大量的历史数据，为神经网络建模奠定了坚实的基础。不过，单纯的神经网络建模方法脱离了机理分析，完全依赖于历史数据，而实际工业过程异常复杂，工况波动频繁，可测信息有限且相互干扰严重，难以保证模型的精度。

考虑到专家知识机理模型与神经网络模型各自的优缺点，将两种方法综合起来，建立苛性比值与溶出率的集成模型。首先基于化学反应机理及专家知识，预测出苛性比值与溶出率；在此基础上，利用神经网络来逼近该预测值与实际值之间的误差，也就是说，利用神经网络来修正专家知识机理模型，能在一定程度上弥补专家机理模型的缺陷，提高苛性比值与溶出率的预测精度。另外，由于基于专家知识机理模型的预测值与实际值之间的误差相对来说比实际值小得多，因此，能够减小由于神经网络的缺陷而造成的误差。

3) 灰色模型 MII

基于专家知识机理及神经网络的集成模型 MI 综合了机理分析、专家知识、神经网络的优点，能在一定程度上弥补各自的缺陷，提高了苛性比值与溶出率的预测精度。然而，所有这些方法都是利用现场检测到的辅助变量来预测苛性比值与溶出率；或者说，这些方法都只是考虑了横向因素对苛性比值与溶出率的影响。由于各方面的原因(如建模过程中的一些假设、专家知识中的人为因素、测量数据中的误差以及可测信息的不完全等)，在有些情况下，模型 MI 会出现较大的误差。

在实际生产中，由于高压溶出过程的连续性，任何时刻的高压溶出工况以及原矿浆的物理化学特性与以前时刻并不是完全独立的。换句话说，任一时刻的溶出结果都会受到以前的溶出工况及原矿浆物理化学特性的影响，或者说它会与以前的溶出结果之间存在一定的关联。因此，可以利用以前时刻的苛性比值与溶出率来预测当前的溶出结果，这实际上是考虑了历史数据对苛性比值与溶出率的纵向影响。这类问题属于时间序列预测问题，灰色理论是解决这类问题的最有效的手段之一。

与通常的建模方法不同，灰色模型不是利用给定的数据(非负数据)直接建立模型，而是通过累加生成将原来无规律的数据变成单调递增有规律的数据后建立模型。要检验模型对原始数据的拟合程度或要得到对未来预报的结果，需要通过累减生成将模型计算出的结果还原。灰色模型仅仅考虑历史数据的纵向影响，因此要求的样本点少，也不要求样本有较好的分布规律，而且计算量小，有较强的适用性，但是由于氧化铝高压溶出过程极其复杂，灰色模型精度不高。

4) 智能协调与误差修正单元

基于专家知识机理及神经网络的集成模型 MI 根据苛性比值及溶出率与高压溶出工况以及原矿浆物理化学特性之间的关系，利用实时检测到的各辅助变量来预测苛性比值与溶出率，该模型实际上是从横向影响出发的。而灰色模型 MII 则从另外一个角度出发，即从历史数据的纵向影响出发，利用以前时刻的溶出结果来预测当前的苛性比值与溶出率。模型 MI 和模型 MII 都有各自的优点，也各有不足之处，为了充分发挥两者的优势，弥补彼此的缺陷，智能集成模型中设计了一个协调单元，协调模型 MI 和模型 MII 的输出，以提高模型的预测精度。尽管通过智能协调技术，能在一定程度上弥补两种模型的缺陷，但是由于各方面的原因，如检测误差，或者是在建模过程中为简化模型而对一些次要影响因素的忽略以及有些影响因素难以检测等，都可能影响预测精度，有时甚至造成很大的预测误差。为了进一步提高预测精度，在智能集成模型中设计了误差修正单元，该单元综合考虑当前的预测值及以前时刻的实际检测值,因而可以避免出现较大的预测误差,提高模型的鲁棒性。

5) 学习机制

在实际生产过程中,由于种种原因,矿石成分、原矿浆配料情况、氧化铝高压溶出工况以及操作人员的工作经验等都会发生变化,也就是说,生产过程的工作点会随时间的推移发生一定程度的漂移。而不论是专家知识机理模型还是神经网络模型、灰色模型都可能随着工作点的漂移而变化。因此,为了保证模型的精度,必须对各个模型进行修正以适应新的工作点。同时,由于智能协调单元的协调策略也是依据以前的历史数据及专家知识制定的,为了保证最终的预测精度,对智能协调单元及误差修正单元进行修正也是必需的。

2. 模型 MI 中的神经网络部分

在苛性比值与溶出率软测量智能集成模型中,集成模型 MI 是非常重要的一部分。MI 包括两个子模块:机理模型和神经网络模型。机理模型是在仔细分析氧化铝高压溶出过程的化学反应机理的基础上,根据物料平衡原理,建立的一个反映苛性比值及溶出率与原矿浆各主要化学成分之间关系的数学公式;然后利用专家知识对其进行修正。

MI 中的神经网络部分采用基于 SDS-RPCL 聚类算法的分布式神经网络模型(space distribution of samples based-rival penalized competitve learning-distributed neural network,SDS-RPCL-DNN),其结构如图 6.11 所示。SDS-RPCL-DNN 模型首先利用文献[11]中的 SDS-RPCL(space distribution of samples based-rival penalized competitive learning)聚类算法,将样本空间划分为多个子空间,并确定每个子空间的中心。对于每个样本子空间,利用该子空间的学习样本可以建立一个基于主成分分析的复合神经网络(principal component analysis-multiple neural network,PCA-MNN)。图 6.11 中模糊分类器用于确定输入 X 对每个 PCA-MNN 的隶属度,根据隶属度将每个复合神经网络模型的输出综合而得到最终的输出

$$y=\sum_{i=1}^{C}u_iy_i \tag{6-51}$$

式中,C 为类的个数;y_i 为第 i 个复合神经网络的输出;u_i 为输入 X 对第 i 个复合神经网络的隶属度。隶属度应该反映输入 X 与每个样本子空间的接近程度,因此隶属度可按如下策略求取:输入 X 距离某一类中心越近,说明其属于该类的可能性越大,因此它对该类的隶属度也应该越大;而当输入与某一类中心重合时,则认为它完全隶属于该类,即其对该类的隶属度为 1,此时对其他类的隶属度为 0。按这种思想,利用下式计算隶属度:

$$u_i = \begin{cases} 1, & d(x,c_i)=0 \\ 0, & d(x,c_i)\neq 0;\quad \prod_{j=1}^{C} d(x,c_j)=0 \\ \dfrac{1}{d(x,c_i)} \Big/ \sum_{j=1}^{C} \dfrac{1}{d(x,c_j)}, & \text{其他} \end{cases} \tag{6-52}$$

式中，c_i 表示第 i 类的类中心；$d(x,\ c_i)$ 表示输入与相应的类中心之间的欧氏距离。

图 6.11 中的每个 PCA-MNN 的结构都基本相同。首先，对原始输入变量进行 PCA 方法重组，得到一组相互独立的变量。从这组变量中选取 m 个主元变量，使其包含的原始信息比例达到一个给定值 ε(一般为 85%～90%)。然后，将选出的 m 个主元变量按其包含的原始信息大小排序，并将其分成 l 组，分别将这 l 组主元变量作为输入建立 l 个神经网络。其中，第一个神经网络的期望输出为实际对象的输出，第二个神经网络的期望输出为第一个神经网络的误差；依次类推，从而实现对实际对象进行逐步逼近。

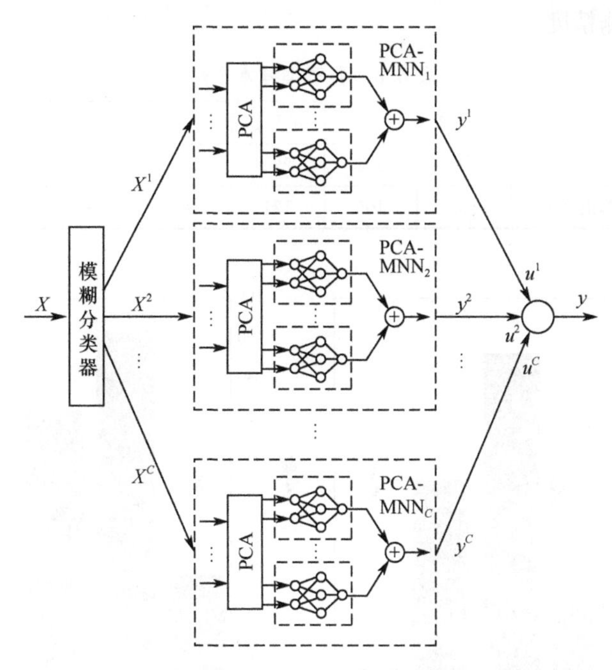

图 6.11　基于 SDS-RPCL 聚类算法的分布式神经网络

从某氧化铝生产企业收集了近两年的现场实际数据,其中苛性比值的样本(包括与之对应的辅助变量,即模型的输入)4050 条,溶出率 1230 条。对这些样本数据进行误差分析处理后,剔除由于仪表及人为因素造成的不合理样本,分别从中选取 2100 条(苛性比值)及 700 条(溶出率)样本,并用其中的 1500 条(苛性比值)和 500 条(溶出率)建模,另外 600 条(苛性比值)和 200 条(溶出率)用于检验模型的精度。

首先利用 SDS-RPCL 聚类算法[11],将建模用的学习样本聚类,其中苛性比值的建模样本被分为 7 个子类,溶出率建模样本被分为 4 个子类,每个子类中所包含的学习样本个数如表 6.6 所示。利用建立的 SDS-RPCL-DNN 模型的预测苛性比值和溶出率,平均相对误差都小于 5%,但这个平均值并不能完全反映模型的性能。实际上,有很多预测点的误差是比较大的,图 6.12 说明了误差的分布情况。从图中可以看出,对于大部分的数据而言,其相对误差在 5%以内;但仍有不少点的误差比较大,在 5%~8%;少数点的误差甚至超过了 8%。这说明在有些情况下,神经网络的预测精度是比较低的,因此必须采用其他方法进一步提高苛性比值与溶出率的预测精度。

表 6.6 各子类样本个数

类别	子类 1	子类 2	子类 3	子类 4	子类 5	子类 6	子类 7
子类样本个数(苛性比值)	304	141	234	123	216	311	146
子类样本个数(溶出率)	131	105	131	86	—	—	—

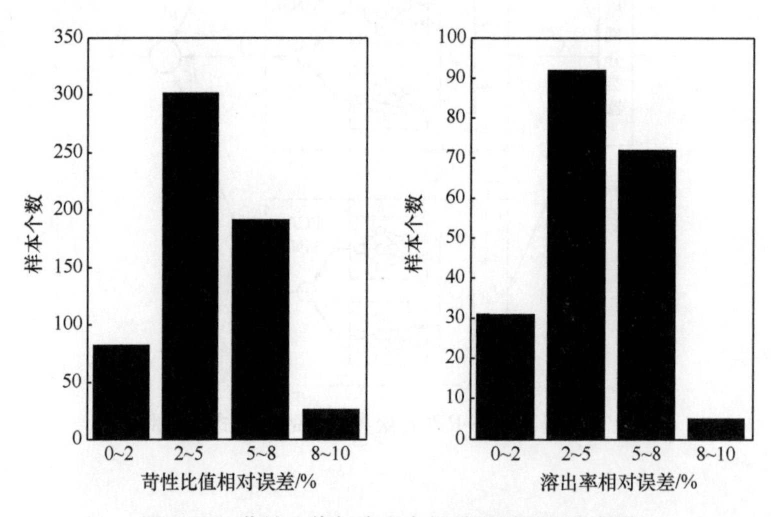

图 6.12 苛性比值与溶出率相对预测误差分布图

3. 灰色模型 MII

基于经验机理和神经网络的集成模型 MI 是利用横向影响来预测苛性比值与溶出率的。而由于氧化铝高压溶出过程的连续性，当前的溶出结果与以前时刻的溶出结果之间会存在一定的关系，因此可以利用以前时刻的溶出结果来预测当前的苛性比值与溶出率，也就是利用历史数据的纵向影响来预测溶出结果。

灰色系统理论将随机过程看成一种灰色过程，认为一切随机量都可看做是在一定范围内变化的灰色量，并加以处理。通过对灰色过程的生成方法，将具有随机性的数据列转化为一个具有较强规律性的数据列，从而建立连续微分方程模型。灰色模型计算简单，在预测过程中，能不断优化模型，对影响模型精度的辨识参数进行修正，从而使模型能更好地反映动态过程，从而提高测量结果的精度。与传统的模型相比，灰色建模不存在误差累积问题，因而具有较大的优势。在氧化铝高压溶出过程中，不同时刻的苛性比值与溶出率可以看成是一组随机的时间序列，因此可以利用灰色系统理论建立其灰色模型。

GM(1,1)模型计算简单，其灰色方程是一个只包含单变量的一阶微分方程，是灰色理论中用于预测的最广泛的模型。对于呈现良好增长趋势的变化过程，用GM(1,1)模型都能得到较好的精确度，但有时遇到的变化过程呈较差的增长趋势，用一次 GM(1,1)模型得不到满意的精确度，此时，为了得到更好的精确度，常对其残差序列再进行一次 GM(1,1)拟合。设原始时间序列为 $y^{(0)}=\{y^{(0)}(1), y^{(0)}(2), \cdots, y^{(0)}(n)\}$，GM(1,1)拟合序列为 $\hat{y}^{(0)}=\{\hat{y}^{(0)}(1), \hat{y}^{(0)}(2), \cdots, \hat{y}^{(0)}(n)\}$，因此可以定义其残差序列

$$e^{(0)}=\{e^{(0)}(2), e^{(0)}(3), \cdots, e^{(0)}(n)\}$$

式中

$$e^{(0)}(k)=y^{(0)}(k)-\hat{y}^{(0)}(k), \quad k=2,3,\cdots,n \tag{6-53}$$

这样就可以利用GM(1,1)模型对残差序列 $e^{(0)}$ 进行预测，然后将预测值 $\hat{e}^{(0)}$ 与原始序列的预测值 $\hat{y}^{(0)}$ 相加作为GM(1,1)改进模型的预测结果。但是在灰色模型实际应用中，要求原始序列是非负序列，而残差序列 $e^{(0)}$ 的符号是不定的。因此，要建立残差序列的 GM(1,1)模型，则要从残差序列中选取符号相同的数据重新组成新的序列再进行 GM(1,1)建模。但是这样做会带来两个问题：第一，在实际应用中，原始序列取值个数一般都不是很多(理论证明最少只需四个即可建立GM(1,1)模型，这也是灰色理论建模的优势之一)，但是如果在残差序列中只取符号相同的数据组成新序列，那么新序列的个数将减少(最差的情况是只剩下原来的一半，也就是在残差序列中，大于零和小于零的残差数据个数相等)，这样可能使得用于建立残差 GM(1,1)模型的序列个数太少(少于 4)而不能建立残差的 GM(1,1)模型。第二，由于残差的符号并不是等间距地出现的，因此，从原始残差序列中

选取符号相同的残差就不是等间距的,而在灰色模型的推导过程中是假设序列等间距出现的,因此,这样会造成残差的 GM(1,1)模型精度不高,不仅不能修正原始 GM(1,1)模型,甚至可能降低原始 GM(1,1)模型精度。为此,采用改进的 GM(1,1)模型,将残差绝对值组成新的序列,然后建立残差绝对值的 GM(1,1)模型,并通过该模型对残差绝对值进行预测;同时利用一个神经网络来预测残差的符号,并将神经网络的输出与残差绝对值的 GM(1,1)模型的输出之积作为对残差的预测。相应的灰色模型结构如图 6.13 所示。

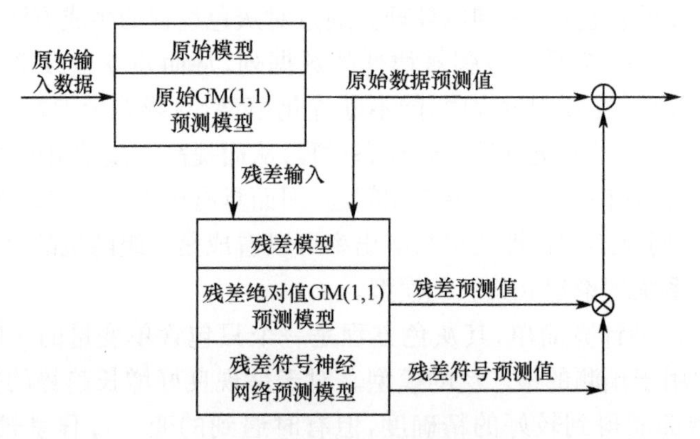

图 6.13 改进灰色模型结构图

利用某氧化铝厂一段时间氧化铝溶出率的实际数据,对 GM(1,1)模型进行了仿真研究。在灰色建模过程中,取 $n=7$,为了保证模型的精度,每获得一个新的实测数据,都会利用新数据建立新的灰色模型。表 6.7 的结果表明:改进 GM(1,1)模型由于加入了残差 GM(1,1)模型,能对原始 GM(1,1)模型进行修正,因此其精度得到了更大的改善,其相对误差由原来的 6.12%下降为 3.77 %。其中,相对误差定义为

$$\text{Rerr} = \frac{1}{n}\sum_{i=1}^{n}\frac{|\eta_i - \hat{\eta}_i|}{\eta_i} \times 100\% \tag{6-54}$$

式中,η_i 为实际溶出率;$\hat{\eta}_i$ 为预测结果;n 为数据点数。

表 6.7 基于传统及改进 GM(1,1)模型的溶出率预测结果

班次	实际值 η	传统 GM(1,1)模型		改进 GM(1,1)模型	
		预测值 $\hat{\eta}$	误差/%	预测值 $\hat{\eta}$	误差/%
7月7日早	82.9	82.9	0	82.9	0
7月7日中	81.93	82.13	0.2	81.82	−0.11
7月7日晚	82.79	78.31	−4.48	80.27	−2.84

续表

班次	实际值 η	传统 GM(1,1)模型		改进 GM(1,1)模型	
		预测值 $\hat{\eta}$	误差/%	预测值 $\hat{\eta}$	误差/%
7 月 8 日早	77.86	84.56	6.7	81.62	4.54
7 月 8 日中	82.04	76.59	−5.45	78.98	−3.51
7 月 8 日晚	77.34	72.01	−5.33	80.33	3.57
7 月 9 日早	79.87	76.01	−3.86	77.7	−2.46
7 月 9 日中	81.39	73.69	−7.7	77.07	−5.08
7 月 9 日晚	79.03	75.22	−3.81	76.89	−2.44
7 月 10 日早	81.36	85.79	4.43	83.85	2.83
7 月 10 日中	80.33	84.69	4.36	82.78	2.81
7 月 10 日晚	77.11	83.71	6.6	80.81	4.5
7 月 11 日早	82.12	86.61	4.49	77.93	−4.88
7 月 11 日中	77.1	81.66	4.56	79.66	3.02
7 月 11 日晚	76.88	83.06	6.18	73.41	−4.21
7 月 12 日早	76.64	73.25	−3.39	74.74	−2.17
7 月 12 日中	79.88	69.76	−10.12	74.2	−6.86
7 月 12 日晚	80.4	72.36	−8.04	75.89	−5.37
7 月 13 日早	76.11	69.93	−6.18	79.58	4.25
7 月 13 日中	78.45	87.16	8.71	83.34	5.96
7 月 13 日晚	82.9	78.59	−4.31	80.48	−2.71
相对误差		6.54%		3.77%	

4. 模型的智能协调

基于经验机理和神经网络的集成模型 MI 从理论上说都是利用现场检测到的其他辅助变量来预测苛性比值与溶出率。也就是说，它是以影响苛性比值与溶出率的横向因素为出发点来建模的。该模型深入分析了氧化铝高压溶出工艺机理，总结了现场多年积累的专家知识，综合了神经网络技术的特点，因而在预测苛性比值与溶出率方面具有非常明显的优势。然而，一方面，由于氧化铝高压溶出过程极其复杂，不可能完全了解其生产工艺机理，而神经网络存在的一个缺点就是，对于学习过的样本能够非常精确地逼近真实值，但是对于没有经过学习的新样本就可能存在很大的误差；另一方面，由于各种原因，现场采集到的辅助变量会存在一些误差，有时候误差还会非常大。由于这些原因，可能造成集成模型 MI 预测精度不高，有时候甚至出现很大的预测误差。

灰色模型则从纵向影响因素出发来预测苛性比值与溶出率,即利用以前时刻的实际苛性比值与溶出率来预测当前的苛性比值与溶出率。灰色模型不必检测辅助变量,因而不会因为辅助变量的检测误差而造成苛性比值与溶出率较大的误差。然而,因为氧化铝高压溶出过程极其复杂,单纯的灰色模型预测精度也不会很高。

集成模型 MI 的预测结果说明输入数据在输入变量空间的位置对预测结果的影响非常大。如果输入数据与训练集样本空间中任何一类的中心之间的距离 $D_i(i=1, 2, \cdots, m)$都很大(m 为类别数量),那么用模糊理论的观点来说就是该输入变量对于任何一类的隶属度都非常小,则此时集成模型 MI 的预测精度非常低,因此可以考虑仅用灰色模型来预测;若 $D_i(i=1, 2, \cdots, m)$中有一个很小,或者说该输入变量对其中某一类的隶属度很大,则此时集成模型 MI 的预测精度很高,仅用 MI 预测就可以了;若 $D_i(i=1, 2, \cdots, m)$值都比较适中,则此时集成模型 MI 与灰色模型各具优势,可以利用两个模型的组合模型来预测苛性比值与溶出率。按上面的分析,可以得到如图 6.14 所示的智能协调策略。

当 D_i 比较适中时,模型 MI 与灰色模型的组合模型数学表达式为

$$f = k_1 f_{\mathrm{MI}} + k_2 f_{\mathrm{Grey}} \tag{6-55}$$

式中,f_{MI}、f_{Grey}分别为模型 MI 和灰色模型的预测结果;k_1、k_2 为加权系数,且满足 $k_1 + k_2 = 1$,k_1、k_2 可以采用如下方法确定[12]。

设有 N 组采样数据,$y_t(t= 1, 2, \cdots, N)$为实际输出,$f_{it}(i=1,2;t= 1, 2, \cdots, N)$为第 i 种方法的预测值,$e_{it}=f_{it}-y_t$ 为第 i 种方法的预测误差,$k_i(i=1,2)$为第 i 种方法的加权系数,$k_1+k_2=1$,$f_t=k_1f_{1t}+k_2f_{2t}$为组合预测方法的预测值,$e_t=f_t-y_t=k_1e_{1t}+k_2e_{2t}$为组合预测方法的误差。定义组合预测方法的预测误差平方和为

$$J = \sum_{t=1}^{N} e_t^2 = \sum_{i=1}^{2}\sum_{j=1}^{2}\left[k_i k_j\left(\sum_{t=1}^{N} e_{it}e_{jt}\right)\right] \tag{6-56}$$

加权系数 k_1、k_2 写成向量形式为 $K=[k_1 \quad k_2]^{\mathrm{T}}$,第 i 种预测方法的预测误差写成向量形式为 $E_i=[e_{i1} \quad e_{i2} \quad \cdots \quad e_{iN}]^{\mathrm{T}}$,预测误差矩阵为 $e=[E_1 \quad E_2]$,则 J 可以简洁地表示为

$$J=e^{\mathrm{T}}e = K^{\mathrm{T}}E_{(2)}K \tag{6-57}$$

式中,$E_{(2)} = \begin{bmatrix} E_{11} & E_{12} \\ E_{21} & E_{22} \end{bmatrix}$,其中 $E_{ij} = E_{ji} = E_i^{\mathrm{T}} \cdot E_j = \sum_{t=1}^{N} e_{it} \cdot e_{jt}$,$E_{ii} = E_i^{\mathrm{T}} \cdot E_i= \sum_{t=1}^{N} e_{it}^2$。因此,使得组合预测方法的误差平均和 J 最小的加权系数为

$$k_1 = \frac{E_{22}-E_{12}}{E_{11}+E_{22}-2E_{12}},\quad k_2 = 1-k_1 \tag{6-58}$$

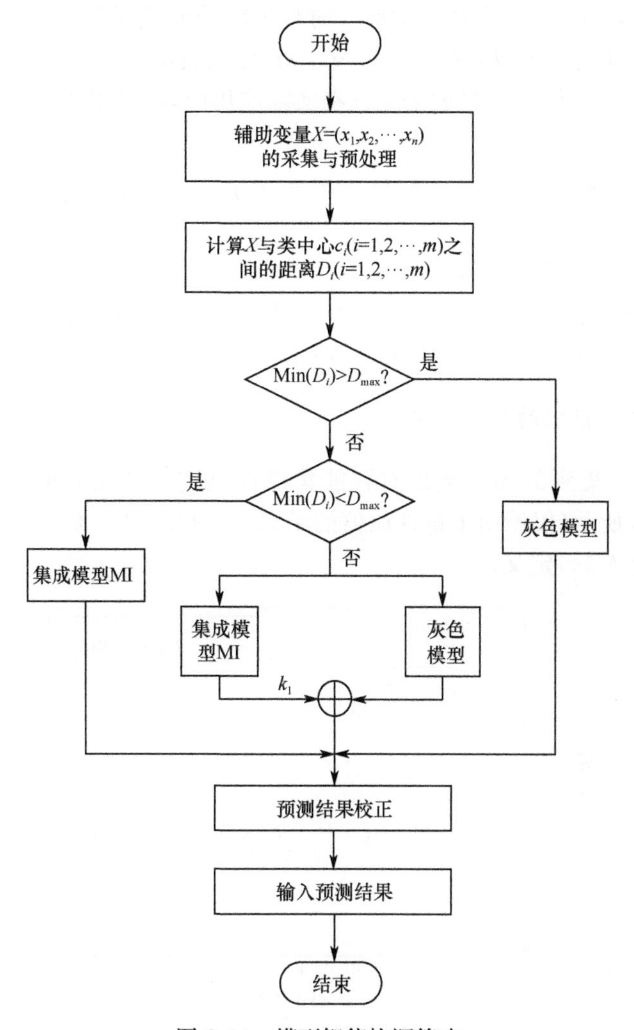

图 6.14　模型智能协调策略

5. 预测结果的误差修正

为了进一步提高苛性比值与溶出率的预测精度,同时避免出现大的预测误差,以提高模型的鲁棒性,在模型智能协调的基础上,综合考虑以前时刻苛性比值与溶出率的实际值,对预测结果进行修正。即按式(6-59)确定最终苛性比值与溶出率的预测值

$$\hat{\alpha}_k(t) = f_\alpha(\hat{\alpha}'_k(t),\cdots,\hat{\alpha}'_k(t-n);\alpha_k(t-1),\cdots,\alpha_k(t-m))$$
$$\hat{\eta}(t) = f_\eta(\hat{\eta}'(t),\cdots,\hat{\eta}'(t-n);\eta(t-1),\cdots,\eta(t-m)) \quad (6\text{-}59)$$

式中,$\hat{\alpha}_k(t)$、$\hat{\eta}(t)$分别表示苛性比值与溶出率当前最终的预测结果;$\hat{\alpha}'_k(t-k)$、

$\hat{\eta}'(t-k)(k=0, 1,\cdots, n)$分别表示前 k 时刻智能协调结果(即未经误差修正的预测结果);$\alpha_k(t-k)$、$\eta(t-k)(k=0, 1, \cdots, m)$分别表示前 k 时刻实际的苛性比值与溶出率。其中,n 和 m 由经验确定。在实际应用中,常采用线性形式,即

$$\begin{cases}\hat{\alpha}_k(t)=a_0\hat{\alpha}_k'(t)+\cdots+a_n\hat{\alpha}_k'(t-n)+b_1\alpha_k(t-1)+\cdots+b_m\alpha_k(t-m)\\ \hat{\eta}(t)=c_0\hat{\eta}'(t)+\cdots+c_n\hat{\eta}'(t-n)+d_1\eta(t-1)+\cdots+d_m\eta(t-m)\end{cases} \tag{6-60}$$

式中,系数 a_k、$c_k(k=0, 1, 2, \cdots, n)$、$b_k$、$d_k(k=1, 2, \cdots, m)$可以利用最小二乘法求得。在实际应用中,由于工艺条件变化缓慢,因此,可以采用有限记忆法来更新模型的系数,数据窗口为 12,即每天更新一次。

6. 智能集成模型的预测结果

利用现场收集到的实际数据对智能集成模型进行了仿真研究,其结果如图 6.15 及表 6.8 所示(仅给出了苛性比值的结果)。其中,实际数据点数为 84,平均相对误差按式(6-54)定义。

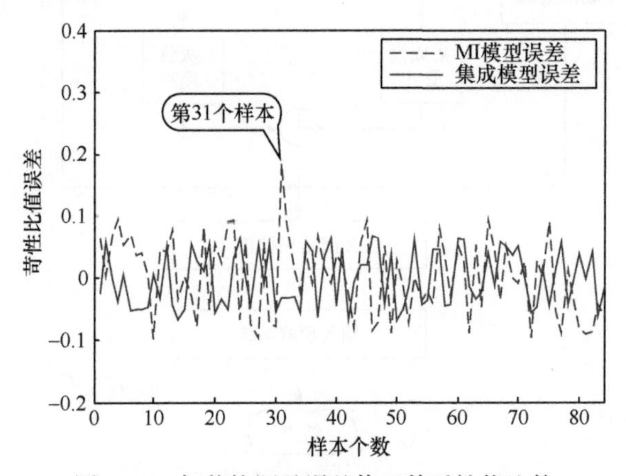

图 6.15　智能协调及误差修正前后性能比较

表 6.8 给出了各种模型的平均相对预测误差及最大相对预测误差。从表中可以看出,对于单纯的基于机理、专家知识及神经网络的模型 MI 及灰色模型 MII,其相对误差比较大,甚至会出现预测误差很大的情况;而经过智能协调及误差修正之后,其相对误差降低了很多,也不会出现很大的误差,这就是说,智能协调及误差修正单元不仅提高了模型整体的精度,而且提高了模型的鲁棒性。这也可以从图 6.15 中看出,图中只给出了模型 MI 的预测误差及最终的预测误差。模型 MI 的预测误差明显比最终预测误差大,另外,在第 31 个样本点处,模型 MI 的预测误差非常大,经过智能协调及对误差的进一步修正,其误差下降了很多,这说明智能协调和误差修正的作用是很大的。

表 6.8　智能协调及误差修正前后性能比较

模型	平均相对误差/%	最大相对误差/%
集成模型 MI	3.46	12.2
灰色模型 MII	3.89	9.47
智能协调单元	2.86	5.3
误差修正单元	2.83	4.4

6.3.3　预测模型的在线校正

在氧化铝的实际生产中，由于种种原因，矿石成分、原矿浆配料情况、氧化铝高压溶出工况以及操作人员的工作经验等都可能发生变化。不论软测量模型在刚运行时具有多高的精度，随着时间的推移以及生产条件的改变，其预测精度都可能会降低。因此，除了保证模型当前的预测精度外，软测量的另外一个重要任务就是根据实际条件的变化实时校正软测量模型，以提高模型的自适应能力。

在苛性比值与溶出率智能集成模型中，氧化铝高压溶出工艺机理是一定的，因此基于物料平衡原理的机理模型是固定不变的，无须在线校正。基于专家经验的规则库则由于个人经验的不同或者是操作人员对高压溶出机理认识的深入，会有所变化，因此在实际应用中必须经常更新规则库。神经网络模型和灰色模型的建模机理虽然不同，但都是根据历史数据而建立的，因此它们受各生产条件变化的影响最大，必须进行在线校正。另外，智能协调单元的协调策略以及误差修正单元的运行机理都是根据以前的历史数据确定的，因此对它们进行校正也是必需的。

实际应用中，尽管智能集成模型中的很多模块需要在线校正，但规则库、灰色模型、智能协调及误差修正单元的校正相对来说较为简单，这里仅给出如下的简单说明：

(1) 操作人员可以通过计算机直接更新专家规则库。

(2) 灰色模型较为简单，建立灰色模型仅需要几个点(假设为 n 个)。虽然氧化铝高压溶出条件在短时间内是稳定的，但经过一段时间还是会有一些变化，有时甚至有较大的波动。为了保证模型精度，又考虑到灰色建模过程很简单，计算量较小，因此在实际应用中，每获得一个苛性比值(溶出率)的实际检测值(化验结果)，就可以利用它与以前时刻的 $n-1$ 个值重新建立灰色模型。

(3) 智能协调单元中，需要校正的量主要就是组合模型中的加权系数 k_1 和 k_2。在系统运行一段时间后，利用收集的一组新数据，按式(6-58)计算加权系数，从而保证智能协调单元的有效性。

(4) 误差修正单元综合了当前预测结果及以前时刻的实际值，且其实现简单，因此可以在线辨识式(6-60)中的系数。

作为苛性比值与溶出率智能集成模型中最为重要的一个部分,神经网络完全是依据历史数据来训练的,因此,神经网络的在线校正最为重要。然而,由于神经网络的复杂性,使得其在线校正也极其复杂。神经网络模型的校正包括两种情况:①短期校正,每得到一条新的合理的样本后,在原来神经网络模型的基础上,利用一定的算法修正神经网络的权值及阈值(实际应用中一般是在获得若干个新样本后再实施短期校正)。②长期校正,神经网络模型中,网络参数(包括权值和阈值)是非常重要的,它们决定了模型的精度;而在某种意义上,神经网络模型的结构更为重要,它不仅决定了模型精度,而且对模型的泛化能力有很大的影响。但是要修正模型的结构,需要很长的时间来重新组建并训练网络,而且在短时间内,生产条件不会发生很大变化,也就是说,模型不会有很大的漂移。因此,可以在收集了很多新样本后,重新选择神经网络结构并对其进行训练,以获得更加精确的新的神经网络模型。

在实际应用中,长期校正实际上是当生产条件发生了较大改变后,利用收集到的足够多的新样本重新建立神经网络模型,因此可以说长期校正不是在线校正;而短期校正才是真正意义上的在线校正。一般说来,在线校正需要解决三个方面的问题:①如何选择新的学习样本;②什么时候需要对网络进行重新训练;③具体的在线训练算法。

1. *基于证据理论的新样本选择*

在神经网络建模过程中,学习样本的质量是决定神经网络性能最重要的一个因素。同样,对于神经网络的在线校正,新样本的质量也起到了决定性的作用。如果用质量很差的新样本来校正神经网络,那么可能使神经网络精度越来越差。也就是说,并不是每个新样本都适合于神经网络的校正,如何选择合理的新样本是神经网络在线校正的最重要的一个环节。

一个好的学习样本应该满足生产过程中的物理化学关系,能真实地反映生产机理。这样的样本只有在生产过程处于稳定状态时才可以得到。因此,判断一个样本是否合格,是否能用于校正神经网络,关键之一是进行稳态检验,即验证当前生产是否处于定态。如果处于定态,那么样本将被自动保存到数据库中,用于校正神经网络;否则将抛弃该样本。稳态验证的严格程度将直接影响新样本的获取,从而影响神经网络模型的校正。

证据理论(mathematical theory of evidence,MTE)是 1976 年由 Shafer 正式创立的[13],Dempster[14]对其做出了重大贡献,因此证据理论又称为 D-S 理论。证据理论认为,对于概率推理的理解,不仅要强调证据的客观性,而且也要强调证据估计的主观性,概率是人在证据的基础上构造出的对一命题真的信任程度,简称为信度。因此,证据理论可以根据各种资料对系统各个部分的生存状态的概率进行归纳与估计，并作出正确的决策或预测。

证据理论可以用于检验生产过程是否处于稳定状态。假设测量值的模型为

$$\begin{cases} x_{k,i} = x_{k,i}^{*} + \varepsilon_{k,i} \\ \varepsilon_{k,i} \sim N(0,Q) \end{cases}, \quad i,k = 1,2,\cdots,n \tag{6-61}$$

式中，$x_{k,i}$、$x_{k,i}^{*}$分别为第 i 个变量在时刻 k 的测量值和真实值；$\varepsilon_{k,i}$为对应的测量误差。稳态检验的目的就是要识别过程的状态从一个时间段到下一个时间段是否发生变化。考虑到两个相邻的时间段 1 和 2，对过程状态变化的评价只能有三种状态：①过程处于稳态；②过程状态发生变化；③不确定过程状态是否发生变化。证据理论使用在时间段 1 到 2 之间变化的可信度来描述这三种情况。分别用$m_i(\mathrm{S})$、$m_i(\mathrm{NS})$和 $m_i(\mathrm{U})$表示稳态、非稳态和不确定情况的可信度。为了计算可信度，给出如下第 i 个测量变量的统计量：

$$t_{1,i}^{2} = \frac{n(\bar{x}_{2,i} - \bar{x}_{1,i})^{2}}{\sigma_{1,i} + \sigma_{2,i}} \tag{6-62}$$

式中，$\bar{x}_{k,i}$为第 i 个测量变量在时间段 k($k=1,2$)内的平均值；$\sigma_{k,i}$为第 i 个测量变量在时间区间 k 内的样本方差，即

$$\sigma_{k,i} = \frac{1}{n-1}\sum_{j=1}^{n}(x_{k,j,i} - \bar{x}_{k,i})^{2} \tag{6-63}$$

其中，$x_{k,j,i}$表示第 i 个测量变量在时间区间 k 内的第 j($j=1,2,\cdots,n$)个测量值；n 为每一个时间段含有的测量数据个数。统计量 $t_{1,i}^{2}$是随机变量，它服从分子自由度为 1、分母自由度为$(2n-2)$的 T^2 分布[15]。因此，可以定义如下可信度函数。

当 $t_{1,i}^{2} \leqslant T^{2}(\alpha)$时

$$\begin{cases} m_i(\mathrm{S}) = p_{\mathrm{r}}\{T^{2} \geqslant t_{1,i}^{2}\} \\ m_i(\mathrm{NS}) = 0 \\ m_i(\mathrm{U}) = 1 - m_i(\mathrm{S}) \end{cases} \tag{6-64}$$

当 $t_{1,i}^{2} > T^{2}(\alpha)$时

$$\begin{cases} m_i(\mathrm{S}) = 0 \\ m_i(\mathrm{NS}) = \dfrac{2\alpha - 1 + (1-\alpha)p_{\mathrm{r}}\{T^{2} \leqslant t_{1,i}^{2}\}}{\alpha} \\ m_i(\mathrm{U}) = 1 - m_i(\mathrm{NS}) \end{cases} \tag{6-65}$$

式中，α 为置信度；p_{r} 为概率。为了判断过程状态是否发生变化，需要将所有测量变量的置信值按一定规则组合成总的过程的可信度。由此可采用 Dempster 规则，即过程可信度为

$$\begin{cases} m(\mathrm{S}) = \prod_{i=1}^{p} [m_i(\mathrm{S}) + m_i(\mathrm{U})] \\ m(\mathrm{NS}) = \prod_{i=1}^{p} [m_i(\mathrm{NS}) + m_i(\mathrm{U})] \\ m(\mathrm{U}) = \prod_{i=1}^{p} m_i(\mathrm{U}) \end{cases} \tag{6-66}$$

式中,p 为测量变量的个数。当 $m(\mathrm{S}) > m(\mathrm{NS})$时,可以认为过程处于稳态,否则认为过程处于非稳态。若从时间段 1 到时间段 2 过程处于稳态,则在时间段 2 采集的新样本 $x_{k,j,i}$满足生产工艺条件,因此是合格的新样本,可用于神经网络的在线校正,否则说明该数据不能用于校正神经网络。

在氧化铝生产中,通常是每隔 2h 对原矿浆成分及溶出液成分进行一次化验,也就是说,每隔 2h 获得一组学习样本。由于高压溶出生产工艺及原矿浆配料情况在短时间内是不会发生大的变化的,没有必要每次获得一个数据就校正一次神经网络。在实际应用中,每采集到 12 个新样本(一天时间),就将这 12 个数据与前一天的 12 个数据进行稳态检验,判断这些数据是否可以用于校正神经网络。

2. 模型校正时机

在实际应用中,并不是每次选取了合格的新样本就利用它们对神经网络进行校正;而是在获得了 12 个合格的新样本后,判断对于这 12 个新样本,神经网络模型预测值的置信水平 C_{L} 是否足够高,若 C_{L} 小于某一个给定的置信水平 C_{L}^*,则说明原来的神经网络预测值不够准确,已经不再适合新的工况,需要利用这些新样本对其进行校正,以适应新的环境;反之,若 C_{L} 大于或等于 C_{L}^*,则说明在新的环境下,神经网络的预测精度依然够高,不需校正。在实际应用中,置信水平采用如下形式:

$$C_{\mathrm{L}} = \frac{1}{12}\sum_{i=1}^{12}\left(1 - \frac{|y_i - \hat{y}_i|}{\hat{y}_i}\right) \times 100\% \tag{6-67}$$

式中,y_i、$\hat{y}_i$ 分别为第 i 个样本的神经网络预测值及相应的实际值。

神经网络的在线校正步骤可以用图 6.16 来描述。

在系统运行过程中,每天可以采集到 12 个新样本,首先利用证据理论将新采集到的 12 个新样本与前一天的 12 个样本作比较,判断生产过程是否处于稳定状态。若生产过程稳定,则将采集到的 12 个新样本存入数据库中,一方面用于当前神经网络的短期训练,另一方面用于今后的长期校正。若生产过程不稳定,则当天采集到的 12 个数据对于神经网络模型校正没有用,因此不对神经网络进行短期校正,也不存入数据库。

对于合格的新样本,按式(6-67)计算神经网络模型的置信水平。若置信水平

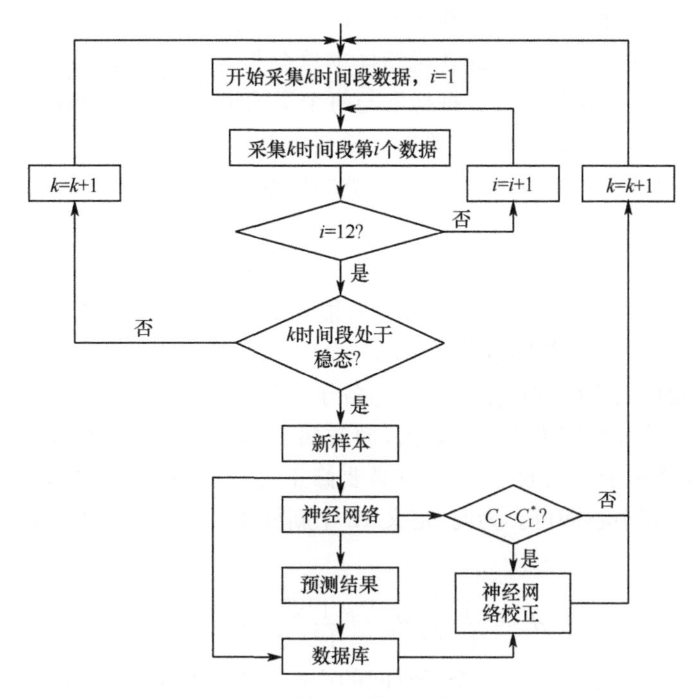

图 6.16　神经网络的在线校正

小于 C_L^*，则利用新样本按一定算法校正神经网络；否则，说明神经网络准确，无须校正，在实际应用中 C_L^* 取 95%。

3. 分布式复合神经网络中样本子空间的校正

分布式神经网络首先对学习样本进行聚类处理，将样本空间划分为若干个子空间，然后对每个样本子空间建立一个复合神经网络。在分布式复合神经网络(distributed multiple neural network，D-MNN)预测结果时，利用新采集到的输入数据与每个子空间中心之间的距离计算输出对每个子空间的隶属度，从而得到D-MNN最终的输出，这说明样本空间的划分(即类中心)对预测结果的影响是很大的。

一般来说，样本空间的划分需要解决三个问题：①样本空间可以划分为几类；②每个类的中心位置在哪里；③每个类包括哪些样本。因此，要校正样本空间的划分，就需要从这三个方面出发。

对于第一个问题，若需要增加或减少子空间的个数，则需要增加或减少复合神经网络的个数，即改变分布式神经网络的结构，因此算法极其复杂。而实际上，为了建立苛性比值与溶出率的神经网络模型，在现场收集了近两年来的历史数据，因此学习样本的覆盖面是非常广的。这样，利用这些学习样本来划分样本空间，分成的类别也是非常全面的。因此,在短期内,生产工艺不会发生很大变化,新样本总可以划归为其中的某一个类,或者说新样本总会与其中某一类的中心之间的距离比较近(若经常出现采集到的数据样本与每个类的中心都很远的情况,则说明模型结构需要调整,也就是说,模型需要进行长期校正了)。这就是说,不必改变子空间的个数,只需要修正类中心,并更新每一类的样本(将新样本划归为某一类,同时剔除其中最老的样本)。

在很短一段时间内(一天),高压溶出工艺条件及原矿浆配料情况的波动通常是很小的,因此可以近似地认为一天中采集到的 12 个新样本之间的距离不会很远。这就意味着,12 个新样本是属于同一个子空间的。各个复合神经网络对最终分布式网络输出的贡献取决于新样本与各子空间中心的距离,因此这些新样本对属于该子空间的神经网络影响比较大,而对属于其他子空间的神经网络影响是很小的,因此在修正子空间的中心时,没必要修正每个子空间的中心,只要修正新样本所在的子空间中心即可。为此,定义 12 个新样本与每个类中心之间的平均距离如下:

$$d_i = \frac{1}{12}\sum_{j=1}^{12} d_{ij} = \frac{1}{12}\sum_{j=1}^{12} |x_j - c_i| \tag{6-68}$$

式中,c_i 为第 i($i=1,2,\cdots,N$)个子空间的中心,其中 N 为子空间的个数;x_j 为第 j 个新样本输入变量;d_{ij} 为 c_i 与 x_j 之间的距离。假设

$$\min_{i=1}^{N} d_i = d_k \tag{6-69}$$

则说明新样本属于第 k 个子空间。令 12 个新样本的中心位置为

$$c_{\text{new}} = \frac{1}{12}\sum_{j=1}^{12} x_j \tag{6-70}$$

因此,可以按式(6-71)修正第 k 个子空间的中心

$$c_k' = \frac{c_k m_k + 12c_{\text{new}}}{m_k + 12} \tag{6-71}$$

式中,c_k、c_k'分别为第 k 个子空间修正前和修正后的中心;m_k 为第 k 个子空间原来的样本数。

在修正了第 k 个子空间的中心后,必须更新该子空间中的学习样本。其具体做法就是剔除子空间中最老的 12 个样本,并将 12 个新样本存入数据库。

4. 复合神经网络参数的校正

建立复合神经网络模型的第一步就是利用主成分分析法对输入样本进行处理,并将主成分变量按其包含的原始信息量排序,然后按级联相关(Cascade-Correlation,CC)算法确定复合神经网络的结构。对于短期校正,生产工艺变化不大,经过主成分分析得到的主成分变量变化是很小的,因此不必改变主成分变量的分组

情况。这就是说，对于短期校正，不必改变神经网络的结构，只需修正复合网络中各子网络的权值及阈值。

对于结构一定的复合神经网络，若用 BP 算法或其他基于梯度下降的算法，则非常烦琐。因为这些算法都必须对每个神经网络逐个训练，而且后一个网络的期望输出是前一个神经网络的误差。为此，采用随机学习算法训练复合神经网络，该算法将同时调整所有子神经网络的权值、阈值以校正神经网络。虽然对于新样本来说，神经网络的预测精度比较低，但这并不意味着神经网络已经完全不能适应于当前工况，只是说神经网络的权值、阈值与最优值产生了一些偏移，也就是说，此时的神经网络参数距离最优结果很近，因此用随机学习算法能很快收敛到最优值。随机学习算法具体步骤如下：

(1) 设置允许误差 e 及最大迭代次数 $t_{\max}$，令第 k 个复合神经网络原始的权值和阈值为 $w_i(0)(i=1, 2, \cdots, q$，为方便起见，这里将权值、阈值都用 w 表示)，其中 q 为神经网络参数个数，计算当前分布式复合神经网络的输出 $y(k)$ $(k=1, 2, \cdots, M)$，其中 M 为学习样本个数，并计算平均方差

$$\sigma=\sqrt{\frac{1}{M}\sum_{k=1}^{M}[y(k)-\hat{y}(k)]^2} \tag{6-72}$$

式中，$\hat{y}(k)$为真实值。令最优参数 $w_i^{\text{opt}}=w_i(0)$，$\sigma^{\text{opt}}=\sigma$，迭代次数 $t=0$。

(2) 随机调整神经网络参数，即令 $w_i(t+1)=w_i(t)+\Delta w(t)$，其中

$$\Delta w_i(t)=\nu(t)\cdot w_i(0) \tag{6-73}$$

式中，$\nu(t)$为服从 $N(0, \sigma)$的高斯分布随机数。

(3) 计算神经网络输出 $y(k)(k=1, 2, \cdots, M)$及平均方差 σ。

(4) 若 $\sigma<\sigma^{\text{opt}}$，则令 $w_i^{\text{opt}}=w_i(t+1)$，$\sigma^{\text{opt}}=\sigma$，$t=t+1$。

(5) 若 $\sigma<e$，则迭代结束，否则转至(3)。

(6) 若 $\sigma\geqslant\sigma^{\text{opt}}$，则令 $w_i(t+1)=w_i^{\text{opt}}$；若 $t\geqslant t_{\max}$，则迭代结束，否则转至(3)。

6.3.4　软测量模型的工业应用

苛性比值与溶出率软测量模型于 2003 年 7 月在国内某大型氧化铝生产企业投入运行，并被用于指导原矿浆优化配料。表 6.9～表 6.11 以及图 6.17、图 6.18 为系统正常运行一段时间内苛性比值与溶出率的预测结果。表 6.11 中 N1、N2、N3 分别表示相对误差小于 2%、3%及 5%的预测点个数。从预测结果可以看出，苛性比值与溶出率的预测精度较高，预测结果基本上能跟上实际变化趋势。

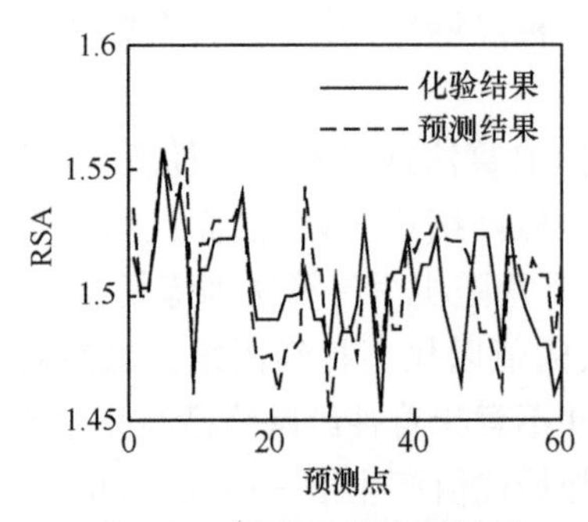

图 6.17 苛性比值预测结果

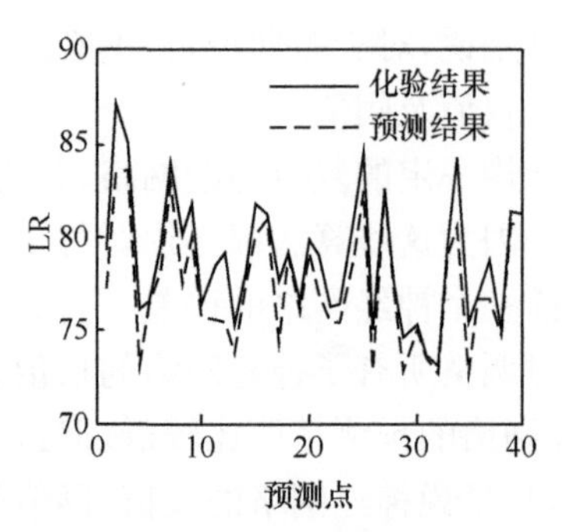

图 6.18 溶出率预测结果

表 6.9 苛性比值预测结果和实际结果比较

实际值	预测值	实际值	预测值	实际值	预测值	实际值	预测值	实际值	预测值
1.535	1.515	1.53	1.522	1.543	1.51	1.486	1.508	1.485	1.524
1.5	1.503	1.53	1.522	1.509	1.49	1.486	1.508	1.485	1.524
1.5	1.503	1.53	1.522	1.509	1.49	1.525	1.523	1.474	1.504
1.53	1.522	1.54	1.541	1.451	1.477	1.517	1.5	1.462	1.477
1.56	1.559	1.501	1.511	1.474	1.506	1.525	1.512	1.515	1.532
1.54	1.525	1.474	1.49	1.487	1.485	1.525	1.512	1.515	1.506
1.54	1.542	1.474	1.49	1.487	1.485	1.532	1.525	1.502	1.495
1.56	1.522	1.475	1.49	1.474	1.497	1.522	1.495	1.514	1.487
1.46	1.468	1.461	1.49	1.508	1.529	1.521	1.478	1.507	1.48
1.52	1.51	1.477	1.5	1.508	1.503	1.521	1.464	1.507	1.48
1.52	1.51	1.477	1.5	1.473	1.453	1.515	1.498	1.478	1.46
1.53	1.521	1.482	1.501	1.506	1.504	1.5	1.524	1.512	1.47

表 6.10 溶出率预测结果和实际结果比较 (单位:%)

实际值	预测值	实际值	预测值	实际值	预测值	实际值	预测值	实际值	预测值
77.3	79.2	80	81.7	74.3	77.6	82.4	84.4	79	79.5
83.4	87.1	75.7	76.4	79	79.2	72.9	75	80.6	84.3
83.6	85.1	75.6	78.4	76	76.6	82.4	82.5	72.7	75.4
73.2	76.1	75.5	79	79.1	79.8	77.2	77.4	76.8	76.8
76.5	76.6	73.8	75.2	77	78.9	72.9	74.5	76.8	78.6
78.2	79.5	77.4	78.1	75.4	76.3	75	75.2	74.7	74.9
82.9	83.9	80.1	81.7	75.5	76.4	73.5	73.6	80.7	81.3
77.4	80.1	81	81.3	78.8	81	72.7	73.2	80.9	81.2

表 6.11　预测误差分析

变量名	总记录数	N1	N2	N3
苛性比值	60	36(60%)	21(35%)	3(5%)
溶出率	40	20(50%)	14(35%)	6(15%)

由于实现了苛性比值与溶出率准确预测,提高了氧化铝的溶出率,并为原矿浆的精准配料提供了有效指导,大大降低了原矿浆成分的波幅,为生产的平衡运行创造了条件。

6.4　氧化铝蒸发过程优化控制

氧化铝生产过程中为保证溶出效果和生料浆的水分不致过高而影响熟料窑的正常作业,以及防止生产过程中流出溶液自蒸发降温过程中析出盐类造成料管堵塞,须采用蒸发工序排除流程中多余的水分和生产过程中积累的杂质,保持循环系统中浓度的平衡,保证均衡、稳定生产。蒸发过程既是氧化铝生产过程中必不可少的重要工序,也是氧化铝生产过程中主要的能耗工序。由于工业铝酸钠溶液成分复杂、腐蚀性强及黏度高等原因,蒸发过程一直是氧化铝生产的薄弱环节,尤其是碳分母液的蒸发,被喻为生产的瓶颈,因此实现蒸发过程的操作优化,通过改进工艺技术提高蒸发系统能力,降低蒸汽消耗和物料单耗等问题,具有重要的工业意义。

6.4.1　氧化铝蒸发工艺流程与优化控制总体架构

1. 氧化铝蒸发工艺流程

蒸发是使含有不挥发性溶质的溶液在沸腾条件下受热,使部分溶剂气化为蒸汽的单元操作。由于溶剂气化需要大量的潜热,蒸发是一个能耗很高的单元操作。多效蒸发将前一效蒸发器汽化的二次蒸汽通入后一效蒸发器的加热室作为后一效蒸发器的加热蒸汽,充分利用了各效二次蒸汽的汽化潜热,是相对节能的蒸发操作。

根据物料和生蒸汽进入位置、流向的不同,多效蒸发系统可分为逆流(首末效进,流向相反)、错流(兼有并流和逆流加料)、顺流(首效进,流向相同)、平流(同时进出各效)四种。工业铝酸钠溶液成分复杂、腐蚀性强且黏度高,随着溶液浓度的上升其黏度非线性增加,即铝酸钠溶液在低温时黏度随浓度增加幅度大,而在温度较高时黏度随浓度增加的幅度小;因此氧化铝蒸发过程多采用逆流多效蒸发,即随着料液浓度的提高温度也提高,这样料液黏度增加较小,各效的传热系数相差不大,可充分发挥蒸发器的能力。为避免逆流蒸发系统出料温度过高引起溶液结晶等问题,减少加热蒸汽消耗,提高生蒸汽的利用效率,氧化铝多效蒸发系统常采用节能措施,包括冷凝水闪蒸、溶液闪蒸、引出额外蒸汽预热原料液。氧化铝蒸发过程的主要设备有蒸发器、冷凝罐、高效闪蒸器、直接预热器。其中,蒸发器有竖管降膜蒸发器与板式降膜蒸发器两种,它们没有传统非膜式蒸发器管内液柱,克服了液柱静压引起的沸点升高,大大降低了传热温差损失。板式降膜蒸发器结垢呈片状,可部分自行剥落,清洗周期较长,可以获得较高的浓度,但易出现板开裂问题,维修不方便。竖管降膜蒸发器传热性能好,运行平稳、可靠,结构牢固,使用寿命长。高效物料闪蒸器、冷凝水罐都从设备结构及工艺配置上充分利用高温出料的热能和正压出料的压力能,通过调节二次蒸汽压力,使物料中的水快速蒸发并与浓缩液分离,进一步回收利用加热蒸汽的热量,完成浓缩过程,控制出料温度和浓度。以氧化铝Ⅳ效逆流蒸发系统为例,主要设备包括降膜式蒸发器(Ⅰ～Ⅳ效)、预热器(Ⅰ～Ⅲ效)、冷凝水罐(Ⅰ～Ⅳ级)和物料闪蒸器(1～3 级),系统流程图如图 6.19 所示。

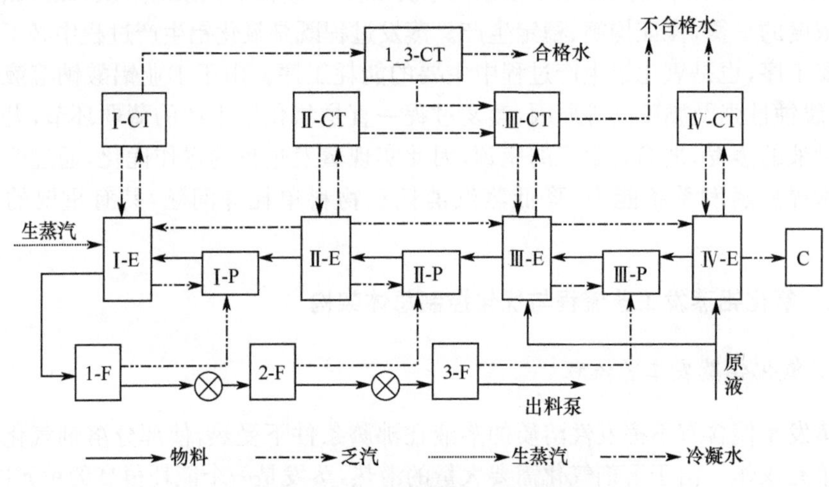

图 6.19 Ⅳ效逆流蒸发过程流程图

E-蒸发器;P-预热器;F-闪蒸器;C-冷凝器;CT-冷凝水罐

2. 优化控制总体架构

由于工业铝酸钠溶液的强腐蚀性和高黏度造成出料管堵塞使得在线密度计检测不准,浓度在线分析仪受到其安装条件、价格等限制也不能应用到实际生产过程中,因此实际生产过程中出口母液浓度指标检测仍采用现场人工定时取样送实验室分析化验的办法(一般 4h 一次),数小时后反馈给现场操作人员。现场操作人员根据反馈的指标凭经验对进入蒸发系统的物料、蒸汽量进行调节,使得出口母液浓度指标符合工艺指标要求。一方面，由于进入蒸发系统的原液量取决于上游工序，原液成分、温度等会有很大的波动；生蒸汽压力取决于锅炉厂，环境干扰多样，参数波动大；输入条件的不稳定性以及化验的滞后给在线操作调节带来极大的困难，凭经验的蒸发器操作调节滞后且很难同时考虑到主要参数波动的影响，造成出口母液浓度波动大，甚至出现不合格的情况，蒸汽消耗量大。另一方面，这种凭经验进行调节，无法同时考虑能耗指标。由于各蒸发设备物料、蒸汽流之间耦合严重，蒸发设备入口及出口主要参数如物料温度、浓度、进料量、蒸汽温度和压力、蒸发器液位、过热蒸汽等都对蒸发器的传热效果及能耗有着很大的影响，加上结疤情况的未知使得传热系数及传热面积无法得到，蒸发过程能源消耗的控制处于一种盲目的状态，造成氧化铝蒸发装备的吨水汽耗高、能耗高。

为减小蒸发过程出料浓度的波动，实现出料浓度的在线预测，同时在不改变现有生产设备和流程的前提下，实现蒸发过程的优化控制，达到强化生产，降低能耗和汽耗、提高蒸发器运转率及蒸发过程操作水平的目的，蒸发过程优化控制以能流界面参数为关键参数予以实现，总体架构如图 6.20 所示。

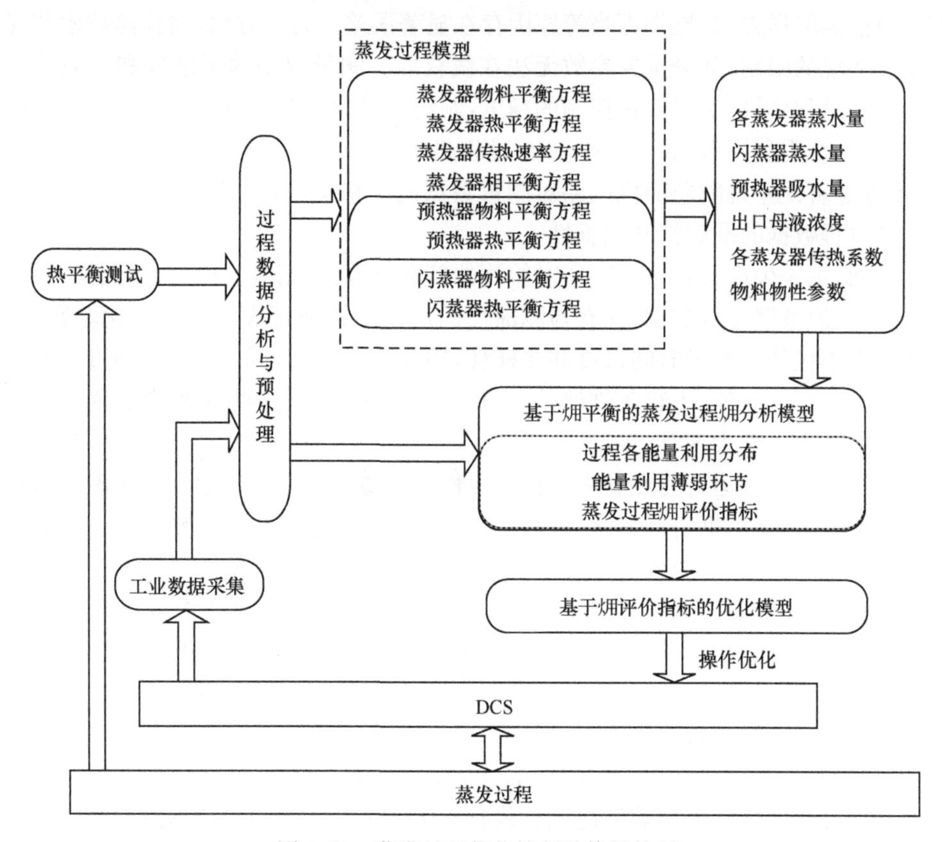

图 6.20　蒸发过程优化控制总体架构图

具体实施步骤如下。

(1) 基于蒸发装备的热平衡测试数据和现场运行数据,结合机理分析和生产经验,建立以机理模型为基础、嵌套多个中间参数软测量的集成模型,反映能流界面参数与出口浓度之间的关系。根据实际物料采样分析及参数波动判断,对集成模型进行修正,实现出料浓度的在线预测及蒸发过程的模拟。

(2) 以模拟模型计算数据为基础,采用有效能(㶲)分析方法分析蒸发系统的能耗动态分布状况,以及能量利用的薄弱环节及相应的节能措施。

(3) 以降低能耗及汽耗为目的,建立基于有效能评价指标的蒸发过程能耗优化模型;采用智能优化技术求解模型得到优化后的操作参数,为优化控制提供基础。

6.4.2 蒸发过程智能数据协调

在氧化铝蒸发过程中,一方面,由于蒸发过程处于高温、强碱恶劣生产环境,过程检测仪表受环境干扰,其检测数据不可避免地存在随机误差;而人工取样化验数据也可能因取样方式、操作不当等原因存在显著误差。另一方面,受检测技术和现场生产环境的限制,部分重要参数无法在线获取。测量数据的不准确和不完整直接影响了过程建模、实时优化控制的精度,制约了氧化铝蒸发过程绿色、高效、优质生产。因此,需利用数据协调技术,在过程机理平衡关系和数据冗余信息的基础上,消除显著误差且减弱随机误差对测量数据的干扰程度,并估计过程未测参数,以提高过程数据的准确性和完整性。

然而,蒸发生产过程中既有实时检测的新蒸汽流量、新蒸汽压力、新蒸汽温度、原液流量、原液温度等数据,又有检测滞后的四闪出料浓度等人工取样化验数据。过程数据不仅体现出多时间尺度和多样性,还存在跨空间分布的特点,即过程变量时空耦合关联。此外,入料条件波动、出口产品需求多变,这些问题均给蒸发过程数据协调带来了极大困难。

针对蒸发过程运行特点和多种不确定性因素造成蒸发过程数据协调困难的问题,本章采用智能数据协调方法以提高氧化生产蒸发过程数据的准确性。首先基于趋势信息分析,自适应地实现蒸发过程多变量稳态检测,为蒸发过程数据协调提供稳态数据;在稳态检测的基础上,利用时滞区间预估方法,基于时效关联矩阵进行蒸发过程时间配准,并在物料平衡和热量平衡层构建分层数据协调模型;考虑蒸发过程数据存在显著误差以及非线性相关性,分别建立改进鲁棒估计函数和互信息矩阵以进一步提高数据协调的有效性;由于单一的全局数据协调模型无法满足多模态生产环境下的协调精度问题,本章基于高斯混合模型模态划分,实现氧化铝生产蒸发过程多模态分层数据协调。氧化铝生产蒸发过程智能数据协调总体框架如图 6.21 所示。

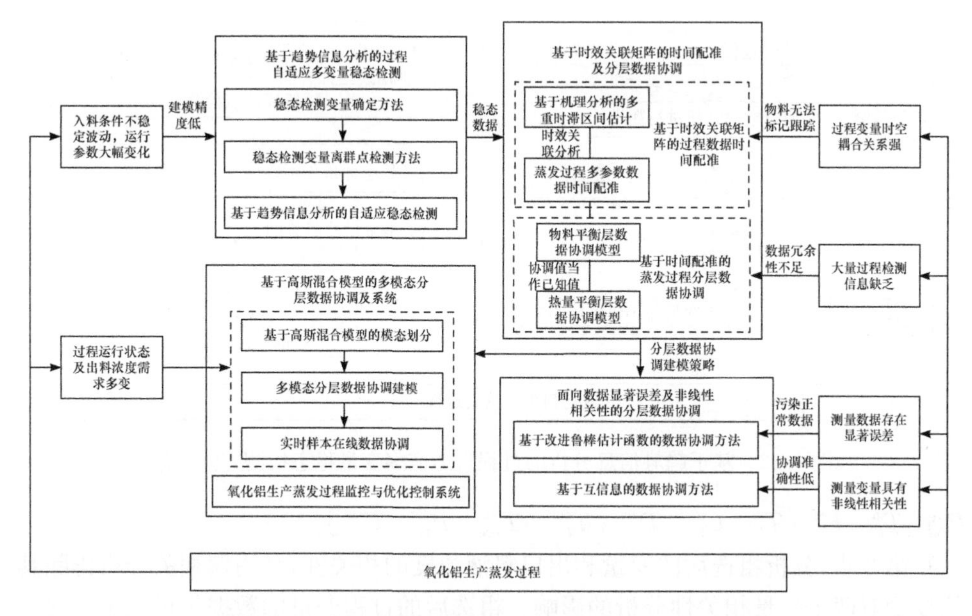

图 6.21　氧化铝生产蒸发过程智能数据协调总体框架

1. 基于趋势信息分析的过程自适应多变量稳态检测

由于氧化铝实际蒸发过程入料条件波动、生产运行状态动态变化，在非稳态生产条件下，系统输入输出关系发生变化，影响建模和辨识的准确性。针对这一现象，考虑入口原液和生蒸汽波动存在较强的不确定性，分析蒸发过程各个变量与出口料液浓度关系，确定稳态检测变量，利用改进 K-means 聚类方法进行离群点检测；在此基础上，研究稳态检测变量变化特征，定义稳态检测评价指标，然后基于趋势信息分析方法，分析变化趋势的大小和方向，自适应地实现蒸发过程多变量稳态检测，为蒸发过程数据协调提供稳态数据。基于趋势信息分析的过程自适应多变量稳态检测方法框架如图 6.22 所示[16]。

1) 蒸发过程稳态检测变量确定

在氧化铝生产蒸发过程中，流量、温度、压力等实时检测变量一般难以长时间保持恒定，这些变量的变化直接影响出口料液浓度。现场工人根据出口料液浓度变化，评估并调整操作变量。如何选取合适的稳态检测变量，对蒸发过程工况运行状态评价具有重要作用。考虑蒸发过程各变量的变化和出口料液浓度的影响关系，通过粗选和精选两步实现稳态检测变量的确定。

第 1 步，基于蒸发过程机理分析，粗选出对出口料液浓度影响较大的变量，包括生蒸汽流量、生蒸汽压力、生蒸汽温度、原液流量、原液温度、原液浓度、冷凝水温度、出口料液温度、末效二次蒸汽温度、真空度，这些变量的集合表示为 $\hat{x}=[V_{ls}^{\text{in}}$

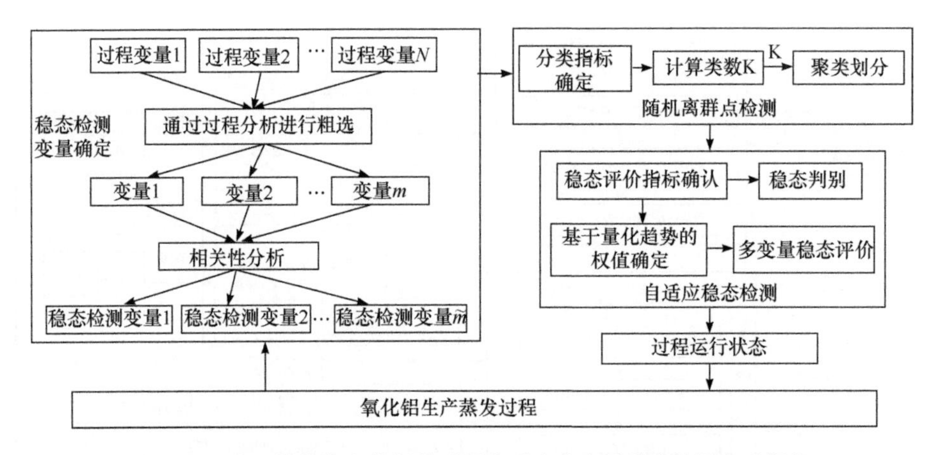

图 6.22 基于趋势信息分析的过程自适应多变量稳态检测方法框架

$P_{ls}^{\text{in}} \quad T_{ls}^{\text{in}} \quad F_{l}^{\text{in}} \quad T_{l}^{\text{in}} \quad C_{l}^{\text{in}} \quad T_{n}^{\text{out}} \quad T_{l}^{\text{out}} \quad T_{s}^{\text{out}} \quad P_{s}^{\text{out}} \quad C_{l}^{\text{out}}]$。

第 2 步,分析粗选后的变量和出口料液浓度的相关性,利用偏相关分析排除其他变量对两个变量相关性分析的影响。粗选后的过程变量的数据集可表示为 $X=[x^1 \quad x^2 \quad \cdots \quad x^m]\in \mathrm{R}^{n\times m}(m=11)$,其中 n 和 m 分别表示样本个数和变量维度。对应的归一化数据样本集为 $\hat{X}=[\hat{x}^1 \quad \hat{x}^2 \quad \cdots \quad \hat{x}^m]\in \mathrm{R}^{n\times m}$。通过 Pearson 相关分析方法[17]计算相关系数矩阵:

$$M_{cc}=\begin{bmatrix} z_{11} & z_{12} & \cdots & z_{1m} \\ z_{21} & z_{22} & \cdots & z_{2m} \\ \vdots & \vdots & & \vdots \\ z_{m1} & z_{m2} & \cdots & z_{mm} \end{bmatrix} \tag{6-74}$$

式中,$z_{ij}=L_{ij}/\sqrt{L_{ii}L_{jj}}, i=1,2,\cdots,m, j=1,2,\cdots,m, L_{ij}=\sum_{l=1}^{n}\hat{x}_l^i\hat{x}_l^j-\frac{1}{n}\sum_{l=1}^{n}\hat{x}_l^i\sum_{l=1}^{n}\hat{x}_l^j$。

相关变量 $\hat{x}^i$ 和 $\hat{x}^j$ 的偏相关系数 $\tilde{z}_{ij}$ 为

$$\tilde{z}_{ij}=\frac{-\rho_{ij}}{\sqrt{\rho_{ii}\rho_{jj}}},\quad i=1,2,\cdots,m;\quad j=1,2,\cdots,m \tag{6-75}$$

式中,ρ_{ij} 为 M_{cc} 的逆矩阵 M_{cc}^{-1} 的元素。

$$M_{cc}^{-1}=\begin{bmatrix} \rho_{11} & \rho_{12} & \cdots & \rho_{1m} \\ \rho_{21} & \rho_{22} & \cdots & \rho_{2m} \\ \vdots & \vdots & & \vdots \\ \rho_{m1} & \rho_{m2} & \cdots & \rho_{mm} \end{bmatrix} \tag{6-76}$$

分析各变量和出口料液浓度的相关性可知，影响出口料液浓度的最主要变量是生蒸汽流量和原液温度，其次是生蒸汽压力、原液流量和真空度。分析得到的相关性结果与机理分析和实际情况一致。因此，选取生蒸汽流量、生蒸汽压力、原液温度、原液流量和真空度作为蒸发过程稳态检测变量。

2) 稳态检测变量离群点检测

氧化铝生产蒸发过程由于外界环境、仪器故障或人工记录错误等原因，测量数据中存在离群点，影响稳态检测结果。因此，这里考虑离群点偏离其他正常样本，运用改进的 K-means 聚类算法对离群点进行检测和处理，具体步骤如下：

第 1 步，计算蒸发过程第 i 个稳态检测变量的 n 个测量样本 $x^i=[x_1^i \quad x_2^i \quad \cdots \quad x_n^i]^{\mathrm{T}}$ 的中心数据 $x_d^i=[d_1^i \quad d_2^i \quad \cdots \quad d_n^i]^{\mathrm{T}}$，其中 $d_l^i=x_l^i-\bar{x}^i(l=1, 2,\cdots,n)$ 为第 l 个测量值和 n 个测量样本的均值之差。稳态检测变量的偏离数据集为 $X=[x_d^1 \quad x_d^2 \quad \cdots \quad x_d^{\tilde{m}}]$，其中 $\tilde{m}$ 表示稳态检测变量维度。

第 2 步，随机选取 s ($s=2, 2\leqslant s\leqslant c$) 个样本作为初始聚类中心 $[y_1 \quad y_2 \quad \cdots \quad y_s]$。

第 3 步，将每个样本 x_l 分配到距离最近的聚类中心 y_{nearest} 所属的类中。

第 4 步，计算各类中样本的平均值以更新重分类后的聚类中心。

第 5 步，计算标准测量函数 $D=\sum_{l=1}^{n}[\min_{e=1,2,\cdots,s} \mathrm{dis}\,(x_l,y_e)^2]$。若 D 小于给定阈值，则输出聚类结果，转到第 6 步；否则转到第 3 步。

第 6 步，根据聚类结果，计算单个样本的类内-类间划分指标(within-between cluster division index，WBDI)。定义第 r 个类中的第 b 个样本与该类其他所有样本的平均距离为同类内部聚类距离 $\mathrm{dis}_w(r,b)$，定义第 r 个类中的第 b 个样本与其他类所有样本的平均距离最小值为异类之间的聚类距离 $\mathrm{dis}_b(r,b)$：

$$\mathrm{dis}_w(r,b)=\frac{1}{n_r-1}\sum_{q=1,q\neq b}^{n_r}\|x(r)_q-x(r)_b\|^2 \tag{6-77}$$

$$\mathrm{dis}_b(r,b)=\min_{1\leqslant k\leqslant c,k\neq r}\left(\frac{1}{n_k}\sum_{p=1}^{n_k}\|x(k)_p-x(r)_b\|^2\right) \tag{6-78}$$

为了保证所有样本的有效性分析和类内类间评价指标 WBDI 不受数据量纲影响，对指标进行无量纲化。因此，单个样本的类内-类间划分指标 WBDI 可表示为聚类差值距离与聚类距离之比：

$$\mathrm{WBDI}(r,b)=\frac{\mathrm{dis}_{\text{difference}}(r,b)}{\mathrm{dis}_{\text{sum}}(r,b)}=\frac{\mathrm{dis}_b(r,b)-\mathrm{dis}_w(r,b)}{\mathrm{dis}_b(r,b)+\mathrm{dis}_w(r,b)} \tag{6-79}$$

聚类评价指标在[−1,1]变化，为了反映整体聚类效果，计算所有样本的聚类评价指标的平均值。

第 7 步，重复上述步骤，依次增加聚类个数，直到评价指标的变化小于给定阈值。比较各聚类数对应的聚类评价指标,选取最大聚类评价指标对应的类数为最佳聚类数。在最佳聚类数的条件下,将每个类的样本分别与其前后样本进行比较,若该样本与其前后样本均不在同一类,则认为该样本被检测为一个离群点。

3) 基于趋势信息分析的自适应稳态检测

基于趋势信息分析的过程自适应多变量稳态检测方法主要分为三步:首先,估计各稳态检测变量的变化特征,包括变化速度和加速度等;然后,根据速度和加速度变化情况,确定稳态评价指标;最后,采用变化趋势大小和方向确定各变量的变化权值,综合多个稳态检测变量对蒸发过程运行状态进行评价。

(1) 稳态检测变量变化特征估计。

在蒸发过程中,采集的样本点是离散的,其难以描述蒸发生产过程的运行状态。为了解决这个问题,采用回归拟合的方法将离散的样本连续化。由于单一的多项式拟合函数容易导致信息失真,因此通过设定滑动窗口,分段采用二次多项式最小二乘回归拟合窗口中的变量数据,获得各个稳态检测变量的拟合函数。在此基础上,计算拟合函数的一阶导数和二阶导数,进一步描述变量的变化速度和变化加速度用于确定稳态评价指标。

(2) 蒸发过程稳态评价指标确定。

根据稳态检测变量变化速度和加速度,定义稳态评价指标$\theta_{\mathrm{SSEI}}\in[0,1]$。$\theta_{\mathrm{SSEI}}$越接近于1说明蒸发过程越接近于稳态,$\theta_{\mathrm{SSEI}}$越接近于0说明蒸发过程越接近于非稳态。为了确定稳态评价指标,首先定义速度和加速度的结合因子用于稳态评价指标估计:

$$\varphi_{i,t}=|v_{i,t}|+\delta_{i,t}|a_{i,t}| \tag{6-80}$$

式中,$|v_{i,t}|$和$|a_{i,t}|$分别为第i个变量在t时刻的速度和加速度;$\delta_{i,t}$为第i个变量在t时刻的加速度调整因子。随着加速度增大,调整因子也增大,此时,加速度调整因子可以由以下线性函数表示:

$$\delta_{i,t}=\begin{cases}0, & |a_{i,t}|\leqslant \mathrm{th}_a^s \\ \dfrac{|a_{i,t}|-\mathrm{th}_a^s}{2\mathrm{th}_a^s}, & \mathrm{th}_a^s<|a_{i,t}|<3\mathrm{th}_a^s \\ 1, & |a_{i,t}|\geqslant 3\mathrm{th}_a^s\end{cases} \tag{6-81}$$

式中,th_a^s为加速度阈值。

速度稳态阈值和非稳态阈值分别表示为th_v^s和th_v^{ns},单一稳态检测变量的稳态评价指标定义为

$$\theta_{\mathrm{SSEI}}^{i,t}=\begin{cases}1, & \varphi_{i,t}\leqslant \mathrm{th}_v^s \\ \dfrac{1}{2}\left[\cos\left(\dfrac{\varphi_{i,t}-\mathrm{th}_v^{ns}}{\mathrm{th}_v^s-\mathrm{th}_v^{ns}}\pi\right)+1\right], & \mathrm{th}_v^s<\varphi_{i,t}<\mathrm{th}_v^{ns} \\ 0, & \varphi_{i,t}\geqslant \mathrm{th}_v^{ns}\end{cases} \tag{6-82}$$

式中，$\theta_{\text{SSEI}}^{i,t}$为第 i 个变量在 t 时刻的稳态评价指标。

根据蒸发过程测量变量波动，确定了关于稳态和非稳态的一阶导数阈值、加速度的二阶导数阈值。稳态检测过程中，通过连续学习样本的稳态区域，设置稳态检测阈值，即计算学习样本的速度和加速度的标准差来作为特征参数：

$$\text{th}_a^s = \sigma_a = \sqrt{\frac{1}{n}\sum_{l=1}^{n}(a_l - \bar{a})^2} \tag{6-83a}$$

$$\text{th}_v^s = \sigma_v = \sqrt{\frac{1}{n}\sum_{l=1}^{n}(v_l - \bar{v})^2} \tag{6-83b}$$

$$\text{th}_v^{ns} = 3\,\sigma_v = 3\sqrt{\frac{1}{n}\sum_{l=1}^{n}(v_l - \bar{v})^2} \tag{6-83c}$$

式中，n 为学习样本个数；$\bar{a}$和$\bar{v}$分别为学习样本的速度和加速度的平均值；a_l和v_l分别为第 l 个样本的速度和加速度；σ_a和σ_v分别为学习样本的速度和加速度的标准差。

氧化铝生产蒸发过程的运行状态由多个稳态检测变量有效表征，这些变量对出口料液浓度影响较大。因此，综合多个稳态检测变量的稳态评价指标，判断蒸发过程整体运行状态。根据单一稳态检测变量的稳态评价指标加权求和，确定多变量稳态评价指标：

$$\theta_{\text{SSEI}}^{t} = \sum_{i=1}^{\tilde{m}} w_i^t\,\theta_{\text{SSEI}}^{i,t} \tag{6-84}$$

式中，$\theta_{\text{SSEI}}^{t}\in[0,1]$为多变量稳态评价指标；$\tilde{m}$ 为稳态检测变量个数；w_i^t为第 i 个变量在 t 时刻的权重，由 3.4.3 节确定，且满足 $\sum\limits_{i=1}^{\tilde{m}} w_i^t = 1$。通过预设稳态阈值来筛选不稳定状态，稳态标记为 1，非稳态标记为 0。

(3) 基于趋势信息的多变量权值计算。

在蒸发过程稳态检测过程中，除了考虑当前时刻的运行状态，还需要考虑历史数据的变化情况。根据变量变化趋势与速度大小变化之间的关系，用 t 时刻之前的滑窗内速度累加量的绝对值来表示趋势变化大小指标：

$$\eta_t = \left|\sum_{i=t-n_w+1}^{t} v_i\right| \tag{6-85}$$

式中，η_t为 t 时刻的趋势变化大小指标；n_w为趋势时间窗宽度。

当原始数据变化趋势加剧时，趋势变化大小指标较大。同理，当趋势变化大小指标逐渐趋于零时，原始数据变化趋势较平稳。因此，趋势变化大小指标对权重的影响可通过分段函数表示为

$$w_{i,\mathrm{trend}}^{t}=\begin{cases}0, & \eta_t\leqslant 0\\ \dfrac{\eta_t}{3\,n_w\sigma_v}, & 0<\eta_t<3\,n_w\sigma_v\\ 1, & \eta_t\geqslant 3\,n_w\sigma_v\end{cases}\tag{6-86}$$

分析速度和加速度变化情况,变量变化方向可由二维坐标的四个象限描述,基于不同速度和加速度变化形成的变化趋势元,可以层次化提取趋势方向信息。趋势变化方向对瞬态权值的影响可表示为

$$w_{i,\mathrm{transient}}^{t}=\begin{cases}-0.5, & v_{i,t}a_{i,t}\leqslant -9\,\sigma_v\sigma_a\\ \dfrac{0.5}{9\,\sigma_v\sigma_a}v_{i,t}a_{i,t}, & -9\,\sigma_v\sigma_a<v_{i,t}a_{i,t}<0\\ \dfrac{1}{9\,\sigma_v\sigma_a}v_{i,t}a_{i,t}, & 0\leqslant v_{i,t}a_{i,t}<9\,\sigma_v\sigma_a\\ 1, & v_{i,t}a_{i,t}\geqslant 9\,\sigma_v\sigma_a\end{cases}\tag{6-87}$$

单一稳态检测变量的总权重$w_{i,\mathrm{total}}^{t}$可由基于变量变化大小的权值$w_{i,\mathrm{trend}}^{t}$和基于趋势变化方向的权值$w_{i,\mathrm{transient}}^{t}$综合计算获得:

$$w_{i,\mathrm{total}}^{t}=\zeta_i w_{i,\mathrm{trend}}^{t}+(1-\zeta_i)w_{i,\mathrm{transient}}^{t}\tag{6-88}$$

式中,ζ_i为第 i 个变量的调整权重。将基于趋势变化大小和方向信息提取的权重计算结果代入式(6-84),对整个蒸发过程运行情况进行检测。

2. 基于时效关联矩阵的时间配准及分层数据协调

1) 基于时效关联矩阵的过程数据时间配准

蒸发过程由多个生产单元级联构成,前一单元的输出作为后一单元的输入,每个单元均存在既是前一单元输出又是后一单元输入的变量。因此,利用输入变量和输出变量的相关性,定义时效关联矩阵,引入H_∞计算数据序列之间的相关程度。基于时效关联矩阵的时间配准方法主要包括如下四个步骤[18]:

(1) 停留时间描述。

根据生产过程设备的数量和连接关系,定义时基序列为一整数序列:

$$d=[d_1\quad d_2\quad \cdots\quad d_j\quad \cdots\quad d_n]\tag{6-89}$$

式中,n 为时基序列长度,即设备单元个数;d_j 为第 j 个设备单元对应的时基,其为无量纲整数。

(2) 原始数据矩阵准备。

当工作条件发生变化时,即输入发生改变,输出也发生相应变化,原始数据序列的长度足以覆盖整个过程的时间变化。原始数据矩阵 A 由系统的入口变量和 n 个出口变量采样得到的生产数据构成,形式如下:

$$A=[a_0\quad a_1\quad a_2\quad \cdots\quad a_j\quad \cdots\quad a_n]\tag{6-90}$$

式中，当 $j=0$ 时，a_0 为系统入口变量采样得到的数据时间序列；当 $1\leqslant j\leqslant n$ 时，a_j 为系统第 j 个设备单元出口变量采样得到的数据时间序列。

(3) 时效关联矩阵确定。

在时空维度上，根据配准规则，通过重组原始数据，提取与时基序列相对应的时效关联矩阵。从入口变量数据时间序列 a_0 中 t 时刻开始选取 f 个连续采样数据，得到对应的 $x_{0,t}$：

$$x_{0,t}=[x_{0,t}\quad x_{0,t+T}\quad \cdots\quad x_{0+iT}\quad \cdots\quad x_{0,t+(f-1)T}]^{\mathrm{T}} \tag{6-91}$$

式中，f 满足 $f\geqslant\sum_{1}^{n}d_j$，保证时效关联矩阵中选取的数据至少能涵盖同一股物料从系统入口到最后出口的一个运行周期。第一个设备单元出口变量数据时间序列 a_1 相对于 a_0 的停留时间为 d_1T，因此针对该出口变量，从 $t+d_1T$ 时刻开始选取 f 个生产数据的时间序列 $x_{1,t+d_1T}$：

$$x_{1,t+d_1T}=[x_{1,t+d_1T}\quad x_{1,t+(d_1+1)T}\quad \cdots\quad x_{1,t+(d_1+i)T}\quad \cdots\quad x_{1,t+(d_1+f-1)T}]^{\mathrm{T}} \tag{6-92}$$

其余单元的数据时间序列提取方法以此类推，最后得到基于时基序列的时效关联矩阵 X：

$$\begin{aligned} X&=[x_{0,t}\quad x_{1,t+d_1T}\quad \cdots\quad x_{j,t+(d_1+\cdots+d_j)T}\quad \cdots\quad x_{n,t+(d_1+\cdots+d_n)T}]\\ &=\begin{bmatrix} x_{0,t} & x_{1,t+d_1T} & \cdots & x_{j,t+(d_1+\cdots+d_j)T} & \cdots & x_{n,t+(d_1+\cdots+d_n)T}\\ x_{0,t+T} & x_{1,t+(d_1+1)T} & \cdots & x_{j,t+(d_1+1+\cdots+d_j)T} & \cdots & x_{n,t+(d_1+1+\cdots+d_n)T}\\ \vdots & \vdots & & \vdots & & \vdots\\ x_{0+iT} & x_{1,t+(d_1+i)T} & \cdots & x_{j,t+(d_1+i+\cdots+d_j)T} & \cdots & x_{n,t+(d_1+i+\cdots+d_n)T}\\ \vdots & \vdots & & \vdots & & \vdots\\ x_{0,t+(f-1)T} & x_{1,t+(d_1+f-1)T} & \cdots & x_{j,t+(d_1+f-1+\cdots+d_j)T} & \cdots & x_{n,t+(d_1+f-1+\cdots+d_n)T} \end{bmatrix} \end{aligned} \tag{6-93}$$

(4) 时效关联分析。

在连续生产的多重时滞蒸发过程中，由于物料在不同设备中停留时间各异，形成时效关联矩阵以体现同一股物料流经各单元的不同参数数据。定义时效关联分析来描述数据时间序列之间的相关程度，通过变量数据之间的时间效应，分析时间序列内部的关联关系。多个时间序列之间的时效关联性由时效关联分析矩阵表示为

$$R_X=\frac{\mathrm{cov}(X)}{\prod_{i=1}^{n}\sigma_i} \tag{6-94}$$

式中，$\mathrm{cov}(X)$ 为时效关联矩阵 X 的协方差；σ_i 为时效关联矩阵 X 中第 i 列数据的标准差。H_∞ 范数可用来描述和量化控制系统中的多个性能指标，它反映了系统

输出信号与系统输入信号能量之比的最大值。利用 H_∞ 范数定量描述时效关联分析矩阵的特性,则 R_X 的 H_∞ 范数 $\| R_X \|_\infty$ 最大表示为

$$\rho = \max(\| R_X \|_\infty) \tag{6-95}$$

当 $\| R_X \|_\infty$ 最大时,时效关联分析矩阵中各时间序列之间的相关性最大,得到最佳时基序列。然而,各单元的时基取值区间为 $d_i \in [d_{i\min}, d_{i\max}]$,且 d_i 取整数。每个时基可能的取值个数为 $c_i = d_{i\max} - d_{i\min} + 1$,则时基序列共有 $\prod_{i=1}^{n} c_i$ 种不同的取值情况。因此,需要采用离散状态转移算法(discrete state transition algorithm, DSTA)[19,20],将多重时基辨识问题转化为求取最大 H_∞ 范数值的优化问题。其具体流程如图 6.23 所示。

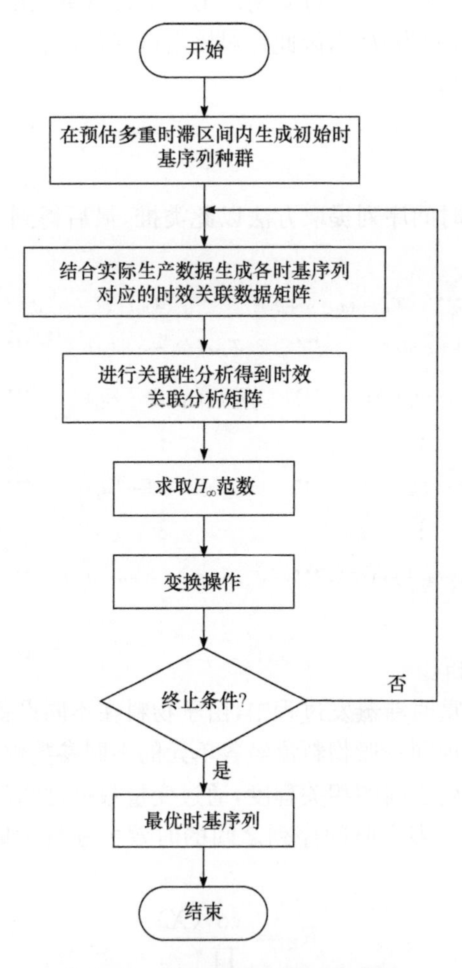

图 6.23 多参数时基辨识流程图

2）基于时间配准的蒸发过程分层数据协调

在蒸发过程中，铝酸钠溶液蒸发涉及多个大型蒸发器和闪蒸器，物料的累积效应与时滞性，使同一股物料的检测数据在时空上难以匹配，影响数据协调结果的准确性。因此，在过程数据时间配准的基础上，建立基于时间配准的蒸发过程分层数据协调方法，分别对物料平衡层和热平衡层经时间配准后的测量数据进行协调，具体框架如图 6.24 所示。

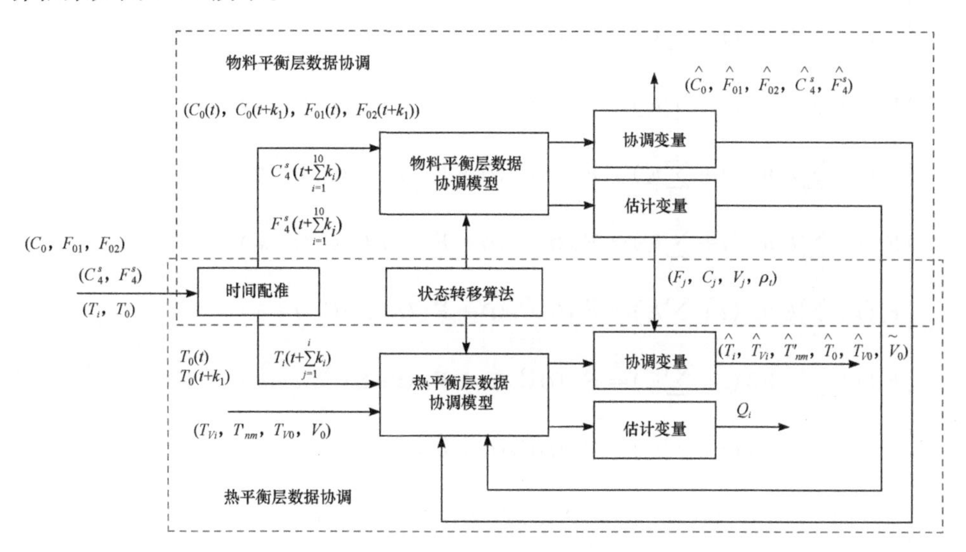

图 6.24　基于时间配准的蒸发过程分层数据协调方法框架

氧化铝生产蒸发过程数据协调利用数据冗余性，在满足过程反应机理、工艺参数边界约束条件的基础上，以测量数据与协调数据误差平方和最小为目标，获得测量数据的协调值和未测参数的估计值。考虑蒸发过程数据的特点，建立分层数据协调模型，即先对物料平衡层的原液流量、原液浓度、四闪出料流量、四闪出料浓度进行协调，并估计各设备出口料液流量、各设备出口料液浓度。将物料平衡层得出的协调值和估计值作为已知值，代入热平衡层中，对热平衡层的各设备出口料液温度、冷凝水温度、各设备出口二次蒸汽温度、生蒸汽流量、生蒸汽温度、原液温度进行协调，对散热量进行估计。具体分层建模方法如下（考虑四级闪蒸器的情况）：

（1）物料平衡层。

物料平衡层数据协调模型如式(6-96)和式(6-97)所示。

$$
\begin{aligned}
\min Y_1 = & \left[\frac{F_{01}(t)-\hat{F}_{01}(t)}{\sigma_{F_{01}}}\right]^2+\left[\frac{C_0(t)-\hat{C}_0(t)}{\sigma_{C_0}}\right]^2+\left[\frac{F_{02}(t+k_1)-\hat{F}_{02}(t+k_1)}{\sigma_{F_{02}}}\right]^2 \\
& +\left[\frac{C_0(t+k_1)-\hat{C}_0(t+k_1)}{\sigma_{C_0}}\right]^2+\left[\frac{C_4^s\left(t+\sum_{i=1}^{10}k_i\right)-\hat{C}_4^s\left(t+\sum_{i=1}^{10}k_i\right)}{\sigma_{C_4^s}}\right]^2
\end{aligned}
$$

$$+\left(\frac{F_4^s(t+\sum_{i=1}^{10}k_i)-\hat{F}_4^s(t+\sum_{i=1}^{10}k_i)}{\sigma_{F_4^s}}\right)^2+\lambda_1 r(F)+\lambda_2 r(C) \tag{6-96}$$

$$\text{s.t.}\begin{cases}F_6(t+k_1)C_6(t+k_1)=\hat{F}_{01}(t)\hat{C}_0(t)\\ F_5(t+\sum_{i=1}^{2}k_i)C_5(t+\sum_{i=1}^{2}k_i)=\hat{F}_{01}(t)\hat{C}_0(t)+\hat{F}_{02}(t+k_1)\hat{C}_0(t+k_1)\\ F_4(t+\sum_{i=1}^{3}k_i)C_4(t+\sum_{i=1}^{3}k_i)=\hat{F}_{01}(t)\hat{C}_0(t)+\hat{F}_{02}(t+k_1)\hat{C}_0(t+k_1)\\ F_3(t+\sum_{i=1}^{4}k_i)C_3(t+\sum_{i=1}^{4}k_i)=\hat{F}_{01}(t)\hat{C}_0(t)+\hat{F}_{02}(t+k_1)\hat{C}_0(t+k_1)\\ F_2(t+\sum_{i=1}^{5}k_i)C_2(t+\sum_{i=1}^{5}k_i)=\hat{F}_{01}(t)\hat{C}_0(t)+\hat{F}_{02}(t+k_1)\hat{C}_0(t+k_1)\\ F_1(t+\sum_{i=1}^{6}k_i)C_1(t+\sum_{i=1}^{6}k_i)=\hat{F}_{01}(t)\hat{C}_0(t)+\hat{F}_{02}(t+k_1)\hat{C}_0(t+k_1)\\ F_1^s(t+\sum_{i=1}^{7}k_i)C_1^s(t+\sum_{i=1}^{7}k_i)=\hat{F}_{01}(t)\hat{C}_0(t)+\hat{F}_{02}(t+k_1)\hat{C}_0(t+k_1)\\ F_2^s(t+\sum_{i=1}^{8}k_i)C_2^s(t+\sum_{i=1}^{8}k_i)=\hat{F}_{01}(t)\hat{C}_0(t)+\hat{F}_{02}(t+k_1)\hat{C}_0(t+k_1)\\ F_3^s(t+\sum_{i=1}^{9}k_i)C_3^s(t+\sum_{i=1}^{9}k_i)=\hat{F}_{01}(t)\hat{C}_0(t)+\hat{F}_{02}(t+k_1)\hat{C}_0(t+k_1)\\ \hat{F}_4^s(t+\sum_{i=1}^{10}k_i)\hat{C}_4^s(t+\sum_{i=1}^{10}k_i)=\hat{F}_{01}(t)\hat{C}_0(t)+\hat{F}_{02}(t+k_1)\hat{C}_0(t+k_1)\\ g(\hat{F}_{01}(t),\hat{C}_0(t),\hat{F}_{02}(t+k_1),\hat{C}_0(t+k_1),\hat{C}_4^s(t+\sum_{i=1}^{10}k_i),\hat{F}_4^s(t+\sum_{i=1}^{10}k_i),F_j,C_j,\rho_l,V_l)=0\\ \hat{C}_0\leqslant C_6\leqslant C_5\leqslant C_4\leqslant C_3\leqslant C_2\leqslant C_1\leqslant C_1^s\leqslant C_2^s\leqslant C_3^s\leqslant \hat{C}_4^s\\ \hat{F}_{01}(t)\geqslant F_6(t+k_1),\hat{F}_{01}(t)+\hat{F}_{02}(t+k_1)\geqslant F_5(t+k_1+k_2)\\ F_4\geqslant F_3\geqslant F_2\geqslant F_1\geqslant F_1^s\geqslant F_2^s\geqslant F_3^s\geqslant \hat{F}_4^s\\ \hat{C}_{0\min}\leqslant \hat{C}_0\leqslant \hat{C}_{0\max},\hat{C}_{4\min}^s\leqslant \hat{C}_4^s\leqslant \hat{C}_{4\max}^s,\hat{F}_{01\min}\leqslant \hat{F}_{01}\leqslant \hat{F}_{01\max},\hat{F}_{02\min}\leqslant \hat{F}_{02}\leqslant \hat{F}_{02\max}\\ \hat{F}_{4\min}^s\leqslant \hat{F}_4^s\leqslant \hat{F}_{4\max}^s,C_{j\min}\leqslant C_j\leqslant C_{j\max},F_{j\min}\leqslant F_j\leqslant F_{j\max},V_{l\min}\leqslant V_l\leqslant V_{l\max}\end{cases} \tag{6-97}$$

式中,$j=1,2,\cdots,9$, $l=1,2,\cdots,10$;$r(F)$由$\sum_{j=1}^{9}\|F_j-\tilde{F}_j\|^2$表示,$r(C)$由$\sum_{j=1}^{9}\|C_j-\tilde{C}_j\|^2$表示,$F_j$和$C_j$分别为第四级闪蒸器以外的第$j$个设备的出口料液流量($m^3/h$)和浓度(g/L)估计值,$\tilde{F}_j$和$\tilde{C}_j$为第四级闪蒸器以外的第$j$个设备的出口料液流量($m^3/h$)和浓度(g/L)特定值,可根据专家知识获得;$\lambda$为可调整权重,其根据经验法则计算的标准差来确定;$C_0$、$C_4^s$、$F_{01}$、$F_{02}$、$F_4^s$分别为原液浓度、四闪出料浓度、进六效蒸发器原液流量、进五效蒸发器原液流量、四闪出料流量的测量值;$\hat{C}_0$、$\hat{C}_4^s$、$\hat{F}_{01}$、$\hat{F}_{02}$、$\hat{F}_4^s$、ρ_l、V_l分别为原液浓度、四闪出料浓度、进六效蒸发器

原液流量、进五效蒸发器原液流量、四闪出料流量的协调值，以及每个设备出口料液密度和出口二次汽流量的计算值；$\hat{C}_{0\min}$、$\hat{C}^{s}_{4\min}$、$\hat{F}_{01\min}$、$\hat{F}_{02\min}$、$\hat{F}^{s}_{4\min}$、$C_{j\min}$、$F_{j\min}$、$V_{l\min}$分别为原液浓度、四闪出料浓度、进六效蒸发器原液流量、进五效蒸发器原液流量、四闪出料流量、第 j 个设备的出口料液浓度、第 j 个设备的出口料液流量、每个设备出口二次汽流量的下限值；$\hat{C}_{0\max}$、$\hat{C}^{s}_{4\max}$、$\hat{F}_{01\max}$、$\hat{F}_{02\max}$、$\hat{F}^{s}_{4\max}$、$C_{j\max}$、$F_{j\max}$、$V_{l\max}$分别为原液浓度、四闪出料浓度、进六效蒸发器原液流量、进五效蒸发器原液流量、四闪出料流量、第 j 个设备的出口料液浓度、第 j 个设备的出口料液流量、每个设备出口二次汽流量的上限值，由蒸发过程实际工况和运行情况所决定。$g(\cdot)=0$ 为六个蒸发器和四个闪蒸器的溶液平衡等式方程。

（2）热平衡层。

将物料平衡层的协调值和估计值，如原液流量、四闪出料流量、各设备出口料液流量、各设备出口料液密度、各设备出口料液比热、各设备出口二次蒸汽热焓、各设备出口二次蒸汽流量，代入热平衡层中作为已知参数，以提高数据的冗余性。基于此，建立热平衡层的数据协调模型，其目标函数和约束条件分别如式(6-98)和式(6-99)所示。

$$
\begin{aligned}
\min Y_2 = & \sum_{i=1}^{10}\left[\frac{T_i\left(t+\sum_{j=1}^{i}k_i\right)-\hat{T}_i\left(t+\sum_{j=1}^{i}k_i\right)}{\sigma_{T_i}}\right]^2+\sum_{i=1}^{10}\left(\frac{T_{Vi}-T_{Vi}}{\sigma_{TV_i}}\right)^2 \\
& +\sum_{m=1}^{6}\left(\frac{T'_{m}-\hat{T}'_{m}}{\sigma_m}\right)^2+\left(\frac{V_0-\hat{V}_0}{\sigma_{V_0}}\right)^2+\left[\frac{T_0(t)-\hat{T}_0(t)}{\sigma_{T_0}}\right]^2 \\
& +\left[\frac{T_0(t+k_1)-\hat{T}_0(t+k_1)}{\sigma_{T_0}}\right]^2+\left(\frac{T_{V_0}-\hat{T}_{V_0}}{\sigma_{TV_0}}\right)^2
\end{aligned}
\tag{6-98}
$$

$$
\text{s.t.}\begin{cases}
d\left(\hat{T}_i\left(t+\sum_{j=1}^{i}k_i\right),\hat{T}_{Vi},T'_{m},\hat{V}_0,\hat{T}_{V_0},\hat{T}_0(t),\hat{T}_0(t+k_1),Q_i,\hat{F}_{01},\hat{F}_{02},\hat{F}^{s}_{4},F_l,\rho_i,V_i\right)=0 \\
\hat{T}_{i\min}\leqslant\hat{T}_i\leqslant\hat{T}_{i\max},\quad \hat{T}_{Vi\min}\leqslant\hat{T}_{Vi}\leqslant\hat{T}_{Vi\max},\quad T'_{m\min}\leqslant T_{m}\leqslant T'_{m\max} \\
\hat{V}_{0\min}\leqslant\hat{V}_0\leqslant\hat{V}_{0\max},\quad \hat{T}_{V0\min}\leqslant\hat{T}_{V0}\leqslant\hat{T}_{V0\max},\quad \hat{T}_{0\min}\leqslant\hat{T}_0\leqslant\hat{T}_{0\max} \\
Q_{i\min}\leqslant Q_i\leqslant Q_{i\max}
\end{cases}
\tag{6-99}
$$

式中，$i=1,2,\cdots,10$，$j=1,2,\cdots,i$，$m=1,2,\cdots,6$，$l=1,2,\cdots,9$；T_i、T_{Vi}、T'_{m}、V_0、T_{V0}、T_0 分别为第 i 个设备的出口料液温度、第 i 个设备的出口二次蒸汽温度、第 m 个蒸发器的出口冷凝水温度、生蒸汽流量、生蒸汽温度、原液温度的测量值；$\hat{T}_i$、$\hat{T}_{Vi}$、T'_{m}、$\hat{V}_0$、$\hat{T}_{V0}$、$\hat{T}_0$、Q_i 分别为第i 个设备的出口料液温度、第 i 个设备的出口二次蒸汽温度、第 m 个蒸发器的出口冷凝水温度、生蒸汽流量、生蒸汽温度、原液温度的协调值，以及第 i 个设备的热损估计值；$\hat{T}_{i\min}$、$\hat{T}_{Vi\min}$、$T'_{m\min}$、$\hat{V}_{0\min}$、$\hat{T}_{V0\min}$、

$\hat{T}_{0\min}$、$Q_{i\min}$分别为第 i 个设备的出口料液温度、第 i 个设备的出口二次蒸汽温度、第 m 个蒸发器的出口冷凝水温度、生蒸汽流量、生蒸汽温度、原液温度、第 i 个设备的热损下限值；$\hat{T}_{i\max}$、$\hat{T}_{Vi\max}$、$T'_{m\max}$、$\hat{V}_{0\max}$、$\hat{T}_{V0\max}$、$\hat{T}_{0\max}$、$Q_{i\max}$分别为第 i 个设备的出口料液温度、第 i 个设备的出口二次蒸汽温度、第 m 个蒸发器的出口冷凝水温度、生蒸汽流量、生蒸汽温度、原液温度、第 i 个设备的热损上限值，由蒸发过程实际工况和运行情况所决定。$d(\cdot)=0$ 为六个蒸发器和四个闪蒸器热量平衡等式方程。

分层数据协调问题实际是一个连续优化问题，其模型求解可以归结为优化问题求解，因此采用状态转移算法(state transition algorithm，STA)[21]处理分层数据协调问题，具体流程如图 6.25 所示。

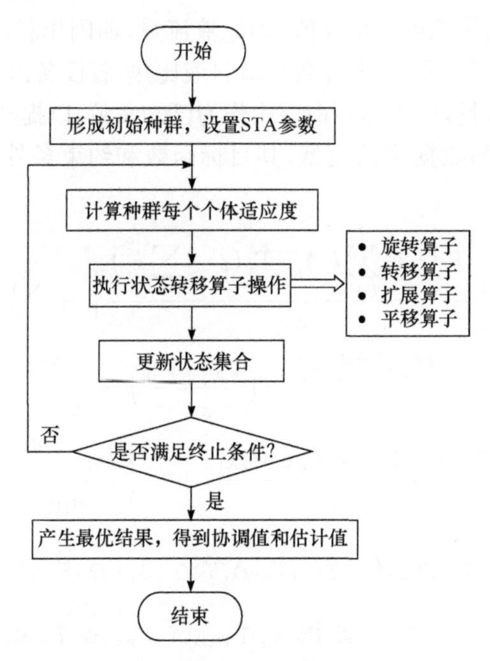

图 6.25　状态转移算法流程图

3) 工业数据验证及分析

为了验证基于时间配准的分层数据协调方法的有效性，利用 100 组协调值作为训练样本，训练核极限学习机模型。同时，引入基于时间配准的测量值和未经时间配准的测量值分别训练核极限学习机模型进行对比实验。这三种模型分别作用于四闪出料浓度预测，预测结果对比如图 6.26 所示。

由图 6.26(a)可知，基于时间配准的协调值用于预测的效果优于基于时间配准的测量值和未经时间配准的测量值的预测效果。为定量衡量模型精度，采用两个模型精度评估指标：均方根误差(root mean square error，RMSE)和平均绝对误

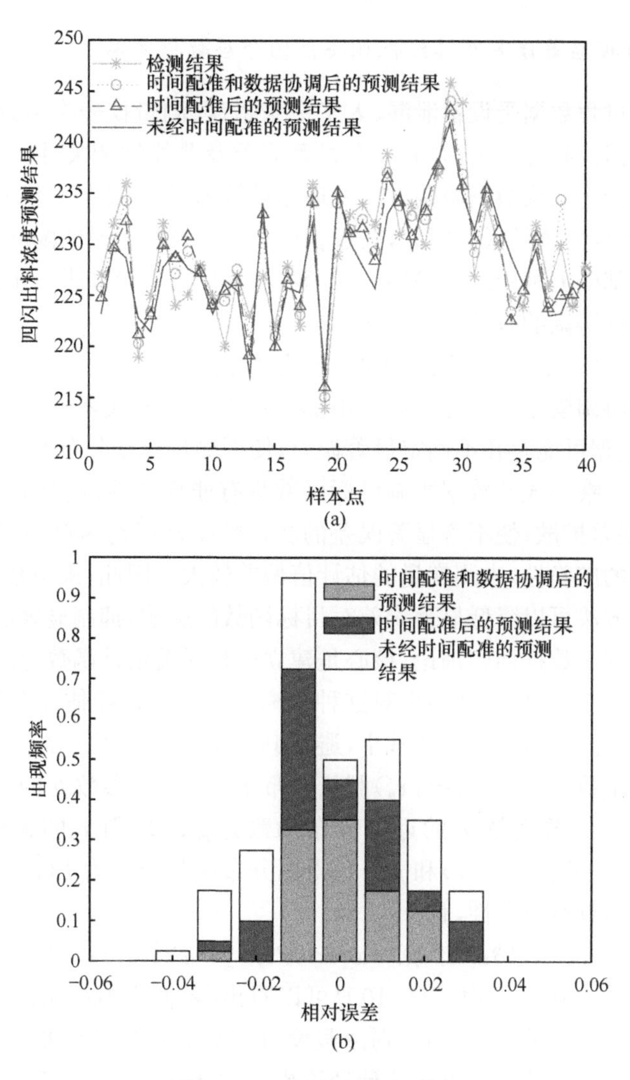

图 6.26　四闪出料浓度对比

差(mean absolute error，MAE)。时间配准后的协调值用于预测四闪出料浓度，其 RMSE 和 MAE 分别为 1.527 和 1.899，然而，时间配准后的测量值用于预测得到的 RMSE 和 MAE 分别为 2.054 和 2.771，未经配准的测量值用于预测得到的 RMSE 和 MAE 则分别为 2.793 和 3.977。从图 6.26(b)中可以看出，基于时间配准的协调值用于预测建模，预测相对误差分布在小误差范围内的频率较高。这说明配准后的数据比配准前的数据精度高，同时，配准后的协调数据比未协调的测量数据更准确。

3. 面向数据显著误差及非线性相关性的分层数据协调

由于蒸发过程数据受设备泄漏、人工记录错误、测量仪表失灵以及模型误差、外部干扰或反馈控制等因素影响,存在显著误差及非线性相关性。若采用对角矩阵形式的加权最小二乘数据协调方法处理测量数据,易导致显著误差扩散,污染其他正常数据,影响协调结果。因此,在过程稳态检测及基于时间配准的分层数据协调建模策略的基础上利用改进鲁棒估计函数和互信息理论来进一步提高氧化铝生产蒸发过程数据协调的有效性。

1) 面向过程不确定显著误差的鲁棒分层数据协调方法

经典数据协调模型的目标函数可由加权最小二乘形式表示。然而,实际生产过程中,测量数据可能存在不确定显著误差,使得测量误差分布不满足标准正态分布。加权最小二乘形式的数据协调目标函数具有非鲁棒性,其受显著误差影响较大,导致显著误差扩散,使不含显著误差的测量数据被误判为存在显著误差,影响数据协调结果的准确性,未测变量的估计值偏差较大。因此,采用基于鲁棒估计函数的数据协调方法可以降低显著误差对目标函数的影响,抑制显著误差干扰[22]。

鲁棒估计基于数据回归理论,核心是建立一种无偏估计函数,并在测量数据偏离理想分布的条件下,使估计结果对这种偏离不敏感。鲁棒估计在估计过程中将偏离理想分布的测量数据的权值减小,避免其他不含显著误差的测量数据受偏差影响。假设一组数据$(x_1,x_2,\cdots,x_n)$服从分布$f(x)$,T是参数p的一个无偏估计,即$\tilde{p}=T(f(x))$。若变量x的近似分布函数为$g(x)$,则p的无偏估计为$\bar{p}=T(g(x))$。基于p的估计$f(x)$和$g(x)$,得到分布函数分别为$\Gamma(\tilde{p},f)$和$\Gamma(\bar{p},g)$。无偏估计$T(\cdot)$具有鲁棒性,且

$$\forall \varepsilon, \exists \delta: d(f,g)<\varepsilon \Rightarrow d(\Gamma(\tilde{p},f),\Gamma(\bar{p},g))<\delta \tag{6-100}$$

式中,$d(\cdot)$为距离函数。由式(6-100)可以看出,若假设概率密度分布函数和实际概率密度分布函数的偏差有界,则由假设概率密度分布函数确定的无偏估计的偏差也有界。影响函数作为鲁棒估计理论中的关键指标函数,其说明了不同偏离量在估计函数中的重要性,影响函数定义为

$$\mathrm{IF}=\lim_{t\to 0}\frac{T((1-t)f+t\delta(x))-T(f)}{t} \tag{6-101}$$

式中,$\delta(x)$是以x为中心的质点分布函数。当x趋于无穷时,一个具有鲁棒性的估计的影响函数有界。

基于鲁棒估计理论,借鉴文献[23]并结合影响函数的定义,可得影响函数与数据协调目标函数的导数成正比关系,具体可表示为

$$\mathrm{IF}\propto\frac{\mathrm{d}\rho(\xi)}{\mathrm{d}\xi} \tag{6-102}$$

在数据协调问题中，若 $\rho(\xi)$ 是鲁棒估计函数，则 $\rho(\xi)$ 应满足以下条件：

① 当 ξ 趋于无穷时，$\frac{\mathrm{d}\rho(\xi)}{\mathrm{d}\xi}$ 为一常数 c。

② 当 ξ 较小时，测量误差仅存在随机误差，$\frac{\mathrm{d}\rho(\xi)}{\mathrm{d}\xi}$ 与相对协调偏差 ξ 成正比。

基于鲁棒估计函数的性质构造改进鲁棒估计函数，具体表达式为

$$\rho_P(\xi)=\frac{1-\exp(-(\xi/c_P)^2)}{1+\exp(-(\xi/c_P)^2)} \tag{6-103}$$

式中，c_P 为可调参数，用来描述鲁棒估计器的相对协调偏差的截断距离。式(6-103)表示的鲁棒估计函数的影响函数可以表示为

$$\frac{\mathrm{d}\rho_P(\xi)}{\mathrm{d}\xi}=\frac{[4\xi\cdot\exp(-(\xi/c_P)^2)]/c_P}{[1+\exp(-(\xi/c_P)^2)]^2} \tag{6-104}$$

当测量误差较大时，改进的鲁棒估计函数逐渐趋于一个常数；当测量误差较小时，改进的鲁棒估计函数逐渐趋于 0。

基于改进鲁棒估计函数的分层数据协调模型得到物料平衡层与热量平衡层的约束方程，如式(6-105)和式(6-106)所示。

(1) 物料平衡层。

$$\begin{aligned}
\min f_1 &= \sum_{i=1}^{l}\sum_{j=1}^{n}\rho(x_j^i,\hat{x}_j^i) = \sum_{i=1}^{l}\sum_{j=1}^{n}\frac{1-\exp(-(\xi_{ij}/c_P)^2)}{1+\exp(-(\xi_{ij}/c_P)^2)}\\
&=\frac{1-\exp(-((F_{01}-\hat{F}_{01})/c_P\sigma_{F_{01}})^2)}{1+\exp(-((F_{01}-\hat{F}_{01})/c_P\sigma_{F_{01}})^2)}+\frac{1-\exp(-((F_{02}-\hat{F}_{02})/c_P\sigma_{F_{02}})^2)}{1+\exp(-((F_{02}-\hat{F}_{02})/c_P\sigma_{F_{02}})^2)}\\
&\quad+\frac{1-\exp(-((C_0-\hat{C}_0)/c_P\sigma_{C_0})^2)}{1+\exp(-((C_0-\hat{C}_0)/c_P\sigma_{C_0})^2)}+\frac{1-\exp(-((C_4^s-\hat{C}_4^s)/c_P\sigma_{C_4^s})^2)}{1+\exp(-((C_4^s-\hat{C}_4^s)/c_P\sigma_{C_4^s})^2)}\\
&\quad+\frac{1-\exp(-((F_4^s-\hat{F}_4^s)/c_P\sigma_{F_4^s})^2)}{1+\exp(-((F_4^s-\hat{F}_4^s)/c_P\sigma_{F_4^s})^2)}+\lambda_1 r(F)+\lambda_2 r(C)
\end{aligned}$$

$$\begin{aligned}
\text{s.t.}\ & H_{\text{mass}}(\hat{X},U)=0\\
& \hat{x}_{\mathrm{L}}^i\leqslant\hat{x}^i\leqslant\hat{x}_{\mathrm{U}}^i,\quad i=1,2,\cdots,l\\
& u_{\mathrm{L}}^q\leqslant u^q\leqslant u_{\mathrm{U}}^q,\quad q=1,2,\cdots,L
\end{aligned} \tag{6-105}$$

式中，f_1 为质量平衡层数据协调模型的目标函数；l 为质量平衡层包含的测量变量个数；λ 为权值，由经验法则确定；L 为质量平衡层未测变量的个数；$\lambda_1 r$ 和 $\lambda_2 r$ 的表达式分别为

$$\begin{aligned}
\lambda_1 r(F) = \sum_{j=1}^{9}[&(1-\exp(-\lambda_j(\| F_j-\widetilde{F}_j\|/c_P)^2))/\\
&(1+\exp(-\lambda_j(\| F_j-\widetilde{F}_j\|/c_P)^2))]
\end{aligned}$$

$$\lambda_2 r(C)=\sum_{j=1}^{9}\left[(1-\exp(-\lambda_j(\|C_j-\widetilde{C}_j\|/c_P)^2))/(1+\exp(-\lambda_j(\|C_j-\widetilde{C}_j\|/c_P)^2))\right]$$

式(6-97)中所用的测量变量的测量样本均是经过时间配准的样本。

(2) 热量平衡层。

$$\begin{aligned}\min f_2&=\sum_{i=1}^{m-l}\sum_{j=1}^{n}\rho(x_j^i,\hat{x}_j^i)=\sum_{i=1}^{m-l}\sum_{j=1}^{n}\frac{1-\exp(-(\xi_{ij}/c_P)^2)}{1+\exp(-(\xi_{ij}/c_P)^2)}\\&=\sum_{i=1}^{10}\frac{1-\exp(-((T_i-\hat{T}_i)/c_P\sigma_{T_i})^2)}{1+\exp(-((T_i-\hat{T}_i)/c_P\sigma_{T_i})^2)}+\sum_{i=1}^{10}\frac{1-\exp(-((T_{Vi}-\hat{T}_{Vi})/c_P\sigma_{TV_i})^2)}{1+\exp(-((T_{Vi}-\hat{T}_{Vi})/c_P\sigma_{TV_i})^2)}\\&\quad+\sum_{m=1}^{6}\frac{1-\exp(-((T'_{wm}-\hat{T}'_{wm})/c_P\sigma_m)^2)}{1+\exp(-((T'_{wm}-\hat{T}'_{wm})/c_P\sigma_m)^2)}+\frac{1-\exp(-((V_0-\hat{V}_0)/c_P\sigma_{V_0})^2)}{1+\exp(-((V_0-\hat{V}_0)/c_P\sigma_{V_0})^2)}\\&\quad+\frac{1-\exp(-((T_0-\hat{T}_0)/c_P\sigma_{T_0})^2)}{1+\exp(-((T_0-\hat{T}_0)/c_P\sigma_{T_0})^2)}+\frac{1-\exp(-((T_{V0}-\hat{T}_{V0})/c_P\sigma_{TV_0})^2)}{1+\exp(-((T_{V0}-\hat{T}_{V0})/c_P\sigma_{TV_0})^2)}\end{aligned}\tag{6-106}$$

$$\begin{aligned}\text{s.t.}\ &H_{\text{heat}}(\hat{X},U)=0\\&\hat{x}_{\text{L}}^i\leqslant\hat{x}^i\leqslant\hat{x}_{\text{U}}^i,\quad i=1,2,\cdots,m-l\\&u_{\text{L}}^q\leqslant u^q\leqslant u_{\text{U}}^q,\quad q=1,2,\cdots,M-L-m\end{aligned}$$

式中,f_2 为热平衡层的数据协调模型的目标函数;$m-l$ 为热平衡层包含的测量变量个数;$M-L-m$ 为热平衡层包含的未测变量的个数。式(6-106)中所用的测量变量的测量样本均是经过时间配准的样本。

2) 面向过程不确定显著误差的鲁棒分层数据协调方法

经典数据协调模型的目标函数由测量误差的加权最小二乘形式表示,在这种情况下,假设测量误差相互独立,数据协调模型的协方差矩阵采用对角阵形式,其表达式如式(6-107)所示。加权最小二乘形式的数据协调模型假设测量误差遵循正态分布,即零均值和已知标准差。然而,实际工业过程中,测量变量的误差不仅来自于传感器误差,还可能由模型误差、外部干扰或反馈控制等不确定因素引起。此时,测量变量可能存在非线性相关关系。通过加权最小二乘数据协调方法处理此类数据协调问题,将会影响数据协调结果的准确性。因此,基于互信息理论,建立互信息矩阵,提出基于互信息的分层数据协调方法[24]。

$$\begin{aligned}\min f(X,\hat{X})&=\min(X-\hat{X})W(X-\hat{X})^{\text{T}}=\min(X-\hat{X})\Sigma^{-1}(X-\hat{X})^{\text{T}}\\&=\sum_{j=1}^{n}\left\{\begin{bmatrix}x_n^1-\hat{x}_n^1 & x_n^2-\hat{x}_n^2 & \cdots & x_n^m-\hat{x}_n^m\end{bmatrix}\begin{bmatrix}\sigma_1^2 & 0 & \cdots & 0\\0 & \sigma_2^2 & \cdots & 0\\\vdots & \vdots & & \vdots\\0 & 0 & \cdots & \sigma_m^2\end{bmatrix}^{-1}\right.\end{aligned}$$

$$\left.\cdot\left[x_n^1-\hat{x}_n^1\quad x_n^2-\hat{x}_n^2\quad\cdots\quad x_n^m-\hat{x}_n^m\right]^{\mathrm{T}}\right\}$$

$$=\sum_{j=1}^{n}\sum_{i=1}^{m}\frac{(x_j^i-\hat{x}_j^i)^2}{\sigma_i^2} \tag{6-107}$$

s. t. $H(\hat{X},U)=0$

$\hat{x}_{\mathrm{L}}^i\leqslant\hat{x}^i\leqslant\hat{x}_{\mathrm{U}}^i,\quad i=1,2,\cdots,m$

$u_{\mathrm{L}}^q\leqslant u^q\leqslant u_{\mathrm{U}}^q,\quad q=1,2,\cdots,M-m$

式中，$X=[x^1\quad x^2\quad\cdots\quad x^m]$和$\hat{X}=[\hat{x}^1\quad\hat{x}^2\quad\cdots\quad\hat{x}^m]$分别为测量变量的测量数据集和协调数据集；$x^i=[x_1^i\quad x_2^i\quad\cdots\quad x_n^i]^{\mathrm{T}}$和$\hat{x}^i=[\hat{x}_1^i\quad\hat{x}_2^i\quad\cdots\quad\hat{x}_n^i]^{\mathrm{T}}$分别为第$i$个测量变量的测量数据和协调数据；$x_j^i$和$\hat{x}_j^i$分别为第$i$个测量变量的第$j$个测量值和第$j$个协调值；$\sigma_i$为第$i$个变量的标准差；$\Sigma$为协方差矩阵；$W$为对角权矩阵；$H(\cdot)$为约束等式；$\hat{x}_{\mathrm{L}}^i$和$u_{\mathrm{L}}^q$分别为第$i$个协调变量和第$q$个测量变量下限值；$\hat{x}_{\mathrm{U}}^i$和$u_{\mathrm{U}}^q$分别为第$i$个协调变量和第$q$个测量变量上限值；$m$为测量变量个数；$M-m$为未测变量个数。

假设测量变量z的测量数据集为$Z=[z_1\quad z_2\quad\cdots\quad z_n]$，测量变量$y$的测量数据集为$Y=[y_1\quad y_2\quad\cdots\quad y_n]$，基于互信息理论，两个变量的互信息量可以表示为

$$\begin{aligned}I(Z;Y)&=H(Z)-H(Z|Y)=H(Y)-H(Y|Z)\\&=\sum_{i=1}^{n}\sum_{j=1}^{m}p(z_i,y_j)\log_2\frac{p(z_i,y_j)}{p(z_i)p(y_j)}\end{aligned} \tag{6-108}$$

式中，$p(z,y)$为变量z和变量y的联合概率分布函数；$p(z)$和$p(y)$分别为变量z和变量y的边缘概率分布函数。

定义测量变量的样本集为$X=[x^1\quad x^2\quad\cdots\quad x^m]\in\mathrm{R}^{n\times m}$，其中，$n$和$m$分别表示测量变量的样本个数和维度。$x^i=[x_1^i\quad\cdots\quad x_j^i\quad\cdots\quad x_n^i]^{\mathrm{T}}$为第$i$个测量变量的样本数据。基于互信息的数据协调模型的目标函数可以表示为

$$\min_{\hat{x},u}f=\min_{\hat{x},u}(X-\hat{X})W(X-\hat{X})^{\mathrm{T}} \tag{6-109}$$

式中

$$\hat{X}=\begin{bmatrix}\hat{x}_1^1&\hat{x}_1^2&\cdots&\hat{x}_1^m\\\hat{x}_2^1&\hat{x}_2^2&\cdots&\hat{x}_2^m\\\vdots&\vdots&&\vdots\\\hat{x}_n^1&\hat{x}_n^2&\cdots&\hat{x}_n^m\end{bmatrix} \tag{6-110}$$

式中，$\hat{X}$为测量变量的协调数据集；W为互信息矩阵，其表达式为

$$W=\begin{bmatrix}w_{11}&w_{12}&\cdots&w_{1m}\\w_{21}&w_{22}&\cdots&w_{2m}\\\vdots&\vdots&&\vdots\\w_{m1}&w_{m2}&\cdots&w_{mm}\end{bmatrix} \tag{6-111}$$

式中,w_{rs}为第r个测量变量和第s个测量变量之间的互信息。

因此,基于互信息的数据协调模型可由式(6-112)所示。

$$\min_{\tilde{x},u} f = \min(X-\hat{X})W(X-\hat{X})^{\mathrm{T}}$$

$$= \sum_{j=1}^{n}\left\{\left[x_n^1-\hat{x}_n^1 \quad x_n^2-\hat{x}_n^2 \quad \cdots \quad x_n^m-\hat{x}_n^m\right]\begin{bmatrix} w_{11} & w_{12} & \cdots & w_{1m} \\ w_{21} & w_{22} & \cdots & w_{2m} \\ \vdots & \vdots & & \vdots \\ w_{m1} & w_{m2} & \cdots & w_{mm} \end{bmatrix}\right.$$

$$\left.\cdot\left[x_n^1-\hat{x}_n^1 \quad x_n^2-\hat{x}_n^2 \quad \cdots \quad x_n^m-\hat{x}_n^m\right]^{\mathrm{T}}\right\} \tag{6-112}$$

s. t. $H(\hat{X},U)=0$

$\hat{x}_{\mathrm{L}}^i \leqslant \hat{x}^i \leqslant \hat{x}_{\mathrm{U}}^i, \quad i=1,2,\cdots,m$

$u_{\mathrm{L}}^q \leqslant u^q \leqslant u_{\mathrm{U}}^q, \quad q=1,2,\cdots,M-m$

在蒸发过程分层数据协调策略基础上,本章建立了基于互信息的蒸发过程分层数据协调模型,如式(6-113)和式(6-114)所示。

(1) 物料平衡层。

$$\min f_1 = \sum_{j=1}^{n}\{[x_n^1-\hat{x}_n^1 \quad x_n^2-\hat{x}_n^2 \quad \cdots \quad x_n^l-\hat{x}_n^l]W[x_n^1-\hat{x}_n^1 \quad x_n^2-\hat{x}_n^2 \quad \cdots \quad x_n^l-\hat{x}_n^l]^{\mathrm{T}}\}$$

$$= \sum_{j=1}^{n}\left\{\left[F_{01,n}-\hat{F}_{01,n} \quad F_{02,n}-\hat{F}_{02,n} \quad C_{0,n}-\hat{C}_{0,n} \quad C_{4,n}^s-\hat{C}_{4,n}^s \quad F_{4,n}^s-\hat{F}_{4,n}^s\right]\right.$$

$$\cdot\begin{bmatrix} w_{11} & w_{12} & w_{13} & w_{14} & w_{15} \\ w_{21} & w_{22} & w_{23} & w_{24} & w_{25} \\ w_{31} & w_{32} & w_{33} & w_{34} & w_{35} \\ w_{41} & w_{42} & w_{43} & w_{44} & w_{45} \\ w_{51} & w_{52} & w_{53} & w_{54} & w_{55} \end{bmatrix}$$

$$\left.\cdot\left[F_{01,n}-\hat{F}_{01,n} \quad F_{02,n}-\hat{F}_{02,n} \quad C_{0,n}-\hat{C}_{0,n} \quad C_{4,n}^s-\hat{C}_{4,n}^s \quad F_{4,n}^s-\hat{F}_{4,n}^s\right]^{\mathrm{T}}\right\}$$

$$+\lambda_1 r(F)+\lambda_2 r(C) \tag{6-113}$$

s. t. $H_{\text{mass}}(\hat{X},U)=0$

$\hat{x}_{\mathrm{L}}^i \leqslant \hat{x}^i \leqslant \hat{x}_{\mathrm{U}}^i, \quad i=1,2,\cdots,l$

$u_{\mathrm{L}}^q \leqslant u^q \leqslant u_{\mathrm{U}}^q, \quad q=1,2,\cdots,L$

(2) 热平衡层。

$$\min f_2 = \sum_{j=1}^{n}\{[x_n^1-\hat{x}_n^1 \quad x_n^2-\hat{x}_n^2 \quad \cdots \quad x_n^{m-l}-\hat{x}_n^{m-l}]W$$

$$
\cdot \left[x_n^1 - \hat{x}_n^1 \quad x_n^2 - \hat{x}_n^2 \quad \cdots \quad x_n^{m-l} - \hat{x}_n^{m-l} \right]^{\mathrm{T}} \}
$$

$$
= \sum_{j=1}^{n} \Big\{ \left[e_{T_{1,n}} \quad \cdots \quad e_{T_{i,n}} \quad e_{T_{V1,n}} \quad \cdots \quad e_{T_{Vi,n}} \quad e_{T'_{w1,n}} \quad \cdots \quad e_{T'_{wm,n}} \quad e_{V_{0,n}} \quad e_{T_{0,n}} \quad e_{T_{V0,n}} \right]
$$

$$
\cdot \begin{bmatrix} w_{1,1} & w_{1,2} & \cdots & w_{1,29} \\ w_{2,1} & w_{2,2} & \cdots & w_{2,29} \\ \vdots & \vdots & & \vdots \\ w_{29,1} & w_{29,2} & \cdots & w_{29,29} \end{bmatrix}
$$

$$
\cdot \left[e_{T_{1,n}} \quad \cdots \quad e_{T_{i,n}} \quad e_{T_{V1,n}} \quad \cdots \quad e_{T_{Vi,n}} \quad e_{T'_{w1,n}} \quad \cdots \quad e_{T'_{wm,n}} \quad e_{V_{0,n}} \quad e_{T_{0,n}} \quad e_{T_{V0,n}} \right]^{\mathrm{T}} \Big\}
\tag{6-114}
$$

s. t. $H_{\text{heat}}(\hat{X}, U) = 0$

$\hat{x}_{\mathrm{L}}^{i} \leqslant \hat{x}^{i} \leqslant \hat{x}_{\mathrm{U}}^{i}, \quad i = 1, 2, \cdots, m-l$

$u_{\mathrm{L}}^{q} \leqslant u^{q} \leqslant u_{\mathrm{U}}^{q}, \quad q = 1, 2, \cdots, M-L-m$

3）工业数据验证与分析

(1) 基于改进鲁棒估计函数的分层数据协调结果及分析。

在稳态检测和时间配准的基础上，从实际工业铝酸钠溶液蒸发过程中选取100个样本，用于基于改进鲁棒估计函数的数据协调实验。为对比所提出的鲁棒数据协调方法的有效性，引入 Welsch 估计方法进行对比实验，对比效果如图 6.27 所示。

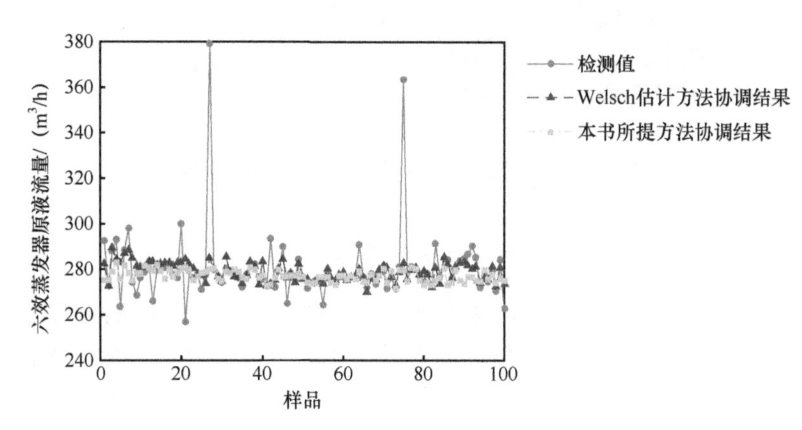

图 6.27　进六效蒸发器原液流量的数据协调结果

结果表明，改进鲁棒估计函数的数据协调方法计算得到的协调数据的标准差比 Welsch 数据协调方法计算得到的协调数据的标准差小，说明协调数据在真实值附近波动范围较窄，更加接近真实值，协调结果的准确性更高。

(2) 基于互信息的分层数据协调结果及分析。

采用经稳态检测及时间配准后的 100 组蒸发过程生产数据进行实验，验证基于互信息的数据协调方法的有效性，并利用基于对角阵（方法 1）的数据协调方法和基于相关系数矩阵(方法 2)的数据协调方法对比分析。进六效蒸发器原液流量、进五效蒸发器原液流量、原液浓度、六效蒸发器出口二次蒸汽温度、四闪出料温度、四闪出料浓度、四闪出料流量、新蒸汽温度和新蒸汽流量的测量数据标准差和协调数据标准差对比结果如图 6.28 所示。

由图 6.28 可知,基于互信息的数据协调方法得到的协调数据标准差小于基于对角阵和基于相关系数矩阵协调方法得到的协调数据标准差。对于进六效蒸发器原液流量,相比于方法 1、方法 2 计算得到的协调数据标准差以及测量数据标准差,方法 3 的标准差结果分别降低了 5.23%、5.57%、3.44%。结果表明,针对非线性相关性较强的测量数据,基于互信息的分层数据协调方法准确性高。

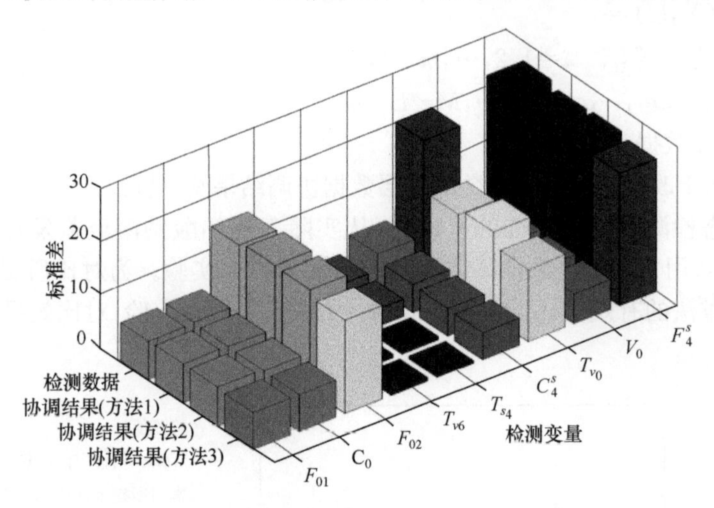

图 6.28 测量数据和协调数据标准差对比结果

4. 基于高斯混合模型的多模态分层数据协调

实际氧化铝生产蒸发过程中,若生产运行稳定工作点不变,则过程数据的均值、方差及相关关系不会随着操作时刻变化而改变,整个生产过程的正常数据被假设为一个多变量的高斯分布。然而,在多模态生产条件下,不同模态的数据特征具有较大差异,若采用全局模型对不同生产模态数据特征进行描述,则会导致建模精度低的问题。因此,本章针对该问题建立一种基于高斯混合模型的多模态蒸发过程分层数据协调方法[25]。

1) 蒸发过程生产模态划分

假设一组多模态过程的 d 维变量的数据点 $x \in \mathrm{R}^d$,当数据点 x 来自高斯混合模型时,其概率密度函数可由 K 个单高斯分量加权和表示:

$$p(x|\Omega)=\sum_{k=1}^{K}\omega_k f(x|\theta_k) \tag{6-115}$$

式中，K 为高斯混合模型中的高斯分量个数；ω_k 为第 k 个高斯分量的概率权重；$\Omega=\{\{\omega_1,\mu_1,\Sigma_1\},\{\omega_2,\mu_2,\Sigma_2\},\cdots,\{\omega_k,\mu_k,\Sigma_k\}\}$为第 k 个高斯分量的高斯混合模型的参数集；$f(x|\theta_k)$为当 x 来自第 k 个单峰多变量高斯分布时的概率密度函数，可表示为

$$f(x|\theta_k)=\frac{1}{\sqrt{(2\pi)^d|\Sigma_k|}}\exp\left[-\frac{1}{2}(x-\mu_k)^{\mathrm{T}}\Sigma_k^{-1}(x-\mu_k)\right] \tag{6-116}$$

式中，μ_k 和 Σ_k 分别为第 k 个高斯分量的均值和协方差矩阵；$\theta_k=\{\mu_k,\Sigma_k\}$为决定第 k 个高斯分布的参数；$\Theta=\{\theta_1,\theta_2,\cdots,\theta_k\}=\{\{\mu_1,\Sigma_1\},\{\mu_2,\Sigma_2\},\cdots,\{\mu_k,\Sigma_k\}\}$为每个高斯分量的全部参数。通常情况下，参数估计采用极大似然法，并对其求偏导，但其中涉及乘法运算，求导过程较复杂。因此，利用以极大似然法为基础的期望最大化（expectation maximization，EM)算法，确定高斯混合模型中各高斯分量的参数信息。EM 算法主要包括 E 步骤(E-step)和 M 步骤(M-step)，通过不断重复上述步骤直到对数似然函数收敛，获得后验概率和高斯混合模型参数。

2）多模态分层数据协调建模

在基于高斯混合模型生产模态划分的基础上，根据分层数据协调建模策略，建立不同生产模态的分层数据协调模型。首先，仅考虑物质平衡层的数据协调问题，先对物质平衡层中 l 个测量变量进行协调。然后，将物质平衡层求取的协调结果当作已知数据，进一步处理热平衡层的数据协调模型。同时，部分不可测物料的物性参数通过与测量参数的拟合关系模型获得，减少了未测参数的个数。针对式(6-117)所示的数据协调模型，采用分层数据协调策略，得出物料平衡层和热平衡层协调模型：

$$\begin{cases}\min\ f_1=\sum\limits_{i=1}^{l}\sum\limits_{j=1}^{n}f(x_j^i,\hat{x}_j^i)=\sum\limits_{i=1}^{l}\sum\limits_{j=1}^{n}\dfrac{(x_j^i-\hat{x}_j^i)^2}{\sigma_i^2}\\ \text{s.t.}\ \ H_{\text{mass}}(\hat{X},U,\theta)=0\\ \qquad \hat{x}_{\mathrm{L}}^i\leqslant\hat{x}^i\leqslant\hat{x}_{\mathrm{U}}^i,\quad i=1,2,\cdots,l\\ \qquad u_{\mathrm{L}}^q\leqslant u^q\leqslant u_{\mathrm{U}}^q,\quad q=1,2,\cdots,L\end{cases} \tag{6-117}$$

$$\begin{cases}\min\ f_2=\sum\limits_{i=1}^{m-l}\sum\limits_{j=1}^{n}f(x_j^i,\hat{x}_j^i)=\sum\limits_{i=1}^{m-l}\sum\limits_{j=1}^{n}\dfrac{(x_j^i-\hat{x}_j^i)^2}{\sigma_i^2}\\ \text{s.t.}\ \ H_{\text{heat}}(\hat{X},U,\theta)=0\\ \qquad \hat{x}_{\mathrm{L}}^i\leqslant\hat{x}^i\leqslant\hat{x}_{\mathrm{U}}^i,\quad i=1,2,\cdots,m-l\\ \qquad u_{\mathrm{L}}^q\leqslant u^q\leqslant u_{\mathrm{U}}^q,\quad q=1,2,\cdots,M-L-m\end{cases} \tag{6-118}$$

式中，f_1 和 f_2 分别为物料平衡层和热平衡层的数据协调模型的目标函数；l 为物

料平衡层的测量变量个数;$m-l$ 为热平衡层的测量变量个数。

3) 蒸发过程在线数据协调方法

在多模态蒸发过程中,数据分布往往反映了复杂的非高斯特点,根据离线模态划分,建立不同模态的分层数据协调模型。此外,对不属于模态划分范围的特殊生产模态,由于缺少相应的模型参数信息,在线数据协调难以实现。因此,利用蒸发过程在线测量数据与各个生产模态之间的相似性,本章提出了一种在线数据协调方法,主要分为三个步骤:首先,计算过程在线数据属于每个生产模态的概率;然后,获得不同模态下的协调数据;最后,根据属于每个模态的后验概率以及协调数据,采用加权组合方法,得到在线数据协调结果,具体步骤如下所示:

第 1 步,令 $x_{\text{new}}=[x_{\text{new}}^1 \quad x_{\text{new}}^2 \quad \cdots \quad x_{\text{new}}^m]$为一组在线测量数据,其中 x_{new}^m 为第 m 个测量变量的在线测量数据。根据贝叶斯推理规则,$p(k \mid x_{\text{new}})$描述了样本属于第 k 个模态的概率,其表达式为

$$p(k \mid x_{\text{new}},\Omega)=\frac{p(k \mid \Omega)p(x_{\text{new}} \mid k,\Omega)}{p(x_{\text{new}} \mid \Omega)}=\frac{\omega_k f(x \mid \theta_k)}{\sum\limits_{r=1}^{K}\omega_r f(x \mid \theta_r)} \tag{6-119}$$

第 2 步,通过不同模态的分层数据协调模型,计算在线测量数据的协调结果。

第 3 步,假设$\hat{x}_{\text{new},k}=[\hat{x}_{\text{new},k}^1 \quad \hat{x}_{\text{new},k}^2 \quad \cdots \quad \hat{x}_{\text{new},k}^m]$为第 k 个模态的在线样本 x_{new}的协调值。通过对所有生产模态的协调结果和后验概率加权求和,计算得到第 i 个测量变量的在线协调结果,其表达式为

$$\hat{x}_{\text{new}}^i=\sum_{k=1}^{K}p(k \mid x_{\text{new}})\hat{x}_{\text{new},k}^i \tag{6-120}$$

式中,$\hat{x}_{\text{new}}^i$为第 i 个测量变量的在线协调结果;$p(k \mid x_{\text{new}})$为当前数据样本属于第 k 个模态的概率;$\hat{x}_{\text{new},k}^i$为第 k 个模态的第 i 个测量变量的协调值。

4) 工业数据验证与分析

选取氧化铝生产蒸发过程的一个酸洗周期内前、中、后期共 8640 个样本经稳态检测及时间配准后的 2880 个样本进行实验,验证基于高斯混合模型的多模态分层数据协调方法的有效性。首先根据先验知识和专家经验,将 2880 个过程数据分成四个高斯分量,即四个生产模态,进一步构建高斯混合模型,并计算不同模态数据的标准差,分别建立四个模态的分层数据协调模型。

采用单一的全局分层数据协调模型处理具有多模态特点的蒸发过程生产测量数据,并将协调标准差与所提的基于多模态划分的分层数据协调标准差进行对比分析,结果如图 6.29 所示。与单一的全局数据协调模型计算得到的协调标准差相比,各变量的多模态数据协调模型获得的协调数据的标准差小,说明基于多模态划分的数据协调方法计算得到的协调数据在真实值附近波动范围小,较测量值和单一的全局分层数据协调方法得到的协调值更加接近真实值。

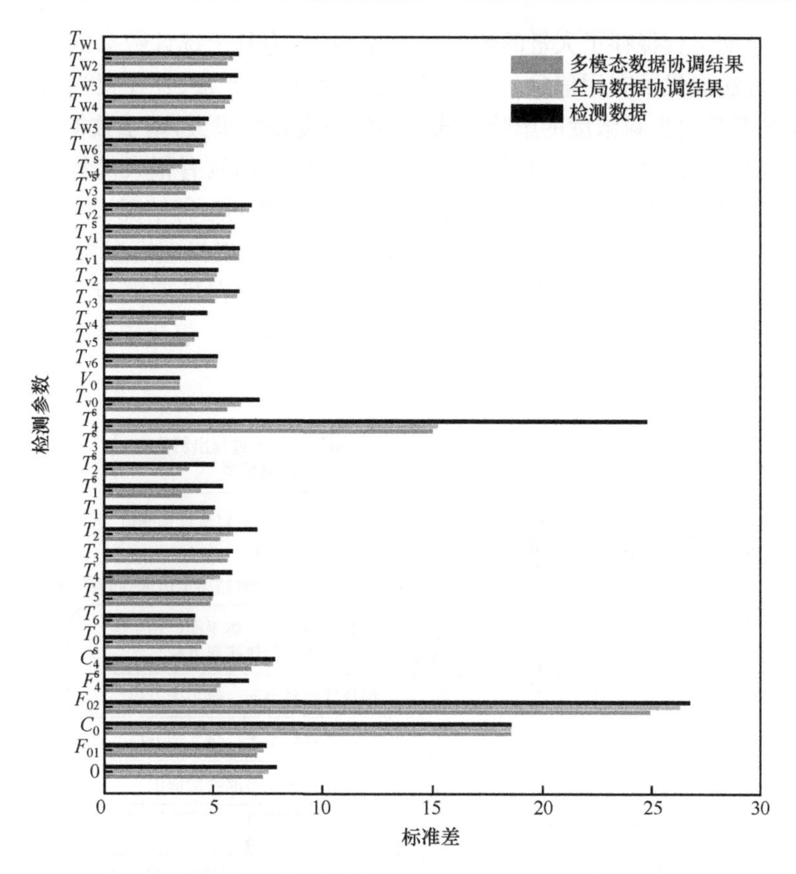

图 6.29 测量标准差、分模态协调标准差和单一全局协调标准差对比

6.4.3 蒸发过程出料浓度预测模型

1. 蒸发过程出料浓度预测模型建模思路

蒸发过程中包含传质、搅拌、结晶过程，经历了加热管段的管内沸腾，加热管出口至液面的大容积沸腾等过程。各效蒸发器的压力直接影响温度，而温度的改变又造成水的汽化和蒸汽冷凝状态的变化，最终造成压力的变化；同时液位的涨落又迅速造成压力的变化，影响汽化和蒸发，从而影响后一效蒸发器进料量；预热蒸汽的引出、闪蒸蒸汽的利用等也都会影响蒸发器的压力。通常根据物料平衡、热平衡原理建立的模型多为简化的机理模型。而蒸发过程生产运行中，不可避免地存在漏气、汽水混合等不确定因素，加上设备老化、结疤等引起的部分模型参数变化，所建立的机理模型精度是十分有限的，只能用于对复杂的蒸发过程进行定性分析，与实际系统之间存在较大误差。

现场长期运行保存了大量的数据和专家知识,为基于统计数据的建模方法和智能专家方法提供了有用信息。由于各工艺参数耦合严重、存在很强的非线性关系,各工艺参数对出料浓度的影响方式及影响程度差异很大,基于数据的分析建模方法具有逼近非线性的能力,在复杂生产过程建模方面具有很大优势。但是基于数据建立的模型往往无法反映实际生产过程中各设备的运行情况。

针对这个问题,采用嵌套集成建模方法进行建模。以机理模型为基模型,利用回归分析方法辨识机理模型中的不可测参数的变化,并在机理模型中引入修正系数来补偿系统中的热量损失和浓缩热损失等不确定因素。氧化铝蒸发过程出料浓度的建模思路如图 6.30 所示。

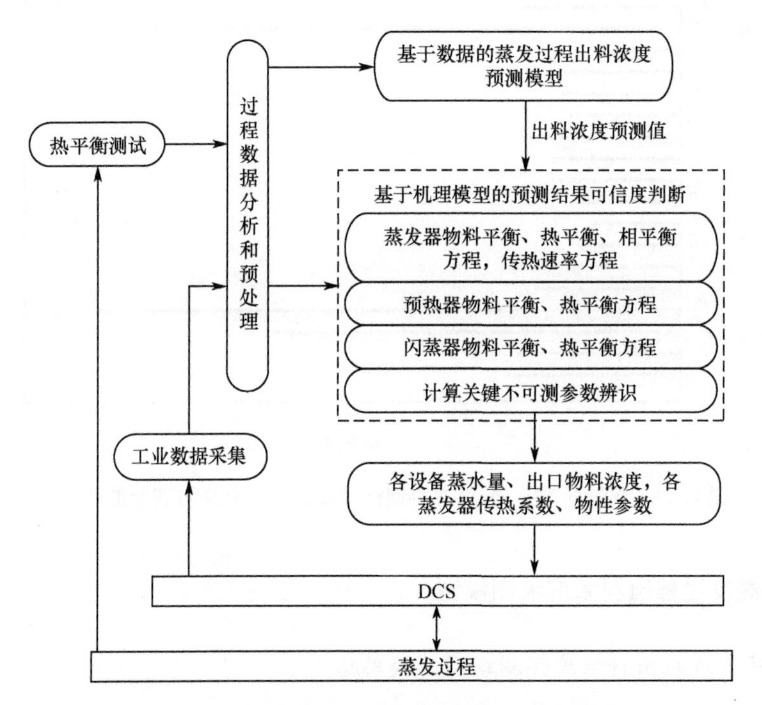

图 6.30　氧化铝蒸发过程出料浓度的建模思路

2. 蒸发过程机理模型

根据蒸发工艺的流程特点,蒸发系统的机理模型以系统中的单元模型为基础,然后再根据料液的流向将各单元模型联立起来,形成蒸发系统模型。由于氧化铝蒸发系统中冷凝水罐的汽水混合现象严重的问题,且冷凝蒸发出的二次蒸汽热量回收到对应的蒸发器中,因此冷凝水罐与蒸发器模型一起建立。蒸发器、物料闪蒸器、预热器内存在蒸汽和料液两相流,根据热量平衡、物料平衡和相平衡原理建立如图 6.31 所示的单元模型。

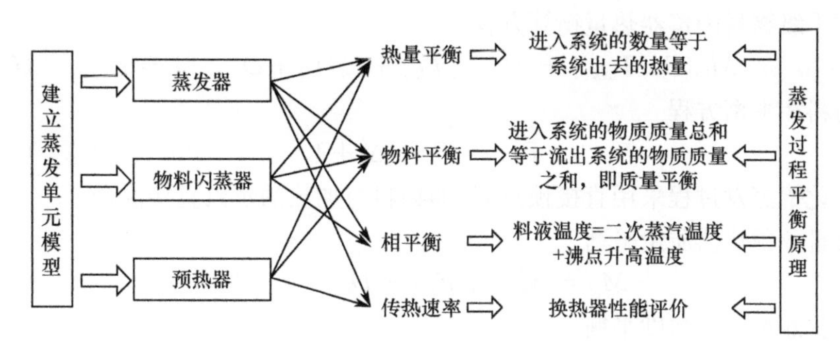

图 6.31　蒸发系统单元模型

1）蒸发设备单元模型

建模过程中假定：溶质不挥发，平衡计算方程中不考虑结晶引起的物料质量变化；预热器作为完全的气体冷凝器用，无蒸汽输出；蒸汽均为饱和蒸汽。这里仅列出物料最复杂的第Ⅲ效蒸发器、第Ⅲ效预热器和Ⅰ级闪蒸器的模型，类似地可推出其他各设备的数学模型。

第Ⅲ效蒸发器质量平衡

$$M_{pi} + M_{03} = M_i + D_i + D_{pi}, \quad i = 3 \tag{6-121}$$

式中，$M_{03} = F_{03} d_0$。

第Ⅲ效蒸发器浓度平衡

$$\frac{M_i X_i}{d_i} = F_0 X_0, \quad i = 3 \tag{6-122}$$

第Ⅲ效蒸发器热量平衡方程

$$Q_i = M_i C_{moi} T_{moi} + (D_i + D_{pi}) H_{vi} - M_{pi} C_{pi} T_{pmi} - M_{03} C_0 T_{mi0}, \quad i = 3 \tag{6-123}$$

第Ⅲ效蒸发器传热速率方程

$$\begin{aligned} Q_i &= k_i A_i (T_i - T_{moi}) \\ &= D_{i-1} H_{vi-1} + y H_{vwi-2} + y_2 H_{vwi-1} + (D_{i-2} - y_2) C_w T_{woi-1} \\ &\quad - (D_{i-1} + y + D_{i-2}) C_w T_{woi} - Q_{li}, \quad i = 3 \end{aligned} \tag{6-124}$$

物料闪蒸器利用压力差的存在，进入下一级闪蒸器的物料在压力减小的情况下发生闪蒸现象，产生的乏汽用来预热物料，同时物料的浓度随着水分的蒸发而提高。

第Ⅰ级物料闪蒸器质量平衡

$$M_1 = M_{fi} + E_i, \quad i = 1 \tag{6-125}$$

第Ⅰ级物料闪蒸器浓度平衡

$$\frac{M_{fi} X_{fi}}{d_{fi}} = F_0 X_0, \quad i = 1 \tag{6-126}$$

第Ⅰ级物料闪蒸器热量衡算方程

$$M_{i+1}C_{i+1}T_{\mathrm{mo}i+1}=M_{\mathrm{f}i}C_{\mathrm{fm}i}T_{\mathrm{fm}i}+E_iH_{\mathrm{f}i}+Q_{\mathrm{fl}i},\quad i=1 \tag{6-127}$$

物料相平衡方程

$$T_{\mathrm{fm}i}=T_{\mathrm{f}i}+\Delta'_{\mathrm{f}i}+1 \tag{6-128}$$

氧化铝蒸发过程采用直接预热器,即物料与加热的蒸汽直接混合。

第Ⅲ效预热器质量平衡

$$M_{\mathrm{p}i}=M_{i+1}+E_{i-1}+D_{\mathrm{p}i},\quad i=3 \tag{6-129}$$

第Ⅲ效预热器浓度平衡

$$\frac{M_{\mathrm{p}i}X_{\mathrm{p}i}}{d_{\mathrm{p}i}}=F_0X_0,\quad i=3 \tag{6-130}$$

第Ⅲ效预热器热量衡算方程

$$\begin{aligned}Q_{\mathrm{p}i}&=k_{\mathrm{p}i}A_{\mathrm{p}i}\Delta T_{\mathrm{p}i}=E_{i-1}H_{\mathrm{f}i-1}+D_iH_{\mathrm{v}i}\\&=M_{\mathrm{p}i}C_{\mathrm{p}i}T_{\mathrm{pm}i}-M_{i+1}C_{\mathrm{mo}i+1}T_{\mathrm{mo}i+1}-Q_{\mathrm{pl}i},\quad i=3\end{aligned} \tag{6-131}$$

系统总物料平衡

$$W_\mathrm{z}=F_0d_0\left(1-\frac{X_0d_{\mathrm{f}3}}{X_{\mathrm{f}3}d_0}\right)=\sum_{i=1}^{4}D_i \tag{6-132}$$

式中,M_i、X_i、d_i 分别表示第 i 效蒸发器出口物料质量流量、浓度、密度;$M_{\mathrm{p}i}$表示第 i 效预热器出口物料质量流量;M_{03}、F_{03}分别表示进Ⅱ效预热器的质量流量、体积流量;F_0 表示原液总体积流量;X_0、d_0、$T_{\mathrm{mi}0}$、C_0 分别为原液浓度、密度、温度、比热容;D_i 表示第 i 效蒸发器进下效蒸发器的二次蒸汽流量;$D_{\mathrm{p}i}$表示第 i 效蒸发器进对应预热器的二次蒸汽流量;Q_i、$Q_{\mathrm{p}i}$表示第 i 效蒸发器、预热器的热负荷;$T_{\mathrm{mo}i}$、$C_{\mathrm{mo}i}$为第 i 效蒸发器出口物料的温度和比热容;$H_{\mathrm{v}i}$为第 i 效蒸发器出口二次汽热焓;$C_{\mathrm{p}i}$、$T_{\mathrm{pm}i}$为第 i 效预热器出口物料的比热容和温度;k_i、$k_{\mathrm{p}i}$、A_i、$A_{\mathrm{p}i}$、ΔT_i、$\Delta T_{\mathrm{p}i}$分别为第 i 效蒸发器、预热器的传热系数、传热面积、传热温差;T_i 为第 i 效蒸发器出口二次蒸汽温度;$H_{\mathrm{vw}i}$为第 i 个冷凝水罐中汽的比焓;y、y_2 分别为第Ⅰ、Ⅱ效蒸发器对应的冷凝水罐中的汽的含量;C_w、$T_{\mathrm{wo}i}$为水的比热容及第 i 效冷凝水罐出口冷凝水的温度;$M_{\mathrm{f}i}$、E_i、$X_{\mathrm{f}i}$、$d_{\mathrm{f}i}$分别为第 i 个闪蒸器出口物料质量流量、闪蒸蒸汽量、出口浓度、密度;$C_{\mathrm{fm}i}$、$T_{\mathrm{fm}i}$、$H_{\mathrm{f}i}$、$T_{\mathrm{f}i}$分别为第 i 个闪蒸器出口物料比热容、温度、闪蒸蒸汽热焓及温度;W_z 为系统总蒸水量;$Q_{\mathrm{l}i}$、$Q_{\mathrm{pl}i}$、$Q_{\mathrm{fl}i}$分别表示第 i 个蒸发器、第 i 个预热器和第 i 个闪蒸器的热损失量,通常不直接用数值代替而对热收入相乘以热利用率修正系数 ss($0\leqslant ss\leqslant 1$)来代表热量损失情况。

蒸发过程模型即将上述单元模型联立求解。由于出口物料浓度与溶液中水分有关,因此选取模型的输出为各效蒸发器的蒸水量。

2) 蒸发过程不可测参数辨识

在氧化铝蒸发过程中,并不是模型中所有系数的参数均设有检测点,有些建模所需的关键参数不可直接得到，而可测参数与不可测参数之间存在一定的机理联系，因此可由直接检测的参数间接计算得到其中的某些不可测参数值。在蒸发过程机理模型中可间接计算的不可测参数如下。

(1) 蒸汽温度与热焓。

氧化铝生产蒸发过程中使用和产生了大量的蒸汽，能量以此形式得以传递。由于各效蒸发器内的压力不同、物料的浓度不同，因此很难建立一个公式精确表达蒸汽温度、压力与蒸汽热焓之间的关系。根据热力学原理，蒸汽温度会受到蒸汽压力的影响，对于饱和蒸汽当压力升高时蒸汽温度也会升高。蒸发过程中用到的蒸汽除新蒸汽外大多为饱和蒸汽，温度与压力的关系式有

$$T = 0.0766829P_{\mathrm{v}} + 243.946P_{\mathrm{v}}^{0.064} + 40.3607P_{\mathrm{v}}^{0.303725} - 184.052 \tag{6-133}$$

式中，P_{v}表示蒸汽压力；T表示蒸汽温度。

在同一温度下，不同压力的饱和蒸汽的热焓值变化很小。因此，忽略压力对饱和蒸汽比焓和潜热的影响，建立饱和蒸汽的热焓H与温度之间的对应关系为

$$H = 2495.867 + 1.741284T + 2.65266 \times 10^{-3}T^2 - 1.956488 \times 10^{-5}T^3 \tag{6-134}$$

根据饱和水与饱和蒸汽表[26]对公式进行验证，绝对相对误差小于0.2%。

(2) 出口冷凝水温度。

进入蒸发器汽室的蒸汽经过热交换后产生的冷凝水进入冷凝水罐中，通过控制冷凝水罐的压力使进入的冷凝水减压蒸发，回收蒸发出的乏汽的热量，同时降低冷凝水出口的温度，达到节能的目的，但现场均没有安装出口冷凝水温度及流量的检测装置。已知冷凝水罐的热平衡计算关系式为

$$w_{\mathrm{in}}C_{\mathrm{w}}T_{\mathrm{in}} = w_{\mathrm{out}}C_{\mathrm{w}}T_{\mathrm{wo}i} + (w_{\mathrm{in}} - w_{\mathrm{out}})H_{\mathrm{vw}i} \tag{6-135}$$

式中，T_{in}为进入冷凝水罐的冷凝水温度；w_{in}、w_{out}分别为冷凝水罐入口和出口冷凝水的流量。

通过分析可知，出口冷凝水的温度与入口冷凝水的温度、闪蒸乏汽热焓及冷凝水罐的流量有关，由于各蒸发器的蒸水量未知，且通常冷凝水的流量变化不大，可以不考虑冷凝水流量的影响，闪蒸乏汽的压力必须高于或者等于蒸发器汽室的压力，即乏汽热焓值与汽室压力有关，而冷凝水温度由于与汽室温度有关，因此出口冷凝水的温度$T_{\mathrm{wo}i}$可简化为蒸发器汽室温度$T_{\mathrm{in},i}$及对应蒸发器汽室的压力$P_{\mathrm{r}i}$的关系式

$$T_{\mathrm{wo}i} = a_1^1 + a_2^1 T_{\mathrm{in},i} + a_3^1 P_{\mathrm{r}i} \tag{6-136}$$

式中，$a_i^1(i=1,2,3)$为相应的回归系数。

3) 料液物性参数计算

(1) 密度。

铝酸钠溶液主要成分为H_2O、$NaOH$、Na_2CO_3、Al_2O_3，理论上按组分百分比

计算时溶液的密度等于各组分的密度与其对应百分比乘积之和,文献[27]也证明氧化铝溶液的密度随溶液中 NaOH、Na_2CO_3 和 Al_2O_3 浓度的增加而直线增大,并且在所有苛性碱浓度和温度条件下,该比率均相同。同时,料液的密度也会受到料液温度的影响,因此将料液密度与 Al_2O_3、NaOH、Na_2CO_3 浓度和料液温度采用线性拟合回归为

$$d_{\mathrm{m}} = a_{\mathrm{d1}} + a_{\mathrm{d2}} X_{1\mathrm{m}} + a_{\mathrm{d3}} X_{2\mathrm{m}} + a_{\mathrm{d4}} X_{3\mathrm{m}} + a_{\mathrm{d5}} T_{\mathrm{m}} \tag{6-137}$$

式中,$X_{1\mathrm{m}}$、$X_{2\mathrm{m}}$、$X_{3\mathrm{m}}$分别表示 Al_2O_3、NaOH、Na_2CO_3 的体积浓度(g/L);T_{m} 为物料温度;$a_{\mathrm{d}i}$(i 取 1~5)为回归系数。

(2) 比热容。

料液比热容决定于料液的组成,在氧化铝生产中,料液的比热容可以按各组分的比热容及质量分数进行计算,即

$$C_{\mathrm{p}} = \mathrm{AO}\% C_{\mathrm{AO}} + \mathrm{NO}\% C_{\mathrm{NO}} + \mathrm{NC}\% C_{\mathrm{NC}} + \mathrm{HO}\% C_{\mathrm{HO}} \tag{6-138}$$

式中,C_* 为成分 * 在 20℃时的比热容;* %为各组分质量分数;AO、NC、NO、HO 分别代表氧化铝、碳酸钠、苛性碱及水各组分的比热容取值,也可查表获得。

(3) 沸点升高的计算。

在蒸发系统中,蒸发器内的溶液沸腾蒸发产生二次蒸汽,并将二次蒸汽引入下一效做加热蒸汽。溶液中由于有溶质存在,其蒸汽压强比纯水低。换言之,一定压强下溶液的沸点比纯水高,它们的差值以 Δ_i' 表示;蒸发器的操作需要维持一定的液面,液面下的压力会高于液面上的压力(分离室的压力),使得蒸发器内底部物料的沸点进一步升高,以 Δ_i'' 表示;二次蒸汽从蒸发室流入下效的过程中,蒸发器内的压力必须高于下效汽室压力,而管路阻力会引起蒸汽压力下降,使得蒸发器内压力下的二次蒸汽的冷凝温度高于管道中二次蒸汽的冷凝温度,引起的沸点升高以 Δ_i''' 表示。因此,蒸发器内溶液的沸点升高(或温度差损失)主要由溶液的蒸汽压下降 Δ_i'、静压效应 Δ_i'' 以及管径阻力 Δ_i''' 三部分所引起,降膜蒸发器中由液柱静压力引起的沸点升高值可忽略,则

$$\Delta_i = \Delta_i' + \Delta_i''' \tag{6-139}$$

根据经验,各效蒸发器内料液由于蒸汽压下降引起的沸点升高 Δ_i' 有

$$\Delta_i' = 0.0162 \frac{(T_i + 273)^2}{r_i} (0.7577 X_i - 3.608) \tag{6-140}$$

式中,T_i 为操作压力下二次蒸汽的饱和温度(℃);r_i 为操作压力下二次蒸汽的汽化潜热(kJ/kg)。

管路阻力引起的温差损失 Δ_i''' 与二次蒸汽在管道中的流速、物性记忆管道尺寸有关,很难定量分析;Δ_i''' 的值一般不作详细计算,取经验值 1.0~1.5℃。对于多效蒸发,各效间的沸点升高,Δ_i''' 一般取 1℃。

4) 蒸发过程机理模型求解

(1) 求解实际蒸发过程中出口末效浓度测量模型。

实际蒸发过程中出口末效浓度值计算模型由各设备的质量平衡方程、浓度平衡方程和热平衡方程组成；实际工业过程中已知各蒸发器出口二次蒸汽压力、出口物料温度、进入冷凝水罐的温度；各预热器出口温度；各闪蒸汽出料温度、出口乏汽温度；新蒸汽温度、压力、流量，Ⅲ效蒸发器、Ⅳ效蒸发器，原液浓度、温度，合格水槽液位变化等参数。模型求解框图如图 6.32 所示，计算步骤如下。

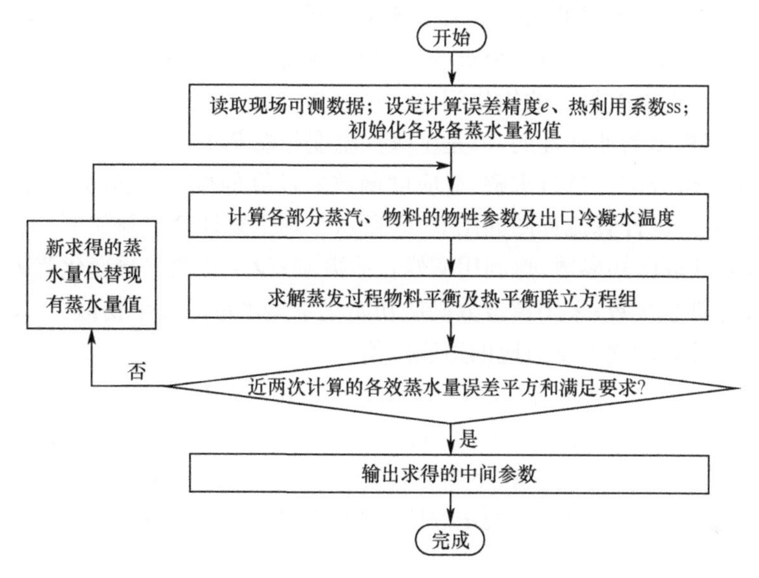

图 6.32　蒸发过程出料浓度预测模型求解框图

第 1 步，获取已知参数，根据实际工况中存在的跑冒滴漏及冷凝水中汽水混合现象的程度设置修正系数值。设定计算误差精度 e，假定各效蒸水量初值。

第 2 步，物性参数计算，计算对应的各蒸发器的出口物料流量及浓度。用式(6-133)、式(6-134)计算各蒸汽压力对应的蒸汽温度、热焓，用式(6-137)、式(6-138)计算原液及各效物料出口物料浓度及温度条件下的密度及比热容，用式(6-138)计算出口温度冷凝水温度。

第 3 步，求解联立方程组，得到各效蒸水量、闪蒸蒸水量等未知参数。

第 4 步，判断各效蒸水量与计算得到的蒸水量误差精度是否满足要求，满足则停止计算，输出计算得到的各未知参数，及由传热速率方程计算得到的传热系数；否则，用求得的蒸水量代替原计算所用蒸水量，转至第 2 步。

(2) 系统模拟模型求解。

蒸发过程模拟模型可用来对当前的操作状态进行评价，系统模拟模型由各设备的质量平衡方程、浓度平衡方程、热平衡方程和相平衡方程组成。新蒸汽温度、压力、流量、原液进Ⅲ效、Ⅳ效流量、原液浓度、温度,末效真空度、各效蒸发器传热系数、传热面积等参数为已知。对于一个复杂的多效蒸发系统,末效出料浓度与各效蒸发器的温差无直接关系,不能通过系统衡算关系直接求反函数获得,但与总蒸水量直接相关,且可通过总蒸水量求得所需的生蒸汽量。通常多是在假定传热温差前提下用迭代法进行求解,由于求解过程中需要用到传热方程,传热温差初值选择不合适会使迭代过程出现异常解,因此为了克服这个缺点采用反算法进行求解,在方程求解时添加总蒸水量约束方程,而将生蒸汽量作为中间变量,在假定总蒸水量的前提下求得满足热平衡方程及传热方程的各效温差的分布及蒸水量数据。这就将一个求解方程的问题转化为一个以总蒸水量为优化变量,求生蒸汽温度误差最小的优化问题。由分析知道,在其他条件不变的情况下,虽然蒸发过程模型为非线性的,但是生蒸汽温度与总蒸水量还是成正比关系的,因此这里采用黄金分割法进行求解,适应度函数取计算的生蒸汽温度与给定生蒸汽温度的绝对差。其计算流程图如图 6.33 所示。其主要计算步骤如下。

第 1 步,获取已知参数、热利用率修正系数 ss;设定总蒸水量变化范围、计算误差值、迭代计算总次数;采用黄金分割法初始化总蒸水量的两个初值。

第 2 步,计算优化变量对应的适应度值。

(1) 假定各效蒸水量初值及各蒸发器对应的出口二次蒸汽压力值。

(2) 物性参数计算:计算对应的各蒸发器的出口物料流量及浓度、各效蒸发器的有效温差,利用单元模型的相平衡方程计算各物料流的温度。计算各蒸汽压力对应的蒸汽温度、热焓,出口冷凝水温度,物料的密度及比热容。用式(6-139)计算物料的沸点升高值。

(3) 添加总蒸水量约束方程,求解联立方程组获得各效蒸水量、闪蒸蒸水量、生蒸汽量参数。

(4) 判断原各效蒸水量与计算用到的蒸水量误差精度是否满足要求,满足则转至下一步;否则,用求得的蒸水量代替原计算所用蒸水量,重复第(2)步。

(5) 由蒸发器的传热速率方程计算各效蒸发器的有效温差,由相平衡方程计算出对应的蒸汽、物料温度值,与上次计算温度进行对比,若误差达到所需的精度要求则停止迭代;否则,用新计算得到的温度参数替换原计算所用参数,重复第(2)步。

第 3 步,比较两个适应度值大小,保存较优的变量值;判断迭代次数是否达到最大值,若是则结束程序,否则按黄金分割法产生两个新的变量值,转至第 2 步。

图 6.33 中,灰色框中的函数 f 为蒸发过程模型,其求解流程图如图 6.34 所示。

由于存在蒸发过程中系统跑汽、漏汽及不凝结性气体排除等热损失现象,热平衡方程在稳定工作点有偏离,虽然可通过调整模型中的散热损失来补偿,但通过机

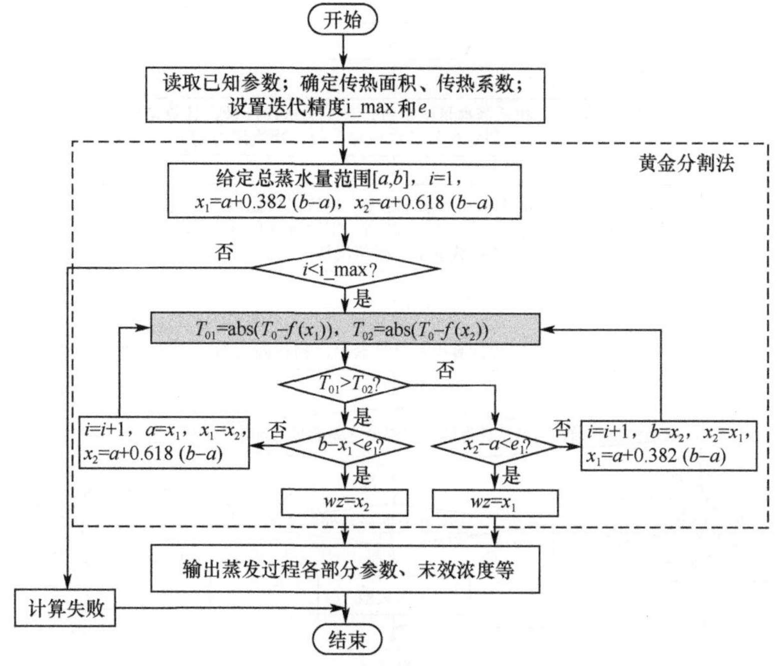

图 6.33　黄金分割法求解蒸发过程模型流程图

理模型的仿真研究发现，热利用系数值的微小变化会引起模型精度差，甚至求解失常的情况，因此必须通过对系统运行状况及数据的分析，给出合理的修正系数，基于数据的系统辨识及建模方法在这方面提供了便利。

3. 基于 PCAFCM 的出料浓度偏最小二乘模型

考虑到入口及出口物料的质量和化学成分、过程各采样点的数据都有较详细的历史数据，通过热平衡测定及蒸发过程的机理分析知变量之间耦合性强，且不同工况及设备运行状态下生产数据的变化较大。通过机理分析及现场运行数据的分析得到与出口物料浓度相关的参数有：生蒸汽参数（温度、压力、流量），蒸发器参数（二次蒸汽压力、汽室压力和温度、入口和出口物料温度），原液参数（浓度、温度、流量），闪蒸器参数（闪蒸蒸汽温度、出料温度），冷凝水入口流量等。自变量繁多且相关性大成为这个预测模型的最大特点。

针对这些特点，为提高不同工况下出口物料浓度计算值的可靠性，必须对采集的数据进行处理。PCAFCM（PCA fuzzy C means）算法是一种在 PCA 基础上进行划分的聚类算法，FCM[28] 利用每个样本隶属于某个聚类的隶属函数使得被划分到同一簇的对象之间相似度最大，可避免多重相关性信息重叠，提高聚类的准确性。偏最小二乘回归（partial least-squares regression，PLS）是一种新型的多元统

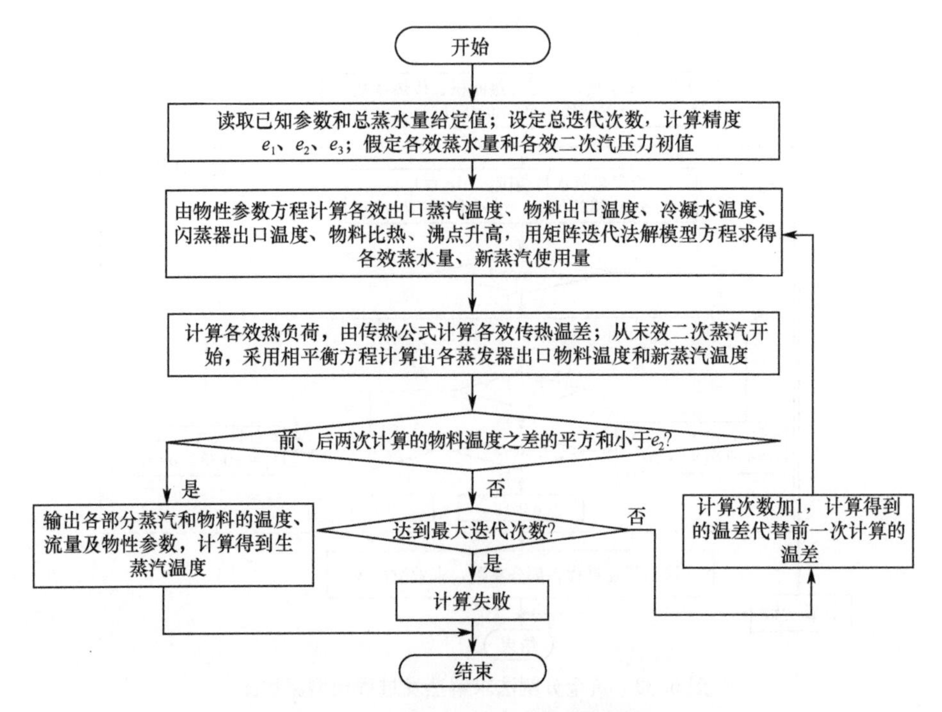

图 6.34　蒸发过程模拟模型求解框图

计数据分析方法，主要提供多因变量对多自变量的回归模型，特别是当变量集合内部存在较高的相关性时，用偏最小二乘回归进行建模分析，能利用系统中的数据信息与噪声，更好地克服变量多重相关性在系统建模中的不良作用，且不受样本点数量的限制，比对逐个因变量作多元回归更加有效，可以很好地解决因素多、耦合性强的问题，适合在样本容量小于变量个数的情况下进行回归建模。因此，这里采用基于 PCAFCM 的偏最小二乘法建立蒸发过程出料浓度的偏最小二乘模型。其计算步骤如下。

第 1 步，初始化原始样本库：现场调研结果分析发现，蒸发过程的运行周期为 2～3 个月，每天完整的数据样本有 3 组，则一个运行周期大约有 200 个样本，因此样本库最大选为 250，能较好地代表蒸发器一个运行周期的情况，初始样本从原始保存的数据中随机选取。

第 2 步，对样本库中的样本采用 PCA 方法降维，对降维后的数据样本基础上采用 FCM 方法分为 μ 类，保存各个聚类中心点的位置。

第 3 步，分别对各类样本采用偏最小二乘法建立其对应的出料浓度预测模型。

第 4 步，计算新样本标准化后与各个聚类中心的距离，判断其归属类别，并采用对应类的偏最小二乘模型预测其出料浓度值。

第 5 步，样本更新：采用滑动窗的方法来更新样本库，将最新的、完整的数据样本加入样本库中，并将最早的样本淘汰掉，返回第2步重新建模计算。

出料浓度中主要有3种成分，但3种成分化验时常存在某一成分存在很大偏差的情况，因此在建模过程中，将3种成分分别进行回归建模。以工业运行过程保存的224组数据作为原始样本数据，采用基于PCA的FCM聚类分析结果，如图6.35所示。从图中可以看出，前18个主元的贡献率达到了97%，能较好地代表元数据信息。从前3个主元构成的三维空间中数据样本的分布发现，数据较分散，根据热平衡测定及设备运行的状况取$\mu=4$，能较好地代表其特性。其中，各类样本数分别为43、60、48、73。对聚类后的各类数据分别建立上述28个变量对出料苛性碱浓度的偏最小二乘回归模型。当各类中样本数小于50时，取原样本中90%的为训练样本，其他分别取总样本80%左右的数据样本进行建模，剩余的样本进行验证。仿真结果如图6.36所示。

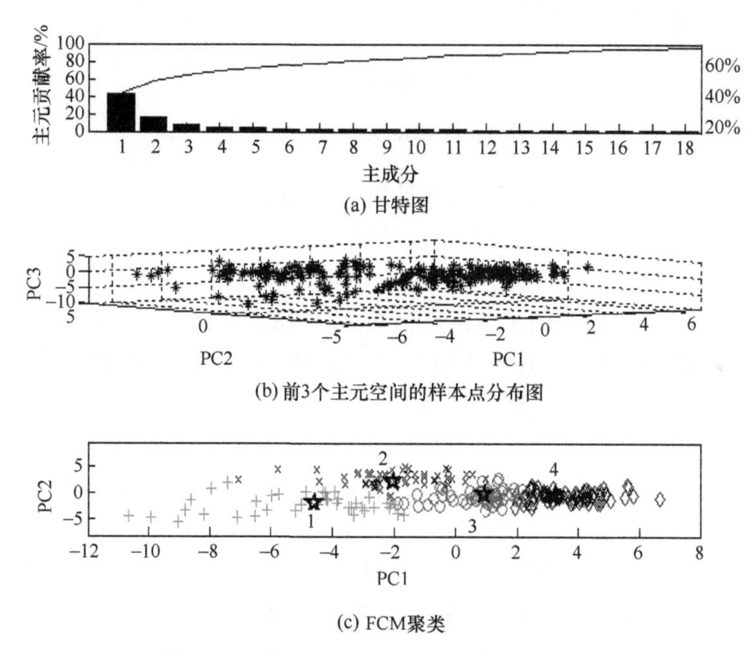

(a) 甘特图

(b) 前3个主元空间的样本点分布图

(c) FCM聚类

图6.35 基于PCA的FCM聚类分析结果图

从图6.36中可以看出，预测模型能较好跟随工况变化，预测浓度除个别特殊点外，均能满足实际需求；预测误差在55%以内的点分别占75%(苛性碱浓度)、86%(全碱浓度)和70%(铝氧浓度)，并且随着数据样本的不断积累，模型的精度将进一步提高。

4. 集成模型仿真结果

(1) 集成模型主要采用基于FCM的偏最小二乘法预测得到末效出口浓度值

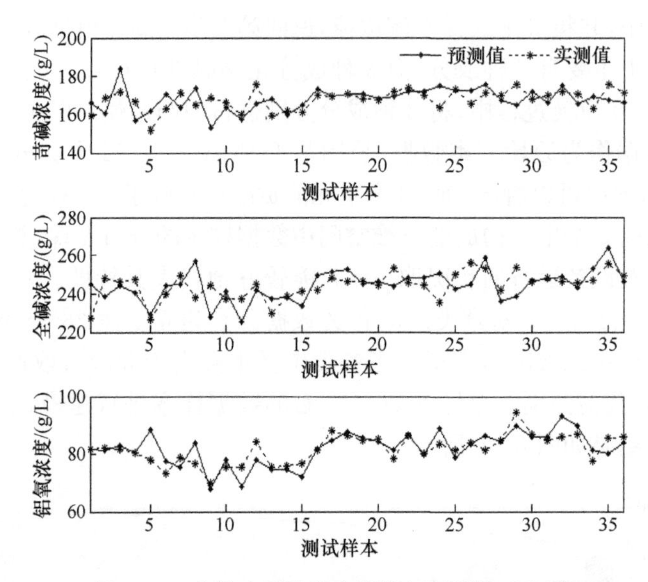

图 6.36　末效出料浓度实测值与预测值对比图

对机理模型中的修正系数进行修正,其计算步骤如下。

第 1 步,读取生产过程参数,数据预处理。

第 2 步,利用 FCM 的偏最小二乘法预测得到末效出口浓度值。

第 3 步,利用预测得到的出口浓度值按式(6-132)计算系统总的蒸水量 W_z,以最小化机理模型计算得到的总蒸水量与 W_z 之间的误差最小为目标,求解机理模型得到最优的热利用系数和整个蒸发过程各设备出口浓度值。

(2) 集成模型预测结果。

以热平衡测定结果中的一组数据为例,集成模型对各设备出料浓度预测值与实测值对比图如图 6.37 所示。

仿真结果表明,集成模型能较好地预测各设备出料浓度值,尽管数据中含有一些工况不稳定、受干扰时的数据,该集成模型仍然具有较好的预测效果,能满足现场要求。

(3) 系统模拟结果。

在一组给定的输入参数条件下,蒸发过程模型对系统模拟的主要参数结果对比如表 6.12 和图 6.38 与图 6.39 所示。仿真结果表明,该模型能较好地模拟实际生产过程。

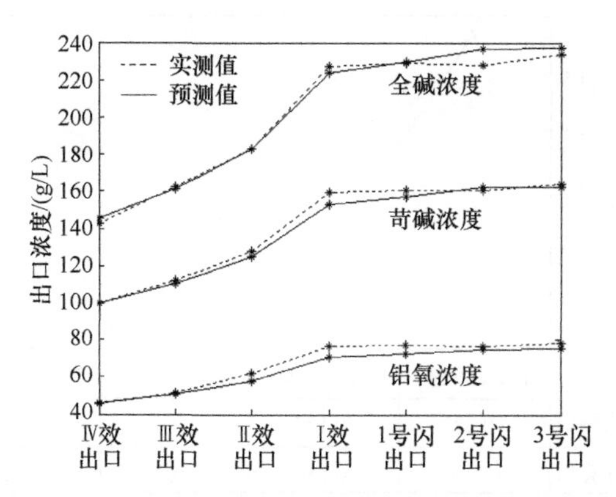

图 6.37 各设备出料浓度预测值与实测值对比图

表 6.12 蒸发过程模型对实际工况的模拟主要参数数值表

主要参数	新蒸汽			出口物料浓度		
	压力/MPa	温度/℃	流量/(t/h)	Al_2O_3/(g/L)	苛性碱/(g/L)	全碱/(g/L)
实测值	0.48	158.613	59.32	77.257	163.5	230.45
计算值	0.491	158.234	59.442	73.565	158.852	232.07

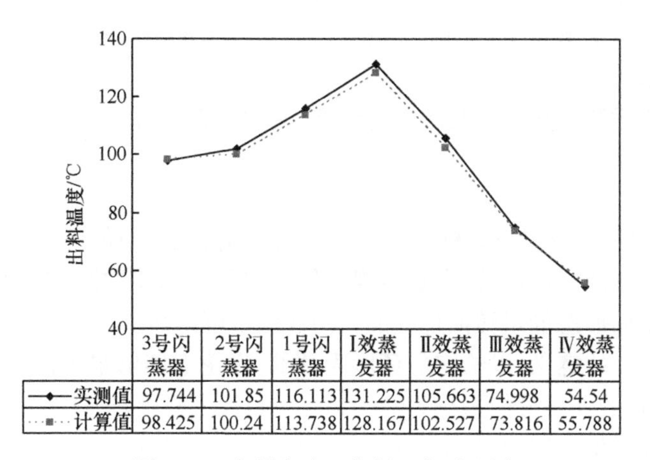

图 6.38 各设备出口物料温度对比图

6.4.4 蒸发过程能耗分析模型

1. 蒸发过程能耗分析方法对比分析

蒸发过程要达到节能的效果，首先必须对能耗的状态有正确的评价。能量能以多种形式存在和传递(功、内能、位能、动能等)，不同形态的能量在转换时遵守热

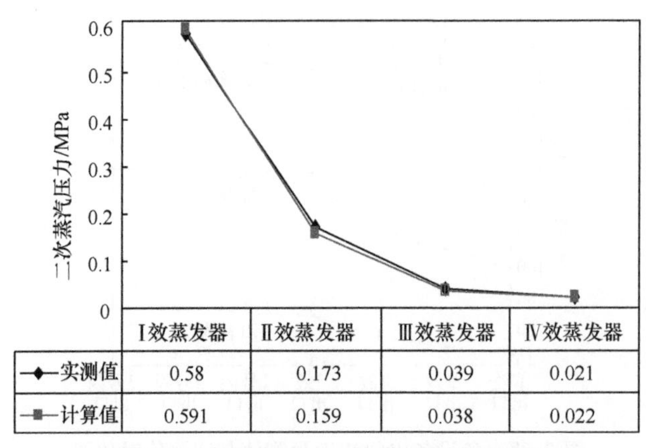

图 6.39 各设备出口二次蒸汽压力对比图

力学第一和第二定律,具有量的守恒性和质的差异性。例如,在设备所处的外在环境条件下,热量只能部分地转换为有用功,而有用功才是真正的可用能。

焓表示流动物质所具有的能量中,取决于热力状态的那部分能量。其计算方法如下:

$$H = U + pV \tag{6-141}$$

从式(6-141)可以看出焓虽具有能的含义和量纲,但它并不能反映能的“质”。因此,基于“热力学第一定律”的焓分析法,具有一定的局限性,导致节能技术改造中抓不住关键所在。

熵表示物质微观热运动时的混乱程度,熵的计算式为

$$\Delta S = \frac{\Delta Q}{T} \tag{6-142}$$

从式(6-142)可以看出熵标志热量转换为功的程度,与能的“质”有密切关系,但它不能反映能的“量”,也没有直接规定能的“质”。基于“热力学第二定律”熵分析法可揭示不同形态能量转换过程的方向性或不可逆性。

炯(有效能)的定义:以给定的环境为基准,理论上能够最大限度地转换为“可无限转换能量”的那部分能量称为炯。如果在转换过程中,这种“可无限转换能量”表现为向外界提供有用功时,那么可以把炯定义为,在除环境外无其他热源的条件下,当系统由任意状态可逆地变化到与给定环境相平衡的状态时,能够最大限度地转换为有用功的那部分能量称之为炯。

当不考虑核能、磁场能、电子能、表面影响或特殊能量时,炯主要由物理炯、化学炯、潜在的动力炯组成,具体表达式为

$$e_{\mathrm{h}} = (h - h_0) - T_0(s - s_0) + e_{\mathrm{ch}} + \frac{v^2}{2g} + (z - z_0)g \tag{6-143}$$

式中,e_{h}、h、s、e_{ch}、v、z 分别为该物质在(T,P)状态下的比焓炯、比焓、比熵、化学

㶲、速度、位置；h_0、s_0、z_0、g 分别是基准环境（T_0，P_0）状态的比焓、比熵、基准水平位置、重力加速度常数。

式(6-143)中第一、三、四、五项代表了能量中的量，第二项代表了能量中的质。因此，㶲代表了能量中“量”与“质”统一的部分，减少不必要和不合理的㶲损失才是真正节能的目的，解决了热力学和能源科学中长期以来还没有任何一种物理量可以单独评价能量价值的问题，为设备及过程能耗分析提供了热工分析的科学基础。㶲分析法是热力学第一和第二定律的结合，它用㶲损率和㶲效率反映能量变质的程度，深刻地揭示能量转换过程中能量变质退化的本质。

例如，换热器的散热量一般很小，故效率通常很高，似乎没有能量损失，而换热器实现的是热流体的热量传递给冷流体设备，温差传热是必然的。根据热力学第二定律，温差传热损失与温差成正比，即使忽略散热量，根据传热方程，在传热量一定的条件下，当传热系数和传热面积确定后，传热温差也是确定的，为减少传热温差则传热系数和传热面积必须提高，而它们不能达到无穷大，因此温差传热引起的不可逆㶲损失就在所难免。因此，换热器内部仍存在着相当大的温差传热引起的不可逆㶲损失，以及冷流体在流动过程中由于黏性摩阻引起的不可逆㶲损失。由此可以看出，㶲分析法比焓分析法更能体现用能的合理性。因此，用㶲方法对蒸发过程进行分析，提高它的热力学指标，对节能具有重要意义。

2. *㶲分析的基本原理*

受热力学第二定律的制约，能量做功能力与环境条件和转换过程的性质（是否可逆）相关。物质或系统的㶲实际上是它与环境参数偏离程度的指标，计算必须满足两个约束条件：一个是以给定的环境为基准；另一个是以可逆条件下最大限度地转换为前提，只有可逆过程才有可能进行最完全的转换，才能做出最大有用功或消耗最小有用功。因此，为计算㶲值，首先应对环境加以定量的描述。㶲分析的“环境”是把自然环境中那些对系统特性起决定性作用的性质合乎逻辑地抽象出来而形成的概念性的环境，实际是“环境模型”，也称为“环境参考态模型”。由于㶲是热力学第二定律的一个导出函数，物质或体系的物理㶲与化学㶲的计算要以相应的标准热学函数（焓、熵）的数据为基础，因此，作为㶲值的计算基准的环境模型，它的温度与压力条件应该与标准热力学性质数据的标准态一致，即必须保持㶲参数的热力学的一致性。通常环境专指由地球表面、海洋和大气等构成的外界环境，其强度性参数（如温度、压力）不会因为与系统传递能量与质量而发生变化。例如，斯蔡尔古特环境模型[29]描述为不考虑热力学平衡、以自然界存在且自由焓较小的天然物质为基准物质的环境模型，基准物质的浓度取决于它们在实际环境（大气、地壳、水域）中的平均浓度。因此，蒸发系统中㶲为基准环境下（热力学温度 $T_0=273\text{K}$，压力 $P_0=0.1\text{MPa}$），蒸汽、料液、冷凝水及其他能量中能最大限度地转换到给定环境条件下的那部分能量。

蒸发过程中蒸汽流及物料都与外界既有能量又有物质交换,可看做一个稳定流动的开口系统,其㶲平衡可以转化为稳定流动物质流经给定开口系统的㶲平衡。系统中㶲的值可分为两大类:一是水及水蒸气㶲,二是铝酸钠溶液的㶲。由于蒸发过程主要为物理反应,且不要求输出母液或冷凝水等达到基准态组成,计算㶲时不考虑流体中组成与环境不同产生的化学㶲,可忽略计算过程中压力损失的影响及潜在动力[30];且不计入流体的动能和位能,仅对蒸发过程中水和水蒸气及溶液的比焓㶲进行计算。

式(6-143)适用于任何物质,但对于实际的气体和液体的焓与熵计算较为复杂,一般多采用查热力性质图表方法。这里水及水蒸气的比㶲采用 IAPWS-IF97 模型[31]计算得到 $e_{(T,p)\mathrm{w}}$。将式(6-143)取微分,并带入热力学基本公式:

$$\mathrm{d}h = T\mathrm{d}s + v\mathrm{d}p$$

且

$$\mathrm{d}s = \left(\frac{\partial s}{\partial T}\right)_p \mathrm{d}T + \left(\frac{\partial s}{\partial p}\right)_T \mathrm{d}p = \frac{c_p}{T}\mathrm{d}T - \left(\frac{\partial v}{\partial T}\right)_p \mathrm{d}p \tag{6-144}$$

整理后得到

$$e_{(T,p)} = \int_{T_0,p}^{T,p} c_p(1 - T_0/T)\mathrm{d}T + \int_{T_0,p_0}^{T_0,p} v\mathrm{d}p \tag{6-145}$$

将蒸发溶液与水的焓㶲表达式作差,整理后得到

$$e_{(T,p)\mathrm{m}} = e_{(T,p)\mathrm{w}} - (\bar{c}_{p\mathrm{w}} - \bar{c}_{p\mathrm{m}})\int_{T_0,p}^{T,p}(1 - T_0/T)\mathrm{d}T - (\bar{v}_\mathrm{w} - \bar{v}_\mathrm{m})\int_{T_0,p_0}^{T_0,p}\mathrm{d}p \tag{6-146}$$

式中,$\bar{v}_m = 1/\rho_\mathrm{m}$ 为比容(m^3/kg);p 为汽室压力;$\bar{c}_{p\mathrm{m}}$为蒸发溶液不同温度下的平均比热容值。当已知溶液流量时各物质总㶲量为 $e_{(T,p)\mathrm{m}}ut$,其中 u 为溶液流量,t 为时间。由于蒸发过程中进出口物料浓度变化引起化学㶲差不为零,而化学㶲的计算很困难,因此引入分离㶲的概念,分离㶲即化学㶲差,指在基准温度和压力状态下产品与原料的㶲差。

㶲平衡原理指输入系统的㶲恒等于系统有效输出的㶲和各种㶲损失之和,用㶲平衡方程表示为

$$\mathrm{Ex}_{\mathrm{in1}} - \mathrm{Ex}_{\mathrm{out1}} = (\mathrm{Ex}_{\mathrm{out2}} - \mathrm{Ex}_{\mathrm{in2}}) + \mathrm{SI} \tag{6-147}$$

对于换热设备,式(6-147)表示冷流体吸收热量由 $\mathrm{Ex}_{\mathrm{in2}}$ 增加到 $\mathrm{Ex}_{\mathrm{out2}}$,热流体放出热量由 $\mathrm{Ex}_{\mathrm{in1}}$ 减少到 $\mathrm{Ex}_{\mathrm{out1}}$。损失的㶲 SI 分为两部分:热交换内部不可逆损失为 I_c,外部不可逆损失为 I_sr。

在实践的基础上提出了许多适当简化又科学合理的分析模型用来对实践的设备和系统进行㶲能分析,应根据具体工艺特点选用合适的分析模型。

1）黑箱模型

黑箱分析模型是借助于输入、输出设备的能量流来分析设备的用能过程，是一种宏观分析方法。由于黑箱法只考虑进、出黑箱各物流和能流的状况，能够计算出设备的总㶲量，不能计算设备内部各过程的㶲损情况，因此不能明确地了解过程能量传递、利用和损失的具体情况，难以揭示过程能量损失的原因，不易确定合理的热力学效率，不能给设备研发和操作人员提供全部能量使用的信息，从而难以有效地提出具体准确的改进对策，包含的各种措施针对性不强、部位不一定合适。因此，尽管黑箱分析法简单、应用广泛，但只适用于对简单的设备或过程作粗略分析。

2）三环节模型

以生产过程中能量利用和演化为线索，把过程用能归纳为能量的转换与传输（热泵等）、工艺利用（工艺过程单元㶲）和能量回收（预热器、蒸发二次蒸汽、排弃㶲等）三个环节，能量在以上三个环节中依序降质。过程系统“三环节”能量流结构模型揭示了能量在过程系统中转换、利用、回收和排弃的普遍规律。通过与㶲经济学的结合，目前已经初步发展了一套行之有效的从过程单元、子系统到系统全局的三环节。

3）挟点技术

挟点技术是以利用热回收挟点性质为特征的热力学分析方法，它以热流级联模型为基础，将过程最高与最低温度之间的温度范围分成若干温区。因为热总是从高温自动地流向低温，热量供给第一温区使用，这个温区剩余的热传给或“溢流”到第二温区使用，如此依次直至最末区的过剩热排出体系。过程中产生零热流时的点称为挟点，挟点以上只需外部供热，相当于一个热阱，穿过挟点的任何热传递必须由最小需要量之外的外热量供给；挟点以下只需外部冷却，相当于一个热源，穿过挟点的任何热传递必然导致同等量的制冷能量消耗，当没有热流穿过挟点时，过程所需的输入热和输出热均为最小。

系统可避免的有效能损失与各子系统中挟点热流的大小成正比，而且子系统温度范围越大，其挟点热流引起的可避免损失也越大。因此，挟点技术实质上是消除了系统可避免的有效能损失，消除挟点热流则是外部表现。虽然运用热流级联模型可以确定输入热的最小量，是进行过程集成的一个关键，但挟点技术需掌握工艺机理，对一般非专业人员很难适用。

蒸发过程从总体上来说，目的在于以最小的消耗获得浓缩的物料，其主要过程包括蒸发器中物料与蒸汽的热交换过程、蒸汽减温减压过程、物料蒸汽传输过程、二次蒸汽、出口冷凝水再次利用过程等，具有三环节能量流结构。根据上述各模型的特点，采用三环节模型与黑箱分析法相结合的方法进行蒸发过程能耗分析，对三个环节的用能状况分别进行分析评价，指出各环节用能改进的潜力，以提高过程的用能效率与经济性。

3. 㶲分析评价指标

㶲损耗由内部㶲损和外部㶲损两部分组成。内部㶲损包括反应本身的不可逆性造成的化学反应㶲损和反应器内部传热过程不可逆性造成的㶲损。化学反应㶲损并不大,可以忽略,因此传热过程内部㶲损主要为传热不可逆㶲损。而外部㶲损则为冷却热水带走㶲和设备、管道的散热㶲损。

为了分析实际热力过程、设备和循环中的节能潜力,将㶲损失分为可避免和不可避免㶲损失。在面积和传热量一定的条件下,系数和温差成反比,存在一个极限温差,在极限条件下产生的㶲损失就是换热器的不可避免㶲损失。而换热器传热以及流体黏性摩阻引起的不可逆㶲损失为可以避免㶲损失。㶲损失为一个绝对量,它无法比较不同工作情况下各个过程或各类设备中的㶲利用程度,而㶲效率是一种用来衡量过程设备或者系统热力学完善性的指标,可指明改善过程的可能性,根据各种过程的性质、任务和目的不同,㶲效率的定义和计算方法形式有多种,主要有:

$$\text{普遍㶲效率}=\frac{\text{系统输出㶲}}{\text{系统输入㶲}}$$

$$\text{目的㶲效率}=\frac{\text{输出料液㶲}-\text{输入料液㶲}}{\text{推动力入}-\text{推动力出}}$$

$$\text{目的总㶲效率}=\frac{\text{输出料液㶲}-\text{输入料液㶲}}{\text{推动力入}}$$

$$\text{执行能力积累的程度}=\frac{\text{输出料液㶲}}{\text{输入料液㶲}+\text{推动力入}}$$

过程中物料的部分有效能未在过程中发挥作用的成为惰性物料,凡有惰性物料存在的过程,普遍效率是不适宜运用的。目的总效率把与所有推动力相关流出的有效能都作为外部损失,往往不符合实际情况。文献[30]也指出,对于热量分离、加热/冷凝或精馏等过程,采用目的㶲效率的形式来评价系统比执行能力积累程度更合适。因此,结合四效逆流降膜蒸发过程的结构和工艺特点,选取目的㶲效率形式。

㶲效率只能对设备或系统的整体耗能状态作出宏观的评价,而对用能过程的各个环节是否合理不能作出准确的判别,㶲损率则刚好弥补了㶲效率的缺陷。对于某单元设备,减少㶲损失,提高㶲效率可能会引起其他单元㶲效率的下降或设备费用的上升。在确定各种单元过程的热力学效率之后,应该进一步研究包含这些单元操作的复杂系统的能量关系和效率,以便决定节能的重点对象、部位或因素,以及寻求系统的最佳化。

(1) 㶲损系数。

$$㶲损系数=\frac{某环节的㶲损失}{系统总输入㶲}$$

$$㶲损率=\frac{某环节㶲损失}{系统总㶲损}$$

因此,㶲损系数和㶲损率能反映各部分能量损耗所占的比例,分析得到能耗高的环节。

(2) 㶲回收率。

$$㶲回收率=\frac{回收循环㶲+回收输出㶲}{待回收㶲}$$

㶲回收率是反映系统㶲回收利用水平的重要指标,系统的㶲回收率低,㶲损失大,节能潜力大。

4. *蒸发过程㶲分析模型*

蒸发系统中前一单元的有效输出为后一单元的输入,按能量流动方向,㶲分析模型按蒸发器和冷凝水罐、预热器、闪蒸器可分为 10 个部分;每个部分中都有来自不同能源的多个输入和输出,整个系统可视为并-串组合模型。为简化计算,假定:忽略所有压力损失引起的㶲损失;散热损失在模块化计算中忽略不计;忽略过料泵、给水泵和其他辅助设备的功耗;蒸发器中的传热在恒温下进行;忽略空气带入的㶲,不计不凝性气体及漏气等损失。由于冷凝水罐的汽水混合现象严重,因此将蒸发器及对应的冷凝水罐作为整体计算。仍以物流最复杂的Ⅲ效蒸发器、Ⅲ效预热器和Ⅰ级闪蒸器为例,其他各设备的㶲分析模型可类似推出。

Ⅲ效蒸发器㶲损失为

$$I_3 = E_{v2} + E_{w1\_3} + E_{w2} + E_{mi3} + E_{m3} - E_{v3} - E_{mo3} - E_{p3} - E_{w3} \quad (6\text{-}148)$$

损失占Ⅲ效蒸发器支出㶲的百分数为

$$\delta I_3 = \frac{I_3}{E_{v2} + E_{w1\_3} + E_{w2}} \quad (6\text{-}149)$$

Ⅲ效蒸发器㶲效率为

$$\eta_3 = \frac{E_{v3} + E_{mo3} + E_{p3} - E_{mi3} - E_{m3}}{E_{v2} + E_{w1\_3} + E_{w2}} \quad (6\text{-}150)$$

Ⅰ级闪蒸器㶲损失计算式为

$$I_{f1} = E_{mo1} - E_{f1} - E_{fm1} \quad (6\text{-}151)$$

损失占Ⅰ级闪蒸器支出㶲的百分数为

$$\delta I_{f1} = \frac{I_{f1}}{E_{mo1}} \quad (6\text{-}152)$$

Ⅰ级闪蒸器㶲效率为

$$\eta_{f1} = \frac{E_{f1}}{E_{mo1}} \tag{6-153}$$

Ⅲ效预热器㶲损失计算式为

$$I_{p3} = E_{mo4} + E_{f3} + E_{p3} - E_{mi3} \tag{6-154}$$

损失占Ⅲ效预热器支出㶲的百分比为

$$\delta I_{p3} = \frac{I_{p3}}{E_{mo4} + E_{p3} + E_{f3}} \tag{6-155}$$

蒸发过程总㶲损失为

$$I_z = E_{v0} + E_{m3} + E_{mi4} - (E_{v4} + E_{w1} + E_{w3} + E_{w4} + E_{fm3}) \tag{6-156}$$

总损失占蒸发过程支出㶲的百分比为

$$\delta I_z = \frac{I_z}{E_{v0}} \tag{6-157}$$

蒸发过程㶲效率为

$$\eta_e = \frac{E_{fm3} + E_{v4} + E_{w3} + E_{w4} - E_{m3} - E_{mi4}}{E_{v0}} \tag{6-158}$$

蒸发过程第 i 个单元设备的㶲损率为

$$\Omega_i = \frac{I_i}{I_z} \tag{6-159}$$

E_{v2}为Ⅱ效出口二次蒸汽的㶲流量；E_{w2}为Ⅰ～Ⅲ级冷凝水罐进Ⅲ效冷凝水罐的乏汽㶲流量；E_{mi3}为Ⅲ效预热器出口物料的㶲流量；E_{m3}进Ⅲ效蒸发器的原液的㶲流量；E_{v3}、E_{v4}分别为Ⅲ效、Ⅳ效蒸发器出口二次蒸汽的㶲流量；E_{mo1}、E_{mo3}、E_{mo4}分别为Ⅰ效、Ⅲ效、Ⅳ效蒸发器出口物料的㶲流量；E_{p3}为Ⅲ效蒸发器进Ⅲ效预热器的二次汽的㶲流量；E_{w3}、E_{w4}分别为Ⅲ级、Ⅳ级冷凝水罐出口冷凝水的㶲流量。E_{f1}、E_{f3}分别为Ⅰ级、Ⅲ级闪蒸器出口乏汽的㶲流量；E_{fm1}、E_{fm3}分别为Ⅰ级、Ⅲ级闪蒸器出口物料的㶲流量；E_{v0}为生蒸汽的㶲流量；E_{mi4}为Ⅳ效蒸发器入口物料的㶲流量；E_{w1_3}为Ⅰ～Ⅲ级冷凝水罐出口冷凝水的㶲流量。E_{w1}为Ⅰ～Ⅲ级冷凝水罐进Ⅱ效乏汽的㶲流量，E_{v0}为生蒸汽的㶲。

6.4.5 基于㶲评价指标的蒸发过程节能优化

多效蒸发过程随着设备老化及结疤等引起的蒸发器工作点偏移，设备操作调节完全以保证出料浓度合格或维持较低的生蒸汽消耗量为目标，盲目调节造成出口浓度指标不合格，吨水汽耗高出设计值很多、能耗高。随着能源的日益紧张，如何在保证出口物料浓度合格的条件下，降低蒸汽消耗，提高能源利用率，达到提高经济效益的目的是企业迫切需要解决的问题。

在降低多效蒸发过程的费用及汽耗方面许多学者作了深入研究，大部分研究主要集中在以投资成本[32,33]、㶲损失最小[34]为目标的蒸发过程设计方面，设计优化模型不适用于面积已固定的实际蒸发过程的优化。以费用或能量损失单个指标为目标的优化，虽有一定的节能及节约成本的效果，但无法兼顾生产过程中汽耗、能源利用率等指标，会造成高品质能源利用不合理、产能达不到要求等问题。因此，基于出料浓度在线修正的蒸发系统模拟模型的基础上，以㶲效率及吨水汽耗两个指标为优化目标可达到兼顾系统汽耗及提高用能效率的目的。

1. 优化目标

蒸发过程优化就是在设备操作能力、上下级工序的约束基础上，保证出口浓度波动小且符合指标要求，同时增加原液处理、减少蒸汽的用量、提高能源利用率。

1) 吨水汽耗

吨水汽耗是衡量蒸发系统经济性能的重要指标。生蒸汽是蒸发系统的主要能量来源，在泵电耗一定的条件下，吨水汽耗越小说明蒸出单位吨水用汽量越少，效益越高。常用吨水汽耗计算公式为

$$\mathrm{GOR}=\frac{D_0}{W_z} \tag{6-160}$$

式中，D_0 为生蒸汽消耗量；GOR 为蒸发系统吨水汽耗。

2) 㶲效率

㶲效率越高能量利用越合理。根据系统能量利用目标分析，取系统㶲效率为优化目标，转换为最小化目标 η_z 为

$$\eta_z=1-\eta_e \tag{6-161}$$

2. 约束条件

蒸发过程存在很多约束条件，首先必须满足蒸发过程能量平衡及物料平衡模型，其次必须满足蒸发器传热能力的限制，即必须满足蒸发器的传热方程，反映为蒸发过程出口浓度必须满足蒸发过程模型的限制，表示为

$$X_{\mathrm{out}}=G(T_0,P_{\mathrm{m}},\mathrm{TL}_0,F_0,F_{03},D_0) \tag{6-162}$$

式中，T_0 为生蒸汽温度；P_{m} 为系统的末效真空度。

生蒸汽压力受热电厂供汽状况的影响，稳定状况不好，但为了保证蒸发过程的安全及稳定运行，且蒸发器承受的压力及传热效果有限，实际生产过程生蒸汽压力只能在一定的范围内变化，各蒸发器的有效温差应不小于5℃。

末效真空度主要受真空泵能力的影响，实际运行过程中已经开到最大，很少调节，偶尔会由于生蒸汽的压力使其产生较小的波动。

原液为通过碳酸化分解、旋流及沉降分离后溢流得到的碳分母液，或者是由种分槽分解后的小部分精液与滤饼混合后得到的种分母液。因此，原液温度及浓度

不仅受到上游众多工序的影响,还包含了许多洗涤过程用水等不确定的因素,经过这些工序后物料的温度已经下降了,若采用加入热水的方法提高温度则会降低溶液浓度,使得工耗增加,因此可通过间接预热来调整原液温度,而原液浓度很难调节。

总原液的进料量与蒸发过程产能、原液泵能力、蒸发器内的液位、原液槽的液位、过程产能的要求等有关,为保证生产能力,进料流量应在一定的范围内;由于Ⅲ效蒸发器容量及生产能力的限制,进Ⅲ效蒸发器流量的阀门不能太大,保证Ⅳ效蒸发器有一定的流量而不影响正常生产。

3. 蒸发过程操作优化模型

蒸发过程操作优化模型的决策变量为:生蒸汽压力、末效真空度、原液温度和流量、进Ⅲ效蒸发器原液、生蒸汽流量。结合生产过程各种约束条件及优化目标,建立的蒸发过程优化模型为

$$\min_{T_0,\mathrm{TL}_0,F_{03},P_k,F_0,P_0} F = \min[\mathrm{GOR} \quad \eta_z]^{\mathrm{T}} = \min f\begin{cases} f_1(T_0,P_k,\mathrm{TL}_0,F_0,F_{03},\Delta T_i,X_0,w_i,T_{wi}) \\ f_2(T_0,P_k,\mathrm{TL}_0,F_0,F_{03},\Delta T_i,X_0,w_i,T_{wi}) \end{cases}$$

$$\text{s.t.}\begin{cases} X_{\mathrm{out}} = G(T_0,P_{\mathrm{m}},\mathrm{TL}_0,F_0,F_{04},D_0) \\ P_{k,\min} \leqslant P_k < P_{k,\max} \\ \mathrm{TL}_{\min} \leqslant \mathrm{TL}_0 \leqslant \mathrm{TL}_{\max} \\ P_{0,\min} \leqslant P_0 \leqslant P_{0,\max} \\ 0 \leqslant F_{03}, \quad F_0 \leqslant F_{\max} \\ X_{\min} \leqslant X_{\mathrm{out}} \leqslant X_{\max} \\ 5 \leqslant \Delta T_i, \quad i=1,2,3,4 \end{cases} \tag{6-163}$$

式中,f_1 和 f_2 表示 GOR 和 y 等各决策变量之间的函数关系。

优化模型为多目标且包含不等式约束、等式约束的复杂优化问题。

4. 影响因素分析

以操作状态运行参数条件(即以 $F_0=288.27\mathrm{m^3/h}$、$F_{03}=9.94\mathrm{m^3/h}$、$P_{\mathrm{m}}=-0.0791$、$\mathrm{TL}_0=46.70℃$、$x_0=87\mathrm{g/L}$ 为参考),采用蒸发过程模拟模型研究各优化变量对目标函数值的影响,如图 6.40 所示。

由图 6.40(a)、(b)可知,生蒸汽温度的上升或真空度的降低,会使得汽水比下降,㶲损失百分比上升;各效蒸发器的蒸水量上升;对于给定的物料处理量,出口物料浓度增大。

由图 6.40(c)可知,随入口总原液流量的增加,汽水比上升,㶲损失率下降;在

一定的生蒸汽温度条件下，物料流量越大，末效出口浓度越低，因此物料处理量不能太大。

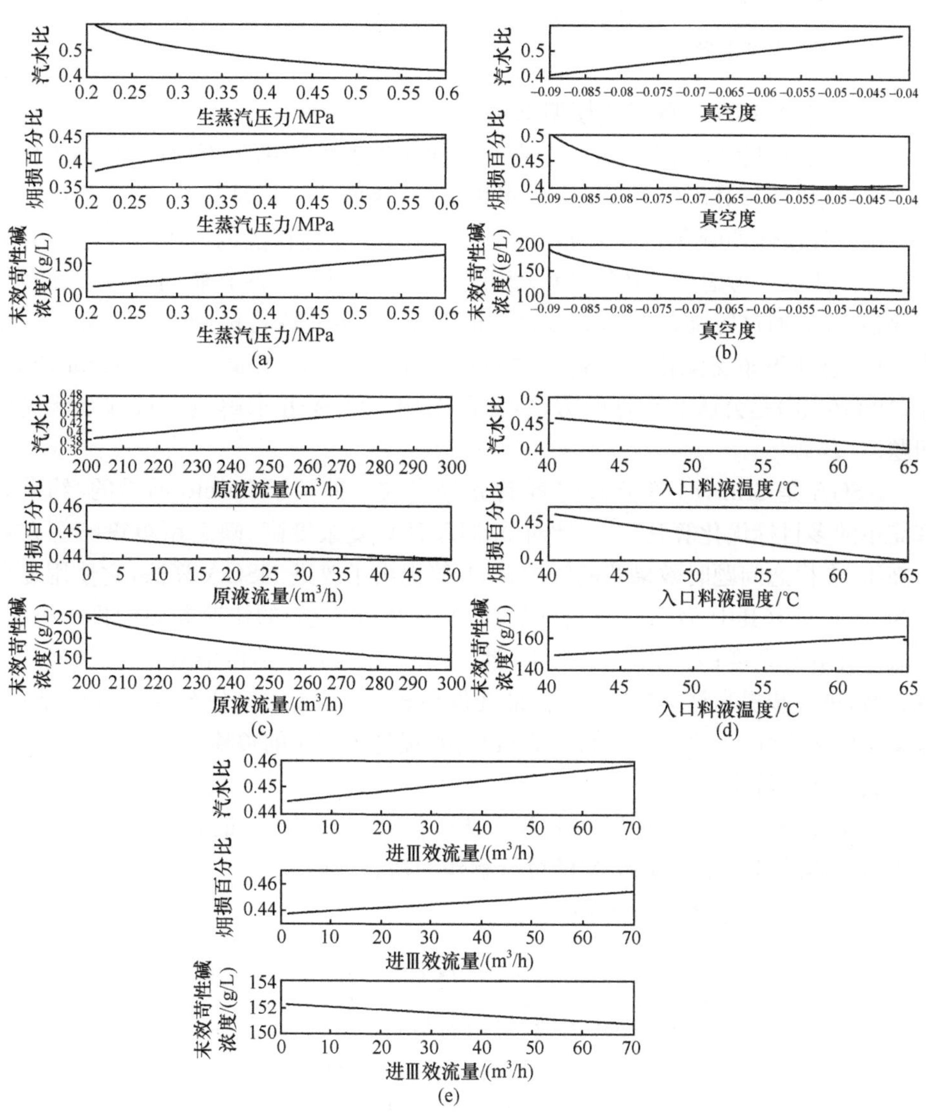

图 6.40 优化变量对吨水汽耗及炯效率的影响

由图 6.40(d)可知，随着入料温度的提高，汽水比及炯损百分比均下降；且入口物料温度越高，末效出口浓度越大，对提高Ⅳ效蒸发器的蒸发效果起重要作用。

由图 6.40(e)可知，随着进Ⅲ效蒸发器原液流量的增加，汽水比、炯损失百分比增加；对蒸发过程出口物料浓度影响小，进Ⅲ效蒸发器原液流量对整个蒸发系统蒸发效果的提高没太大作用。

综上所述,在蒸发过程的操作变量中,生蒸汽温度、末效真空度、原液温度、原液流量对系统各项性能指标影响大,为主要优化的操作变量。

5. 优化模型求解

1) 基于 NSGA-Ⅱ的优化模型求解

由于蒸发过程优化模型为一个带有线性和非线性约束的非线性多目标优化问题,且从优化变量对优化目标的影响可以看出,这两个目标是有冲突的,不存在一个最优设计值使得所有的目标同时达到最优,一个目标性能的改善往往会引起其他目标的降低。考虑到遗传算法因随机性和隐含并行性,使其能同时搜索到多个局部最优解,通过协调各目标函数之间的关系,找出使各目标函数尽量最优的解集,且目前基于非支配排序遗传算法(non-dominated sorting genetic algorithms-Ⅱ,NSGA-Ⅱ)是公认的较好的方法,为此选用 NSGA-Ⅱ求解蒸发过程节能优化问题。

NSGA 是 Srinivas 等于 1994 年首先提出的一种基于 Pareto 前沿的、约束处理简单的多目标优化算法[35]。针对 NSGA 计算复杂度高、缺乏精英策略等在处理高维、多模态问题时效果差的问题,Deb 等提出了改进 NSGA 算法,它使用复杂度为 $O(MN^2)$(其中 M 为优化目标数量,N 为种群大小)的快速非支配排序机制,降低了计算复杂度;采用虚拟适应度(拥挤距离)来取代适应度值共享,无须确定共享参数,进一步提高计算效率;具备最优保留机制,形成均匀分布的 Pareto 前沿、保持解的多样性,可进行多个目标直接权衡,提高了算法的鲁棒性。

其具体求解步骤如下。

第 1 步,初始化算法种群大小 N,选择、交叉、变异因子,最大迭代次数。采用二进制编码随机产生规模为 N 的可行解作为初始种群。

第 2 步,对染色体进行解码

$$X = U_1 + \left(\sum_{i=1}^{k} b_i \cdot 2^{i-1}\right) \cdot (U_1 - U_2)/(2^k - 1) \tag{6-164}$$

对每个个体中给定的操作参数,求解蒸发过程模拟模型,求得中间优化变量,利用式(6-160)、式(6-161)计算每个个体的目标函数值得到对应的解集 P,若迭代次数为 1,则初始化非占优解集 $P'=P$,令集合 $R=P'\cup P$。

第 3 步,根据目标函数值对解集 R 进行非支配排序,即令集合 R'中仅包含 R 中的第一个解。对 R 中的每个解 p 进行如下操作:若 $p\notin R'$则将 p 放入 R'中,对 R'中的每个解 q,若 $p<q$ 则删除 q,否则删除 p。按第 m 个目标函数值对解集 R'升序排列得到 F,对应的排序序号记作 I_{rank}。

第 4 步,计算虚拟适应度值和拥挤距离。

(1) 令 P_1 表示 F 中前 N 个的解组成新的集合,将 P_1 按第 m 个目标大小排序，初始化中每个解的拥挤距离 $I_i=0$；边界上的解对应的拥挤距离为 $I_i=\infty$，使得排序边缘上的个体具有选择优势。

(2) 对 P_1 中第 2 个～第 $N-1$ 个解，拥挤距离为 $I_i=I_i+(I_{i+1,m}-I_{i-1,m})$，其中 $I_{i+1,m}$为第 i 个解的第 m 个目标函数值。

(3) 对解集 P'按拥挤距离大小进行排序。

第 5 步，将 P_1 与 F 解集合并仍记作 P_1。在 P_1 中执行选择 N 个较优解构成新的 P'：若两个个体的 I_{rank}不同，则取序号低的个体（分级排序时，先被分离出来的个体）；若两个体在同一级 I_{rank}相同，则取周围较不拥挤的个体 I_i 较大的个体，使优化朝 Pareto 最优解的方向进行，并且解均匀散布。

第 6 步，P'中执行遗传算法的基本交叉、变异操作产生子代种群。

第 7 步，执行精英策略。将父代和子代全部个体合成为一个种群；按第 3 步～第 5 步对合成的种群进行非支配排序、计算拥挤距离并依据等级的高低逐一选取 N 个体形成了新的父代种群。

第 8 步，终止条件判断。当循环达到预先设定的最大代数时，运算停止并得到该多目标优化问题的 Pareto 最优集，否则转至第 3 步。

2) 结果分析

某氧化铝厂各蒸发器参数为：Ⅰ～Ⅲ效传热面积为 $1230m^2$，Ⅳ效为 $1600m^2$；实际传热系数分别为 $849.7W/m^2·℃$、$2025W/m^2·℃$、$829.7W/m^2·℃$、$721.8W/m^2·℃$。原液苛性碱浓度为 87g/L；生蒸汽压力为 0.3～0.6MPa；末效真空度可控制在－0.09～0；原液流量须小于 $350m^3/h$；原液温度可调节到40～55℃，进Ⅲ效蒸发器的生蒸汽流量限制在 0～12t/h，出口物料苛性碱浓度必须达到 160 ～170g/L。

NSGA-Ⅱ算法种群大小为 150，变异概率为 0.1、交叉概率为 0.5，图 6.41 为 NSGA-Ⅱ算法进行 300 次寻优的 Pareto 前沿的分布。由图 6.41 可知，优化解集中在吨水汽耗 0.34～0.35，㶲损百分比在 41%～42%；基于 NSGA-Ⅱ算法的 Pareto 解集有更好的多样性，分布均匀，避免了多个最优解收敛在一个小区域的情况。表 6.13 列出了图 6.41 的部分 Pareto 最优解。

表 6.13　NSGA-Ⅱ算法寻优得到的部分最优解

序号	生蒸汽压力/MPa	末效真空度	进Ⅲ效原液流量/(m^3/h)	原液温度/℃	原液总流量/(m^3/h)	进Ⅲ效的生蒸汽流量/(t/h)	吨水汽耗/(t/t-H_2O)	㶲损失比例
1	0.600	－0.0445	0.000	54.975	258.035	0.9175	0.354	0.4108
2	0.412	－0.072	0.000	54.981	258.151	0.345	0.344	0.437
3	0.6	－0.0526	0.000	55.000	258.151	0.0168	0.346	0.418

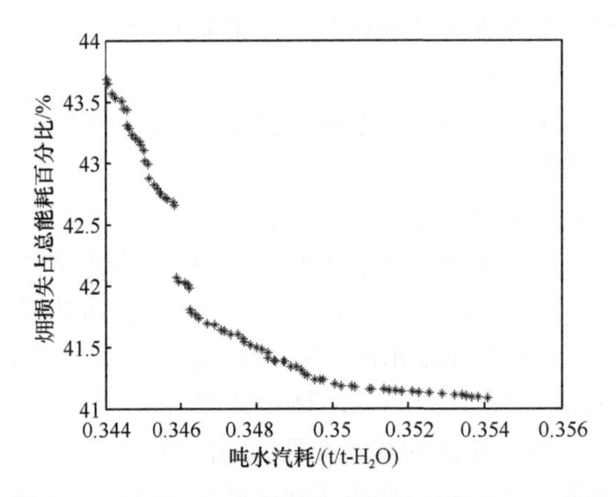

图 6.41 迭代 300 次 NSGA-Ⅱ算法寻优 Pareto 前沿

从图 6.41 和表 6.13 可看出,㶲效率与吨水汽耗相互矛盾,为降低吨水汽耗则必须以损失能量利用效率为代价。与系统实际运行的吨水汽耗 0.402t/t-H_2O、㶲损失比例 0.48 相比,优化操作降低了吨水汽耗,提高了能量的利用率。优化得到的 Pareto 解集为不同的控制目标提供了多种选择,可满足不同工况条件下的操作需求,当实际生产过程中侧重于某一指标时,可在 Pareto 最优解集另一指标较小的方案中进行选择;若没有特别侧重的目标时,可折中选择(如表 6.13中解 3)。优化结果表明,对于逆流蒸发系统蒸汽分流、物料分流均不利于降低吨水汽耗或有效能损失,且增加产能也不能提高能量的利用效果。

6.5 连续碳酸化分解过程智能控制

6.5.1 连续碳酸化分解过程机理分析

1. 连续碳酸化分解过程的工艺机理

在烧结法生产氧化铝过程中,铝酸钠溶液的碳酸化分解过程是一个非常重要的承前启后的中间生产过程。它处理由上游脱硅工序处理的铝酸钠溶液,生产出一定质量的氢氧化铝,并提供合格的母液。通过向各分解槽的铝酸钠溶液中通入 CO_2 气体使 $Al(OH)_3$ 析出,它包括 CO_2 为铝酸钠溶液吸收以及二者间的化学反应和 $Al(OH)_3$ 的结晶析出等过程,在分解过程中特别是后期还伴随着 SiO_2 的析出。一般认为,碳酸化分解过程的化学反应主要包括

$$NaAl(OH)_4 = Al(OH)_3 + NaOH \tag{6-165}$$

$$2NaOH + CO_2 = Na_2CO_3 + H_2O \tag{6-166}$$

$$2NaAl(OH)_4 + CO_2 = Na_2CO_3 + 2Al(OH)_3 \downarrow \tag{6-167}$$

铝酸钠溶液与 CO_2 发生反应导致 $Al(OH)_3$ 晶体的析出，其过程可分为以下四个阶段。

(1) 诱导期：通入 CO_2 最初时期，主要是 CO_2 中和溶液中游离的 NaOH，降低溶液苛性比(α_k)，提高铝酸钠的过饱和度，使铝酸钠溶液处于临界稳定状态，这一过程非常短暂。

(2) 晶核形成期：铝酸钠分解初期，形成大量的 $Al(OH)_3$ 粒子，其晶体形状不规则，具有较大的比表面积，吸附能力较强。

(3) 晶体长大期：晶核形成以后，由于 CO_2 气体的连续通入，$Al(OH)_3$ 析出后附在晶核上，使晶核不断长大。

(4) SiO_2 析出期：由于铝酸钠溶液中含有一定量的 SiO_2，分解初期，SiO_2 仅有少量析出。分解末期，当铝酸钠溶液的分解率达到一定程度时，SiO_2 析出速度急剧增加。

晶核形成期，吸附力强，容易吸附 SiO_2 和 Na_2O，要适当控制 CO_2 通气速度；晶核长大期，结晶过快，会使 $Al(OH)_3$ 晶体形状不规则，结构疏松，易于破碎，这一时期要适当控制 CO_2 通气量；SiO_2 析出期要严格控制通气量，减少 SiO_2 析出。

实现以上碳酸化分解的工艺有间断碳分和连续碳分。间断碳分工艺是指在同一个碳分槽内完成一个作业周期。连续碳分就是将多台碳分槽串联起来，首槽进料，各槽按照一定的比例通入 CO_2 气体进行分解，末槽分解完毕出料。连续碳酸化分解由于可以避免进料、待分和待出、出料等过程，这样在保证了碳分槽利用率的前提下，可以大大延长分解时间以有利于得到颗粒较粗、强度较高的 $Al(OH)_3$ 晶体。同时因为生产过程较易实现自动化，分解终点比较稳定，CO_2 吸收率高，并保持整个生产流程的连续性，设备利用率和劳动生产率高，劳动强度低，目前已被广泛采用。

六槽连续碳酸化分解(简称为连续碳分)工艺流程如图 6.42 所示。经脱硅工序送来的合格铝酸钠溶液(简称为脱硅精液)首先进入起稳定作用的高位槽，从高位槽底部自压进入 1 号分解槽，用低压风提料进 2 号分解槽，同样的方法依次将料提入后面槽子。前 5 台槽子根据分解率要求通入一定量 CO_2 气体进行分解，6 号槽作为出料槽，检测合格后由出料泵打到沉降槽，沉降底流送往 $Al(OH)_3$ 过滤机过滤，得到 $Al(OH)_3$ 产品。

在六槽连续碳酸化分解工艺中，首槽主要为分解的诱导期和晶核形成期，要求通气量大，通气速度慢，保证晶核析出的量；2～5 号分解槽是晶核长大期，要求通气过程长，并适当控制通气量，使晶核充分长大，产品粒度变粗；作为分解过程末期，末槽中存在 SiO_2 的析出，为防止过分解，避免 SiO_2 大量析出，末槽不通 CO_2 气体，只利用前槽余气反应。

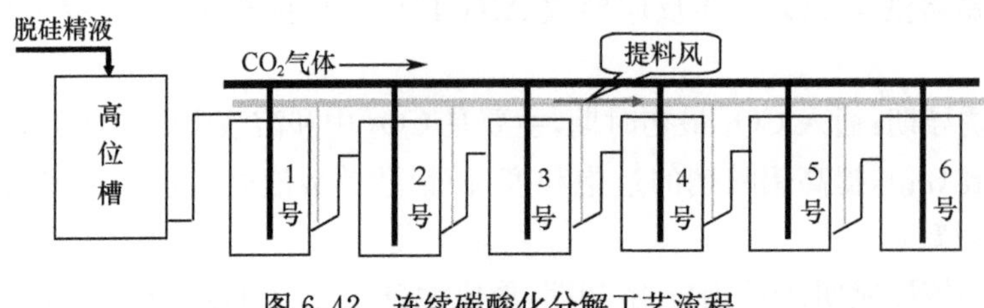

图 6.42　连续碳酸化分解工艺流程

2. 连续碳分过程特点与影响因素分析

连续碳分过程工艺复杂，是一个有气、液、固三相参与的复杂多相反应，精液、提料风、CO_2 气体都由外界相关工序提供，末槽的出料也受到下游沉降槽层的影响；合格精液经高位槽进入首槽，最后从末槽出料，其分解周期一般为4～5h，前槽的成分必定影响后槽；由于料浆易结疤、腐蚀性强，碳分过程的很多工艺参数无法在线实时准确检测，目前样品一般采取离线检测的方法。由此可见，连续碳分过程具有强耦合、多变量、大惯性、大滞后性的特征，这为连续碳分过程的控制带来了困难。

铝酸钠溶液连续碳分过程的生产目标在于有效保证 $Al(OH)_3$ 产品的产量和质量。产品质量固然与精液的纯洁度有关，但技术操作的影响也很重要。如果能正确地控制连续碳分过程技术条件，甚至用含 SiO_2 稍高的铝酸钠溶液，那么也可以得到优质的产品。可见，合理地制定和掌握连续碳酸化分解过程技术条件是确保优质高产的重要条件。根据工艺原理和生产实践，总结影响连续碳酸化分解过程产量和质量的因素主要有以下方面。

1) 精液的纯度与浓度

精液的脱硅指数(A/S)越高，可以分解得到质量合格的 $Al(OH)_3$ 越多。当A/S一定时，分解率越高，进入产品中的 SiO_2 就越多，为了保证产品合格，必须降低分解率。因此，适宜的分解率范围，主要取决于分解原液的脱硅指数。

2) 通气速度和碳分时间

对于脱硅指数一定的分解原液，碳分时间主要取决于通气速度和气体中 CO_2 的含量。CO_2 气体的浓度与通气速度决定分解速度，对碳分槽的产能、CO_2 利用率、压缩机的动力消耗以及碳分温度都有很大影响。

采用高浓度 CO_2 气体进行碳分，分解速度快，分解槽产量高，在其他条件相同的情况下，$Al(OH)_3$ 中 SiO_2 含量比采用低浓度 CO_2 气体时低，CO_2 与 $Al(OH)_3$ 中和反应及 $Al(OH)_3$ 结晶所放出的热量，能维持较高的碳分温度，有利于 $Al(OH)_3$晶体的长大，使分解出来的 $Al(OH)_3$ 迅速与母液分离，减少 SiO_2 的析出量，降低产品中的硅含量；但是这样也带来了 $Al(OH)_3$ 中不可洗碱量有所增加、

$Al(OH)_3$中细粒子含量多、镓(Ga)的损失大等缺点。

控制通气速度可以克服上述缺点，如在分解末期，$Al(OH)_3$粒度明显变细，需降低通气速度，因此在连续碳分中需采用先快后慢的通气制度。

3) 温度

提高连续碳酸化分解温度有利于获得结晶良好、吸附能力小和强度较大、碱和SiO_2的含量少的粗粒$Al(OH)_3$。分解温度较高有利于晶体长大，从而减少吸附碱和SiO_2的能力，并有利于它的分离洗涤。但过高的温度也会促使SiO_2的大量析出，故应选择一个合适的分解温度。

在工业生产中，经脱硅后的精液温度一般在85～90℃，已能满足分解对温度的要求。

4) 碳酸化深度

碳酸化深度是以分解率来表示的。为防止分解后期SiO_2大量析出，要掌握适宜的分解率。碳酸化初期，当$Al(OH)_3$开始析出时，有少量的SiO_2析出，这可能是因为初期析出的$Al(OH)_3$分散性极大，具有很大的吸附能力，故有一部分含SiO_2的杂质被吸附。此后随着溶液继续分解，虽然铝硅酸钠在溶液中的过饱和度越来越高，但在碳酸化的温度下，铝硅酸钠溶液析出的速度很慢，因此这一时期的SiO_2析出量很少；直至碳酸化分解的末期，铝硅酸钠过饱和度极大时，SiO_2才开始显著析出。因此，在工业生产中，分解率必须控制在SiO_2大量析出之前，以生产出质量较好的$Al(OH)_3$。

5) 搅拌

铝酸钠溶液的碳酸化分解过程是一个扩散控制过程。加强搅拌可使溶液成分均匀，使$Al(OH)_3$处于悬浮状态加速碳酸化分解过程，避免局部过碳酸化，并且有利于晶体成长，得到粒度较粗和碱含量较低的$Al(OH)_3$。此外，搅拌还可减轻碳分槽内的结垢，提高CO_2的吸收率。

综合分析以上影响因素可知：在各影响因素中，精液的纯度和浓度来自上一工序，是不可控的；CO_2气体的浓度由CO_2站供应，已根据分解工艺的要求大致稳定在一定的范围内，也是不可控因素；经过长时间摸索，温度和搅拌调整都有了丰富的经验，温度已控制在最佳的范围内，搅拌机也已稳定在合适的电流值。因此对现有的工艺过程来讲，最重要的是保证进料量稳定以及控制通气速度、通气时间，保证合理的分解梯度，防止连续碳酸化分解率过高或过低，超出合格范围。

6.5.2 优化控制总体方案

在碳酸化分解过程中，表示$Al(OH)_3$析出比例的分解率是最重要的技术指标，从第1个分解槽到最后一个分解槽(通常是6个分解槽)都会有一个分解率，标志着分解的深度，这些分解率构成了分解过程的分解梯度。由于分解过程最后一个分解槽起着缓冲、自然分解的作用，不通入 CO_2 进行强化分解，故分解梯度不仅决定了末槽的分解率，也决定了末槽分解得到的 $Al(OH)_3$ 的合格率(用槽样硅，即 $Al(OH)_3$ 中的 Si 含量来评价)，是分解过程最重要的指标。由于分解槽 1～3 号槽的 CO_2 通气量一般不控制，而是采用控制进料流量来控制 1～3 号槽的分解率，6 号分解槽不通 CO_2，因此，分解率梯度的控制主要通过控制首槽的进料量(影响 1～3 号槽的分解率)和 4 号、5 号槽的 CO_2 的通气量(影响 4～6 号槽的分解率)来实现。实质上，首槽的进料量的控制决定了整个分解系统大致的分解率变化趋势，属于整个系统分解率的“粗调”，4 号、5 号槽的 CO_2 的通气量则对分解系统后半段的分解率梯度进行“细调”，保证末槽分解率在满足槽样硅合格的前提下尽可能地高。因此，优化控制系统的被控量为进料流量和 4 号、5 号槽 CO_2 通气量，即希望通过控制首槽进料阀门和 4 号、5 号槽 CO_2 通气阀门以保证合理的分解率梯度和合格的末槽分解率。

分解过程中，为了控制分解率，须在分解一定时间后，通过取样分析某一时刻的料浆成分信息，了解分解情况；然后根据分析检测结果调节进料量和 CO_2 通气量，使 $Al(OH)_3$ 产品质量合格。由工艺过程可知，连续碳酸化分解过程是一个复杂的工业过程，具有非线性、长流程、大惯性、信息获取滞后、受外界波动影响大等特点，难以用精确的数学模型进行描述，传统控制技术难以取得令人满意的效果。为此，设计如图 6.43 所示的连续碳分过程优化控制系统，综合运用冶金平衡计算、软测量、人工智能等技术，以解决首槽进料流量的软测量和末槽分解率预测为突破口，以调节分解槽 CO_2 通气量和稳定进料流量为手段，以实现连续碳酸化生产过程分解梯度优化，最终实现末槽分解率的优化控制以及整个生产过程的安全监控与生产数据综合管理的目标，达到稳定生产、提高槽样硅合格率、提高产量的目的。

6.5.3 首槽进料量软测量与稳定控制

目前操作工人一般根据每小时 1～6 号槽成分检测结果(化验室每小时检测一次)、生产过程参数(如 CO_2 压力、浓度等)调节进料量大小。在相邻两次进料量报样控制的时间间隔内，由于上游供料工序的变化，高位槽液位经常波动，引起进料量不稳定，导致 $Al(OH)_3$ 颗粒不合格，故维持合适稳定的进料量是连续碳酸化分解过程控制的关键。为减小进料量波动对分解梯度的影响，系统根据高位槽液位变化情况，每隔一段时间调节一次进料阀门开度，维持进料量稳定。但是，由于进料管较短、管径比较大且容易结疤，首槽进料量难以用常规过程检测仪表进行测量，为此采用软测量技术，通过寻找高位槽液位、阀门开度与进料量的函数关系，建立软测量模型，间接测量进料量，以实现首槽进料量的调节。

1. 进料流量的软测量和在线修正

连续碳酸化分解工艺一般采用两个高位槽联合向分解槽供料，经抽象可得到

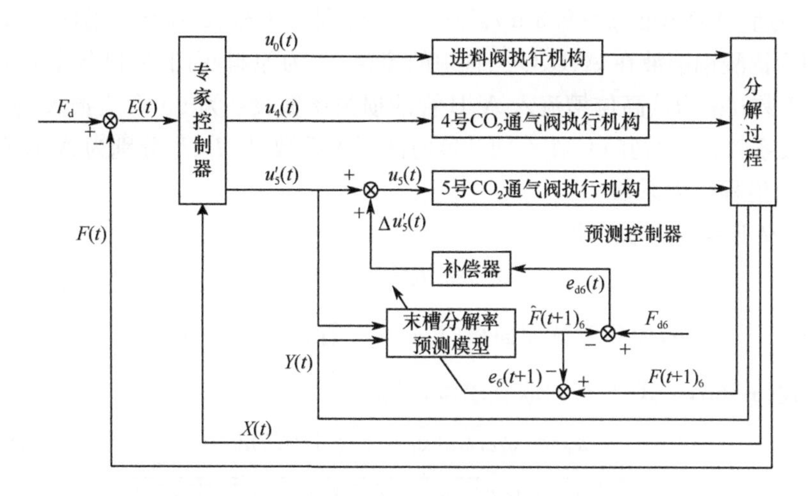

图 6.43　连续碳分过程优化控制系统结构图

如图 6.44 所示的碳分过程分解槽首槽进料量模型。图中，z_1、z_2 分别为 1 号高位槽和 2 号高位槽的液位，阀门 A 和阀门 B 分别为这两个槽的出料手动控制阀门。为了便于进料流量软测量，实现流量的自动控制，将阀门 A 和 B 置于全开状态，安装电动阀门 C，通过控制阀门 C 的开度来实现平面 3-3 的流量控制。

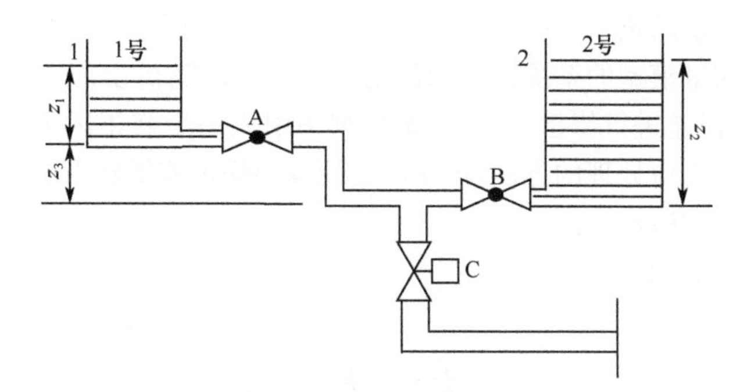

图 6.44　碳分过程分解槽首槽进料量模型

根据首槽进料的抽象模型，可将两个高位槽和首槽简化为一个大平面液面下的汇流，由此基于汇流的伯努利方程，可推导出高位槽液位、原料阀门、管道阻力系数与原液流量的软测量模型，具体表达式为

$$z_1 g = \frac{1}{2}(\xi_{ab} + \xi_{管} + 2\xi_{弯} + \lambda l_a/d)u_a^2 + \frac{1}{2}(1 + \xi_c + \xi_{弯} + \xi_{三} + \lambda l_c/d)u_c^2 \tag{6-168}$$

$$z_2 g = \frac{1}{2}(\xi_{ab} + \xi_{管} + \lambda l_b/d)u_b^2 + \frac{1}{2}(1 + \xi_c + \xi_{弯} + \xi_{三} + \lambda l_c/d)u_c^2 \tag{6-169}$$

式中，g 为重力加速度($g=9.8\ \mathrm{m/s^2}$)；z_1、z_2 分别为1号、2号高位槽液位；u_a、u_b、u_c 分别为铝酸钠溶液在A、B、C三管中的流速；ξ_{ab}为原料阀门A和B全开时的阀门损失系数；$\xi_{管}$ 为从高位槽流入A、B管的损失系数；$\xi_{弯}$ 为90°弯头损失；$\xi_{三}$ 为三通管损失系数；ξ_c 为阀门C在不同开度时的损失系数；l_a、l_b、l_c 分别为A、B、C三管管长；λ 为沿程阻力系数。

由流体连续性方程可得

$$u_a S + u_b S = u_c S \tag{6-170}$$

式中，$S=\pi\dfrac{d^2}{4}$为A、B、C管截面面积(实际中三管管径相同，都为 d)。

将式(6-168)～式(6-170)联立求解，可得

$$u_a = \sqrt{2.02(z_1 - z_2) + 0.7u_b^2} \tag{6-171}$$

$$u_b = \sqrt{\frac{(k_1 z_1 + k_2 z_2) - \sqrt{k_3 z_1^2 + k_4 z_1 z_2 + k_5 z_2^2}}{k_6}} \tag{6-172}$$

式中，$k_i(i=1,2,\cdots,6)$是中间变量，与损失系数 ξ_c 有关，通过试验数据获得。

最终可推导得到进料量的体积流量为

$$Q = Q_a + Q_b \tag{6-173}$$

式中，$Q_a=\alpha\gamma_{ab}\pi d^2 u_a$ 为第一个高位槽对原液流量的贡献；$Q_b=\alpha\gamma_{ab}\pi d^2 u_b$ 为第二个高位槽对原液流量的贡献，其中 α 为阀门系数，γ_{ab}为修正因子。

为消除软测量模型的系统误差和修正计量模型的随机误差，并使修正结果平稳，对进料流量误差进行修正，在软测量模型中引入一个修正因子 γ，采用低通滤波结合一阶动态响应处理的方法，依靠历史的偏差修正值得到当前偏差的修正值，对检测结果进行在线修正。

具体修正方法如下：

$$E_k = \begin{cases} 0, & k=0 \\ Q_A^k - Q_E^k, & k>0 \end{cases} \tag{6-174}$$

$$\Delta Q_k = \begin{cases} E_k, & k=0,1 \\ (1-\gamma_k)\Delta Q_{k-1} + \gamma_k E_k, & k>1 \end{cases} \tag{6-175}$$

$$\mathrm{bias}_k = \Delta Q_{k-1} + (\Delta Q_k - \Delta Q_{k-1})(1-\mathrm{e}^{-\frac{t}{\tau}}) \tag{6-176}$$

$$Q_k^{\mathrm{upd}} = Q_k^{\mathrm{cal}} + \mathrm{bias}_k \tag{6-177}$$

式中，k 为修正次数；Q_A^k 为检测计量模型计算值；Q_E^k 为流量测量值；ΔQ_k 为第 k 次修正的偏差值；γ_k 为修正因子；bias_k 为 t 时刻的修正偏差；τ 为设备的响应时间，一般在 3τ 时间内完成旧的偏差值向新的偏差值转换；Q_k^{upd} 是 t 时刻检测计量模型的修正值；Q_k^{cal} 是 t 时刻检测计量模型的计算值。式(6-177)为一阶动态响应处理，即新的测量值输入后，通过一阶动态项处理，使修正的偏差值有一个平缓的变化过

程，避免阶跃性结果的产生。

修正因子 γ_k，即滤波系数，每次修正可以制定不同的修正因子，也可以是相同的修正因子。γ_k 的确定受很多因素的影响，对不同的流量 γ_k 是不同的。本系统利用历史信息确定和在线调整修正因子 γ_k，提高在线修正的有效性。

由式(6-175)可知，γ_k 可以被看成一个反映第 $k-1$ 次修正效果的系数。第 $k-1$ 次修正效果的优劣可以由第 k 次修正时刻的测量值、计算值，以及利用第$k-1$次修正的偏差值 ΔQ_{k-1}计算的修正值三者之间的关系反映。计算值与测量值之间的距离、修正值与测量值之间的距离共同反映了修正的效果，由此对第 k 次修正因子 γ_k 定义如下：

$$\gamma_k = \left| \frac{Q_k^{\text{upd}} - Q_k^{\text{cal}}}{E_k} \right|, \quad 0 \leqslant \gamma_k \leqslant 1 \tag{6-178}$$

即可以把 γ_k 形象地表示为

$$\gamma_k = \left| \frac{\text{测量值} - \text{修正值}}{\text{测量值} - \text{计算值}} \right| \tag{6-179}$$

当进行第 k 次偏差计算时，若利用第 $k-1$ 次的修正偏差计算得到的流量值与测量值接近，则 γ_k 较小，这说明利用第 $k-1$ 次修正偏差得到的修正效果好，那么由式(6-175)可知，计算时式(6-175)右侧 ΔQ_{k-1}项的系数较大，即计算 ΔQ_k 时，可以更多地考虑 ΔQ_{k-1}的信息。

为验证软测量模型的正确性，取某氧化铝厂碳分车间 2003 年 11 月 21 日某段时间的现场数据计算首槽进料流量 Q，并与实际值进行对比，表 6.14 给出了不同液位和损失系数下计算的进料流量和实际流量的情况。由于实际进料量未知，而稳态时连续碳酸化分解周期约为 5h，为此以某时刻的出料量作为 5h 之前的实际进料量，即表 6.14 中实际流量 Q'对应时刻(5h 之前)的阀门为半开状态。

表 6.14　不同液位和损失系数下的流量值

z_1/m	z_2/m	Q/(m³/h)	Q'/(m³/h)	e/(m³/h)	η/%
4.27	8.32	228.187	233.0	4.813	2.06
4.10	8.32	226.972	226.0	0.972	0.43
3.95	8.46	226.100	223.8	2.3	1.02
3.92	8.36	225.944	224.7	1.244	0.55

表 6.14 表明该模型能较好地反映实际流量，可靠性高。

2. 进料量稳定控制

1) 进料量稳定控制原理

进料量稳定控制原理如图 6.45 所示，每小时成分检测结果出来后，系统根据成分结果调整进料量设定值 Q。当高位槽液位发生变化时，采集 1 号、2 号高位槽

实际液位 z_{1s}、z_{2s}及阀门 C 实际开度 u_s，启动进料量软测量模型算出实际流量 Q'，与设定值 Q 作比较，经过进料阀门控制器 f'得到控制量 u_k，调节进料阀门 C，实现进料量的稳定控制。其中，流量的设定值由 6.5.4 节的专家控制器给出。

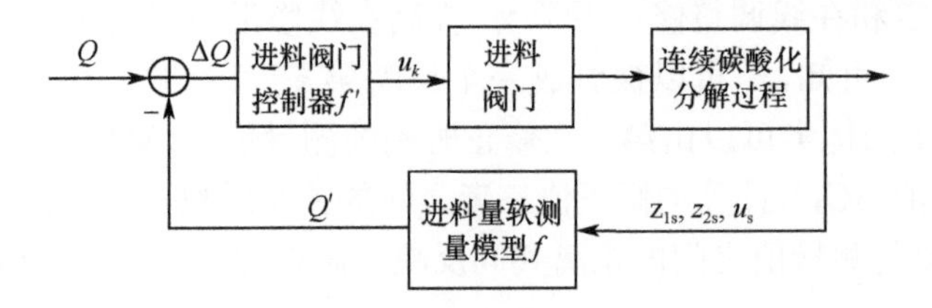

图 6.45　进料量稳定控制原理图

2) 计算控制量 u_k

显然，控制量 u_k 与实时高位槽液位 z_{1s}、z_{2s}，以及阀门实时开度 u_s 和流量设定值 Q 有关，计算步骤如下。

令 $S_m=\alpha\gamma_{ab}\pi d^2$，由式(6-171)和式(6-173)推出

$$u_b=\frac{Q-\sqrt{Q^2-0.3[Q^2-2.02(z_1-z_2)S_m^2]}}{0.3S_m} \tag{6-180}$$

将其与式(6-172)相比较，解出损失系数 ξ_c，为方便表达，设中间变量为 x_1、x_2、x_3，得

$$\xi_c=\frac{-x_2-\sqrt{x_2^2-4x_1x_3}}{x_1} \tag{6-181}$$

式中，x_1、x_2、x_3 只与流速 u_b、高位槽液位 z_{1s}和 z_{2s}有关

$$x_1=0.1u_b^4-1.2(z_{1s}-z_{2s})u_b^2+4.1(z_{1s}-z_{2s})^2$$

$$x_2=-1.8u_b^4+(47.8z_{1s}-81.2z_{2s})u_b^2-80z_{1s}z_{2s}+60z_{2s}^2+20.2z_{1s}^2$$

$$x_3=40.7u_b^4+(26.7z_{1s}-175.7z_{2s})u_b^2+(14.8z_{2s}-5z_{1s})^2$$

首先在已知流量设定值 Q、液位 z_{1s}和 z_{2s}的情况下算出阻力系数 ξ_c；然后根据 ξ_c 与阀门开度之间的关系，算出下一时刻对应的阀门开度，即控制量 u_k。

3) 进料量稳定控制仿真

系统在流量 Q 恒定、液位不同时用稳定控制模型进行仿真，得到不同的损失系数和阀门开度，结果如表 6.15 所示。

表 6.15　流量相同、液位不同时对应的损失系数和阀门开度

z_1/m	z_2/m	Q/(m³/h)	ξ_c	k_c
6	9.5	400	8.35703	0.68568
6	9	400	7.88294	0.73072
6	8.5	400	7.37196	0.79873
6	8	400	6.82551	0.88452

由表 6.15 可知，当一个槽液位不变，另一个槽液位发生改变时，液位越高，阀门开度越小，如当 $z_2=9.5$m 时，开度 $k_c=0.68568$；液位越低，阀门开度越大，如当 $z_2=8$m 时，开度 $k_c=0.88452$。以上情况与生产实际基本相符，说明所提模型是可行的。

6.5.4　末槽分解率在线预测与优化控制

1. 末槽分解率的预测

连续碳酸化分解过程是将多台分解槽串联起来，末槽分解率不仅取决于 5 号槽上一时刻的分解率，还取决于 1～4 号槽前几个时刻的分解率和 CO_2 的通气量。用全局动态 T-S 递归模糊神经网络（dynamic T-S recurrent fuzzy neural network，DTRFNN）模型，网络结构如图 6.46 所示。

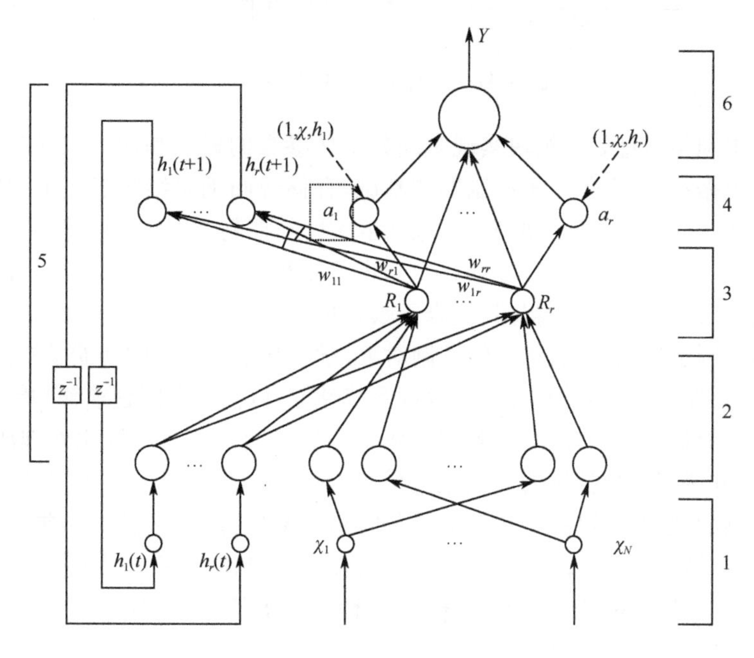

图 6.46　DTRFNN 模型网络结构

一般的递归部分是从第二层的输出直接递归到第二层的输入，它的递归属性即从第二层的每个隶属函数的输出直接递归到每个隶属函数本身，这样每个隶属函数的输出值仅仅被它自己的上一个时刻的输出值影响，是一种局部递归结构。本书提出了改进的 DTRFNN 结构，第三层的规则层的所有规则节点的输出相加且递归到第二层输入，这样第二层隶属函数的输出不仅受自身上一时刻的值影响，也受其他节点的上一时刻值影响，是一种全局递归，全局递归能全面反映网络内部节点之间的关系，具有很高的泛化和解释能力。

2. 首槽进料流量与 4 号和 5 号槽 CO_2 通气量的专家控制

该控制器主要解决进料流量、4 号和 5 号槽 CO_2 通气量设定值的计算问题，主要由知识库、推理机、控制决策等模块组成，其结构如图 6.47 所示。

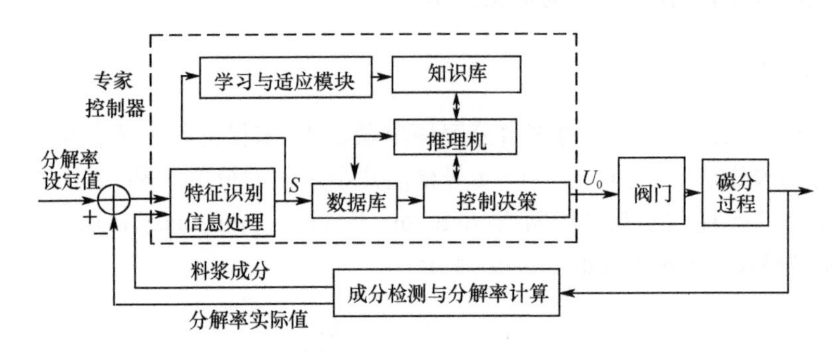

图 6.47 分解率专家控制器结构

特征识别与信息处理模块实现对碳分工艺参数的提取和加工，为控制和学习适应提供依据；知识库是专家控制器的基础，存储经归纳总结的工艺工程师、仪表工程师和熟练操作人员的经验知识，包括事实库与控制规则集；数据库主要保存过程实时数据；推理机根据实时数据和规则进行推理，得到控制结论；进料控制决策模块则用来协调专家控制器与其他修正模型的关系，将修正模型的控制量与专家控制器的控制量进行叠加，输出给控制对象；学习与适应模块的功能是根据在线获取的信息，补充或修改知识库内容，改进系统性能，以便提高问题求解的能力。

结合分解过程背景知识，将各槽分解率的影响因素进行离散化处理成若干小区间，构成分解率优化控制的规则集的前件，将进料量或 CO_2 的通气量作为分解率优化控制的规则集的后件，从而形成分解率专家控制的知识库。根据生产实际，该专家控制系统的知识库包含用于首槽进料阀门控制回路的 1 号槽分解率专家控制规则库、基于液位的修正规则库、基于其他参数的修正规则库，4 号槽分解率专家控制规则库和用于 5 号槽 CO_2 通气阀门控制回路的 5 号分解率专家控制规则库、基于生产条件的修正模型库、基于末槽分解率预估值的修正模型库等。

(1) 1 号槽分解率专家控制规则库的规则前件为末槽预控分解率、1 号槽分解率、1 号槽铝氧(Al_2O_3 的含量，简称为 AO)和 2 号槽 AO 的变化，规则后件为进料调节量；高位槽液位的变化会导致进料量波动，而后者会直接影响首槽分解率和分解率梯度。因此，高位槽液位及其变化是影响首槽进料量调节的重要因素，将其作为基于液位的专家修正规则库的前件；在实际的生产过程中，2～6 号槽分解率和原液 AO 变化对首槽的控制是有影响的，尤其是在普遍过分或欠分的情况下。因此，建立了基于其他生产条件的修正规则库。

(2) 4号分解率专家控制器的三个规则前件是原液铝硅比(简称为AS)、3号槽AO变化量和4号槽分解率三个固定因素,规则后件是4号槽CO_2通气量。

(3) 5号分解率专家控制器的规则前件为:AS,4号槽AO的变化量,5号槽分解率。成分检测数据中1～3号AO值发生大幅变化以及原液成分AS的量发生变化时将对下个时刻甚至后续几个时刻的5号槽分解率产生影响,把这些影响因素(1～3号槽AO变化、原液AS变化等)作为基于生产条件的专家修正模型规则库的前件;碳分过程的最终目的是得到合适的末槽分解率,故当前末槽分解率是否过或者欠对下个时刻的末槽分解率有一定的提示作用,依据当前6号槽分解率和5号槽AO的变化,建立6号槽分解率预估模型,计算得到预估值,通过与末槽预控分解率作比较,来调节5号槽CO_2通气阀门。

3. 基于预测控制策略的末槽分解率控制

进料流量、4号和5号槽CO_2通气量的调节,最终的目标是在保证满足一定槽样硅含量的条件下使末槽分解率尽可能高。由于缺乏直接有效的在线检测方法,分解率等成分信息只能通过人工定期取样化验和分析获得。然后根据这些参数,确定下一时刻各操作阀的调节值。由于取样、化验、传输、决策、调整等一系列操作在时间上的滞后,更加剧了控制的难度。当工况波动较大时,可能会造成末槽分解率等工艺参数较大范围的波动。

使用单一的专家控制方法难以满足工况波动较大时对末槽分解率的控制要求,故本系统以专家控制器获得的5号槽CO_2通气量设定值为基础,引入预测控制策略对专家控制器输出进行补偿。如图6.48所示,末槽分解率预测补偿控制器由末槽分解率预测模型、智能补偿器、反馈校正、参考轨迹、执行机构等组成。

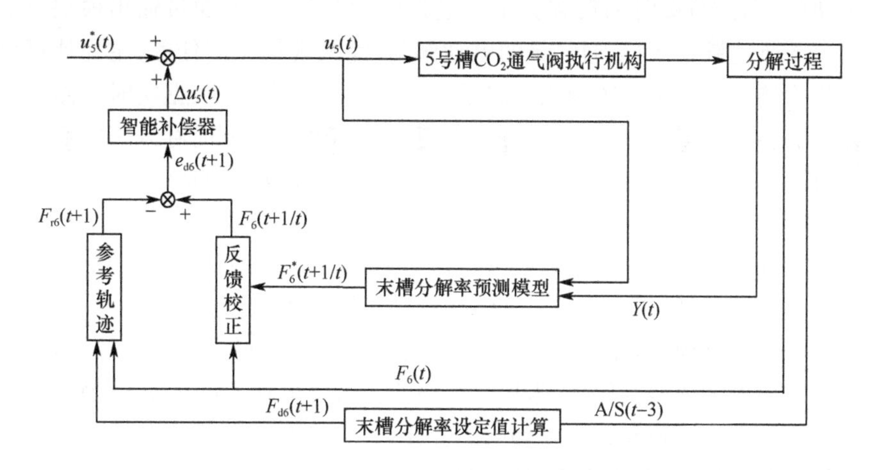

图6.48　末槽分解率预测补偿控制器结构

图 6.48 中,$u_5^*(t)$表示专家控制器 5 号槽 CO_2 通气阀输出值,$\Delta u_5'(t)$表示预测控制器的补偿输出,$u_5(t)$表示 5 号槽 CO_2 通气阀执行控制量,$F_{d6}(t+1)$表示末槽分解率设定值,$F_{r6}(t+1)$表示参考轨迹输出值,$e_{d6}(t+1)$表示末槽分解率预测值与参考轨迹的偏差,$F_6^*(t+1/t)$表示末槽分解率预测模型输出值,$F_6(t+1/t)$表示 $t+1$ 时刻经校正后的末槽分解率预测值,$Y(t)$表示末槽分解率预测模型的化验成分数据,$F_6(t)$表示 t 时刻末槽分解率实际值,A/S($t-3$)表示 $t-3$ 时刻原液铝硅比。

在 t 时刻,根据专家控制器 5 号槽 CO_2 通气阀输出值 $u_5^*(t)$和料浆成分$Y(t)$,预测模型经过反馈校正得到 $t+1$ 时刻末槽分解率预测值 $F_6(t+1/t)$,将其与末槽分解率参考轨迹输出值比较得到偏差 $e_{d6}(t+1)$,$e_{d6}(t+1)$经过智能补偿器作用产生一个补偿控制量 $\Delta u_5'(t)$用其对 $u_5^*(t)$补偿后得到 5 号槽 CO_2 通气阀调节值 $u_5(t)$,完成一个控制循环,等待 $t+1$ 时刻到来重复上述过程。

6.5.5 系统实现与工业应用

碳分过程优化控制系统以车间数据库服务器、车间客户端计算机、主控计算机、监控计算机、现场可编程控制器形成三级控制结构,并通过企业内部网与分公司的分析检测数据管理系统相连。其中,车间数据库服务器和车间客户端计算机构成车间管理层,主控计算机和监控计算机构成过程监控层,PLC 及检测元件、执行机构等构成现场控制层。系统硬件结构如图 6.49 所示。

可编程控制器通过 DH+现场总线网络分别与主控计算机和监控计算机相连,实现检测数据和操作信息的实时交换;车间数据库服务器、车间客户端计算机、主控计算机及监控计算机通过以太网连接,实现生产信息的车间共享。PLC 通过输入模块(A/D、DI)实时采集碳分生产过程的检测信息,又通过输出模块(D/A、DO)自动调节进料量、CO_2 通气量的电动阀门,完成现场控制任务;主控计算机定时从分析检测数据管理系统导入料浆成分离线化验数据,并根据实时检测数据进行优化计算,将控制信息传给 PLC 执行,其中所有数据都同时存入车间数据库服务器;监控计算机对生产过程实时监控,并作为主控计算机的备份存在;车间数据库服务器存储和管理整个分解生产数据;车间客户端计算机实现对分解生产过程的远程监视和调度管理。整个系统分布在车间、碳分岗位及碳分槽现场,完成集中控制和管理的任务,实现了生产车间级的管、监、控一体化。

碳分过程优化控制系统已投入工业现场运行。其进料量的稳定控制,使得进料流量的优化设定值得到保证,末槽分解率的合格率得到了提高并十分稳定;由于末槽分解率的准确预报和分解率梯度的优化设定,使得平均末槽分解率有较大提高,槽样硅的合格率也有所改进;基于专家系统方法的安全监控模型和综合数据管理,实现了远程控制、数据自动处理和故障预报预警,大大降低了工人的劳动强度。

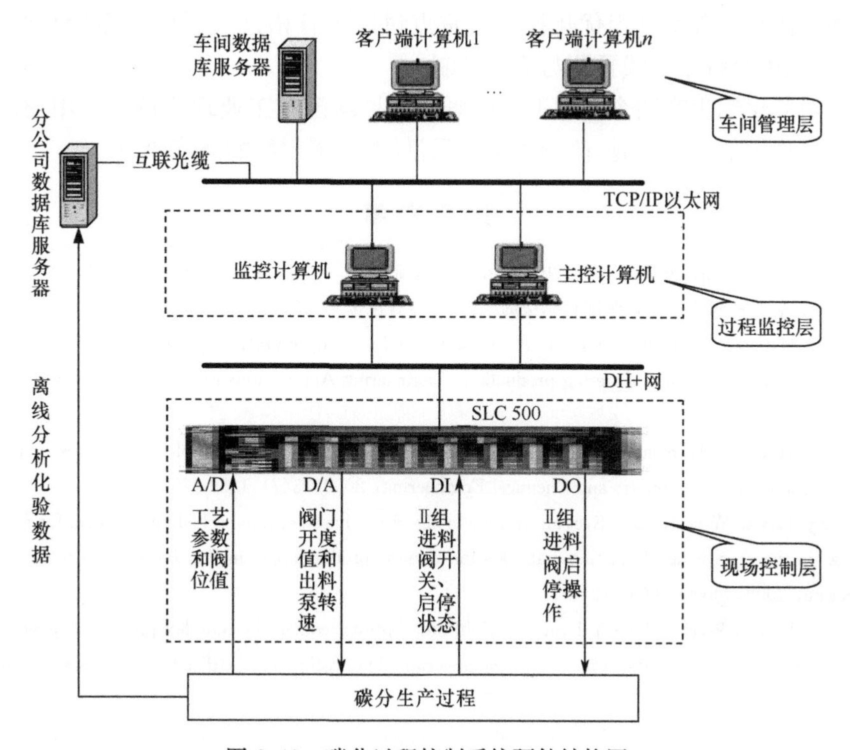

图 6.49 碳分过程控制系统硬件结构图

6.6 小 结

本章以氧化铝生产中的生料浆配料过程、高压溶出过程、蒸发过程以及连续碳酸化分解过程为对象研究了它们的建模问题和优化控制问题。

针对生料浆配料过程，建立了生料浆配料质量预测的智能集成模型，通过不确定分散优化，以及基于专家推理的配比优化和基于遗传算法的调配优化，保证了生料浆质量的稳定度，有效提高了质量的合格率。

针对高压溶出过程中苛性比值和溶出率在线检测困难的问题，综合运用数据预处理、神经网络、灰色理论、专家系统等知识，建立了苛性比值与溶出率的智能集成模型，实现溶出质量的软测量；同时，为保证预测精度，结合软测量模型特点，给出了有效的模型在线校正策略。软测量模型在现场运行过程中，为原矿浆优化配料提供了有效指导。

针对蒸发过程耗能大的问题，研究了出口浓度预测模型，基于㶲分析原理，建立了蒸发过程能耗分析模型，由此以㶲效率及吨水汽耗为优化目标，实现了蒸发过程的节能优化。

连续碳酸化分解过程优化控制中重点讨论了首槽进料量的软测量与稳定控制，以及末槽分解率在线预测与优化控制。

针对氧化铝生产四个典型工序的研究成果均已在工业现场得到应用，有效解决了工业现场的实际问题，改善了生产质量，取得了很好的经济效益。

参 考 文 献

[1]《联合法生产氧化铝》编写组. 联合法生产氧化铝:基础知识. 北京:冶金工业出版社，1975

[2] 陈红武. 烧结法氧化铝生料浆配料算法的改进. 世界有色金属，2001，(12):36-41

[3] Yang C H，Gui W H，Kong L S，et al. A two-stage intelligent optimization system for the raw slurry preparing process of alumina sintering production. Engineering Applications of Artificial Intelligence，2009，22(4-5):796-805

[4] Yang C H，Gui W H，Kong L S，et al. Modeling and optimal-setting control of blending process in a metallurgical industry. Computers and Chemical Engineering，2009，33(7):1289-1297

[5] Yang C H，Gui W H，Kong L S，et al. A genetic-algorithm-based optimal scheduling system for full-filled tanks in the processing of starting materials for alumina production. Canadian Journal of Chemical Engineering，2008，86(4)：804-812

[6] Chen X F，Gui W H，Wang Y L，et al. Multi-step optimal control of complex process：A genetic programming strategy and its application. Engineering Application of Artificial Intelligence，2004，17：491-500

[7] Yang C H，Deconinck G，Gui W H，et al. An optimal power-dispatching system using neural networks for the electrochemical process of zinc depending on varying prices of electricity. IEEE Transactions on Neural Networks，2002，13(1):229-236

[8] Srinivas M，Patnaik L M. Adaptive probabilities of crossover and mutation in genetic algorithms. IEEE Transactions on Systems，Man and Sybernetics，1994，24(4):656-667

[9]《联合法生产氧化铝》编写组. 联合法生产氧化铝:高压溶出. 北京：冶金工业出版社，1974

[10] Kuehn D，Davidson H. Computer control at american oil I：Mathematics of control. Chemical Engineering Progress，1961，57(6):44

[11] 桂卫华，李勇刚，阳春华，等. 基于改进聚类算法的分布式支持向量机及其在软测量中的应用. 控制与决策，2004，19(7)：852-856

[12] 唐小我. 经济预测与决策新方法及其应用研究. 成都：电子科技大学出版社，1997

[13] Shafer G. A Mathematical Theory of Evidence. Princeton:Princeton University Press，1976

[14] Dempster A P. Upper and low probabilities induced by a multi-valued mapping. Annals of Mathematical Statistics，1967，38：325-339

[15] 吴凯，何小荣，陈丙珍. DMS中人工神经网络的在线训练法. 化工学报，2001，52(2)：1068-1071

[16] Xie S，Yang C H，Wang X L，et al. A data－driven adaptive multivariate steady state detection strategy for the evaporation process of the sodium aluminate solution. Journal of Process Control，2018，68：145-159

[17] 李秋美，田学民，尚林源. 基于偏相关性分析的MPC控制器模型失配检测. 化工学报，2016，67(3)：852-857

[18] Xie S，Yang C H，Wang X L，et al. Data reconciliation strategy with time registration for the evapora-

tion process in alumina production. Canadian Journal of Chemical Engineering，2018，96：189-204
[19] Zhou X J，Yang C H，Gui W H. State transition algorithm. Journal of Industrial & Management Optimization，2012，8(4)：1039-1056
[20] 周晓君，阳春华，桂卫华. 状态转移算法原理与应用. 自动化学报，2020，46(11)：2260-2274
[21] Yao Y，Gao F R. Phase and transition based batch process modeling and online monitoring. Journal of Process Control，2009，19(5)：816-826
[22] Xie S，Yang C H，Yuan X F，et al. A novel robust data reconciliation method for industrial processes. Control Engineering Practice，2019，83：203-212
[23] Özyurt D B，Pike R W. Theory and practice of simultaneous data reconciliation and gross error detection for chemical processes. Computers & Chemical Engineering，2004，28(3)：381-402
[24] Yang C H，Xie S，Yuan X F，et al. A new data reconciliation strategy based on mutual information for industrial processes. Industrial & Engineering Chemistry Research，2018，57(28)：12861-12870
[25] Xie S，Yang C H，Yuan X F，et al. Layered online data reconciliation strategy with multiple modes for industrial processes. Control Engineering Practice，2018，77：63-72
[26] 廉乐明. 工程热力学. 4版. 北京：中国建筑工业出版社，1999
[27] 杨重愚. 氧化铝生产工艺学. 北京：冶金工业出版社，1982
[28] 徐勇，朱昭贤，王云峰，等. 模糊C均值算法参数仿真研究. 系统仿真学报，2008，20(2)：509-513
[29] Szargut J，Morris D R. Standard chemical exergy of some elements and compounds on the planet earth. Exergy，1986，11(8)：733-755
[30] Tekin T，Bayramoglu M. Exergy loss minimization analysis of sugar production process from sugar beet. The Institution of Chemical Engineers，1998，76(Part C)：149-154
[31] Wagner W，Kruse A. 水和蒸汽的性质. 项卫红译. 北京：科学出版社，2003
[32] 王勇，阮奇. 逆流多效蒸发淡碱浓缩工艺节能技术研究. 福州大学学报(自然科学版)，2006，34(2)：293-300
[33] Simpson R，et al. Optimum design and operating conditions of multiple effect evaporators：Tomato paste. Journal of Food Engineering，2008，89(4)：488-497
[34] 刘晓华，沈胜强，Klaus G，等. 多效蒸发海水淡化系统模拟计算与优化. 石油化工高等学校学报，2005，18(4)：16-19
[35] Srinivas N，Deb K. Multiobjective optimization using_nondominated sorting in genetic algorithms. Evolutionary computation，1994，2(3)：221-248

第7章 大型高强度铝合金构件制备重大装备智能控制

大型高强度铝合金构件，如火箭和导弹的端环、飞机大梁、机翼和尾翼的龙骨以及其他工业用铝合金构件等，由于它们形状复杂，成形精度要求高，变形力大，其制备大都采用大型模锻水压机成形，再用大型立式淬火炉进行淬火热处理，以获得高强度的力学性能和均匀的晶粒织构。随着我国航空航天事业和国民经济的发展，大型高强度铝合金构件对模锻成形和淬火热处理提出了更加严格的要求。为此，本章针对大型模锻水压机和大型立式淬火炉的控制难点，研究其智能控制技术。

7.1 大型模锻水压机智能控制技术

7.1.1 大型模锻水压机和模锻工艺分析

大型模锻水压机设备外观如图7.1所示。

图7.1 大型模锻水压机设备外观图

以1万t多向模锻水压机为例，其结构由六大可移动部分（垂直横梁、左右水平横梁、移动工作台、中央顶出器、侧顶出器、左右增压器）构成，它们按顺序协同动作完成模锻成形过程。各移动部分分别由操作台上的垂直操作手柄、水平操作手柄、移动工作台操作手柄和扳把开关来控制，采用“油控水”的方式，分别通过六个对应的分配器凸轮的转动带动顶杆控制各水路的阀门开闭，再由水压系统驱动可移动工作部分运动协同完成锻压过程。六大移动部件的作用为：①垂直横梁对锻件进行垂直加压；②左右水平横梁对锻件进行水平加压；③移动工作台把待压锻件移入水压机锻压区或将压好的锻件移出锻压区；④中央顶出器把压好的锻件从模具中顶出来；⑤侧顶出器把压好的锻件从工作台上顶下来；⑥左增压器、右增压器对泵站来的高压水进行增压，使得水压达到锻件形变的合适压力。多向模锻加工过程示意图如图 7.2 所示。

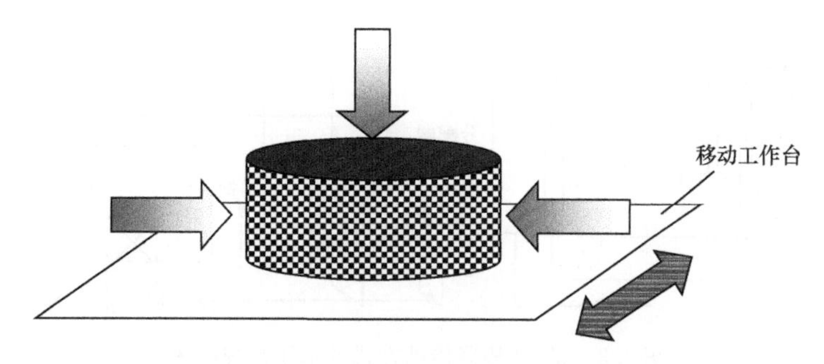

图 7.2　多向模锻加工过程示意图

图 7.3 为泵-蓄势器传动方式的水压系统简图，由凸轮式四阀分配器来实现一个工作循环的四个行程：空程、加压、回程和停止。

(1) 空程。工作循环开始时，回程缸排水阀 2 打开，活动横梁从上停止位置靠自重下降，回程缸中的液体排回低压水箱或充液罐。工作缸内的液体压力下降，由于充液罐上部有低压压缩空气，在工作缸和充液罐中的液体压力差作用下，充液阀被打开，充液罐内的液体在低压压缩空气或重力的作用下，大量流入工作缸内，实现活动横梁空程向下的充液行程，直到上砧接触工件时，活动横梁运动停止，工作缸和充液罐中的液体压力差消失，充液阀在弹簧作用下自动关闭。

(2) 加压。充液行程结束后，充液阀应完全关闭，回程缸仍通低压。当工作缸进水阀 3 打开时，从高压泵或蓄势器来的高压液体，经充液阀腔进入工作缸，并作用于柱塞上，通过活动横梁对工件进行压力加工。此时，回程缸排水阀 2 继续打开排液。

(3) 回程。工作行程结束后，工作缸进水阀 3 先关闭，然后工作缸排水阀 4 打开，卸掉工作缸和管道中高压液体的压力，接着回程缸排水阀 2 关闭，回程缸进水阀 1 打开，使回程缸和充液阀接力器通高压液体，强迫打开充液阀。活动横梁在回程缸高压液体作用下向上运动，迫使工作缸中的大量液体排入充液罐。

(4) 停止。当活动横梁上行到上停止位置时，回程缸进水阀 1 关闭，此时回程缸排水阀 2 也关闭，而工作缸排水阀 4 继续打开，工作缸通低压，活动横梁由封闭在回程缸内的液体所支撑,可以停在行程中的任意位置。

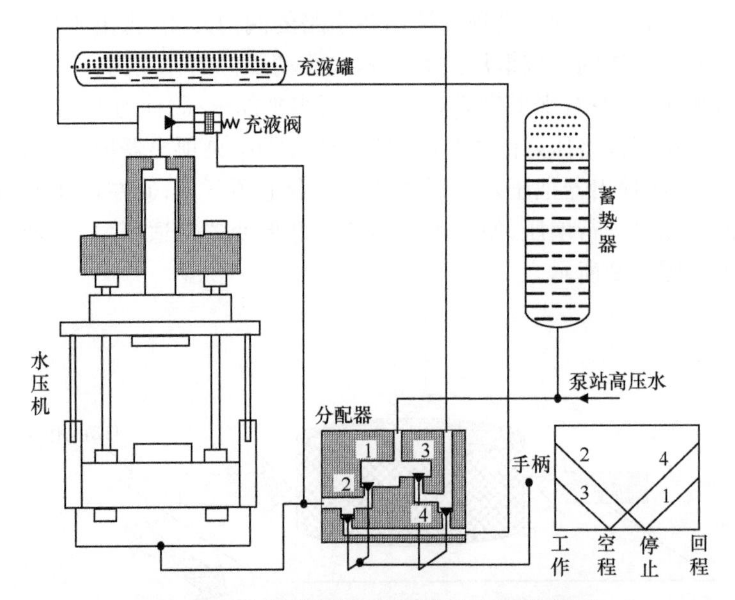

图 7.3 泵-蓄势器传动方式的水压系统简图

1-回程缸进水阀;2-回程缸排水阀;3-工作缸进水阀;4-工作缸排水阀

模锻成形是在外力作用下使金属坯料在模具内产生塑性变形并充满模膛以获得所需形状和尺寸锻件的锻造方法。衡量模锻件产品加工质量的两个重要指标是加工精度和内部织构。其中模锻件加工精度取决于锻压的欠压量,模锻件内部织构主要取决于模锻加工过程中水压力的变化。而大型模锻水压机工作压力大、欠压量无法在线检测,分配器位置关联、驱动系统位置控制精度低,造成模锻加工欠压量大;同时,反映整个模锻工作循环中水压力变化的压力曲线通常是生产操作工人根据实际生产过程状态变化凭经验选择压力级别和操作手柄控制分配器形成的,不能保证模锻过程压力曲线最优。模锻产品的质量很大程度上取决于操作工人对模锻过程的把握程度,不同的操作工人加工出来的产品质量有所不同,造成模锻件质量的不稳定[1,2]。

7.1.2 大型模锻水压机欠压量在线智能检测方法

欠压量检测过程如图 7.4 所示,首先通过超声波定位装置测量活动横梁的位置,再通过应变量补偿计算,最后得到欠压量值。

模锻件加工精度用欠压量 E 来描述,欠压量 E 为锻件实际尺寸与设计目标尺寸之间的误差,它受多个因素的影响,其数学模型描述如下:

$$E=f(P_i(t),\Delta\theta_{i,j},\theta_{r_{i,j}}) \tag{7-1}$$

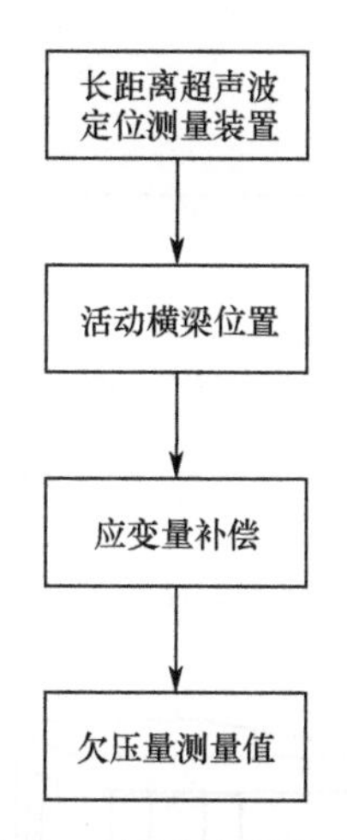

图7.4　欠压量检测过程

式中，$i=1,2,3$ 分别代表垂直方向、左水平方向和右水平方向；$j=1,2,3,4$ 分别代表模锻加工过程的四个行程，即空程、加压、回程和停止；$P_i(t)$ 为压力曲线；$\Delta\theta_{i,j}$ 为分配器转动角度误差；$\theta_{r_{i,j}}$ 为分配器角度设定值。

大量的生产实际经验和试验表明，式(7-1)的变量中，对欠压量 E 影响最大的是转角误差 $\Delta\theta_{i,j}$。压力曲线 $P_i(t)$ 对锻件织构影响很大，但对欠压量影响相对较小。设定值 $\theta_{r_{i,j}}$ 由操作手柄位置决定，一般四个位置的转角是固定的。因此减小欠压量 E 最有效的措施是提高数字电液伺服系统的控制精度，减小 $\Delta\theta_{i,j}$。目前国际上还未成功研制出模锻欠压量在线检测装置，只能离线测量。通过大量的试验和分析，得到欠压量 E 和 $\Delta\theta_{ij}$ 的典型关系曲线，如图7.5所示。图中曲线呈明显非线性关系，当 $\Delta\theta_{ij}<5$℃时，$\Delta\theta_{ij}$ 对 E 的影响较小；当 $\Delta\theta_{ij}>5$℃时，$\Delta\theta_{ij}$ 对 E 的影响较大。模锻件若为航天器端环，增加0.1mm欠压量可能引起目标的误差增加20m。因此，分配器转角的精确控制对大型航空航天构件的加工精度显得至关重要。

采用力学测试与模拟(mechanical testing & simulation，MTS)位移传感器在线检测欠压量原理图如图7.6所示。

水平移动工作台将模具支承座送入，位移传感器测头固定于水压机立柱的限程套上，位移传感器的活动磁环通过连接装置与活动横梁相连，并通过波导管与传感器测头相连。当模锻水压机模锻加工时，活动横梁沿水压机立柱向下运动，开始是空程。当上模具和下模具接触时，进入加压行程。给活动横梁加压，使模锻件变形，获得模具成形的锻件，完成加压行程。此后，活动横梁进入回程，沿水压机立柱向上运动，最后停止，可停靠在操作空间中任意位置。加压行程内活动磁环跟随活动横梁向下移动一定距离，活动磁环与波导管形成的相交磁场产生的应变脉冲信

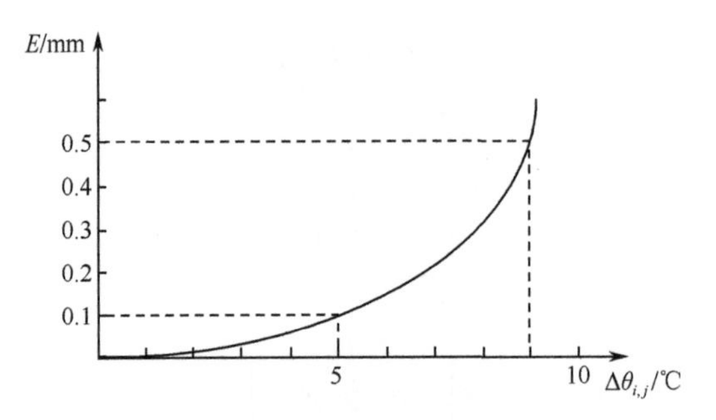

图 7.5 $E=f(\Delta\theta_{i,j})$曲线图

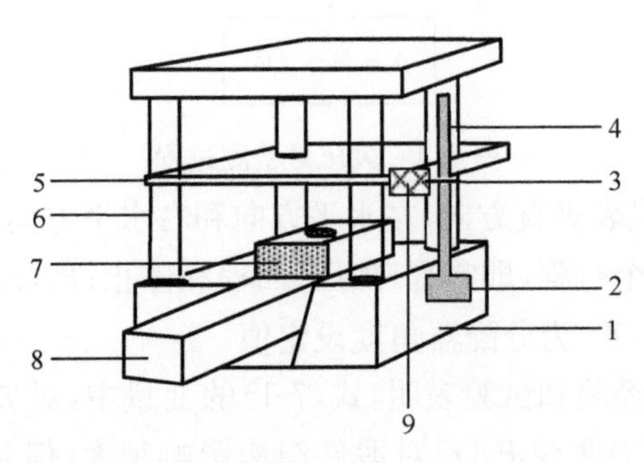

图 7.6 采用 MTS 位移传感器在线检测欠压量原理图

1-限程套;2-传感器测头;3-活动磁环;4-波导管;5-活动横梁;6-立柱;7-支承座;8-工作台;9-连接装置

号返回位移传感器测头。检测出活动磁环在加压行程内移动的精确距离,将此距离与模锻件加工设定的距离比较计算得到模锻件的欠压量。

MTS 位移传感器连接装置如图 7.7 所示。

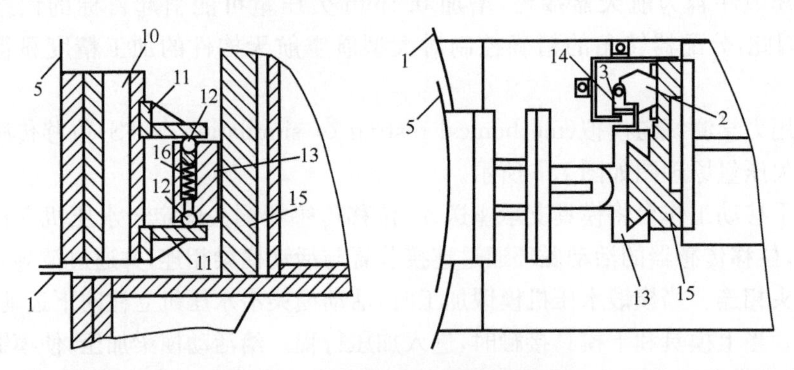

图 7.7 MTS 位移传感器连接装置

1-限程套;2-测头;3-活动磁环;5-活动横梁;10-压板支座;11-压板;12-钢球;13-滑块;14-连接件;15-导轨;16-弹簧

测头固定于水压机立柱的限程套上，活动磁环通过连接装置与活动横梁部分相连。连接装置由压板支座、上下两对称压板、上下两对称钢球、滑块和连接件构成。钢球与上下压板之间在水平方向上除摩擦力之外无其他力的传递，使得活动横梁水平方向的振动不能传递到滑块上，从而使传感器免受活动横梁水平振动的影响，避免活动横梁倾斜可能产生的对滑块和导轨的损坏；导轨及滑块保证固定在滑块上的传感器磁环在垂直方向上的平稳运动，并使传感器磁环在水平方向上无摆动；滑块中的弹簧使钢球在磨损后仍保持上下压板、钢球和滑块之间无间隙，保证运动传递的准确性。

大量的试验数据分析表明。模具及其支承座所受压力与应变量呈非线性的关系。当压力小于 20MPa 时，没有应变；当压力超过 20MPa 时，模具及其支承座应变量与压力呈近似线性关系，压力为 30MPa 时，应变量为 13μm；压力为 40MPa 时，应变量为 27μm；压力为 50MPa 时，应变量为 45μm。最后获得模具及其支承座应变量随压力变化的拟合公式，即

$$X = a_0P + b_0 \tag{7-2}$$

式中，X 为模具及其支承座应变量；P 为模锻水压机在加压行程中所施加的压力；a_0 与 b_0 为通过标定拟合曲线所得的系数。

根据上述标定曲线和拟合公式，检测模锻水压机加压行程中加压的压力值，计算出应变量来补偿 MTS 位移传感器的检测值，可得模锻件准确的欠压量。

7.1.3　多关联位置电液比例伺服系统高精度快速定位智能控制技术

垂直、左右水平和移动工作台三组数字电液伺服系统的组成基本相同，由绝对式光电编码器、现场控制器、液压驱动系统、分配器、水压系统和水压机组成[3,4]，如图 7.8 所示。

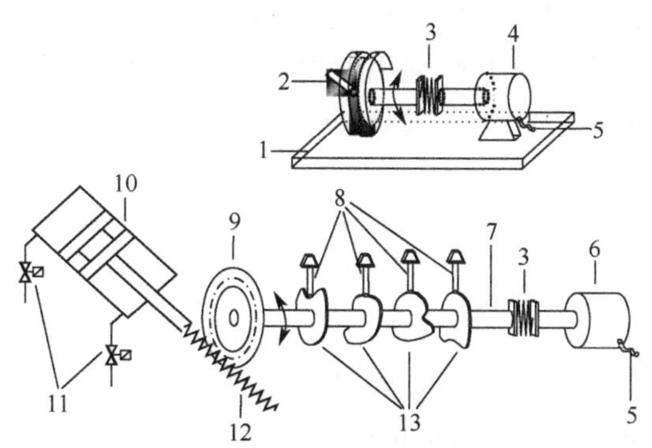

图 7.8　分配器结构示意图

1-操作台；2-操作手柄；3-弹性连接轴；4-转角给定光电编码器 OPT1；5-电缆；6-转角检测光电编码器 OPT2；7-分配转动轴；8-顶杆；9-齿轮；10-接力器；11-电磁阀；12-齿条；13-凸轮

图 7.8 中,光电编码器 OPT1 通过弹性连接轴和操作手柄的转动轴相连。OPT2 用弹性连接轴和分配器转动轴连接。操作手柄和分配器分别带动这两台编码器转动,编码器将操作手柄和分配器的转动角度转换成 10 位数字信号,输入现场控制器。控制器将两个角度值进行比较,判断偏差的大小和方向,经算法处理后,输出控制信号。再经过中间继电器接通不同的电磁阀,使中压油经电磁阀 11 进入接力器液压缸推动分配器转动,直到 OPT1 与 OPT2 之间的角度差小于允许值,电磁阀断电,分配器便停在要求的位置上。由于分配器的转动惯量较大、中间继电器的动作延迟、电磁阀死区和惯性以及负载阻力是转角 θ_i 的非线性函数等因素的影响,原控制系统采用自整角机作为转角设定和跟踪传感器、由极化继电器和相敏放大器构成模拟控制器,其角度跟踪误差 $\Delta\theta_i$ 达到 $\pm 9°$,而且经常发生故障。改造后的电气控制系统除了硬件采用数字电液伺服系统外,还采用研制的智能超差二次调整控制策略,使角度跟踪误差 $\Delta\theta_i$ 减小到 $\pm 2°$,极大地减小了欠压量,提高了水压机控制系统的工作可靠性[3]。

液压驱动系统由液压站、油缸活塞和齿条齿轮变速装置组成,齿轮安装在分配器的轴上,驱动分配器旋转。液压驱动系统伺服阀为开关电磁阀,由现场控制器输出信号控制,它们等效为带死区 δ_i 的继电器特性环节;阻力矩 M_f 是闸型水阀受高压水的压力产生的,随阀门开度和高压水压力变化,它是带有不确定性的转角 θ_i 的非线性函数;分配器凸轮形状复杂(图 7.8),分配器数字电液伺服系统是具有不确定性的Ⅱ型非线性系统。包含带死区的继电器特性环节,难以建立其精确的数学模型。减小角度跟踪误差 $\Delta\theta_i$,使分配器不产生振荡地准确到位难度很大。若分配器转动产生振荡,会引起压力曲线 $P_i(t)$变化,使锻件内部织构变差。

为此,本书研制了智能超差二次调整控制策略。其基本原理是:用神经网络拟合计算出合适的提前量 ε_i,使伺服阀断电。驱动系统由于惯性作用,分配器继续旋转一个角度,再判断 $\Delta\theta_i$ 是否满足 $-\delta_i<\Delta\theta_i<\delta_i$。若不满足,则根据 $\Delta\theta_i$ 的符号、高压水的压力和要求的控制精度 δ_i,采用模糊推理规则决定给伺服阀再次通电的时间 τ_i。智能超差二次调整控制系统原理框图如图 7.9 所示。

1) ε_i-NN 算法

拟合计算提前量 ε_i 的神经网络 ε_i-NN 结构示意图如图 7.10 所示。

分别对输入层节点转角 θ_i 和角度跟踪误差 $\Delta\theta_i$ 以及压力 P_i 等,进行归一化处理;由于训练时间受到生产实际情况的限制,隐含层节点 $n=5$;输出层节点 1 个,输出为提前量 ε_i。ε_i 不能为负值,因此输出层神经元的活化函数取非负的 Sigmoid 函数,而隐含层神经元的活化函数可取正负的 Sigmoid 函数。

BP 神经网络 ε_i-NN 第 i 个节点的输入和输出为

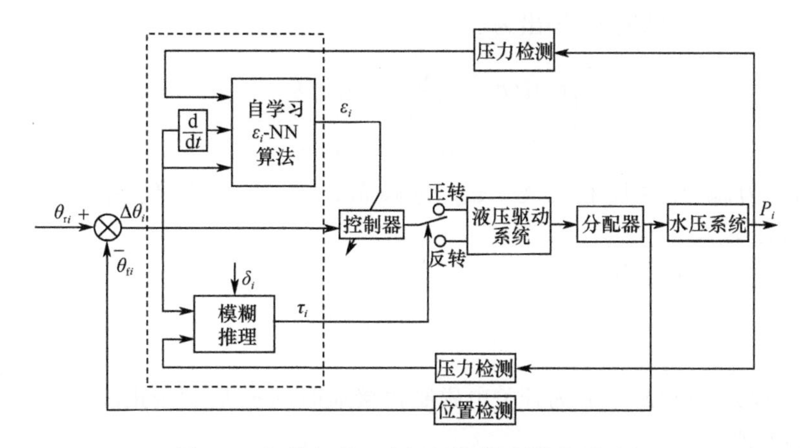

图 7.9 智能超差二次调整控制系统原理框图

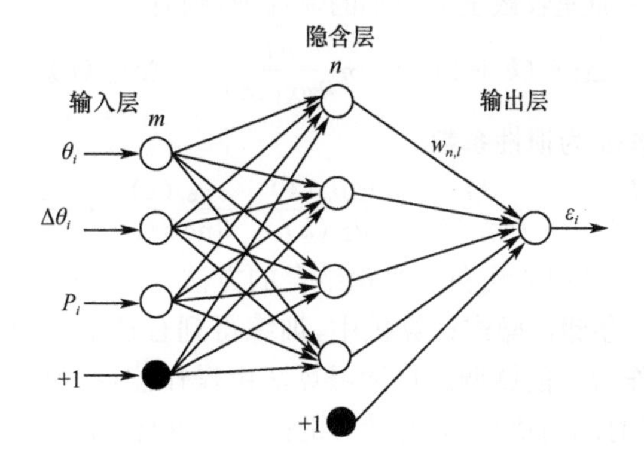

图 7.10 ε_i - NN 结构示意图

$$
\begin{cases}
o_0^1(k) = \theta_i \\
o_1^1(k) = \Delta\theta_i \\
o_2^1(k) = P_i \\
o_3^1(k) = 1
\end{cases}
\tag{7-3}
$$

神经网络隐含层的输入、输出为

$$
\begin{cases}
\text{net}_n^2(k) = \sum_{m=0}^{3} w_{mn}^2 o_m^1(k) \\
o_n^2(k) = f(\text{net}_n^2(k)), \quad n = 0,1,2,3 \\
o_4^2(k) = 1
\end{cases}
\tag{7-4}
$$

式中，w_{mn}^2为隐含层加权系数；w_{3n}^2为阈值；$f(\cdot)$为活化函数，$f(\cdot)=\tanh(x)$；上角标1、2、3分别表示输入层、隐含层和输出层。

输出层神经元的输入、输出为

$$\begin{cases} \mathrm{net}_1^3(k) = \sum_{n=0}^{Q} w_{n1}^3 o_n^1(k) \\ o_1^3(k) = g(\mathrm{net}_1^3(k)) = \varepsilon_i(k) \end{cases} \tag{7-5}$$

式中,w_{n1}^3 为输出层加权系数;w_{Q1}^3 为阈值;$g(\cdot)$ 为活化函数,$g(\cdot)=[1+\tanh(x)]/2$。

取性能指标函数为

$$J = \frac{[\Delta\theta_{ie}(k)]^2}{2} \tag{7-6}$$

式中,$\Delta\theta_{ie}(k)=\Delta\theta_i(k)-\delta_i$ 为开关电磁阀再接通时间 τ_i 后剩余跟踪误差$\Delta\theta_i(k)$与δ_i比较的差值。

依照最速下降法修正网络的加权系数,即按加权系数的负梯度方向对 J 进行搜索调整,并附加一加速收敛全局极小的惯性项,则有

$$\Delta w_{n1}^3(k+1) = -\eta \frac{\partial J}{\partial w_{n1}^3(k)} + \alpha \Delta w_{n1}(k) \tag{7-7}$$

式中,η 为学习速率;α 为惯性系数。

$$\frac{\partial J}{\partial w_{n1}^3(k)} = \frac{\partial J}{\partial \Delta\theta_{ie}(k)} \cdot \frac{\partial \Delta\theta_{ie}(k)}{\partial \varepsilon_i(k)} \cdot \frac{\partial \varepsilon_i(k)}{\partial \mathrm{net}_1^3(k)} \cdot \frac{\partial \mathrm{net}_1^3(k)}{\partial w_{n1}^3(k)} \tag{7-8}$$

ε_i-NN 网络训练采用离线和在线相结合的方法,在调试期间由现场控制器采集 $\theta_i(k)$、$\Delta\theta_i$ 和 P_i,存储在操作计算机中,训练得到合适的提前量 ε_i,再进行试运行,通过学习机制作合适的微调。自学习算法由操作监控计算机在模锻过程中两个进程之间的间隙时间内执行,并对计算的微调量进行判断,优化提前量 ε_i。

2) 模糊推理控制算法

系统模糊控制器的设计中,充分考虑专家经验;采用量化的方法建立三角形隶属函数;通过经验归纳法 IF…THEN…建立模糊控制规则;采用 Mamdani 模糊推理算法,进行似然推理;得到再次通电时间的模糊量$\underline{\tau_i}$,解模糊后,得到再次通电时间 τ_i。

根据系统控制精度的要求,转角跟踪误差 $\Delta\theta_i$ 的模糊变量$\underline{\Delta\theta_i}$取为{负大,负中,负小,零,正小,正中,正大},即{NB,NM,NS,ZO,PS,PM,PB}。压力 P_i 事先设定一标准值,检测值和标准值偏差除以标准值的模糊变量$\underline{P_i}$取为{负大,负中,负小,零,正小,正中,正大},即{NB,NM,NS,ZO,PS,PM,PB}。通电时间 τ_i 的模糊变量$\underline{\tau_i}$量取为{负大,负中,负小,零,正小,正中,正大},即{NB,NM,NS,ZO,PS,PM,PB},ZO 对应的再通电时间为 0,N 表示反转,P 表示正转。

根据专家知识和操作人员经验积累,伺服阀再次通电的时间 τ_i 的模糊推理规则如表 7.1 所示。

表 7.1　模糊控制规则表

τ_i		P						
		NB	NM	NS	ZO	PS	PM	PB
$\Delta\theta_i$	NB	NB	NB	NB	NB	NM	NS	ZO
	NM	NB	NB	NM	NM	NS	ZO	ZO
	NS	NB	NM	NM	NS	ZO	ZO	NS
	ZO	NM	NS	NS	ZO	NS	NS	PM
	PS	NS	ZO	ZO	PS	PM	PM	PB
	PM	ZO	ZO	PS	PM	PM	PB	PB
	PB	ZO	PS	PM	PB	PB	PB	PB

7.1.4　模锻水压机批量生产自学习控制技术

在实际生产中，经常需要批量生产几十块甚至几百块同样材质、同样形状和尺寸的锻件，加工时间持续一天甚至几天。操作人员可能因疲惫而出现误操作，影响锻件的加工质量，甚至造成设备事故，因此用计算机代替操作人员实现批量生产显得非常必要。学习控制系统是实现无人自动操作的最好方式。在该系统中，用操作特征值作为操作过程的框架知识，这些操作特征值用操作变量及其取值来表示，极易让计算机识别和处理。

操作人员可以看成一种高度智能化的控制器，其输入是被控过程的期望运行状态和实际运行状态，输出是控制模锻过程的各种操作信号。系统采用机械记忆式学习和实例学习相结合的方法获取操作知识。学习控制系统定时从现场控制器获取模锻水压机的工作状态和操作人员的操作信息，这些信息构成提取操作特征值的原始资料。计算机通过解释、整理这些信息，从中提取特征值。从而学到了操作人员的操作知识，并构成自己的操作知识库[5]。操作特征值的提取和操作知识库的构建过程如图 7.11 所示。

在模锻加工的批量生产中存在两种操作模式。运行于第一种操作模式时，首先由熟练的操作人员操作几次模锻过程，起示范的作用，让仿人控制器进行学习。运行于第二种操作模式时，仿人控制器自主地运用操作知识库中的知识发出指令，从而实现批量生产的无人操作。

1) 特征值的提取方法

提取操作特征值要进行两步工作[5]。

第一步是确定哪些操作量可以作为操作人员操作一次模锻过程的框架知识中的槽。操作量是否完整合理是构成学习控制系统的关键环节，必须在仔细观察、分析模锻加工过程的基础上进行。为了使操作人员的操作知识系统化、有序化，将一

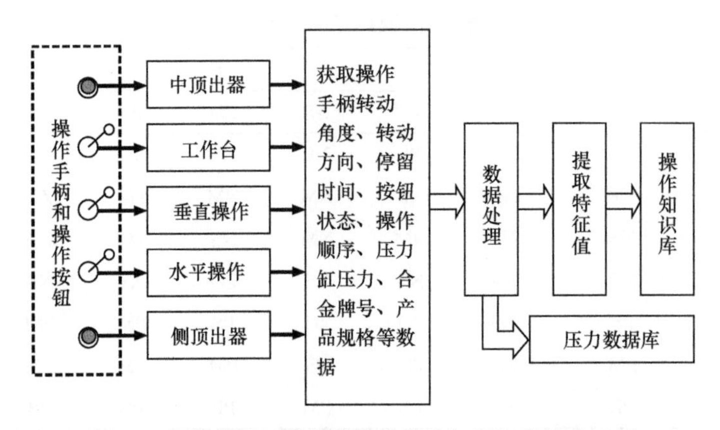

图 7.11　操作特征值的提取和操作知识库的构建过程

块坯料的模锻过程分成六个子过程:①工作台移入子过程;②垂直操作子过程;③水平操作子过程;④中央顶出器工作子过程;⑤侧顶出器工作子过程;⑥工作台移出子过程。子过程是整个操作过程中最小的操作单位。一个子过程中进行的一系列操作动作的类别和顺序是固定不变的。

第二步是获取各操作量的值。能否准确地获取各操作量的值决定了学习控制系统的运行品质的好坏,甚至影响到系统的运行稳定性和可靠性。

当系统处于学习状态时,操作人员通过改变来自操作台的按钮、选择开关和手柄角度来控制模锻过程。来自模锻水压机各移动部分的行程开关、分配器的转动角度信号反映了水压机实际运行状态。现场控制器的开关量输出由两部分组成:一是送往操作台,控制相应的指示灯亮,便于操作人员了解水压机的实际运行状态;二是送往控制各电磁阀的继电器和控制各电磁铁的接触器,这些是控制模锻水压机动作的信号。

为了实现现场控制器和操作计算机之间批量信息的传输,各输入、输出接点信号和一些内部继电器信号按一定的格式顺序存入数据寄存器 D0～D35 中。每个数据寄存器可存放 16 位二进制数,一个接点信号仅占一位,因此一个数据寄存器可存放 16 个接点状态信号,一个分配器的角度值占用一个数据寄存器。操作计算机采用一个整型数组 In_Data[ ]存放从现场控制器送来的信息,模锻过程中的 6 个压力信号经过模/数转换板转换成浮点数存放在数组 Pcl_Data[ ]中,In_Data[ ]数组和 Pcl_Data[ ]数组中存放的数据就是学习控制系统取得操作特征值的原始资料。例如,垂直操作子系统中,垂直操作手柄每个时刻的角度值存放在 In_Data[ ]中,持续时间通过定时器计数来获得。空程压力、工作压力和回程压力存放在数组Pcl_Data[ ]中。

计算机从获得的信息中提取特征值必须保证信息的准确性。手柄的角度值是通过光电编码器送到现场控制器，再由现场控制器传送到计算机的。角度信息在转换和传送的过程中由于受到干扰而有时会出现虚假信号，即错误信息。因此，一定要对获得的角度信号进行鉴别，去伪存真，否则计算机把假信息也当作操作人员操作产生的结果来学习，将引起操作知识错误。例如，角度的错误信息具有突跳性，即突然发生很大的变化而后又恢复到原先角度范围的角度信号一般是错误的。软件设计中采用了链表的形式记录各时刻的角度值，在记录过程中将那些突变的角度值剔除。计算机从获得的信息中提取特征值是以一定周期进行的，特征值提取周期必须小于计算机与现场控制器的通信周期，从而及时感知模锻过程的信号变化。

2）操作知识库的形成

操作人员向操作计算机输入开始“学习”的命令后，系统首先建立一个数组 Study[M][N]存放特征值在各次模锻过程中的取值[5]，其格式如图 7.12 所示。模锻加工一块坯料的全过程作为一次学习过程，M 是特征值的总数，$N-1$ 为学习的次数。当操作人员输入学习结果的命令后，系统对 Study[M][N]数组进行处理。

$$
\begin{bmatrix}
\vdots & \vdots & \vdots \\
\text{Study}[6][0] & \text{Study}[6][1]\cdots & \text{Study}[6][N-1] \\
\text{Study}[7][0] & \text{Study}[7][1]\cdots & \text{Study}[7][N-1] \\
\text{Study}[8][0] & \text{Study}[8][1]\cdots & \text{Study}[8][N-1]
\end{bmatrix}
$$

图 7.12　Study[M][N]数组数据存储格式

由于操作人员在相同的情况下可能作出不同的操作决策，系统要在不同的操作决策中作出选择。为此采用了折中的处理办法，用式(7-9)对同一个特征值在各次模锻过程中的不同取值进行中值平均，形成操作知识。其中，CV_i 表示第 i 个特征值。

$$
\text{CV}_i = \frac{1}{N}\sum_{j=0}^{N-1}\text{Study}[i][j], \quad i = 0,1,\cdots,m-1 \tag{7-9}
$$

各特征值的方差是衡量各特征值 N 次取值的离散程度的重要特征，也是评价各特征值取值质量好坏的标准。用式(7-10)计算各特征值的方差作为验证操作知识正确与否的标准。当每个特征值的方差都小于设定的门限值时，认为操作知识是正确的，停止学习。

$$
\text{DV}_i = \frac{1}{N}\sum_{j=0}^{N-1}[\text{Study}[i][j] - \text{CV}_i]^2, \quad i = 0,1,\cdots,m-1 \tag{7-10}
$$

将操作知识存入操作知识库中，当有的特征值的方差大于门限值时，系统将继续进行学习。在继续学习的过程中，将那些方差超过门限值的特征值用新的取值取代原数据中偏差最大的取值，再进行中值平均，直到其方差满足门限值的要求为止。所有操作量的最终取值存放在一个 M 维的数组 Result[M]中，该数组中每一个元素对应一个特征值。另外，系统定义了标志数组 Sub_mark[ ]，这个数组有六个元素,分别表示六个子过程的工作顺序和状态,称为对应子过程的标志字。每个标志字为无符号整数,最左边定义为激发位,若为 1,则表示对应的子过程处于激发状态,即正在进行之中;若为 0,则表示当前没有对应的子过程。从左数第二位定义为完成位;若为 1,则表示对应的子过程已完成了;若为 0,则表示对应的子过程还没完成。低六位即从右数起的六位反映六个子过程的工作顺序。若某元素从右数第一位为 1,则表示对应的子过程第一个工作。若有两个元素从右数第 2 位为 1,则表示对应的两个子过程同时处于第二的顺序工作。从第 6 位到第 13 位保留未用,全部置为 0。例如,垂直操作子过程处于第二的顺序工作,目前正处于激发状态,但还没有进行完毕,其标志为 8002H。Result[ ]数组与 Sub_mark[ ]数组就是系统的操作知识库,系统进入无人操作批量生产时,上位机运用操作知识库里的知识完成模锻过程。

3) 无人操作的实现

当操作人员命令开始无人操作批量生产后,操作计算机自主地运用操作知识库中的知识,发出操作指令。操作计算机发出的操作指令以向现场控制器发送的数据 Out_data 作为载体。Out_data 是一个整型数组,具有同 In_data 数组大致相同的结构。一个整型数也存放 16 个接点信号。这些存放于 Out_data 数组中的接点信号将取代操作台上的选择开关、按钮信号和操作人员的操作动作,和它们在模锻过程中按顺序不断改变一样。

模锻加工自学习无人操作系统框图如图 7.12 所示,现场控制器有两套应用程序:一套程序当系统处于学习状态时启用,接收来自操作台的信号;另一套程序当系统处于无人操作批量生产时启用,接收来自操作计算机传送过来的操作信息。

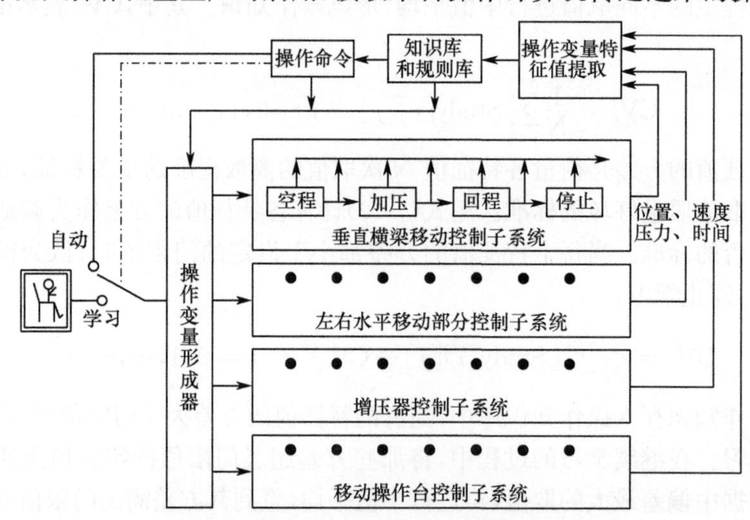

图 7.12　模锻加工自学习无人操作系统框图

操作计算机发出的操作命令通过现场控制器来驱动相应的电磁铁、电磁阀,达到同人一样的操作效果。在执行无人操作程序时,随着模锻过程的进行还要不断检测模锻水压机的工作状态,如各阶段的压力值、各工作部分到位情况,通过推理,判断模锻过程是否处于正常工作状态。遇到故障情况,转入故障处理程序,中断模锻过程,在CRT(cathode ray tube)显示器显示故障信息,指导操作人员处理,保证模锻过程可靠地进行。

7.1.5 基于压力原则的模锻过程压力智能优化控制技术

为了获得模锻件的优良晶粒织构品质和最小的欠压量,基于压力原则的模锻过程压力优化控制技术是十分重要的,其工作原理如图7.13所示。从大量计算机记录的操作数据中提取操作模式,包括加压过程压力曲线和操作特征值等。将操作模式与锻件内部晶粒织构和欠压量进行对比分析,选取最优操作模式,建立最优操作模式库。数据库中存有600组压力曲线。在无人操作批量生产中,根据键入的加工产品型号和规格,由计算机在数据库中选取合适的压力曲线,控制模锻过程的进程,确保加工质量的稳定。典型的模锻过程压力曲线如图7.14所示。

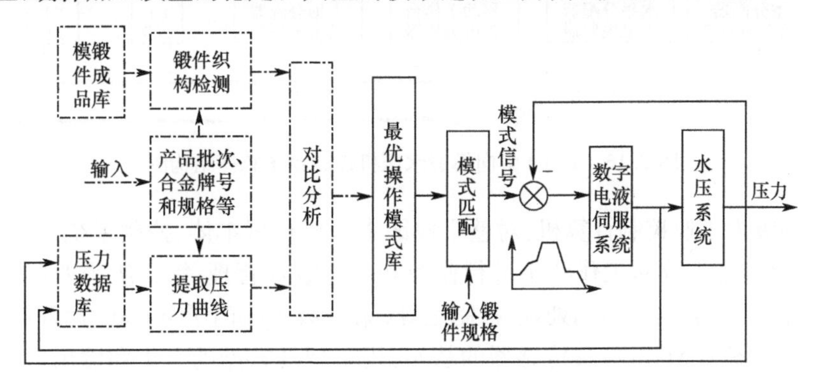

图7.13 基于压力原则的模锻过程压力优化控制技术原理图

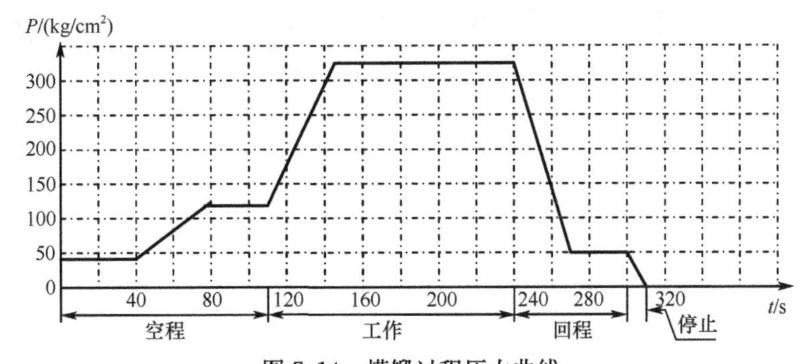

图7.14 模锻过程压力曲线

7.1.6 智能控制系统设计与实现

大型模锻水压机智能控制系统主要由油压系统、接力器(油缸)、分配器凸轮驱动系统、电气控制系统、工业控制计算机组成,总体结构如图 7.15 所示。

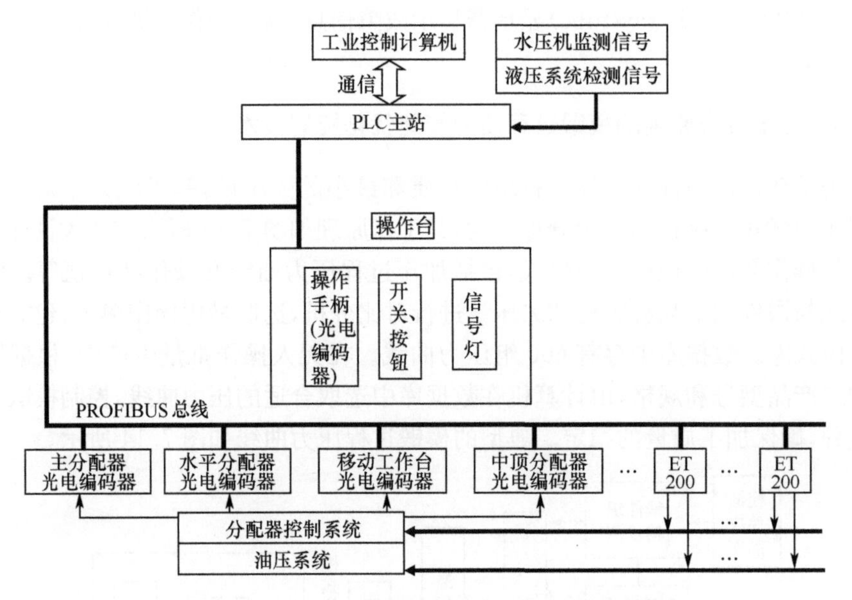

图 7.15 1万 t 多向模锻水压机控制系统总体结构图

第一级为工业控制计算机,对整个模锻水压机机械本体、控制系统、油压操作系统、水路分配系统的工作状态进行监控和生产数据管理;第二级为西门子公司 PLC 主站,用于数据采集和处理、控制运算;第三级为西门子 ET200 远程站、绝对式光电编码器和 MTS 位移传感器的从站,用于现场数据的采集和输出数据的发送。编码器采用德国 P+F 绝对式旋转编码器,带总线通信接口。采集手柄和分配器转过的角度,并把信号通过 PROFIBUS-DP 总线传到 PLC 主站;位移传感器采用美国 MTS 垂直位移传感器,带总线通信接口,其功能为采集活动横梁移动距离信号,并且将信号通过 PROFIBUS-DP 总线传到 PLC 主站,再转送到上位机显示活动横梁移动距离。PLC 主站和远程站采用 PROFIBUS 总线连接,提高了网络通信的可靠性和实时性,而且大大减少了电气元件之间的连线,方便了维护和设备的更换。

系统软件功能包括工作状态监视、生产管理和故障分析。其中,水压机模拟画面实时显示水压机的动态工作情况;梯形图画面实时显示各操作开关、接点的开闭状态,可供技术人员检查线路故障情况;分配器阀位监视图实时显示操作手柄的给定角度值和分配器的跟踪角度值;物理量参数列表画面实时显示各物理量的当前值;趋势图画面根据重要物理量测量值的历史数据显示其变化趋势。当水压机发生故障时,故障列表及分析画面显示故障点的位置、故障原因及处理意见,指导操作人员处理故障。加工单菜单画面用于输入生产加工单、试车加工单和空转加工单,只有输入了一个完整的加工单以后才能启动水压机使其工作,从而保证水压机操作安全和试车安全。

7.2　大型立式淬火炉智能控制技术

7.2.1　大型立式淬火炉工作原理及控制要求

大型立式淬火炉是高强度铝合金构件的重大热处理装备,适用于小批量、多品种的大型构件淬火热处理,属于周期式加热炉,炉体外形如图7.16所示,炉体结构如图7.17所示。对于31m立式淬火炉,其炉高31.64m,炉体沿径向分为炉壁、加热室、工作室壁、工作室四个部分,加热室内径2.8m,工作室外径1.5m,电热元件置于加热室壁,待加热构件悬吊于工作室中心位置,加热室内多组电热元件沿轴向均匀分布组成多个加热区段,各个加热区段放置相应功率的电热元件,炉温通过改变电热元件的功率加以调节。在炉底设置两台大通风量的离心风机强制空气循环,将热空气从上往下带动循环,增强炉体的对流换热[6,7]。

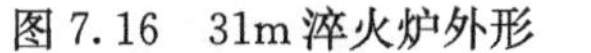

图7.16　31m淬火炉外形

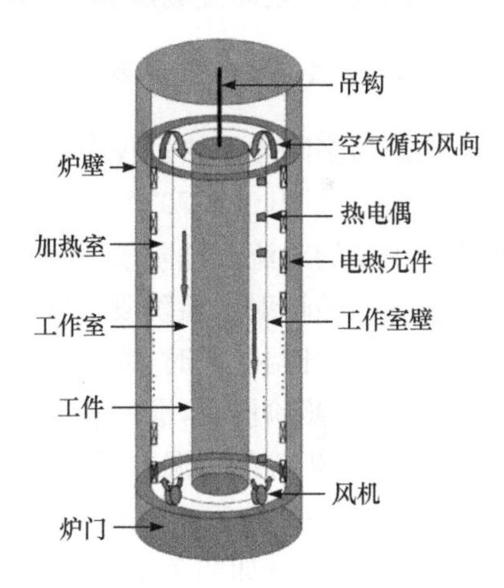

图7.17　淬火炉炉体结构示意图

铝合金经过淬火热处理可获得良好的机械性能、物理性能和抗腐蚀性能。经过热处理,内部晶粒结构发生变化,铝合金力学性能可以提高30%～40%。淬火加热使合金中的强化相溶入基体,形成以铝为基的固溶体,其溶解度随温度下降而减少,将铝合金加热至淬火温度,保温后迅速冷却,从而获得α过饱和固溶体。在防止过烧的情况下,尽可能采用较高的淬火温度,使强化相得到充分的固溶,获得最大的强化效果,达到所要求的强度。

淬火工艺加热一般包括升温、过渡和保温三个过程。在铝合金淬火热处理工艺中,基于生产成本和节能降耗的考虑,加热升温过程的控制要求是低电耗最速升温;过渡阶段的控制要求是无超调,尽快实现由过渡阶段到保温阶段的平稳过渡;保温阶段的控制要求是大空间范围内和长时间的炉内温度平稳和均匀分布。

大型高强度铝合金构件的合金含量很高,完全固溶温度相应提高,而熔化温度则相应降低,淬火温度允许变化范围十分狭窄,并且大型航空航天构件要求受热均匀才能保证其良好的晶粒织构和优良的性能。因此,为了获得高强度的力学性能、均匀的晶粒织构,大型高强度铝合金构件的淬火工艺对大型立式淬火炉大空间范围的温度分布均匀性及温度控制精度要求极其严格,一般需达到±5℃,甚至±3℃的控制精度要求[8,9]。然而,大型立式淬火炉体积庞大,炉体结构复杂,多种热交换方式并存,炉内温度分布呈本征非均匀特性,多区段加热方式使得各区段温度具有强耦合特性,构件悬吊于工作室中心,温度不能直接测量,传统的炉温控制策略无法实现大型立式淬火炉温度控制的高精度高均匀性。为此,针对大型立式淬火炉高精度高均匀性温度控制难点,建立炉内温度场模型、研制高精度高均匀性温度控制技术、开发大型立式淬火炉智能控制系统。

7.2.2 炉内多区多时段温度场建模

1. 多区多时段温度场模型结构

整个淬火炉的多阶段加热过程中,可根据工作室壁上的多个热电偶测量值的平均值所处的温度范围(0~370℃、370~460℃、460℃以上),将热处理过程依次划分为热对流占主导的对流升温阶段、热对流和热辐射共同作用的对流辐射过渡阶段和热辐射占主导的辐射保温阶段。针对这三个阶段淬火炉内传热方式的特点,可以认为:处于对流升温阶段时,锻件表面获得的热流密度全由热对流传热方式提供;处于对流辐射过渡阶段时,锻件表面获得的热流密度由热对流和热辐射两种传热方式共同提供;处于辐射保温阶段时,锻件表面获得的热流密度则全由热辐射传热方式提供[10]。对锻件外表面边界区域 Γ 的划分,将按照淬火炉工作室腔内壁热电偶排列顺序,从上至下如图 7.18 所示。由于有七个热电偶,因此工作室中的七个圆柱形区域标记为 $\Omega_1 \sim \Omega_7$,工作室的顶端区域标记为 Ω_0,底端区域标记为 Ω_8。综上,可建立大型立式淬火炉多时段多区段三维温度场模型,具体表达式为

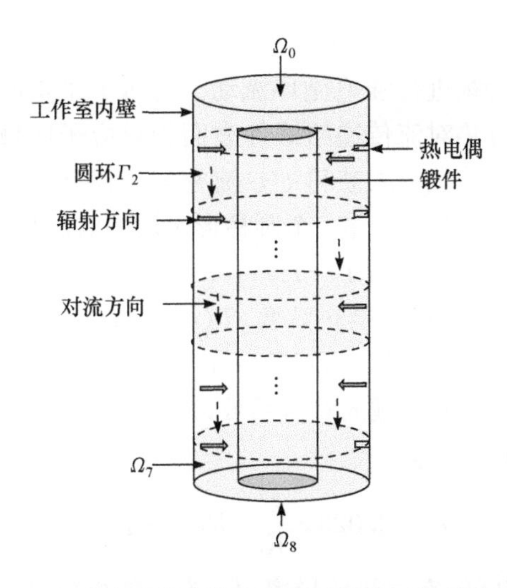

图 7.18　工作室内热交换方向以及圆柱区域划分示意图

$$
\begin{cases}
\begin{cases}
\dfrac{\partial^2 T}{\partial r^2}+\dfrac{1}{r}\dfrac{\partial T}{\partial r}+\dfrac{\partial^2 T}{\partial z^2}-\dfrac{\rho_w c_w}{\lambda_w}\dfrac{\partial T}{\partial t}=0 \\
\dfrac{\partial T}{\partial \varphi}=0
\end{cases} \\
q_{\text{surface}}=[q_{\Gamma_0} \quad q_{\Gamma_1} \quad \cdots \quad q_{\Gamma_8}]^{\mathrm{T}} \\
q_{\Gamma i}=\begin{cases}
q_{ci}, \quad 0<\overline{T}\leqslant 370^\circ; \quad i=0,1,\cdots,8 \\
q_{ci}+q_{ri}, \quad 370^\circ<\overline{T}\leqslant 460^\circ; \quad i=0,1,\cdots,8 \\
q_{ri}, \quad \overline{T}>460^\circ; \quad i=0,1,\cdots,8
\end{cases} \\
\left.\dfrac{\partial T}{\partial z}\right|_{z=0}=0, \quad \left.\dfrac{\partial T}{\partial z}\right|_{z=l}=0, \quad T|_{t=0}=T_0
\end{cases}
\tag{7-11}
$$

式中，ρ_w、c_w 和 λ_w 分别表示锻件的密度、比热容和热传导率；q_{surface}表示锻件表面的热流密度，它由工作室内壁通过热辐射传递给锻件表面的辐射热流密度q_r 及热空气通过热对流传递给锻件表面的对流热流密度q_c 共同决定；Γ 表示锻件表面区域；T_0 表示锻件初始温度；$\overline{T}$ 表示工作室壁上的多个热电偶测量温度的平均值。

2. 温度场模型边界条件确定

以热处理过程的过渡阶段为例，铝合金锻件悬挂于工作室内，锻件表面的热流量来源于工作室内壁的辐射换热热量和流经工作室的空气对流换热热量。因此，只需分别求解通过热辐射和热对流传给锻件表面的各自热流量，即可计算锻件表面的对流热流密度q_c 及锻件表面的辐射热流密度q_r，从而确定模型在淬火炉加热过程中，不同加热阶段的定解边界条件。

1) 对流热流密度

空气在工作室中持续进行强迫循环流动。对每个子空间利用牛顿换热公式,计算子空间中空气通过热对流传递给锻件表面相对应子区域的热流量,从而获得锻件表面各区通过对流传热方式获得的热流密度。根据牛顿冷却定律,传递给锻件第 i 个子表面上的与其对应的第 i 个圆柱形区域的对流热通量为

$$q_{ci}=h_i(T-T_i),\quad i=0,1,\cdots,8 \tag{7-12}$$

式中,h_i 为第 i 个子空间的对流换热系数;$T(r,\varphi,z,t)$为锻件表面温度;T_i 为第 i 个区域工作室内壁温度,其中 $T_0=T_1$,$T_7=T_8$。

为了计算第 i 个圆柱形区域的对流系数,采用 Dittus-Boelter 方程求解对流系数,对流传热系数可以表示为

$$h_i=0.023\times\frac{k_i}{R}\cdot Re_i^{0.8}\cdot Pr^{0.3} \tag{7-13}$$

式中,k_i 为第 i 个子空间的空气热传导率;Pr 为普朗特数;R 为工作室半径。每个子空间空气流体的雷诺数Re_i 可表示为

$$Re_i=\frac{\varpi R\rho_{a,i}}{\eta_{a,i}} \tag{7-14}$$

式中,ϖ 为第 i 个子空间的空气平均流速,根据淬火工艺取值为 15m/s;$\rho_{a,i}$ 为第 i 个子空间的空气密度;$\eta_{a,i}$为第 i 个子空间的空气动力黏度。通过查询不同温度下的空气物性参数表,并结合式(7-13)即可求得第 i 个子空间的对流换热系数。利用式(7-12)即可获得工作室内空气通过热对流传递给锻件表面的总热流量。

2) 辐射热流密度

基于淬火炉多区段加热特点,炉内侧壁间的辐射换热具有的无参与性气体媒介的辐射换热过程的特点,则可采用净辐射法来简化求解过程[11]。按照图 7.18 的区域划分方式,引入以下参数:柱环面面积 $S=[s_i]^{\mathrm{T}}$、柱环面介质黑度 $\varepsilon=[\varepsilon_i]^{\mathrm{T}}$、柱环面有效辐射 $B=[B_i]^{\mathrm{T}}$、柱环面入射辐射能 $H=[H_i]^{\mathrm{T}}$、柱环面辐射力 $E=[E_i]^{\mathrm{T}}=[\sigma T_i]^{\mathrm{T}}$、锻件侧表面的净辐射热量 $Q=[Q_i]^{\mathrm{T}}$、两柱环面间的直接辐射面积 $\overline{ss}=\overline{ss}^{\mathrm{T}}=[\overline{s_is_j}]$、两柱环面间的总辐射交换面积$\overline{SS}=\overline{SS}^{\mathrm{T}}=[\overline{S_iS_j}]$,其中 $i=1,2,\cdots,7$,$j=1,2,\cdots,7$。根据净辐射法计算辐射传热的基本原理,两柱环面间直接辐射面积可表示为

$$\overline{s_is_j}=\frac{R^4}{\pi}\iiiint\limits_{\theta_i l_i \theta_j l_j}\frac{1-\cos(\theta_i-\theta_j)}{d^4}\mathrm{d}\theta_i\mathrm{d}l_i\mathrm{d}\theta_j\mathrm{d}l_j \tag{7-15}$$

式中,R 为工作室半径;θ_i、θ_j 分别为两柱环面中的微元中心在柱面坐标中的夹角坐标;l_i、l_j 分别为两柱环面中的微元中心在柱面坐标中的高度坐标;d 为两柱环面中的微元中心连线距离。净辐射法中的区域有效辐射能和入射辐射能之间的基本等量关系可用式(7-16)和式(7-17)的矩阵形式来表示:

$$\mathrm{diag}\{S\}H=\overline{ss}\cdot B \tag{7-16}$$

$$B=(I-\mathrm{diag}\{\varepsilon\})H+\mathrm{diag}\{\varepsilon\}E \tag{7-17}$$

式中，$S=[s_i]^{\mathrm{T}}$；$H=[H_i]^{\mathrm{T}}$；$B=[B_i]^{\mathrm{T}}$；$\varepsilon=[\varepsilon_i]^{\mathrm{T}}$；$E=[E_i]^{\mathrm{T}}=[\sigma T_i]^{\mathrm{T}}$。锻件侧表面净辐射热量 Q 可表示为

$$Q=\mathrm{diag}\{S\}(H-B) \tag{7-18}$$

式中，$Q=[Q_i]^{\mathrm{T}}$。

联立式(7-16)～式(7-18)，消去 H 和 B，可将锻件表面的净辐射热量 Q 表示成与两柱环面间的总辐射交换面积相关的计算公式：

$$Q=(\overline{SS}-\mathrm{diag}\{S\}\mathrm{diag}\{\varepsilon\})E \tag{7-19}$$

两柱环面间的总辐射交换面积为

$$\overline{SS}=\mathrm{diag}\{S\}\mathrm{diag}\{\varepsilon\}[\mathrm{diag}\{S\}-\overline{ss}(I-\mathrm{diag}\{\varepsilon\})]^{-1}\overline{ss}\cdot\mathrm{diag}\{\varepsilon\} \tag{7-20}$$

q_{ri} 可由下式求得：

$$q_{ri}=\frac{Q_i}{S_i},\quad i=1,2,\cdots,7 \tag{7-21}$$

7.2.3　基于时空维有限元外推的炉内温度场重构

大型锻件悬吊于炉体的中心，加热过程中大幅摆动，温度传感器无法直接安置在锻件上，只能固定于工作室壁，因此测得的温度数据不能准确反应锻件温度。高精度高时效地获取锻件温度的准确值是保证温度控制精度的前提条件。有限元法是一种常用的温度场数值求解方法，其计算精度在不考虑计算时间的前提下可以实现任意高精度，但是对于铝合金淬火热处理过程，其温度控制系统需要快速准确的温度场反馈信息，因此需要对有限元法的精度和计算时间进行进一步改进，而外推法是提高数值分析中近似精度的有效元法，并且外推法已经应用于有限元法[12]。因此，本章采用一种新型的时空维有限元外推算法实现锻件温度场模型的快速高精度求解及重构[13]。时空维有限元外推算法原理如图 7.19 所示。

依据传统有限元方法，考虑到锻件圆柱体的几何外形特点，采用圆环单元将锻件所处空间域 Ω 离散为如图 7.20(a)所示的有限个单元体。该圆环单元与 rz 平面正交的截面形状为 3 结点的三角形，且单元结点是圆周状的铰链，各单元在 rz 平面内形成网格，如图 7.20(b)所示。当把锻件所处空间域 Ω 按上述方法离散后，可将模型(7-11)按照一般有限元格式表示为

$$C\dot{\phi}+K\phi=P \tag{7-22}$$

式中，C 为热容矩阵；K 为热传导矩阵，且均为正对称矩阵；P 为温度载荷矩阵；$\phi=[\phi_1\quad\phi_2\quad\cdots\quad\phi_n]^{\mathrm{T}}$ 为结点温度矩阵；$\dot{\phi}$ 为结点温度对时间的导数矩阵。矩阵 C、K 和 P 的元素由各单元相应矩阵元素集和而成，分别表示为

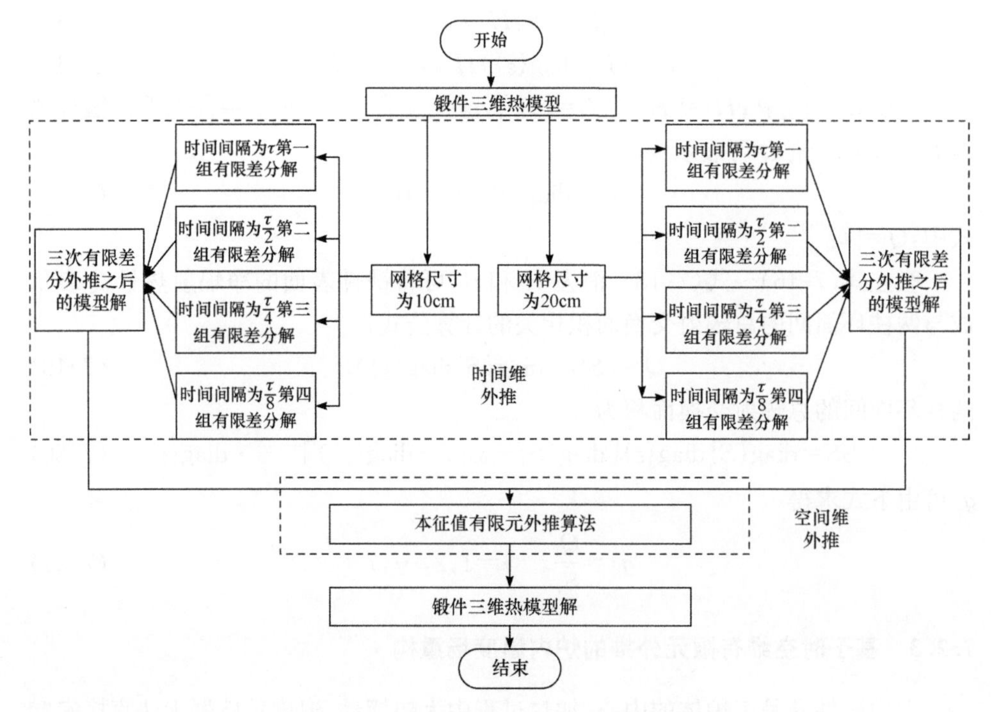

图 7.19　时空维有限元外推算法原理图

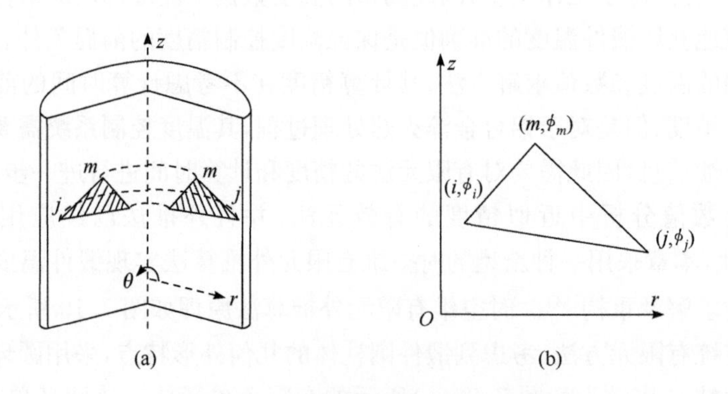

图 7.20　求解域网格划分示意图

$$K_{ij}=\sum_{e}\iint_{r,z\in\Omega^e} r\lambda_w\left(\frac{\partial N_i}{\partial r}\frac{\partial N_j}{\partial r}+\frac{\partial N_i}{\partial z}\frac{\partial N_j}{\partial z}\right)\mathrm{d}r\mathrm{d}z \tag{7-23}$$

$$C_{ij}=\sum_{e}\iint_{r,z\in\Omega^e}\rho_w c_w r N_i N_j\,\mathrm{d}r\mathrm{d}z \tag{7-24}$$

$$P_i=\sum_{k=0}^{8}\sum_{e}\iint_{r,z\in\Gamma_k{}^e} r(q_{ck}+q_{rk})N_i\,\mathrm{d}r\mathrm{d}z \tag{7-25}$$

此时，式(7-11)的求解问题已经转化为求解由 n 个一阶微分方程联立的 n 维线性方程组的问题。

1. 时间维外推

为了提高计算的准确性和降低计算量，利用有限差分外推法，当已知方程组(7-22)的初值为 $\phi(0)=T_0$ 时，可将式(7-22)等价变形为

$$\begin{cases}\dot{T}=C^{-1}P-C^{-1}KT\\ T_{t=0}=T_0\end{cases}\tag{7-26}$$

依据欧拉折线格式化式(7-26)为差分方程组形式：

$$\begin{cases}\dfrac{1}{\tau}[T^{\tau}(t+\tau)-T^{\tau}(t)]=C^{-1}P-C^{-1}KT^{\tau}(t)\\ T^{\tau}(0)=T_0\end{cases}\tag{7-27}$$

式中，T^{τ} 为 T 的时间维离散；$t\in\{t=j\tau\,|\,j=0,1,\cdots,(L/\tau-1)\}$ 且 $t\in\omega z=\{t=j\tau\,|\,j=0,1,\cdots,M-1\}$，$L$ 表示时间变量 t 的上限。基于此，欧拉折线格式化的差分方程组(7-27)的解 $T^{\tau}(t)$ 可展开为以下级数：

$$T^{\tau}(t)=T(t)-\sum_{j=0}^{k}\tau_j V_j(t)\tag{7-28}$$

式中，$V_j(t)\in C^{\infty}[0,L]$；$T(t)$ 和 $T^{\tau}(t)$ 分别为方程组(7-26)的精确解和近似解。

对式(7-28)执行多次外推算法，可以使得式(7-27)的差分解逼近方程(7-26)的精确解。依照 Romberg 算法的外推步骤，可由下式计算外推 q 次的外推值：

$$\begin{cases}U_i^{(1)}=\dfrac{\tau_i U_{i+1}^{(0)}-\tau_{i+1}U_i^{(0)})}{\tau_i-\tau_{i+1}}, & i=1,2,\cdots,q\\ U_i^{(2)}=\dfrac{\tau_i U_{i+1}^{(1)}-\tau_{i+2}U_i^{(1)}}{\tau_i-\tau_{i+2}}, & i=1,2,\cdots,q-1\\ \vdots\\ U_i^{(p)}=\dfrac{\tau_i U_{i+1}^{(p-1)}-\tau_{i+p}U_i^{(p-1)}}{\tau_i-\tau_{i+p}}, & i=1,2,\cdots,q-p+1\\ \vdots\\ U_i^{(q)}=\dfrac{\tau_i U_{i+1}^{(q-1)}-\tau_{i+q}U_i^{(q-1)}}{\tau_i-\tau_{i+q}}, & i=1\end{cases}\tag{7-29}$$

此时，方程(7-26)的精确解可表示为

$$T(t)=U_i^{(j)}(t)-o(\tau_{i+1}\tau_{i+2}\cdots\tau_{i+j+1})\tag{7-30}$$

式中，$j=1,2,\cdots,q$ 。随着外推次数的增加，外推将越来越逼近精确解。

2. 空间维外推

为了进一步减少计算时间而不牺牲求解精度，采用本征值有限元外推法来进

行温度场模型在空间维的外推求解。根据网格划分结果,在求解域 Ω 上,设 π_β 为三角形正规剖分,$\pi_{\frac{\beta}{2}}$ 为 π_β 的中点加密。即将原网格中的正规剖分的三角形网格变为四个等元,划分如图 7.21 所示。

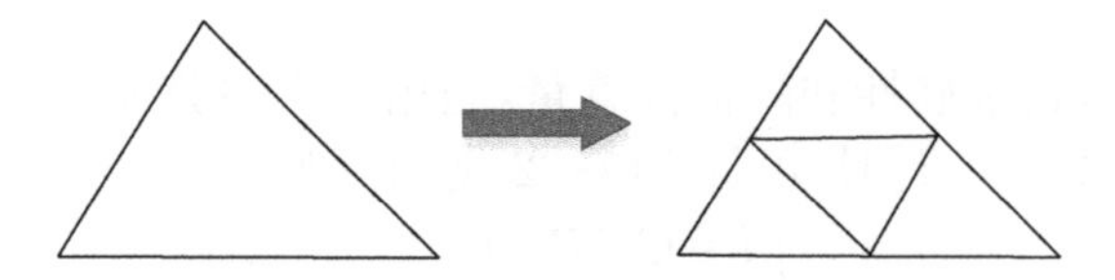

图 7.21 三角形网格中点加密正规剖分

本征值外推法的步骤如下:

第 1 步,在粗网格 π_β 上利用特征值有限元外推算法求解有限元解 T_β。

第 2 步,在细网格 $\pi_{\frac{\beta}{2}}$ 上利用同样的方法求解有限元解 $T_{\frac{\beta}{2}}$。

第 3 步,计算 $\widetilde{T}_\beta=\frac{4^m}{4^m-1}T_{\frac{\beta}{2}}-\frac{1}{4^m-1}T_\beta$。

式中,m 为有限元插值函数,这里采用 m 次拉格朗日函数,令 $m=1$,则外推解为

$$\widetilde{T}_\beta=\frac{4}{3}T_{\frac{\beta}{2}}-\frac{1}{3}T_\beta \tag{7-31}$$

式中,β 表示正规剖分步长。

相比于传统有限元法,采用时间维和空间维两维外推策略后,模型(7-11)的有限元解的精度由 $o(h^2)$ 提高到 $o(h^4)$,从而实现了在提高模型(7-22)求解精度的情况下,极大地降低了求解的时间复杂度,满足了淬火炉对锻件内部温度分布求解精度和实时性的双层苛刻要求,实现了快速高效的锻件温度场重构,为炉内温度场控制系统提供了及时可靠的温度反馈信息。

7.2.4 基于最小裕量的淬火炉低电耗最速升温切换控制

升温阶段的工艺目标是用最短的时间将锻件加热到设定温度值,同时保证不超过此设定温度值,以防止出现锻件过烧,从而在保证产品质量的前提下,达到节能降耗的目的。不过,淬火炉采用的是电热阻丝加热机制,加热过程中存在明显的热惯性,这导致锻件的升温速度过快,极易出现温度超调,锻件过烧造成产品质量不合格;降低升温速度,升温时间延长,淬火工艺的电耗增加,产品的成本上升。工业现场常用全功率加热方式,以提高升温速度,但这极易导致锻件温度超调,锻件因过烧报废,造成资源浪费。为了解决升温速度与超调之间的矛盾,当需满足淬火炉升温过程无超调的工艺要求时,必须在锻件整体温度达到设定值前,留出一定的温度安全裕量停止加热,而留出的温度安全裕量的最小值定义为最小裕量。通常采用工程实验法确定最小裕量。

通过现场试验,采集到大量加热电阻丝停止加热后其温度随时间的变化数据,

并利用数据拟合的方法获得电阻丝的温降函数 $D(t)$ 的具体形式。采集的电阻丝的温度云图如图 7.22 所示。从图中可知，红外热成像仪的发射率为 0.5，测量时环境背景温度为 26℃，测量距离为 1.14m，电阻丝从能加热的最高温度 2440.2℃自然降到 151.7℃，历时 1480s，其中在第 5s、345s、605s、1480s，电阻丝的最高温度分别为 1922.2℃、627.8℃、474.8℃和 151.7℃。这里基于通用的指数函数模型，对采集的电阻丝温度随时间变化的数据进行指数拟合，即可得出电阻丝温降函数 $D(t)$：

$$D(t)=1689.986\mathrm{e}^{-0.0252\tau}+750.166\mathrm{e}^{-0.001125\tau} \tag{7-32}$$

加热电阻丝温度云图效果展示图如图 7.23 所示。从图中可知，淬火炉所采用的电阻丝的温降函数符合指数下降规律。

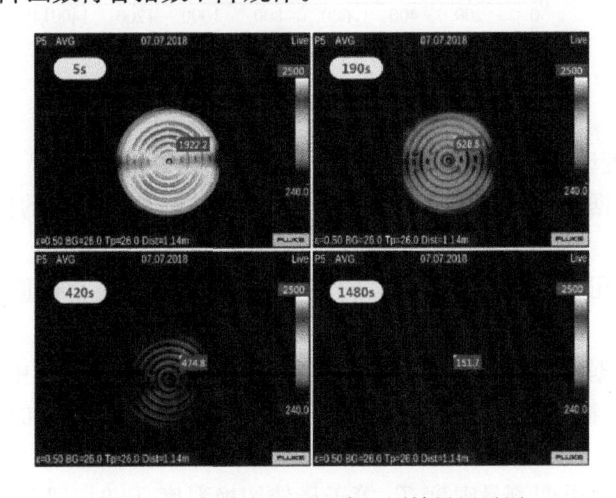

图 7.22　加热电阻丝温度云图效果展示图

依据最小裕量的定义，构建如式(7-33)所示的方程组，用于计算最小裕量 T_r：

$$\begin{cases} D(t)=T_s & \text{(7-33a)} \\ u(x_p,y_p,t)=T_s & \text{(7-33b)} \\ T_r=T_s-u_0(x_p,y_p) & \text{(7-33c)} \end{cases}$$

式中，T_s 为淬火炉目标设定温度，T_r 为最小裕量，$u_0(x_p,y_p)$ 为最小裕量计算点 p，在停止加热时的初始温度。考虑到淬火炉实际的工艺要求，当设定 $T_s=470$℃时，由方程组(7-33a)可知，电阻丝在停止加热 $t=415.7$s 后，其温度将降到 470℃，所需要的最小裕量为 22.602℃，而升温过程中加热方式最佳切换温度为 $T_c=447.398$℃。

综合上述分析，针对淬火炉工艺要求，本章提出基于最小裕量的大型立式淬火炉最优升温控制算法，其步骤如下：

第 1 步，依据当前立式淬火炉处理的铝合金品种和型号，根据工艺要求，确定

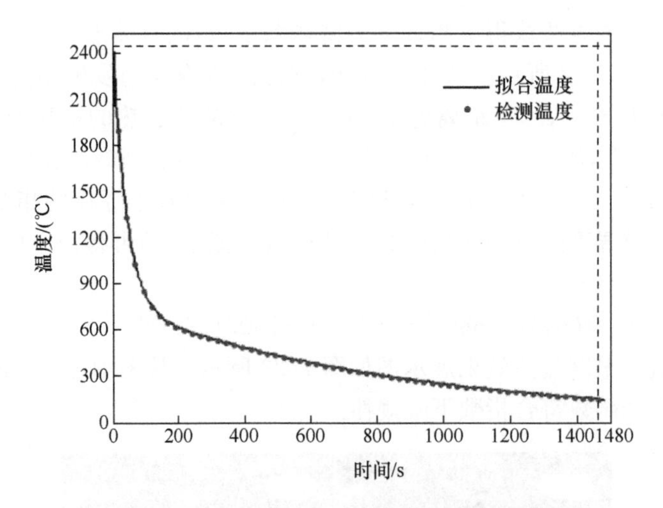

图 7.23　淬火炉加热电阻丝温降曲线拟合图

淬火炉升温温度设定值 T_s。

第 2 步，根据处理的铝合金品种和型号，确定该铝合金产品的密度、比热容等基本物性参数。

第 3 步，利用方程组(7-33)，并结合式(7-32)求解该最小裕量计算点 p 的最小裕量 T_r。

第 4 步，依据已证明的淬火炉锻件三维瞬态温度场升温过程中的控制量所具有的 bang-bang 特性，将淬火炉所有加热器全开，并采用全功率加热方式，进行全速加热升温。

第 5 步，当热电偶测量温度 T_0 等于最佳切换温度 T_c 时，即 $T_0=T_c=T_s-T_r$ 时，迅速切断所有加热器的电源，全部停止加热。

第 6 步，利用加热器电阻丝的余热继续加热 t 秒后，完成大型立式淬火炉最优升温控制过程，其中加热时长 t 可依据方程组(7-33a)求得。

7.2.5　多区段高精度高均匀性温度智能控制技术

大型铝合金淬火热处理过程过渡阶段的控制要求是实现从快速升温阶段无超调平稳过渡至保温阶段；保温阶段的控制要求是大空间范围内长时间的炉内温度高均匀性分布，温度波动范围严格控制在±3℃以内。然而，大型立式淬火炉采用多区环绕加热方式，造成了各加热控制回路之间存在强耦合的问题。因此，考虑过渡阶段与保温阶段的控制要求，针对炉内各控制回路之间的强耦合问题，建立大型立式淬火炉智能控制系统，如图 7.24 所示[14]。该系统由参数设置模块、锻件温度场预测模块和智能解耦控制模块组成。参数设置模块预设锻件所需的参数(温度设定点、尺寸和合金含量、最小裕量和最优温度切换点)。锻件温度场预测模块基于多区多时段锻件温度场模型计算得到锻件实时温度信息。基于前面对多腔耦合关系的分析,结合动态自生长径向基神经网络(self growing radial basis function neural network,SGRBFNN)和PID控制器的智能解耦控制模块实现解耦控制,并为每个加热区提供实时控制信号,以调整电功率。

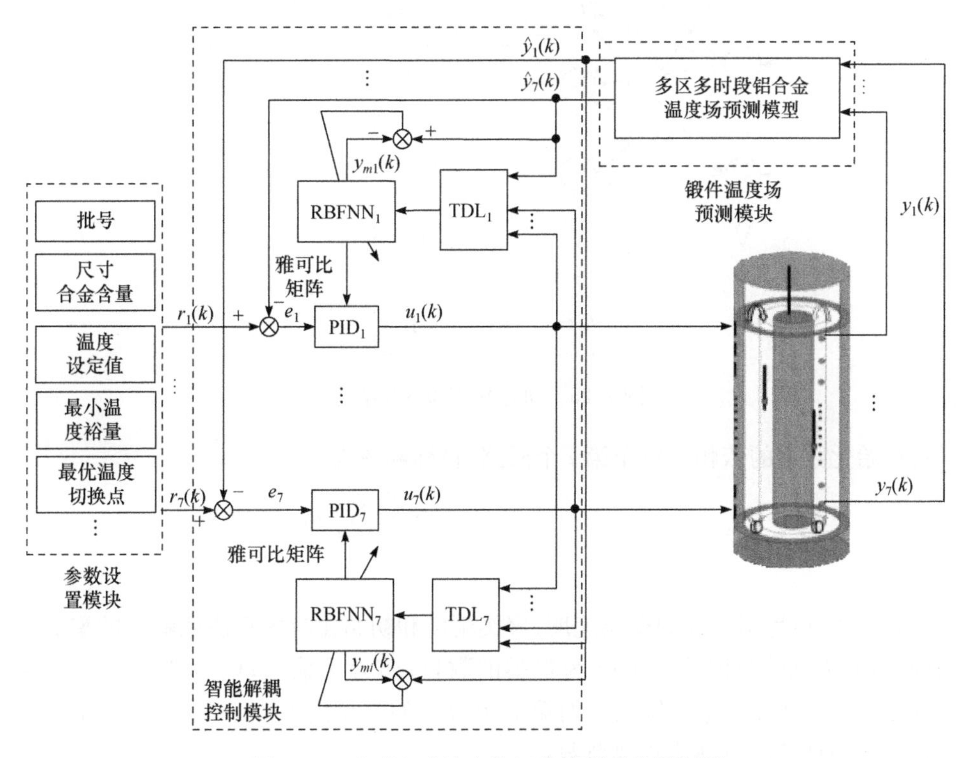

图7.24 大型立式淬火炉智能控制系统原理图

图中,$r_i(k)$为温度设定点;$u_i(k)$为操作变量;$y_i(k)$为测量的锻件温度;$\hat{y}_i(k)$为补偿后的实际锻件温度;$y_{mi}(k)$为动态SGRBFNN模型输出;$e_i(k)$为温度设定点$r_i(k)$和补偿后的实际锻件温度$\hat{y}_i(k)$之间的误差;TDL_i是来自输出$\hat{y}_i(k)$的延时算子

动态SGRBFNN结构如图7.25所示。输入层和隐含层被改进为具有自生长功能的层。每一个输入节点和隐藏节点都是使用实时计算的数据生成的。最终,网络会逐渐生长以与不断增加的实时工业生产数据一致。通过混合半模糊Gustafson-Kessel聚类算法可以实现SGRBFNN的隐含节点的在线更新。基于该算法,将传统RBFNN的单个隐含层修改为隐含输入层、隐含更新层和隐含输出层。SGRBFNN的主要特点是训练过程和网络应用是同步的。

1) 混合半模糊Gustafson-Kessel聚类算法

为了保证在线识别的实时性,这里引入了一个可调节的参数θ来平衡硬聚类和模糊Gustafson-Kessel聚类的不同影响,这样既提高了学习过程的速度,又减少

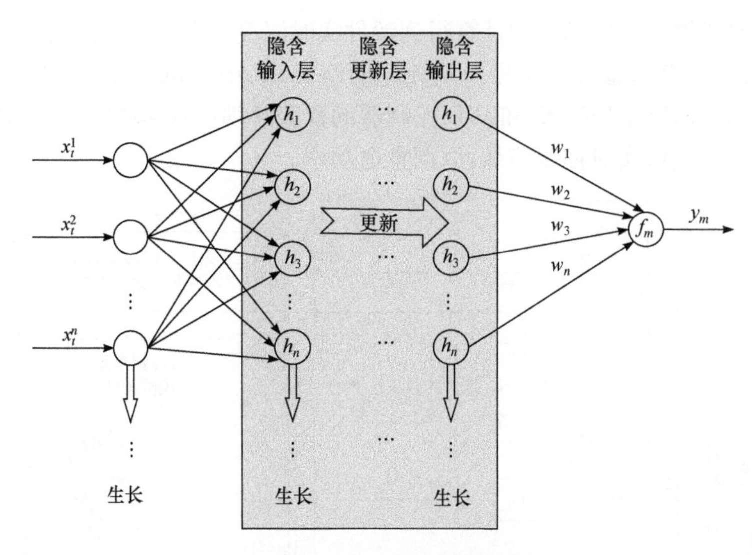

图 7.25　动态 SGRBFNN 结构

了对初始化数据的依赖。对于第 i 个回路,目标函数为

$$J_H = \theta \sum_{s=1}^{m} \sum_{j=1}^{c} u_{js} \ \| x(s) - V_j \|_A^2 + (1-\theta) \sum_{s=1}^{m} \sum_{j=1}^{c} (u_{js})^2 \ \| x(s) - V_j \|_A^2 \tag{7-34}$$

式中,$\theta \in [0,1)$为用于控制聚类速度、聚类精度和初始化时的算法依赖性的聚类控制变量;m 为训练数据的大小;c 为聚类的数目;$x(s)$为输入;V_j 为第 j 个聚类中心;$u_{js} \in [0,1]$为第 s 个训练向量对第 j 个聚类的隶属度;$\| x(s) - V_j \|_A$ 定义为由式(7-35)计算的自适应距离范数:

$$d^2(x(s), V_j) = \| x(s) - V_j \|_A^2 = (x(s) - V_j)^{\mathrm{T}} M_j (x(s) - V_j) \tag{7-35}$$

在以下约束条件下求 J_H 的最小值:

$$\sum_{j=1}^{c} u_{js} = 1, \quad \forall s \tag{7-36}$$

根据拉格朗日乘子法解决以上约束优化问题,隶属度和聚类中心计算如下:

$$u_{js} = \frac{2 + (c-2)\theta}{2(1-\theta)} \frac{1}{\sum\limits_{V_l \in V} \left(\frac{\| x(s) - V_j \|_A}{\| x(s) - V_l \|_A} \right)^2} - \frac{\theta}{2(1-\theta)} \tag{7-37}$$

$$V_j = \frac{\sum\limits_{s=1}^{m} [\theta u_{js} + (1-\theta)(u_{js})^2] x(s)}{\sum\limits_{s=1}^{m} [\theta u_{js} + (1-\theta)(u_{js})^2]} \tag{7-38}$$

在式(7-37)中,某些隶属度可能取零或负值。因为负的隶属度没有物理意

义，所以令 $u_{js} \geqslant 0$。因此，得出以下条件：

$$\| x(s) - V_j \|_A^2 \leqslant \frac{2 + (c-2)\theta}{\theta} \frac{1}{\sum_{j=1}^{c} \left(\frac{1}{\| x(s) - V_j \|_A} \right)^2} \tag{7-39}$$

引入变量 T_s 并将其定义为受第 s 个训练矢量影响的聚类中心的集合。$\zeta(T_s)$ 表示受第 s 个训练矢量影响的聚类中心的数量。当 $u_{js} > 0$ 时，T_s 可以表示为

$$T_s = \left\{ V_j \in T_s : \| x(s) - V_j \|_A^2 < \frac{2 + (\zeta(T_s) - 2)\theta}{\theta} \cdot \frac{1}{\sum_{V_j \in T_s} \left(\frac{1}{\| x(s) - V_j \|_A^2} \right)^2} \right\} \tag{7-40}$$

假设训练数据有硬模式、模糊模式和半模糊模式三种。因此，式(7-40)确定每个样本属于的聚类模式，即它可以识别每个训练矢量的聚类模式。集合 T_s 和 $\zeta(T_s)$就可以根据式(7-40)计算得到。当识别得到每个训练矢量的聚类模式后，应当根据聚类模式更新不同的隶属度。

$\zeta(T_s) = 1$ 表示只有一个聚类中心受第 s 个训练矢量影响，即第 s 个训练矢量处于硬模式。计算相应的隶属度：

$$u_{js} = \begin{cases} 1, & \| x(s) - V_j \|_A^2 = \min\limits_{1 \leqslant l \leqslant c_i} \{ \| x(s) - V_j \|_A^2 \} \\ 0, & \text{其他} \end{cases} \tag{7-41}$$

$1 < \zeta(T_s) < c$ 表示存在 $\zeta(T_s)$ 个聚类中心受第 s 个训练矢量影响，即第 s 个训练矢量处于半模糊模式。利用以下等式更新相应的隶属度：

$$u_{js} = \frac{2 + (\zeta(T_s^{(v-1)}) - 2)\theta}{2(1-\theta)} \frac{1}{\sum_{V_l \in T_s^{(v)}} \left(\frac{\| x(s) - V_j \|_A}{\| x(s) - V_l \|_A} \right)^2} - \frac{\theta}{2(1-\theta)} \tag{7-42}$$

$\zeta(T_s) = c$ 表示所有聚类中心都受到 s 个训练向量的影响，即第 s 个训练向量处于全模糊模式。使用 Gustafson-Kessel 算法的公式更新对应的隶属度：

$$u_{js} = \frac{1}{\sum_{V_l \in T_s^{(v)}} \left(\frac{\| x(s) - V_j \|_A}{\| x(s) - V_l \|_A} \right)^2} \tag{7-43}$$

在得到所有隶属度之后，使用式(7-44)进行归一化。相应地，聚类中心的计算公式(7-38)转化为式(7-45)的形式：

$$\widehat{u}_{js} = \frac{u_{js}}{\sum_{l=1 u_{js}}^{c}}, \quad 1 \leqslant j; \quad l \leqslant c \tag{7-44}$$

$$V_j = \frac{\sum_{s=1}^{m}[\theta \widehat{u}_{js} + (1-\theta)(\widehat{u}_{js})^2]x(s)}{\sum_{s=1}^{m}[\theta \widehat{u}_{js} + (1-\theta)(\widehat{u}_{js})^2]}, \quad 1 \leqslant j \leqslant c \tag{7-45}$$

在大多数研究中,隶属度矩阵 U 是随机初始化的。然而,本章提出的算法可以提前获得聚类中心。因此,U 的初始值表示为

$$u_{js\,|\,\text{initial}} = \frac{1}{\sum_{l=1}^{c}\left(\frac{\| x(s)-V_j \|}{\| x(s)-V_l \|}\right)^2} \tag{7-46}$$

此外,定义隶属度矩阵为

$$U = [u_{js}]_{c\times m} \tag{7-47}$$

2) SGRBFNN 的结构参数及隐含节点的确定

首先,重新筛选所有分类完成的训练矢量:

$$G_j = \{x(s): u_{js} \geqslant 0.001\}, \quad s=1,2,\cdots,m \tag{7-48}$$

然后,获得从聚类中心到第 G_j 个聚类集合的训练矢量的最大距离:

$$d_{\max}^j = \max_{x_k \in G_j}\{\| x(s)-V_j \|_A^2\} \tag{7-49}$$

最后,得到宽度 σ_j:

$$\sigma_j = \frac{2d_{\max}^j}{3}, \quad 1 \leqslant j \leqslant c \tag{7-50}$$

因此,隐含输出表示为

$$h_p'(x(s)) = \exp\left(-\frac{\| x(s)-V_j \|_A^2}{(\sigma_j)^2}\right) \tag{7-51}$$

式中,h_p 表示隐含节点,$p=1,2,\cdots,n$;$j=1,2,\cdots,c$。为了计算 w,定义 $H_p = [h_p'(x(s))]$,H_p 为 $m\times c$ 维的矩阵。此时,w 可以表示为

$$w = [H_p^{\mathrm{T}} H_p]^{-1} H_p^{\mathrm{T}} Y \tag{7-52}$$

式中,$w = [w_1 \quad w_2 \quad \cdots \quad w_c]^{\mathrm{T}}$;$m\times 1$ 维矩阵 $Y = [\hat{y}(1) \quad \hat{y}(2) \quad \cdots \quad \hat{y}(m)]^{\mathrm{T}}$ 代表淬火炉第 i 个控制回路的测量输出。

3) 基于 SGRBFNN 的淬火炉温度场解耦控制器设计

淬火炉温度控制系统的非线性离散模型可以相应地表示为

$$\begin{cases} y_i(k) = f(y(k-1),\cdots,y(k-n_s),u(k-1),\cdots,u(k-m_s)) \\ u(k) = [u_1(k) \quad u_2(k) \quad \cdots \quad u_n(k)]^{\mathrm{T}} \in \mathrm{R}^n \\ y(k) = [y_1(k) \quad y_2(k) \quad \cdots \quad y_n(k)]^{\mathrm{T}} \in \mathrm{R}^n \end{cases} \tag{7-53}$$

式中,$u(k)$和 $y(k)$分别为操作变量和测量温度。在这个系统中,$n=7$;n_s 和 m_s 分别为 $y(k)$和 $u(k)$的采样时间延迟步长;$f(\cdot) = [f_1(\cdot) \quad f_2(\cdot) \quad \cdots \quad f_n(\cdot)]^{\mathrm{T}} \in \mathrm{R}^n$ 为可以通过动态 SGRBFNN 识别模型识别的非线性函数。

温度解耦控制系统的输入表示为

$$x(k)=[x_1(k)\quad x_2(k)\quad \cdots \quad x_n(k)]^{\mathrm{T}},\quad n=7 \tag{7-54}$$

对于系统的第 i 个控制回路,输入表示为

$$x_i(k)=[\hat{y}_i(k-1)\quad \cdots \quad \hat{y}_i(k-n_s)\quad u(k-1)\quad \cdots \quad u(k-m_s)]^{\mathrm{T}} \tag{7-55}$$

式中,$\hat{y}_i(k)\approx y_{mi}(k)$。采用经典增量式 PID 控制器,相应的辨识输出 $y_{mi}(k)$ 由所提出的 SGRBFNN 辨识获得,以实现解耦控制器各参数的在线自适应整定。

7.2.6　大型立式淬火炉智能控制系统实现与应用

研制的大型立式淬火炉智能控制系统硬件结构如图 7.26 所示。

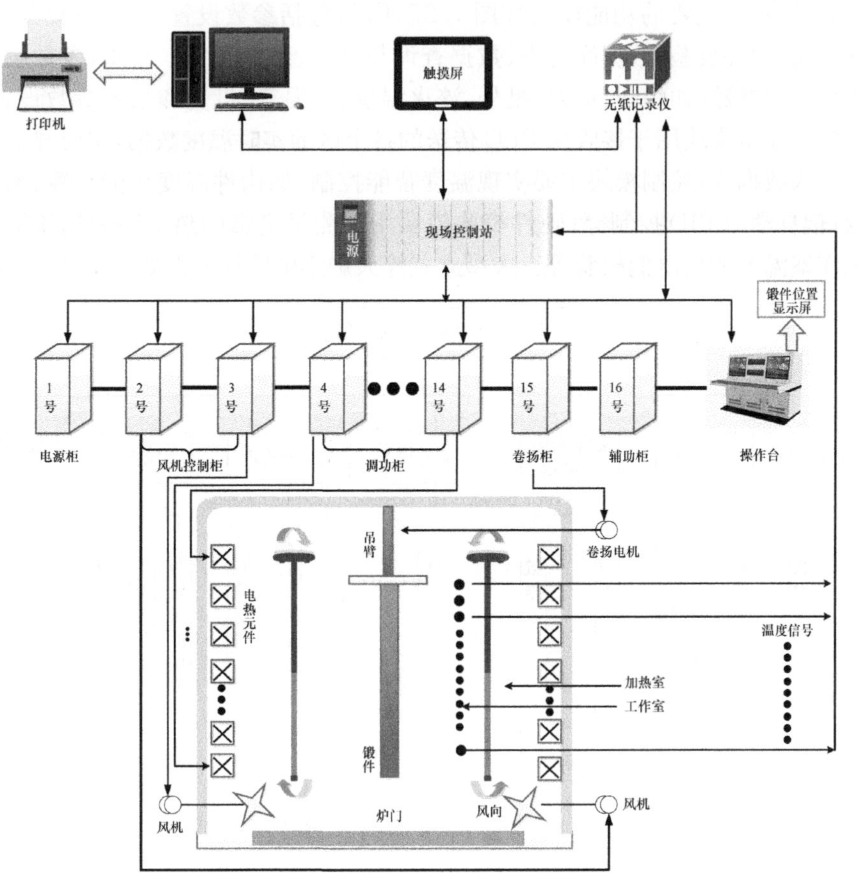

图 7.26　大型立式淬火炉智能控制系统硬件结构图

该硬件结构由 11 台大功率调功柜、现场控制站、风机控制柜、联锁控制柜、操作台和上位机等组成。其中,上位机部分由触摸屏和工业控制计算机构成,现场控制站采用 PLC 构成下位机,下位机和上位机之间采用 MPI 协议进行通信。工控

机和触摸屏形成了双重控制的冗余结构,触摸屏可取代工控机单独对系统进行控制,当工控机正常工作时,触摸屏不参与控制,一旦工控机发生故障,系统就可自动切换为触摸屏控制,触摸屏构成工控机的热备份,这样确保控制系统的工作可靠性,减少工控机故障导致停产造成的经济损失。大功率调功柜采用大功率固态继电器,由现场控制器输出脉宽调制(pulse width modulation,PWM)控制信号,使固态继电器输出 PWM 电流波形,通过调节 PMW 信号占空比,可以改变电热元件通电时间,使其输出平均电功率变化,调节电热系统产生的热能,控制淬火炉温度。这种控制方式不产生电流谐波,对电网零污染,称为绿色电热系统。

大型立式淬火炉控制系统软件开发在 Windows 操作系统环境下进行,采用 VB 6.0 编程。主要的功能模块如图 7.27 所示,包括参数设置、数据采集与显示、控制模块、硬件校验、数据库管理、数据查询与打印、系统报警。其中,参数设置模块实现工艺参数(如炉料、炉次、批号、淬火温度、室温等)设置和报警参数设置;数据采集与显示模块用于接收从 PLC 传送的各个区的实时温度数据,实时显示并将数据写入数据库;控制模块主要实现温度智能控制,如构件温度智能计算、参数辨识、解耦自学习 PID 控制等;硬件校验模块用于测量室温的热电阻和用于测量炉内工作室温度的热电偶校验等。大型立式淬火炉集中监控界面如图 7.28 所示。

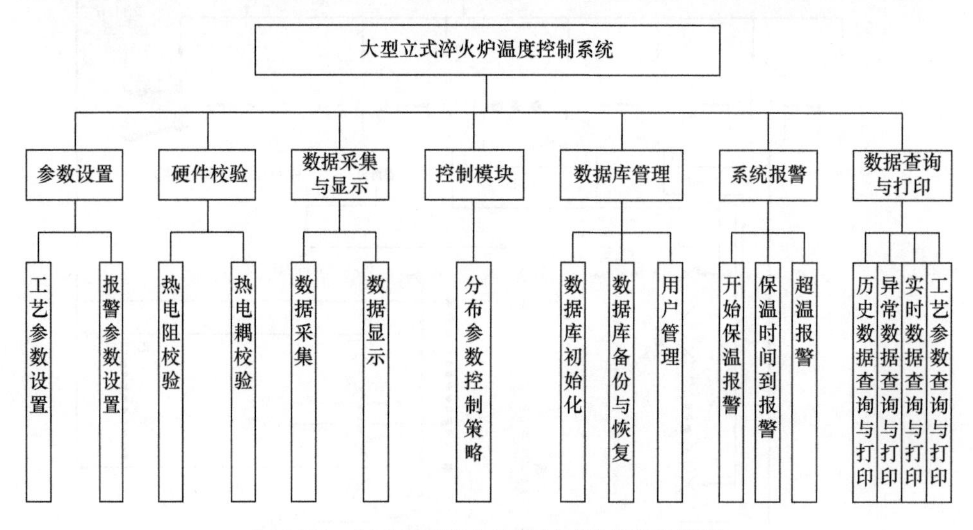

图 7.27　大型立式淬火炉控制系统软件功能图

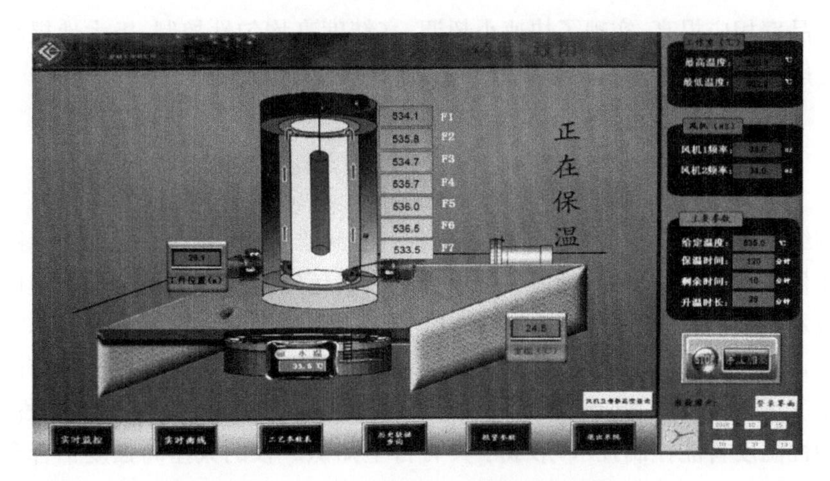

图 7.28　大型立式淬火炉集中监控界面

大型立式淬火炉智能控制系统已投入 24m、31m 大型立式淬火炉的控制。图 7.29 是某合金型号构件当工艺温度设定值为 472℃时三个不相邻区段的温度运行曲线。从图可以看出，保温段炉体沿轴向分布的温度均匀性和控制精度可达到 2‰。由于大型立式淬火炉承担了波音公司的大型航空航天构件的淬火热处理任务，波音公司定期对淬火炉的运行情况进行“飞检”。采用大型立式淬火炉温度分布参数系统控制策略后，系统每次都能满足波音公司对温度控制精度和均匀性的要求。与改造前相比，系统明显减少了升温过程的超调量，超调量由大于 15℃减少到小于 7℃；缩短了升温时间，升温时间由原来的 40min 减少到 25min；提高了保温阶段的温度均匀性，均匀性由原来±6℃减小到±3℃范围内；系统运行稳定，

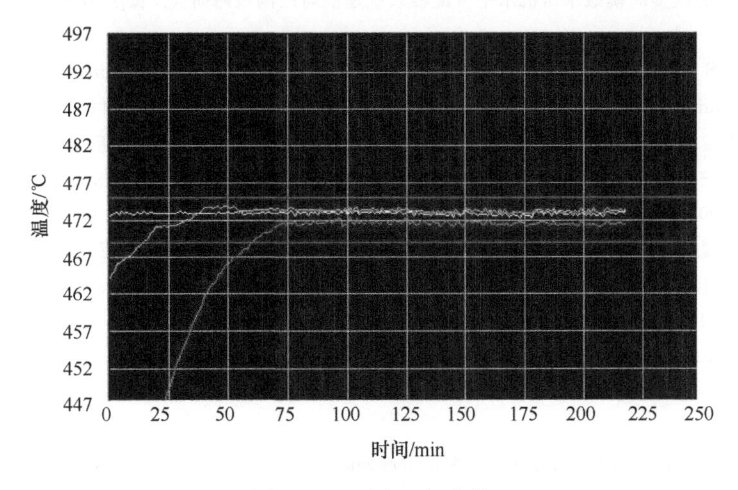

图 7.29　温度运行曲线

产品成品率相应提高,实现了快速小超调、高精度高均匀性控制,极大地提高了大型航空航天构件的内部织构品质和产量。

7.3 小 结

围绕大型高强度铝合金构件制备装备的控制难点,研究开发了大型模锻水压机欠压量在线智能检测方法、多关联位置电液比例伺服系统高精度快速定位智能控制技术、基于压力原则的模锻过程智能优化控制技术和自学习无人操作智能控制技术,研究开发了大型立式淬火炉多区多时段温度场模型、基于时空维有限元外推的温度场重构方法、基于最小裕量的淬火炉低电耗最速切换控制、多区段高精度高均匀性温度智能控制技术,形成了具有自主知识产权的大型高强度铝合金构件制备装备智能控制技术,以上技术已成功应用于我国唯一、亚洲最大的 1 万 t 多向模锻水压机和 3 万 t 模锻水压机、24m 和 31m 大型立式淬火炉,满足了现代国防和航空航天工业急需的关键大型构件制备要求,为我国航空航天事业和国防现代化建设做出了贡献。

参考文献

[1] 孙绍华,孙庆华. 铝合金模压操作中各因素对锻件产生折叠的影响. 轻合金加工技术,2006,12:35-37

[2] 赵学起. 基于压力曲线分析的一万吨水压机模锻过程质量控制系统研究. 长沙:中南大学硕士学位论文,2008

[3] 贺建军,喻寿益,桂卫华. 基于 IPC-PLC 的万吨多向模锻水压机电控系统的改造. 计算技术与自动化,1999,(3):4-7

[4] 赵长平. 一万吨多向模锻水压机水平分配器系统建模与控制策略研究. 长沙:中南大学硕士学位论文,2008

[5] Liu K,Yu S Y,He J J,et al. Learning control system for a ten-thousand-ton hydraulic press//ISTM/97 2nd International Symposium on Test and Measurement,New York,1997:541-544

[6] 周璇,喻寿益. 分布参数系统参数辨识的最佳测量位置. 中南大学学报(自然科学版),2004,35(1):97-100

[7] 周璇,喻寿益,贺建军,等. 大型立式淬火炉温度分布参数系统动态解耦控制算法. 中南大学学报(自然科学版),2007,38(3):533-539

[8] 喻寿益,曹悦彬,周璇. 基于正交函数的立式淬火炉控制系统参数辨识. 控制工程,2009,16(3):251-253

[9] Ling S,He J J,Yu S Y,et al. Temperature control for thermal treatment of aluminum alloy in a large-scale vertical quench furnace. Journal of Central South University Technology,2016,(23):1719-1727

[10] Shen L,He J J,Yang C H,et al. Multi-zone multi-phase temperature field modelling of aluminum alloy work pieces in large-scale vertical quench furnaces. Applied Thermal Engineering,2017,(113):1569-1584

[11] Steinboeck A,Wild D,Kiefer T,et al. A mathematical model of a slab reheating furnace with radiative heat transfer and non-participating gaseous media. International Journal of Heat and Mass Transfer,2010,53(25):5933-5946

[12] Durand R, Farias M M. A local extrapolation method for finite elements. Advances in Engineering Software, 2014, 67(1): 1-9

[13] Shen L, Chen Z P, Jiang Z H, et al. Soft sensor modeling of blast furnace wall temperature based on temporal-spatial dimensional finite element extrapolation. IEEE Transactions on Instrumentation and Measurement, 2021, (70): 2500314

[14] Shen L, He J J, Yang C H, et al. Temperature uniformity control of large-scale vertical quench furnaces for aluminum alloy thermal treatment. IEEE Transactions on Control Systems Technology, 2016, (24): 24-39

第8章　有色金属智能工厂

智能制造是有色金属等流程工业高质量发展的核心技术[1,2]。构建有色金属智能工厂，提高原材料采购、经营决策、计划调度、生产过程控制等各业务环节的数字化、网络化和精细化管控水平，实现有色金属生产全流程整体智能优化运行，是确保有色金属行业绿色化和高效化生产的关键。本章分析我国有色金属智能工厂建设面临的挑战，总结归纳智能工厂关键技术，并对智能工厂的发展应用前景进行展望。

8.1　有色金属智能工厂建设面临的挑战

随着有色金属矿物资源的枯竭和环保标准的提高，有色金属工业的可持续发展受到了资源、能源和环境等多种因素的严重制约，迫切需要建设有色金属智能工厂，通过智能制造技术实现向智能化、高质量化的生产模式转变[3,4]。虽然自改革开放以来我国有色金属工业的自动化技术与应用水平取得了长足进步，但在智能工厂建设方面仍面临诸多挑战。

一方面，我国有色金属企业矿源多、生产环境恶劣、工艺机理复杂，如何通过智能制造持续提升企业的原材料供应、工艺指标检测与优化控制、生产安全等方面的水平仍是智能工厂建设的主要问题：①我国“采—选—冶”一体化的有色金属企业少，有色金属矿山以中小型为主且矿物禀赋偏低，部分高品位有色金属矿物依赖进口，导致大多数有色冶炼企业精矿来源多，原料采购和产品销售受市场行情影响较大，如何在复杂动态的市场环境下提高企业科学经营决策水平、预测市场变化趋势、降低采购成本是有色金属企业经营层面迫切需要解决的关键问题。②有色金属矿物在常规条件下物理化学性质稳定，需要在高温、高压、强酸、强碱等生产条件下转变为有色金属产品，常规的工艺指标检测装置难以长期稳定运行；另外，有色金属生产过程物质形态多样、成分复杂，检测信号的获取和解析困难，常规的工艺指标检测装置难以获得准确结果，如何实现恶劣生产环境下关键工艺指标在线检测是有色金属企业检测层面迫切需要解决的关键问题。③有色金属生产流程长、工序多、反应机理复杂，且我国有色冶金企业矿源复杂、成分波动大，导致工况动态变化，各工序工艺指标的协同调整和精准控制困难，影响产品质量达标和生产过程的经济高效运行，如何实现动态工况下生产全流程的智能优化控制是有色金属企业控制层面迫切需要解决的关键问题。④有色金属生产过程危险源多且危险传递机制复杂，安全事故难以预测，威胁岗位人员人身安全（图 8.1），研发高危岗位机器人、智能大型作业装备、无人生产线、全流程生产安全智能监测等技术，系统提升企业安全生产的智能化水平，将人从高危生产环境中解放出来、对安全事故防患于未然是有色金属企业生产安全层面迫切需要解决的关键问题。

图 8.1　有色冶金高危作业岗位

另一方面，构建有色金属智能工厂、转变有色金属企业生产模式也带来了数据跨域集成和信息系统安全等新的问题：①数据是企业的无形资产，有色金属生产企业建立了 ERP、MES、DCS 和 LIMS 等，但各系统通常处于各自为政的状态，系统之间相互独立，不同的系统由不同的公司开发，采用不同的集成架构、开发语言和通信协议，影响企业对生产业务数据的一体化管控和利用，为满足有色金属智能工厂建设对数据集中管控的需求，需提升企业的数据跨域集成与实时共享水平。②强调封闭性和高可靠性是工业控制系统的传统。然而，随着工业互联网的发展，工业控制系统越来越多地与企业内部网和互联网相连接，在扩展网络空间边界和功能的同时带来了网络安全风险问题。③另外，我国有色金属行业的部分工业软件和设备依赖国外产品和技术，存在一定的技术自主安全隐患，导致线上线下安全风险交织叠加。需研发工控系统安全防护技术，保障智能工厂的系统安全。

8.2　智能工厂关键技术

数字化、网络化和智能化是智能制造的三大主要内容。数字化和网络化是构建智能工厂软硬件系统的关键。智能化通过人工智能、自动控制等技术实现“感知—分析—决策—控制”全过程的自动化，是实现经营和生产优化的核心。针对 8.1 节中提出的挑战性问题，本节从数字化、网络化和智能化方面分别介绍应对这些挑战的关键技术。

8.2.1　有色金属生产过程数字化与可视化

1. 有色金属生产过程数字孪生系统

有色冶金生产过程数字孪生系统利用流体力学模拟仿真技术、热力学和动力学建模技术、工业大数据分析技术、可视化技术,分析、呈现生产全流程的物质流和生产状态信息,是一种具备虚实融合、实时监控、智能诊断、协同优化等功能的物理生产过程的数字化映射(图 8.2),为深度探明有色冶金过程机理、生产要素数据多维表征、“人—机—物”协同和全流程精细化监控提供了新思路[5]。有色冶金生产过程数字孪生系统的重点在于生产过程的建模与仿真。因此,针对冶金过程“气—液—固”多相、“分子—颗粒—设备”多尺度、“速度—温度—浓度”多场相互耦合等特点,研究多场多相反应体系下有色冶金过程的物质转换与能量传递机理、大数据环境下融合机理、数据和经验知识的多场多相反应体系建模方法、复杂冶金过程多尺度耦合计算方法、多相多场数据的可视化理论方法与实现技术,是有色冶金生产全流程数字化和可视化的关键。

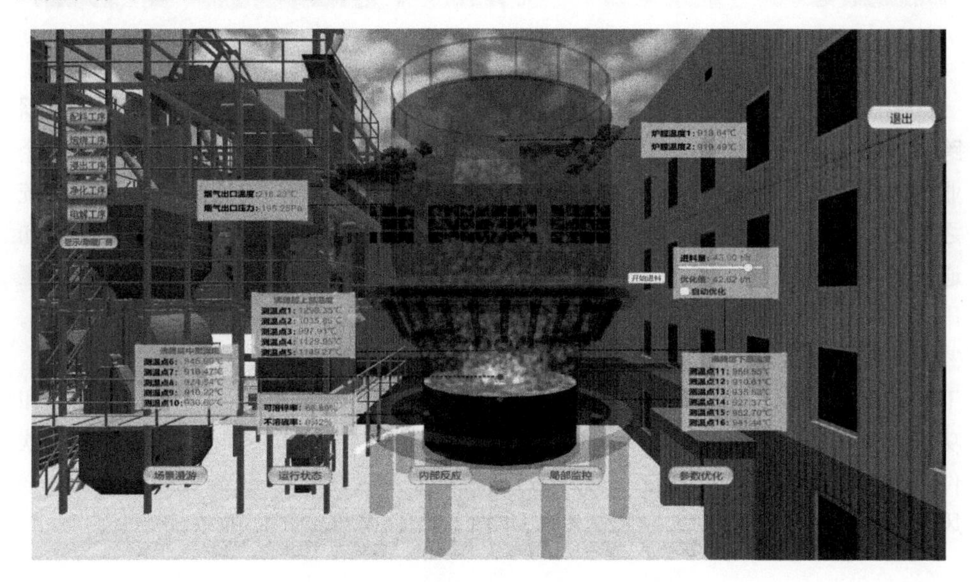

图 8.2　焙烧过程数字孪生系统

2. 有色金属生产过程信息物理系统

信息物理系统(cyber-physical systems,CPS)是一种集成先进的感知、计算、通信、控制等信息技术和自动控制技术,实现物理世界与信息世界中的人、机、物、市场等要素交互映射、高效协同的实时控制系统,是工业互联网平台的核心。数字孪生系统可视为构建和实现 CPS 的必要基础。与数字孪生系统侧重数字化虚拟模型不同,CPS 侧重构建一个以泛在感知和泛在智能服务为特征的新一代有色冶金生产环境,为“状态感知—实时分析—科学决策—精准执行”的闭环管控回路提供实现载体。有色冶金智能工厂 CPS 架构如图 8.3 所示,CPS 将“采购决策—生产制造—运营管理—销售服务”等各业务环节以及设备、产品和人等物理实体,在信息空间构建数字孪生主线，将传感器、智能硬件、控制系统、计算设施、信息终端通过CPS连接成一个智能网络，构建数据自动流动的规则体系，将企业、人、设备、服务之间互联互通，实现智能工厂生产制造全流程在信息空间的数字化重构，最大限度地开发、整合和利用数据、信息和知识等资源，应对制造系统的不确定性，促进数据到模型到服务的转化和制造资源的高效配置，实现数据价值提升和业务流程再造。

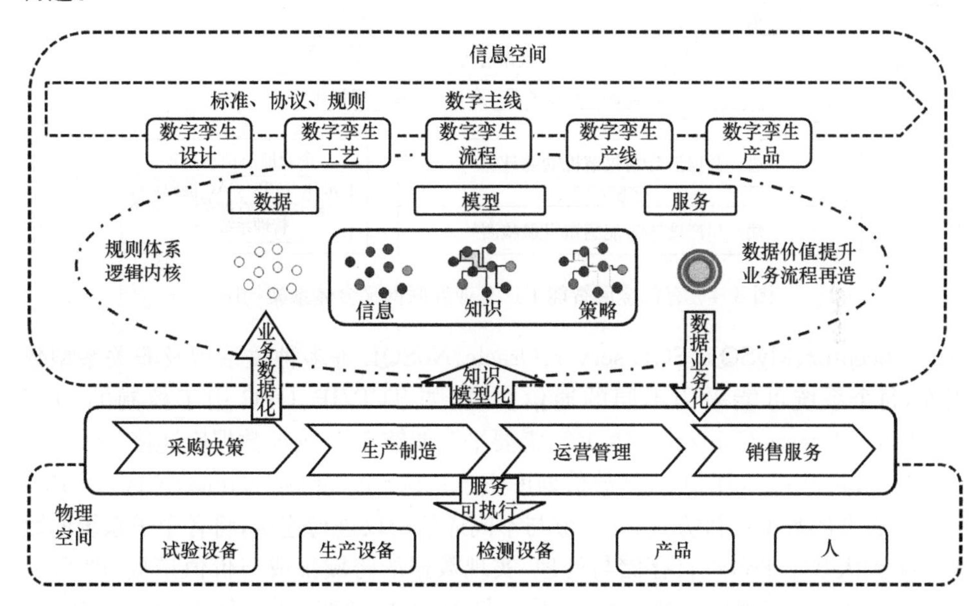

图 8.3　有色冶金智能工厂CPS架构

8.2.2　有色金属工业互联网平台

工业互联网平台是构建有色金属智能工厂的体系架构基础。如图8.4所示，生产过程产生的设备运行和化验检测等数据通过汇聚、解析等边缘层处理后传入工业互联网平台；企业原有的各类信息系统也可嵌入工业互联网平台，提供生产业务数据源，同时继续发挥系统的生产管理作用；工业互联网平台利用强大的计算能力对有色金属企业日常采集的工业大数据进行清洗、集成、存储和分析，将数据、模型、算法进行融合汇聚，为顶层的智能应用提供支撑，包括智能生产与管理、智能服务和协同创新。

针对有色金属工业互联网平台的实际应用需求，需要研究以下关键技术。

1. 有色冶金大数据跨域集成技术

有色金属企业生产管理系统多，不同系统使用的数据库可能各不相同，如

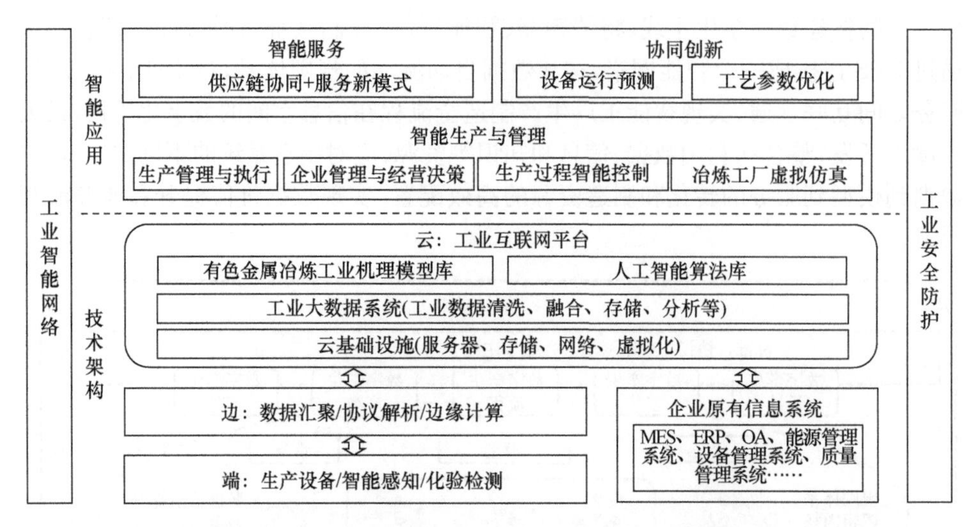

图 8.4　有色金属智能工厂工业互联网平台体系架构图

Hive、inceptor、MySQL、SQL server、Oracle、NoSQL 等多种关系型及非关系型数据库，每个系统可能采用不同的通信协议，如 TCP/IP、OPC 用于控制的 OLE (OLE for Process Control，OPC)等，需要平台能够支持 Java 数据库连接(Java database connectivity，JDBC)、开放数据库重连(open database connectivity，ODBC)等多种类型的数据连接方式，并能够与不同通信协议进行连接，将各个子系统的数据汇聚到大数据平台进行存储与处理，实现数据的跨域集成与价值挖掘(图 8.5、图 8.6)；由于生产现场数据类型多、数据量大、采样频率不同，存在高温、高压、强腐蚀、强电磁等生产环境，导致有色金属生产业务数据具有多源异构、海量高维、多时间尺度、跨时空异构、数据缺失严重、噪声影响复杂等特性，平台数据库应能支持文本、表格、时序、图像等结构化、半结构化、非结构化等多类型时序数据的海量快速存储。

2. 有色金属智能工厂信息安全技术

有色金属智能工厂信息安全包括有色工业控制系统信息安全、工业大数据安全、工业互联网平台安全等，需适应有色金属工业环境下系统和设备的高实时性、高可靠性和工业协议众多等特征，因此传统的信息安全技术不能直接应用于有色金属工业信息安全领域，需要研究工业信息系统的专有通信协议，包括可靠的认证、加密机制，以及交互消息完整性验证机制；针对工厂内智能器件、智能终端等智能设备和产品，需要研究主机保护、态势感知、漏洞修复等关键技术；针对数据采集、传输、存储、处理等各个环节，需要研究相关的安全解决方案；针对承载工业智能生产和应用的工厂内部网络、外部网络和标识解析系统等，需要研究边界安全、

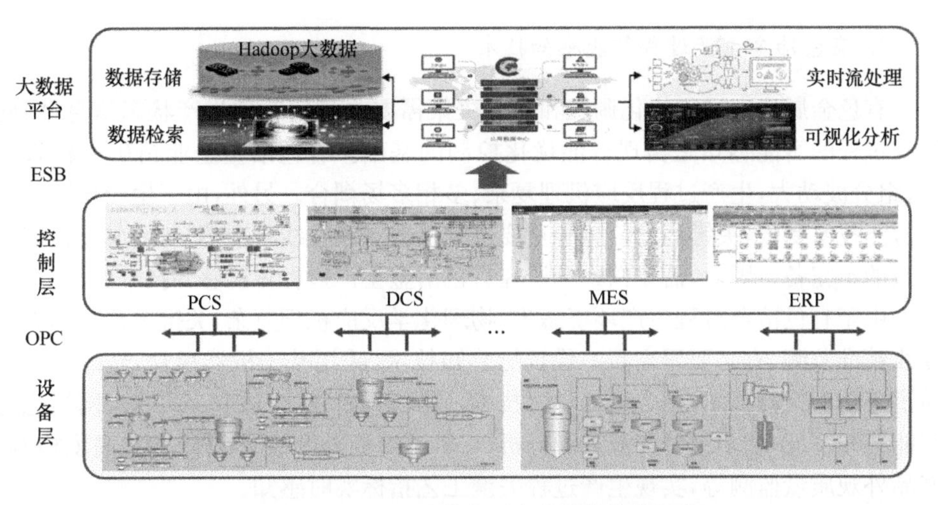

图 8.5　基于工业大数据平台的数据传输架构

ESB：企业服务总线（enterprise service bus）；PCS：过程控制系统（process control system）

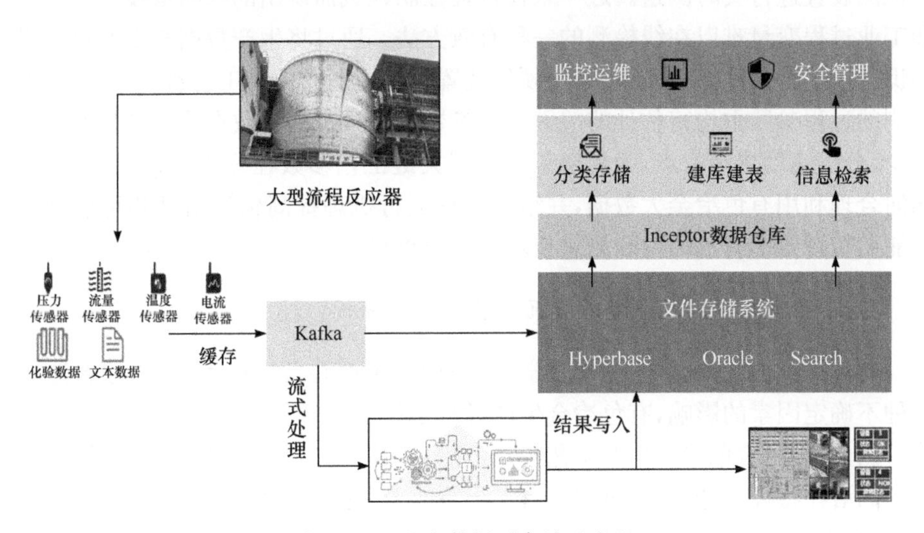

图 8.6　工业大数据平台处理流程

通信协议、传输加密等网络安全技术；针对平台安全与工业应用程序安全，需要研究访问控制、漏洞检测、入侵检测、内容防篡改、备份与恢复等关键技术。

8.2.3　有色金属生产过程智能优化控制

有色金属生产过程智能优化控制通过“状态感知—实时分析—科学决策—精准执行”实现经营和生产过程的智能化操作，主要包括以下关键技术。

1. 有色冶金生产过程智能感知技术

有色金属生产过程优化调控和经营决策需要大量实时的生产状态信息,因此生产过程的智能感知是实现智能优化控制的基础。有色冶金企业精矿原料来源多、组分波动大,生产过程反应机理复杂、多相多场耦合。另外,由于生产环境恶劣和检测技术受限,关键运行信息和重要过程参数难以在线精准感知,造成过程信息感知的不完备。因此,需要探索和研究有色冶金生产过程智能感知技术。

由于有色冶金过程生产环境恶劣、物理化学反应机理复杂,关键工艺指标无法在线精准监测,有必要研究新一代智能感知技术,采用基于机器视觉、光谱、声谱、质谱等新型检测技术,融合机器学习技术,研发具有环境自适应、多功能、网络化的智能感知系统,如多组分溶液在线分析[6]、管道结疤厚度检测、炉体熔池高度检测、产品外观质量监测等,实现生产过程关键工艺指标实时感知。

另外,由于生产环境、检测技术、经济成本等多方面原因,部分环节无法直接利用检测装置进行实时测量。近年来在过程控制领域涌现出的软测量技术是解决复杂工业过程变量难以在线检测的一种有效方法。通过将生产数据与生产过程机理知识有机结合,针对无法直接利用硬件装置在线检测的关键工艺参数,选择其他可检测的过程参数重构待估计的关键工艺参数。这种过程参数在线估计技术具有投资少、分析速度快等特点,为复杂工业过程关键工艺参数在线检测提供了新方法。如何合理利用有色冶金大数据,并结合过程运行机理提高估计精度和可解释性是智能制造背景下有色冶金软测量技术的研究重点[7]。

2. 有色冶金生产过程运行工况智能监测与分析

有色冶金工艺单元多、物理化学反应复杂、生产装备规模大,且受原料波动等多种不确定因素的影响,有色冶金生产过程运行工况智能监测与分析面临诸多挑战。因此,立足有色冶金生产工艺特点,充分利用生产过程机理知识,挖掘运行数据中的潜在特征,研究生产过程运行工况智能监测方法,解决生产过程运行工况表征、异常识别与诊断等问题,形成智能化的生产过程运行工况监测与分析方法,是有色冶金生产过程安全稳定运行的关键[8,9]。

有色冶金过程变量耦合关系复杂、动态性和非线性强,难以建立准确描述工艺指标和操作参数之间关系的机理模型;另外,生产过程运行工况受原料波动、负荷变化、操作方式等因素影响,运行工况变化机制复杂,且潜在工况数量难以确定,传统的数据驱动监测方法难以直接应用,需研究数据和机理融合的有色冶金生产过程运行工况智能建模方法,突破生产过程运行工况表征难题。

基于有色冶金生产过程运行工况模型,及时发现生产过程异常运行工况并对其进行诊断维护,是冶金生产长时间稳定进行的基础。由于生产过程异常运行工况类型多、异常原因和模式等具有不确定性，异常诊断模型鲁棒性要求高，需研究生产过程异常运行工况在线识别与鲁棒诊断方法，突破生产过程异常运行工况识别与诊断难题。

3. 有色金属企业供应链管理优化

针对有色金属企业原料存在矿源广、成分复杂、价格波动、占用资金量大等特点，深入分析有色金属供应链管理业务特点，结合智能工厂多源信息实时共享、大数据存储、业务高度集成等优势，收集有色冶金过程运行数据、库存、物流等内部数据和原料信息、供应商信息、市场信息等外部数据，结合大数据分析、知识挖掘和智能优化等方法和技术，以企业生产效益为总体目标，综合考虑采购成本、生产因素、资金约束、市场变化、政策调控等因素，研究采购价格及采购时机决策、原料供给来源决策、各类原料及供应商采购量决策以及不确定环境下采购决策等难题，实现有色金属企业的供应链管理优化，包括原材料价格预测、供应商选择优化、供应商采购计划以及不确定性鲁棒优化（图 8.7），是保障企业资源和经营运行安全，实现供应链预警调度、对标分析、决策整改、措施考评等目标的关键[10]。

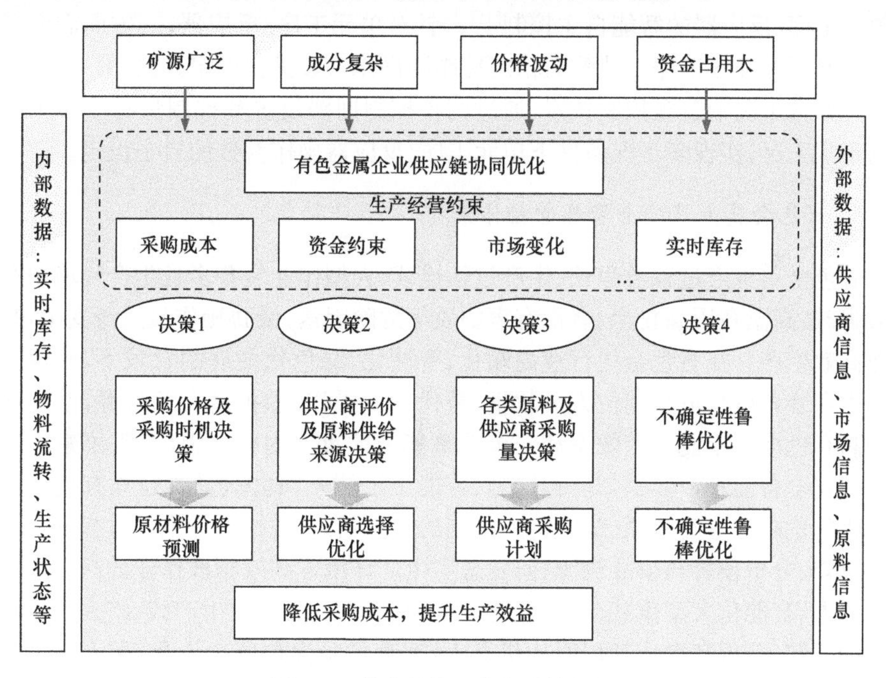

图 8.7　供应链管理优化总体框架

4. 有色金属生产全流程运行优化

有色金属生产全流程运行优化效果直接影响生产成本、过程稳定性和产品质量。以有色金属工业领域知识为基础,结合人工智能和控制算法实现关键工艺指标的智能优化控制是实现有色冶金稳定优化运行的核心。从有色冶金过程工艺特点和智能制造需求角度分析,有色金属生产全流程运行优化包括全流程/关联工序动态协同优化、单元工序/反应器自主控制。

动态协同优化是全流程经济稳定运行的关键。冶金生产流程长,各单元工序相互关联,各个工序的局部优化不等于生产全流程的全局优化,需要对全流程/关联工序的关联关系建立形式化描述,挖掘工序之间的不同耦合模式,构建面向全流程/关联工序的协同优化框架和理论;另外,针对我国冶金企业矿源复杂,矿物成分多变的实际情况,需要基于机器学习方法和冶金工程知识挖掘矿物成分、各工序工艺指标、金属产品质量、生产成本之间的关联模式,根据矿物成分变化动态协同调整各工序工艺指标设定值,实现动态资源条件下生产全流程的协同优化。

另外,智能下移、扁平化管理也是智能制造的典型特征,在控制层面的体现即为单元工序/反应器的智能自主控制[11]。针对单元工序/反应器,一方面需要研究正常工况下保证各工序工艺参数稳定控制的操作参数优化设定方法,另一方面,需要研究异常工况下自愈控制技术,通过调整控制回路设置和控制量将故障工况迁移到正常工况,实现多工况条件下单元工序/反应器操作参数的自主设定。

5. 有色金属生产安全智能管控体系

有色金属生产过程流程长、生产过程连续、大型作业装备多且生产环境中存在强酸强碱、高温高压高粉尘、有毒有害物质等危险因素,威胁操作员人身安全,影响企业高效生产。在有色金属行业高端化、智能化、绿色化发展的背景下,使用智能化技术和装备减少危险岗位人员数量、替代人工操作、预报潜在危险源,已逐渐成为提高有色冶金企业生产效率和安全保障能力的重要内容。因此,需要建立系统的生产安全智能管控体系,并将其纳入智能工厂体系,具体包括:建立有色金属生产过程的危险源分类体系、危险传递机制的知识图谱,进行冶金生产过程安全态势实时感知、分析预警与事故溯源;研发恶劣生产环境下高效精准作业的高危岗位作业机器人、智能化大型重载荷装备、智能巡检机器人、无人化生产线,将人工作业过程中的感知、分析和操作知识嵌入机器人,实现危险岗位的少人化/无人化。上述关键技术一方面通过对安全态势的智能分析管控实现防患于未然,另一方面通过机器替人实现物理上的人与危险的隔离,减少事故发生率,有效提升企业安全生产保障能力、智能化生产水平和生产效率。

8.3　智能工厂发展趋势展望

目前,我国有色金属行业智能工厂建设还处于初级阶段。在《有色金属行业智能工厂(矿山)建设指南(试行)》、《有色金属行业智能冶炼工厂建设指南(试行)》、《有色金属行业智能加工工厂建设指南(试行)》等文件的指引下,各企业应坚持问题导向,围绕制约企业生产经营的关键问题,进行生产装备和网络设施的改造与建设,突破智能感知、工况分析、运行优化等关键技术,循序渐进推进企业智能工厂建设进程。

随着有色金属企业智能工厂建设的不断深入,传统的由ERP/MES/PCS组成的具有金字塔架构的有色冶金企业信息系统将逐步转换为“人—机—物”高度融合的、在动态市场环境和过程运行工况下通过“状态感知—实时分析—科学决策—精准执行”实现智能化经营和智能化生产的、在工业互联网平台上运行的信息物理系统(包含智能供应链系统、数字孪生系统、全流程协同优化系统、智能自主控制系统、生产安全智能管控系统),实现采购计划、生产调度、工艺指标、设备运维的动态优化决策与精准执行,促进经营管理和工艺技术的知识沉淀与复用,形成“扁平管理、动态协同、智能自主”的制造模式,在环境保护、产品质量、生产效率和作业安全等方面得到大幅提升。

我国有色金属行业正处于迈向高质量发展的关键期,通过建设一批智能工厂或智能车间示范项目、制定有色金属行业智能制造相关技术标准、突破有色金属智能制造关键共性技术,并在行业内进行应用推广,将有力推动我国有色金属产业链的智能化和高质量发展,提升我国有色金属行业的国际竞争力。

8.4　小　　结

本章结合有色金属生产过程特点,总结分析了制约有色金属智能工厂建设的挑战性问题,提出了有色金属智能工厂关键技术,并对智能工厂的发展趋势进行了展望。

参考文献

[1] Zhong Ray Y, Xu X, Eberhard Klotz, et al. Intelligent manufacturing in the context of industry 4.0: A review. Engineering, 2017, 3(5): 616-630
[2] Zhou J, Li P G, Zhou Y L, et al. Toward new-generation intelligent manufacturing. Engineering, 2018, 4(1): 11-20
[3] 桂卫华,阳春华,陈晓方,等. 有色冶金过程建模与优化的若干问题及挑战. 自动化学报, 2013, 39(3): 197-207

[4] 袁小锋,桂卫华,陈晓方,等. 人工智能助力有色金属工业转型升级. 中国工程科学,2018,20(4):59-65

[5] Tao F,Qi Q L,Wang L H,et al. Digital twins and cyber-physical systems toward smart manufacturing and industry 4.0:Correlation and comparison. Engineering,2019,5(4):653-661

[6] Wang G W,Yang C H,Zhu H Q,et al. State-transition-algorithm-based resolution for overlapping linear sweep voltammetric peaks with high signal ratio. Chemometrics and Intelligent Laboratory Systems, 2016,151:61-70

[7] Sun B,Yang C H,Wang Y L,et al. A comprehensive hybrid first principles/machine learning modeling framework for complex industrial processes. Journal of Process Control,2020,86:30-43

[8] Yang C H,Zhou L F,Huang K K,et al. Multimode process monitoring based on robust dictionary learning with application to aluminium electrolysis process. Neurocomputing,2019,332:305-319

[9] Huang K K,Wu Y M,Wang C Z,et al. A projective and discriminative dictionary learning for high-dimensional process monitoring with industrial applications. IEEE Transactions on Industrial Informatics, 2021,17(1):558-568

[10]Liu Y S,Yang C H,Huang K K,et al. Non-ferrous metals price forecasting based on variational mode decomposition and LSTM network. Knowledge-Based Systems,2020,188:105006

[11] Sun B,Sirkka-Liisa,Jämsä-Jounela,et al. Perspective for equipment automation in process industries// International Federation of Accountants-Control Conference Africa,Johannesburg,2017